电气信息工程丛书

S7-1200/1500 PLC 应用技术
第 2 版

廖常初　主编

机 械 工 业 出 版 社

本书全面、深入地介绍了西门子 S7-1200/1500 PLC 的硬件与硬件组态、编程软件和仿真软件的使用、指令应用、程序结构、S7-Graph 和 SCL 语言、各种通信网络和通信服务的组态与编程、网络控制系统故障诊断的多种方法、精简系列面板的组态与仿真，以及 PID 闭环控制。还介绍了一套开关量控制系统的顺序控制编程方法和 PID 参数整定的纯软件仿真方法。

本书在上一版的基础上，根据 S7-1200/1500 当前最新的硬件和 STEP 7 V15 SP1 编写，增加了 SCL 语言应用实例、Modbus TCP 通信、S7-1200 与 S7-200 SMART 的通信、S7-1200 CPU 的故障诊断等内容，并增加了 12 个视频教程。

本书的网上配套资源提供了 60 多个视频教程、80 多个例程和几十本用户手册，以及 V15 SP1 版的 STEP 7、WinCC 和 S7-PLCSIM。扫描正文中的二维码，可以观看指定的视频教程。

本书注重实际，强调应用，可作为工程技术人员的参考书和培训教材，对 S7-1200/1500 的用户也有很大的参考价值。

图书在版编目（CIP）数据

S7-1200/1500 PLC 应用技术 / 廖常初主编. —2 版. —北京：机械工业出版社，2021.8（2024.1 重印）
（电气信息工程丛书）
ISBN 978-7-111-68439-8

Ⅰ. ①S… Ⅱ. ①廖… Ⅲ. ①PLC 技术 Ⅳ. ①TM571.61

中国版本图书馆 CIP 数据核字（2021）第 113108 号

机械工业出版社（北京市百万庄大街 22 号　邮政编码 100037）
策划编辑：李馨馨　　责任编辑：李馨馨
责任校对：张艳霞　　责任印制：单爱军

北京虎彩文化传播有限公司印刷

2024 年 1 月第 2 版·第 5 次印刷
184mm×260mm·22.75 印张·560 千字
标准书号：ISBN 978-7-111-68439-8
定价：99.00 元

电话服务　　　　　　　　　　　　网络服务
客服电话：010-88361066　　　　　机 工 官 网：www.cmpbook.com
　　　　　010-88379833　　　　　机 工 官 博：weibo.com/cmp1952
　　　　　010-68326294　　　　　金 书 网：www.golden-book.com
封底无防伪标均为盗版　　　　　机工教育服务网：www.cmpedu.com

前　言

　　S7-1200/1500 是西门子公司的新一代 PLC，用基于西门子自动化的软件平台 TIA 博途的 STEP 7 编程。自本书第 1 版出版以来，S7-1200/1500 的硬件和 TIA 博途已多次升级。本书根据 S7-1200/1500 当前最新的硬件和 STEP 7 V15 SP1 编写。与第 1 版相比，本次修订增加了 SCL 语言应用实例、Modbus TCP 通信、S7-1200 与 S7-200 SMART 的通信、S7-1200 CPU 的故障诊断等内容；此外，还增加了 12 个视频教程和几个例程，更新了一些手册和产品样本。

　　本书通过大量的例程和视频教程，全面深入地介绍了 S7-1200/1500 的硬件与硬件组态、编程软件的安装和使用、指令应用、程序结构、S7-Graph 和 SCL 语言、各种通信网络和通信服务的组态与编程、网络控制系统故障诊断的多种方法、精简系列面板的组态与仿真以及 PID 闭环控制。还介绍了一套易学易用的数字量控制系统梯形图的顺序控制编程方法。

　　本书详细介绍了仿真软件的使用方法，包括多种通信的仿真、PLC 和触摸屏控制系统的纯软件仿真，以及手动、自动整定 PID 参数的纯软件仿真。使用仿真软件 S7-PLCSIM，只用计算机就可以运行配套资源中的大多数例程。

　　故障诊断是现场维护的难点，本书详细地介绍了分别用 TIA 博途、S7-1500 的系统诊断功能和人机界面、CPU 的 Web 服务器、S7-1500 CPU 的显示屏诊断故障的方法，以及用程序诊断故障的方法。

　　读者扫描本书封底有"工控有得聊"字样的二维码，输入本书书号中的 5 位数字（68439），可以获取链接，下载本书的配套资源，包括 60 多个视频教程、与正文配套的 80 多个例程和几十本用户手册，以及 V15 SP1 版的 STEP 7、WinCC 和 S7-PLCSIM。扫描正文中的二维码，可以观看指定的视频教程。

　　作者主编的教材《S7-1200 PLC 编程及应用　第 4 版》和高职高专教材《S7-1200 PLC 应用教程　第 2 版》根据 S7-1200 当前最新的硬件和 STEP 7 V15 SP1 编写。为了方便教学，各章附有习题，附录中有 20 多个实验的指导书。

　　本书注重实际，强调应用，可作为工程技术人员的参考书和培训教材，对 S7-1200/1500 的用户也有很大的参考价值。

　　本书由廖常初主编，廖亮、李运树、孙明渝参加了编写工作。

　　因作者水平有限，书中难免有错漏之处，恳请读者批评指正。

重庆大学　廖常初

目　　录

第1章　S7-1200/1500 的硬件与硬件组态

1.1　S7-1200 的硬件

1.1.1　S7-1200 的硬件结构

本书以西门子新一代 PLC S7-1200 和 S7-1500 为主要讲授对象。S7-1200 是小型 PLC，它主要由 CPU 模块（简称为 CPU）、信号板、信号模块、通信模块和编程软件组成，各种模块安装在标准 DIN 导轨上。S7-1200 的硬件组成具有高度的灵活性，用户可以根据自身需求确定 PLC 的结构，系统扩展十分方便。

1. CPU 模块

S7-1200 的 CPU 模块（见图 1-1）将微处理器、电源、数字量输入/输出电路、模拟量输入/输出电路、PROFINET 以太网接口、高速运动控制功能组合到一个设计紧凑的外壳中。每块 CPU 内可以安装　块信号板（见图 1-2），安装以后不会改变 CPU 的外形和体积。

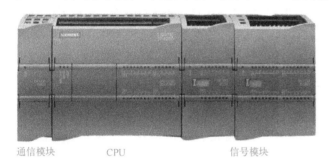

通信模块　　　CPU　　　　　信号模块

图 1-1　S7-1200 PLC

图 1-2　安装信号板

微处理器相当于人的大脑，它不断地采集输入信号，执行用户程序，刷新系统的输出。存储器用来储存程序和数据。

S7-1200 集成的 PROFINET 接口用于与编程计算机、HMI（人机界面）、其他 PLC 或其他设备通信。此外，它还通过开放的以太网协议支持与第三方设备的通信。

2. 信号模块

输入（Input）模块和输出（Output）模块简称为 I/O 模块；数字量（又称为开关量）输入模块和数字量输出模块分别简称为 DI 模块和 DQ 模块；模拟量输入模块和模拟量输出模块分别简称为 AI 模块和 AQ 模块。它们统称为信号模块，简称为 SM。

信号模块安装在 CPU 模块的右边，扩展能力最强的 CPU 可以扩展 8 个信号模块，以增加数字量和模拟量输入、输出点。

CPU 集成的 I/O 点和信号模块中的 I/O 点是系统的眼、耳、手、脚，是联系外部现场设备和 CPU 的桥梁；输入点用来接收和采集输入信号，数字量输入点用来接收从按钮、选择开关、数字拨码开关、限位开关、接近开关、光电开关、压力继电器等发送来的数字量输入信号；模拟量输入点用来接收电位器、测速发电机和各种变送器提供的连续变化的模拟量电流、电压信号，或者直接接收热电阻、热电偶提供的温度信号。

数字量输出点用来控制接触器、电磁阀、电磁铁、指示灯、数字显示装置和报警装置等输出设备；模拟量输出点用来控制电动调节阀、变频器等执行器。

CPU 模块内部的工作电压一般是 DC 5V，而 PLC 的外部输入/输出信号的电压一般较高，例如 DC 24V 或 AC 220V。从外部引入的尖峰电压和干扰噪声可能损坏 CPU 中的元器件，或使 PLC 不能正常工作。在 CPU 和信号模块中，用光电耦合器、光电晶闸管、小型继电器等器件来隔离 PLC 的内部电路和外部的输入、输出电路。I/O 点除了传递信号外，还有电平转换与隔离的作用。

3．通信模块

通信模块安装在 CPU 模块的左边，最多可以添加 3 块通信模块，可以使用点对点通信模块、PROFIBUS 主站模块和从站模块、工业远程通信模块、AS-i 接口模块和标示系统的通信模块。

4．精简系列面板

第二代精简系列面板主要与 S7-1200 配套，64K 色高分辨率宽屏显示器的尺寸为 4.3in、7in、9in 和 12in[⊖]，支持垂直安装，用 TIA 博途中的 WinCC 组态。它们有一个 RS-422/RS-485 接口或一个 RJ45 以太网接口，还有一个 USB 2.0 接口。USB 接口可连接键盘、鼠标或条形码扫描仪，可以用优盘实现数据记录。

5．编程软件

TIA 是 Totally Integrated Automation（全集成自动化）的简称，TIA 博途（TIA Portal）是西门子自动化的全新工程设计软件平台。S7-1200 可以用 TIA 博途中的 STEP 7 Basic（基本版）编程。S7-300/400/1200/1500 可以用 TIA 博途中的 STEP 7 Professional（专业版）编程。

1.1.2 CPU 模块

1．CPU 的共性

1）S7-1200 可以使用梯形图（LAD）、函数块图（FDB）和结构化控制语言（SCL）这 3 种编程语言。每条直接寻址的布尔运算指令、字传送指令和浮点数数学运算指令的执行时间分别为 $0.08\mu s$、$0.137\mu s$ 和 $1.48\mu s$。

2）CPU 集成了最大 150KB（B 是字节的缩写）的工作存储器、最大 4MB 的装载存储器和 10KB 的保持性存储器。CPU 1211C 和 CPU 1212C 的位存储器（M）为 4096B，其他 CPU 为 8192B。可以用可选的 SIMATIC 存储卡扩展存储器的容量和更新 PLC 的固件。还可以用存储卡将程序传输到其他 CPU。

3）过程映像输入、过程映像输出各 1024B。集成的数字量输入电路的输入类型为漏型/源型，电压额定值为 DC 24V，输入电流为 4mA。1 状态允许的最小电压/电流为 DC 15V/2.5mA，0 状态允许的最大电压/电流为 DC 5V/1mA。输入延迟时间可以组态为 $0.1\mu s \sim 20ms$，有脉冲

⊖ 1in=25.4mm。

捕获功能。在过程输入信号的上升沿或下降沿可以产生快速响应的硬件中断。

继电器输出的电压范围为 DC 5～30V 或 AC 5～250V。最大电流为 2A，白炽灯负载为 DC 30W 或 AC 200W。DC/DC/DC 型 CPU 的 MOSFET（场效应晶体管）的 1 状态最低输出电压为 DC 20V，0 状态最高输出电压为 DC 0.1V，输出电流为 0.5A。最高白炽灯负载为 5W。

脉冲输出最多 4 路，CPU 1217C 支持最高 1MHz 的脉冲输出，其他 DC/DC/DC 型的 CPU 本机可输出最高 100kHz 的脉冲，通过信号板可以输出最高 200kHz 的脉冲。

4）有 2 点集成的模拟量输入（0～10V），10 位分辨率，输入电阻大于等于 100kΩ。

5）集成的 DC 24V 电源可供传感器和编码器使用，也可以用作输入回路的电源。

6）CPU 1215C 和 CPU 1217C 有两个带隔离的 PROFINET 以太网端口，其他 CPU 有一个以太网端口，传输速率为 10M/100Mbit/s。

7）实时时钟的保持时间通常为 20 天，40℃时最少为 12 天，最大误差为±60s/月。

2. CPU 的技术规范

S7-1200 现在有 5 种型号的 CPU（见表 1-1），此外还有对应的故障安全型 CPU。CPU 内可以扩展 1 块信号板，左侧可以扩展 3 块通信模块。

表 1-1　S7-1200 CPU 技术规范

特　　性	CPU 1211C	CPU 1212C	CPU 1214C	CPU 1215C	CPU 1217C
本机数字量 I/O 点数	6 入/4 出	8 入/6 出	14 入/10 出		
本机模拟量 I/O 点数	2 入	2 入	2 入	2 入/2 出	
工作存储器/装载存储器	50KB/1MB	75KB /2MB	100KB/4MB	125KB/4MB	150KB/4MB
信号模块扩展个数	无	2	8		
最大本地数字量 I/O 点数	14	82	284	284	284
最大本地模拟量 I/O 点数	13	19	67	69	69
以太网端口个数	1		2		
高速计数器路数	最多可以组态 6 个使用任意内置或信号板输入的高速计数器				
脉冲输出（最多 4 路）	100kHz	100kHz 或 20kHz	100kHz 或 20kHz		1MHz 或 100kHz
上升沿/下降沿中断点数	6/6	8/8	12/12		
脉冲捕获输入点数	6	8	14		
传感器电源输出电流/mA	300		400		
外形尺寸	90mm×100mm×75mm	110mm×100mm×75mm	130mm×100mm×75mm		150mm×100mm×75mm

图 1-3 中的①是集成的 I/O（输入/输出）的状态 LED（发光二极管）。②是 3 个指示 CPU 运行状态的 LED，③是 PROFINET 以太网接口的 RJ45 连接器，④是存储卡插槽（在盖板下面），⑤是可拆卸的接线端子板。

每种 CPU 有 3 种具有不同电源电压和输入、输出电压的版本（见表 1-2）。

3. CPU 的外部接线图

CPU 1214C AC/DC/Relay（继电器）型的外部接线图见图 1-4。输入回路一般使用图中标有①的 CPU

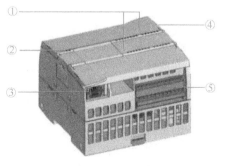

图 1-3　CPU 模块

内置的 DC 24V 传感器电源,漏型输入时需要去除图 1-4 中标有②的外接 DC 电源,将输入回路的 1M 端子与 DC 24V 传感器电源的 M 端子连接起来,将内置的 DC 24V 电源的 L+端子接到外接触点的公共端。源型输入时将 DC 24V 传感器电源的 L+端子连接到 1M 端子。

表 1-2 S7-1200 CPU 的 3 种版本

版　　本	电源电压	DI 输入电压	DQ 输出电压	DQ 最大输出电流	灯负载
DC/DC/DC	DC 24V	DC 24V	DC 20.4～28.8V	0.5 A,MOSFET	5W
DC/DC/Relay	DC 24V	DC 24V	DC 5～30V, AC 5～250V	2A	DC 30W/AC 200W
AC/DC/Relay	AC 85～264V	DC 24V	DC 5～30V, AC 5～250V	2A	DC 30W/AC 200W

CPU 1214C DC/DC/Relay 的接线图与图 1-4 的区别在于前者的电源电压为 DC 24V。

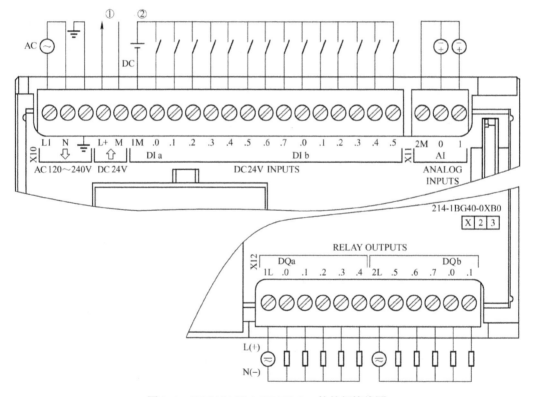

图 1-4　CPU 1214C AC/DC/Relay 的外部接线图

CPU 1214C DC/DC/DC 的电源电压、输入回路电压和输出回路电压均为 DC 24V。输入回路也可以使用内置的 DC 24V 电源。

4. CPU 集成的工艺功能

S7-1200 集成的工艺功能包括高速计数与频率测量、高速脉冲输出、PWM 控制、运动控制和 PID 控制。

（1）高速计数器

最多可组态 6 个使用 CPU 内置或信号板输入的高速计数器,CPU 1217C 有 4 点最高频率为 1MHz 的高速计数器。其他 CPU 可组态 6 个最高频率为 100kHz（单相）/80kHz（互差 90°的正交相位）或最高频率为 30kHz（单相）/20kHz（正交相位）的高速计数器（与输入点地址有关）。如果使用信号板，最高计数频率为 200kHz（单相）/160kHz（正交相位）。

（2）高速输出

各种型号的 CPU 最多有 4 点高速脉冲输出（包括信号板的 DQ 输出）。CPU 1217C 的高速脉冲输出的最高频率为 1MHz，其他 CPU 为 100kHz，信号板为 200kHz。

（3）运动控制

S7-1200 通过轴工艺对象和下述 3 种方式控制伺服电动机或步进电动机。轴工艺对象有专用的组态窗口、调试窗口和诊断窗口。

1）输出 PTO 高速脉冲来控制驱动器，实现最多 4 路开环位置控制；

2）通过 PROFIBUS/PROFINET 与支持 PROFIdrive 的驱动器连接，进行运动控制。

3）通过模拟量输出控制第三方伺服控制器，实现最多 8 路闭环位置控制。

（4）用于闭环控制的 PID 功能

PID 功能用于对闭环过程进行控制，建议 PID 控制回路的个数不要超过 16 个。STEP 7 中的 PID 调试窗口提供用于参数调节的形象直观的曲线图，支持 PID 参数自整定功能。

1.1.3　信号板与信号模块

各种 CPU 的正面都可以增加一块信号板。信号模块安装在 CPU 的右侧，以扩展其数字量或模拟量 I/O 的点数。CPU 1211C 不能扩展信号模块，CPU 1212C 只能连接两个信号模块，其他 CPU 可以连接 8 个信号模块。所有的 S7-1200 CPU 都可以在 CPU 的左侧安装最多 3 个通信模块。

1. 信号板

所有的 CPU 模块的正面都可以安装一块信号板，并且不会增加安装的空间。有时添加一块信号板，就可以增加需要的功能。例如有数字量输出的信号板使继电器输出的 CPU 具有高速输出的功能。

安装时首先取下端子盖板，然后将信号板直接插入 S7-1200 CPU 正面的槽内（见图 1-2）。信号板采用插座连接，因此可以很容易地更换信号板。有下列信号板和电池板：

1）SB 1221 数字量输入信号板，4 点输入的最高计数频率为单相 200kHz，正交相位 160kHz。数字量输入信号板和数字量输出信号板的额定电压有 DC 24V 和 DC 5V 两种。

2）SB 1222 数字量输出信号板，4 点固态 MOSFET 输出的脉冲最高频率为单相 200kHz。

3）两种 SB 1223 数字量输入/输出信号板，2 点输入和 2 点输出的最高频率均为单相 200kHz，一种的输入、输出电压均为 DC 24V，另一种的均为 DC 5V。

4）SB 1223 数字量输入/输出信号板，2 点输入和 2 点输出的电压均为 DC 24V，最高输入频率为单相 30kHz，最高输出频率为 20kHz。

5）SB 1231 模拟量输入信号板，一路输入，分辨率为 11 位+符号位，可测量电压和电流。

6）SB 1232 模拟量输出信号板，一路输出，可输出 12 位的电压和 11 位的电流。

7）SB 1231 热电偶信号板和 RTD（热电阻）信号板，它们可选多种量程的传感器，温度分辨率为 0.1℃/0.1℉，电压分辨率为 15 位+符号位。

8）CB 1241 RS485 信号板，提供一个 RS-485 接口。

9）BB 1297 电池板，适用于实时时钟的长期备份。

各种 CPU、信号板和信号模块的技术规范见**配套资源**中的手册《S7-1200 可编程控制器产品样本》和《S7-1200 可编程控制器系统手册》。

2．数字量 I/O 模块

数字量输入/数字量输出（DI/DQ）模块和模拟量输入/模拟量输出（AI/AQ）模块统称为信号模块。可以选用 8 点、16 点和 32 点的数字量输入模块和数字量输出模块（见表 1-3），来满足不同的控制需要。8 继电器切换输出的 DQ 模块的每一点可以通过有公共端子的一个常闭触点和一个常开触点，在输出值为 0 和 1 时，分别控制两个负载。

所有的模块都能方便地安装在标准的 35mm DIN 导轨上。所有的硬件都配备了可拆卸的端子板，不用重新接线就能迅速地更换组件。

表 1-3　数字量输入/输出模块

型　号	参　数	型　号	参　数
SM 1221	8 输入 DC 24V	SM 1222	8 继电器切换输出，2A
SM 1221	16 输入 DC 24V	SM 1223	8 输入 DC 24V/8 继电器输出，2A
SM 1222	8 继电器输出，2A	SM 1223	16 输入 DC 24V/16 继电器输出，2A
SM 1222	16 继电器输出，2A	SM 1223	8 输入 DC 24V/8 输出 DC 24V，0.5A
SM 1222	8 输出 DC 24V，0.5A	SM 1223	16 输入 DC 24V/16 输出 DC 24V，0.5A
SM 1222	16 输出 DC 24V，0.5A	SM 1223	16 输入 DC 24V/16 输出 DC 24V 漏型，0.5A
SM 1222	16 输出 DC 24V 漏型，0.5A	SM 1223	8 输入 AC 230V/8 继电器输出，2A

3．模拟量 I/O 模块

在工业控制中，某些输入量（例如压力、温度、流量、转速等）是模拟量，某些执行机构（例如电动调节阀和变频器等）要求 PLC 输出模拟量信号，而 PLC 的 CPU 只能处理数字量。模拟量首先被传感器和变送器转换为标准量程的电流或电压，例如 DC 4～20mA 和 DC ±10V，PLC 用模拟量输入模块的 A/D 转换器将它们转换成数字量。带正负号的电流或电压在 A/D 转换后用二进制补码来表示。模拟量输出模块的 D/A 转换器将 PLC 中的数字量转换为模拟量电压或电流，再去控制执行机构。模拟量 I/O 模块的主要任务就是实现 A/D 转换（模拟量输入）和 D/A 转换（模拟量输出）。

A/D 转换器和 D/A 转换器的二进制位数反映了它们的分辨率，位数越多，分辨率越高。模拟量输入/模拟量输出模块的另一个重要指标是转换时间。

（1）SM 1231 模拟量输入模块

有 4 路、8 路的 13 位模块和 4 路的 16 位模块。模拟量输入可选±10V、±5V、±2.5V、±1.25V 和 0～20mA、4～20mA 等多种量程。电压输入的输入电阻≥9MΩ，电流输入的输入电阻为 280Ω。双极性和单极性模拟量正常范围（-100%～100%和 0～100%）转换后对应的数字分别为 -27648～27648 和 0～27648。

（2）SM1231 热电偶和热电阻模拟量输入模块

有 4 路、8 路的热电偶（TC）模块和 4 路、8 路的热电阻（RTD）模块。可选多种量程的传感器，温度分辨率为 0.1℃/0.1℉，电压分辨率为 15 位+符号位。

（3）SM 1232 模拟量输出模块

有 2 路和 4 路的模拟量输出模块，−10～10V 电压输出时为 14 位，负载阻抗≥1000Ω。0～20mA 或 4～20mA 电流输出时为 13 位，负载阻抗≤600Ω。−27648～27648 对应于正常范围电压，0～27648 对应于正常范围电流。

电压输出负载为电阻时转换时间为 300μs，负载为 1μF 电容时转换时间为 750μs。

电流输出负载为 1mH 电感时转换时间为 600μs，负载为 10mH 电感时转换时间为 2ms。

（4）SM1234 4 路模拟量输入/2 路模拟量输出模块

SM 1234 模块的模拟量输入和模拟量输出通道的性能指标分别与 SM 1231 4 路模拟量输入模块和 SM 1232 2 路模拟量输出模块的相同，相当于这两种模块的组合。

1.1.4　集成的通信接口与通信模块

S7-1200 CPU 集成的 PROFINET 接口用于与编程计算机和 HMI 的通信，以及 PLC 之间的通信。最多可以扩展 3 块通信模块，它们可用以下网络和协议进行通信：PROFIBUS、GPRS、LTE、具有安全集成功能的 WAN（广域网）、IEC 60870、DNP3、点对点通信、USS、Modbus、AS-i 和 IO-Link 主站。

1. 集成的 PROFINET 接口

实时工业以太网是现场总线发展的方向，PROFINET 是基于工业以太网的现场总线（IEC 61158 现场总线标准的类型 10）。它是开放式的工业以太网标准，使工业以太网的应用扩展到了控制网络最底层的现场设备。

S7-1200 CPU 集成的 PROFINET 接口可以与计算机、人机界面、其他 S7 CPU、PROFINET IO 设备（例如 ET 200 分布式 I/O 和 SINAMICS 驱动器）通信。支持以下协议：TCP/IP、ISO-on-TCP、UDP、Modbus TCP、OPC UA 服务器和 S7 通信。作为 IO 控制器，它可以与最多 16 台 IO 设备通信。

该接口使用具有自动交叉网线功能的 RJ45 连接器，用直通网线或者交叉网线都可以连接 CPU 和其他以太网设备或交换机，数据传输速率为 10M/100Mbit/s。支持最多 23 个以太网连接。CPU 1215C 和 CPU 1217C 具有内置的双端口以太网交换机。可以使用安装在导轨上不需要组态的 4 端口以太网交换机模块 CSM 1277，来连接多个 CPU 和 HMI 设备。

2. PROFIBUS 通信与通信模块

S7-1200 最多可以增加 3 个通信模块，它们安装在 CPU 模块的左边。

PROFIBUS 已被纳入现场总线的国际标准 IEC 61158。通过 PROFIBUS-DP 主站模块 CM 1243-5，S7-1200 可以和其他 CPU、编程设备、人机界面和 PROFIBUS-DP 从站设备（例如 ET 200 和 SINAMICS 驱动设备）通信。CM 1243-5 可以作为 S7 通信的客户机或服务器。

通过 PROFIBUS-DP 从站模块 CM 1242-5，S7-1200 可以作为智能 DP 从站设备与 PROFIBUS-DP 主站设备通信。

3. 点对点（PtP）通信与通信模块

通过点对点通信，S7-1200 可以直接发送信息到外部设备，例如打印机；从其他设备接收信息，例如条形码阅读器、RFID（射频识别）读写器和视觉系统；可以与 GPS 装置、无线电调制解调器以及其他类型的设备交换信息。

CM 1241 是点对点串行通信模块，可执行的协议有 ASCII、USS 驱动、Modbus RTU 主站协议和从站协议,可以装载其他协议。CM 1241 的 3 种模块分别有 RS-232、RS-485 和 RS-422/485 通信接口。CB 1241 RS485 信号板提供 RS-485 接口,支持 Modbus RTU 协议和 USS 协议。

4. AS-i 通信与通信模块

AS-i 是执行器传感器接口(Actuator Sensor Interface)的缩写,位于工厂自动化网络的最底层。AS-i 已被列入 IEC 62026 标准。AS-i 是单主站主从式网络,支持总线供电,即两根电缆同时作信号线和电源线。AS-i 主站模块 CM 1243-2 用于将 AS-i 设备连接到 CPU,可配置 31 个标准开关量/模拟量从站或 62 个 A/B 类开关量/模拟量从站。

5. 远程控制通信与通信模块

工业远程通信用于将广泛分布的各远程终端单元连接到过程控制系统,以便进行监视和控制。远程服务包括与远程的设备和计算机进行数据交换,实现故障诊断、维护、检修和优化等操作。可以使用多种远程控制通信处理器,将 S7-1200 连接到控制中心。使用 CP 1234-7 LTE 可将 S7-1200 连接到 GSM/GPRS (2G)/UMTS (3G)/LTE 移动无线网络。

1.2 S7-1500 的硬件

S7-1500 自动化系统是在 S7-300/400 的基础上开发的自动化系统。它提高了系统功能,集成了运动控制功能和 PROFINET IRT 通信功能。它通过集成式屏蔽保证信号检测的质量。

1.2.1 CPU 模块

1. S7-1500 CPU 的分类

1)标准型 CPU 的技术规范见表 1-4。除了这 6 种型号,还有可以运行 C/C++程序的 CPU 1518-4 PN/DP MFP 和 CPU 1518-4 PN/DP ODK。MFP 是多功能平台的缩写,ODK 是开放式开发工具包的缩写。

2)型号中带 F 的 CPU 为故障安全型 CPU,它集成了安全功能,可支持到 SIL3/PL e 安全完整性等级,符合多种国际国内的安全标准。各种型号的 CPU 几乎都有对应的故障安全型产品。

3)型号中带 T 的 4 种 CPU 为工艺型(运动控制)CPU,支持高端运动控制功能,例如绝对同步、凸轮同步和路径插补等功能。

表 1-4 S7-1500 标准型 CPU 技术规范

特　性	CPU 1511-1 PN	CPU 1513-1 PN	CPU 1515-2 PN	CPU 1516-3 PN/DP	CPU 1517-3 PN/DP	CPU 1518-4 PN/DP
位/字/定点数/浮点数运算指令执行时间/ns	60/72/96/384	40/48/64/256	30/36/48/192	10/12/16/64	2/3/3/12	1/2/2/6
集成程序存储器/数据存储器	150KB/1MB	300KB/1.5MB	500KB/3MB	1MB/5MB	2MB/8MB	4MB/20MB
CPU 块(DB、FB、FC、UDT 与全局常量等)总计最大个数	2000	2000	6000	6000	10000	10000
最大 I/O 模块/子模块个数	1024	2048	8192	8192	16384	16384
可扩展的通信模块个数(DP、PN、以太网)	4	6	8	8	8	8
集成的以太网接口/DP 接口个数	1/0	1/0	2/0	2/1	2/1	3/1
可连接的 IO 设备数/最大连接资源数	128/96	128/128	256/192	256/256	512/320	512/384

4)CPU 1511C 和 1512C 是紧凑型 CPU,集成了离散量、模拟量输入/输出和高速计数

功能，还可以像标准型 CPU 一样扩展 IO 模块。

5）CPU 1510SP（F）和 CPU 1512SP（F）是 ET 200SP 系列中的分布式 CPU，可以直接连接 ET 200SP 的 I/O 模块。

CPU 1515SP PC（F）是将 PC 平台与 ET 200SP 控制器功能相结合的开放式控制器。

6）S7-1500 R/H 冗余系统的两个 CPU 并行处理相同的项目数据和相同的用户程序。两个 CPU 通过两条冗余连接进行同步。如果一个 CPU 出现故障，另一个 CPU 会接替它对过程进行控制。

7）ET 200pro CPU 为高防护等级 CPU，它们具有 IP65/67 防护等级，无须控制柜，适用于恶劣的环境，支持 ET 200pro 家族的 I/O 模块。

8）S7-1500 SIMATIC Drive Controller 具有集成工艺 I/O 的故障安全 S7-1500 工艺 CPU，以及基于 CU320-2 的 SINAMICS S120 自动转速控制功能。集成了多个通信接口、等时同步模式、运动控制和 PID 控制功能。

9）CPU 1507S 和 CPU 1508S 是基于 PC 的软控制器。通过 ODK 1500S，可以使用高级语言 C#/VB/C/C++编程。

10）SIPLUS extreme 和 SIPLUS extreme Rail（轨道交通）极端环境型产品是可以在极端工作环境下使用的全系列自动化产品。SIPLUS S7-1500 基于 S7-1500，可以在严苛的温度范围、冷凝、盐雾、化学活性物质、生物活性物质、粉尘和浮尘等极端环境下正常工作。

2. S7-1500 CPU 的特点

（1）极快的响应时间

S7-1500 采用百兆级背板总线，以确保极快的响应时间，位处理指令的执行时间短至 1ns。

（2）高效的工程组态

TIA 博途提供统一的编程调试平台，程序通用。支持 IEC 61131-3 标准的 LAD、FBD、STL、SCL、Graph 编程语言。借助 ODK 开发包，可以直接运行高级语言 C/C++。S7-1500F 可执行标准任务和故障安全任务，同一网络可以实现标准通信和故障安全通信。

（3）集成了运动控制功能

可以直接对各种运动控制任务编程（例如速度控制轴和齿轮同步），可以通过 I/O 模块实现各种工艺功能（例如脉冲列输出 PTO）。还可以用 S7-1500T 实现高端的运动控制功能，例如路径插补和凸轮控制。

（4）强大的通信功能

CPU 集成了标准以太网接口、PROFINET 接口和 Web 服务器，可以通过网页浏览器快速浏览诊断信息。提供最多 3 个以太网网段，最快 125μs 的 PROFINET 数据刷新时间。

集成了标准化的 OPC UA 通信协议来连接控制层和 IT 层，实现与上位 SCADA/MES/ERP 或者云端的安全高效通信。

通过 PLCSIM Advanced 可将虚拟 PLC 的数据与其他仿真软件对接。

（5）方便可靠的故障诊断功能

CPU 具有优化的诊断机制和高效的故障分析能力，可以用 STEP 7、HMI、Web 服务器和 CPU 的显示面板快速实现通道级数据诊断。使用 ProDiag 功能可高效分析过程错误。

3. 标准型 CPU 模块的技术规范

标准型 CPU 模块（见图 1-5）的中央机架可以安装 32 块模块。插槽式装载存储器

（SIMATIC 存储卡）最大 32GB。各 CPU 集成了一个带 2 端口交换机的 PROFINET 接口。此外，有的 CPU 还集成了以太网接口和 PROFIBUS-DP 接口。I/O 最大地址范围输入、输出各 32KB，所有输入/输出均在过程映像中。

图 1-5　标准型 CPU 模块

配套资源中的《S7-1500_ET200MP 自动化系统手册集》包含了 S7-1500/ET200MP 系统产品系列的所有手册。

4. 紧凑型控制器

紧凑型控制器（见图 1-6）CPU 1511C 和 CPU 1512C 集成了离散量、模拟量输入/输出和高速计数功能，还可以像标准型控制器一样扩展 25mm 和 35mm 的 IO 模块。它们分别集成了 16DI/16DQ 和 32DI/32DQ，均有 4+1 AI 和 2 AQ，6 通道 400kHz（4 倍频）的高速计数，脉冲串输出功能可连接驱动装置，所有集成的模块都自带前连接器。集成自带交换机功能的 PROFINET 端口，作为 IO 控制器可带最多 128 个 IO 设备，支持 iDevice、IRT、MRP、PROFIenergy 和 Option handing 等功能。支持开放式以太网通信，集成了 Web 服务器、Trace、运动控制、闭环控制、OPC UA DA 服务器和信息安全功能。可用于对空间要求严格的场合，为 OEM（原始设备制造商）等领域提供了高性价比解决方案。

图 1-6　紧凑型控制器

5. ET 200SP CPU 模块

SIMATIC ET 200SP CPU 是兼备 S7-1500 的突出性能与 ET 200SP I/O 简单易用，身形小巧于一身的控制器。它具备热插拔功能，可以直接扩展 ET 200SP I/O 模块。

ET 200SP 的 CPU 1510SP-1 PN、CPU 1512SP-1 PN 与 S7-1500 的 CPU 1511-1 PN、CPU 1513-1 PN 具有相同的功能，有体积小、使用灵活、接线方便、价格便宜等特点。PROFINET 接口带有 3 个交换端口。

ET 200SP 开放式控制器 CPU 1515SP PC 是将 PC-based 平台与 ET 200SP 控制器功能相结合的可靠、紧凑的控制系统（见图 1-7），使用 4 核 1.6GHz，Intel Atom 处理器，8GB 内存。使用 128GB Cfast 卡作为硬盘，操作系统为 Windows 或 Linux。有 1 个千兆以太网接口、2 个 USB2.0 接口、2 个 USB3.0 接口、1 个 DP 显示接口。预装 S7-1500 软控制器 CPU 1505SP，可选择预装 WinCC 高级版 Runtime。支持 ET 200SP I/O 模块，通过总线适配器可以扩展 1 个 PROFINET 接口（两端口交换机）。通过 ET 200SP CM DP 模块可以支持 PROFIBUS-DP 通信，可以通过 ODK 1500S 软件开发包，使用高级语言 C/C++进行二次开发。

6．S7-1500 软件控制器

S7-1500 软件控制器采用 Hypervisor 技术，安装到 SIEMENS 工控机后，将工控机的硬件资源虚拟成两套硬件，其中一套运行 Windows 系统，另一套运行 S7-1500 PLC 实时系统。两套系统并行运行，通过 SIMATIC 通信的方式交换数据。软 PLC 与 S7-1500 硬 PLC 的代码完全兼容，它的运行独立于 Windows 系统，可以在软 PLC 运行时重启 Windows。

图 1-7　CPU 1515SP PC

有两个可选型号 CPU 1507S 和 CPU 1508S。可以通过 ODK 1500S 开发工具包，使用高级语言 C/C++进行功能扩展。软件控制器只能运行在 SIEMENS 工控机上，其硬件配置有以下要求：必须是多核处理器；内存不低于 4GB；存储空间不低于 8GB。

7．故障安全控制系统

故障安全控制系统用于有功能安全要求的场合，集成了安全功能，故障出现时可以确保切换到安全模式。符合多种国际和国内安全标准，将安全技术和标准自动化无缝地集成在一起。

S7-1500 F CPU 和 ET 200SP F CPU 故障安全控制器模块支持到 SIL3/PL e 安全等级，可灵活构建不同的网络结构，硬件参数可以从站点中完整上载，支持 Shared I-Device，用读访问监控实现快速诊断。表 1-4 中的每一种标准型 CPU 都有对应的故障安全型 CPU。

故障安全功能包含在 CPU 的 F 程序中和包含在故障安全信号模块中。信号模块通过差异分析监视输入和输出信号。CPU 通过自检、指令测试和顺序程序流控制来监视 PLC 的运行。通过请求信号检查 I/O，如果系统诊断出一个错误，则转入安全状态。CPU、I/O 模块和 PROFIBUS/PROFINET 都应具有故障安全功能。

ET 200 MP F IO 和 ET 200 SP F IO 故障安全信号模块是用于故障安全功能的 IO 模块，支持到 SIL3/PL e 安全等级。ET 200 MP F IO 可作为中央 IO 或分布式 IO，有通道级诊断功能，支持快速故障修复。

8. 电源模块

S7-1500 的电源模块分为系统电源模块（PS）和负载电源模块（PM）。

（1）系统电源模块

系统电源模块专门为背板总线提供内部所需的系统电源，可以为模块的电子元件和 LED 指示灯供电，具有诊断报警和诊断中断功能。系统电源应安装在背板总线上，必须用 TIA 博途组态。系统电源模块有 PS 25W 24V DC、PS 60W 24/48/60V DC 和 PS 60W 120/230V AC/DC 这 3 种，后者还有型号中带 HF 的高性能模块。支持固件更新和在 RUN 模式下组态，有诊断报警和诊断中断功能，具有输入电压反极性保护和短路保护功能。有 RUN、ERROR 和 MAINT（维护）3 个指示灯。一个机架最多可以使用 3 个 PS 模块，通过系统电源模块内部的反向二极管，划分不同的电源段。电源段由一个电源模块和由它供电的模块组成。

机架上可以没有系统电源模块，CPU 或接口模块 IM155-5 的电源由负载电源模块 PM 或其他 DC 24V 电源提供。CPU/IM155-5 向背板总线供电，但是功率有限，最多只能连接 12 个模块。如果需要连接更多的模块，需要增加系统电源模块 PS。

如果在 CPU/IM155-5 左边的 0 号插槽放置一块系统电源模块，CPU/IM155-5 的电源端子同时连接 DC 24V 电源，它们将一起向背板总线供电。

图 1-8 的左图是有两个系统电源模块的机架，0 号插槽的系统电源模块为 1~3 号插槽的模块供电，4 号插槽的系统电源模块为 5、6 号插槽的模块供电。选中 4 号插槽的电源模块后，选中巡视窗口左边的"电源段概览"（见图 1-8 的右图），可以查看 PS 模块功率分配的详细信息。负的功率表示消耗，该 PS 模块还剩余 23.70W 的功率。

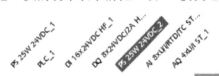
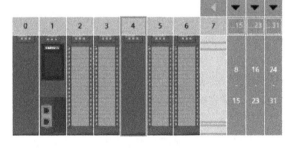

图 1-8　有两个系统电源的机架

选中 CPU 的巡视窗口中的"系统电源"，可以查看 0 号插槽的 PS 模块的功率分配信息。

（2）负载电源模块

负载电源模块通过外部接线可以为 CPU/IM、I/O 模块、PS 电源等提供高效、稳定、可靠的 DC 24V 供电。输入电压为 AC 120V/230V 自适应，可用于世界各地的供电网络，有 70W 和 190W 两种模块。负载电源不能通过背板总线向 S7-1500 和 ET 200MP 供电，可以不安装在机架上和不在博途中组态。它具有输入抗过电压性能和输出过电压保护功能。

1.2.2　CPU 的前面板

1. CPU 的操作模式

CPU 有 3 种操作模式：RUN（运行）、STOP（停机）与 STARTUP（启动）。CPU 面板上的状态 LED（发光二极管）用来指示当前的操作模式。

在 STOP 模式，CPU 仅处理通信请求和进行自诊断，不执行用户程序，不会自动更新过程映像。上电后 CPU 进入 STARTUP（启动）模式，进行上电诊断和系统初始化。

在 RUN 模式，执行循环程序和中断程序。每个程序循环中自动更新过程映像区中的地址。

2. 模式选择开关与 RUN、STOP 按钮

S7-1500 部分新型号的标准型 CPU 和紧凑型 CPU 用 RUN、STOP 操作模式按钮（见图 1-9 的左图）切换 CPU 的操作模式。其他型号的 CPU 用模式选择开关来切换操作模式（见图 1-9 的右图）。

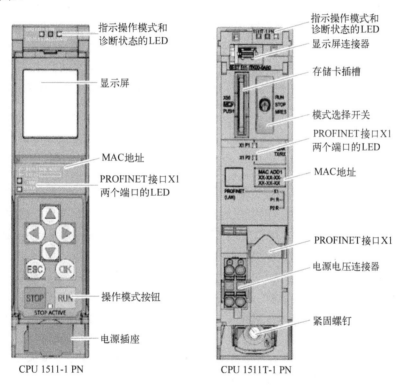

图 1-9　没有前面板的 CPU 正面视图

也可以通过 CPU 上的小显示屏或 TIA 博图软件，来切换 CPU 的操作模式。

3. CPU 模块的状态与故障显示 LED

图 1-9 是没有前面板时 CPU 1511-1 PN 和 CPU 1511T-1 PN 的正面视图。面板上面 3 个 LED 的意义如下：

1）仅 RUN/STOP LED 亮时，绿色表示 CPU 处于 RUN 模式，黄色表示处于 STOP 模式。

2）仅 ERROR LED（红色）闪烁表示出现错误。

3）RUN/STOP LED 绿灯和 MAINT LED 黄灯同时亮表示设备要求维护、有激活的强制

作业或 PROFIenergy 暂停。

4）RUN/STOP LED 绿灯亮和 MAINT LED 黄灯闪动表示有组态错误。

5）3 个 LED 同时闪动表示下列 3 种情况：CPU 正在启动；启动、插入模块时测试 LED 指示灯；LED 指示灯闪烁测试。

3 个 LED 的状态的其他组合见 CPU 的用户手册。

4. LINK TX/RX LED

CPU 1511-1 PN 的 PN 接口（X1）有一个 2 端口交换机，两个端口的 RJ45 插座在模块的底部。X1 的 Link LED（绿色，见图 1-9 的左图）亮表示有以太网连接，TX/RX LED（黄色）闪烁表示当前正在向以太网上的通信伙伴发送数据或接收数据。

CPU 1511T-1PN 的 PN 接口的两个端口分别有一个标有 X1 P1 和 X1 P2 的 LED（见图 1-9 的右图），某个 LED 熄灭表示 PROFINET 设备的 PROFINET 接口与通信伙伴之间没有以太网连接，当前未通过 PROFINET 接口收发任何数据，或者没有 LINK 连接。绿色点亮表示 PROFINET 设备的 PROFINET 接口与通信伙伴之间有以太网连接。黄色闪烁表示当前正在向以太网上的通信伙伴发送数据或接收数据。绿色闪烁表示正在执行"LED 指示灯闪烁测试"。

有两个 PN 接口的 CPU（例如 CPU1515-2PN）增加了一个名为 X2 P1 的 LINK TX/RX LED。有 3 个 PN 接口的 CPU（例如 CPU1518-4PN/DP）增加了名为 X2 P1 和 X3 P1 的 LINK TX/RX LED。

1.2.3 信号模块

1. 信号模块的共同问题

S7-1500 的信号模块支持通道级诊断，采用统一的前连接器，具有预接线功能。它们既可以用于中央机架进行集中式处理，也可以通过 ET 200MP 进行分布式处理。模块的设计紧凑，用 DIN 导轨安装，中央机架最多可以安装 32 个模块。新增了热插拔功能、64 通道数字量模块和 16 通道模拟量模块。模拟量模块自带电缆屏蔽附件。

信号模块有集成的短接片，简化了接线操作。全新的盖板设计，双卡位可以最大化扩展电缆存放空间。模块自带电路接线图，接线方便。电源线与信号线分开走线，增强了抗电磁干扰能力。背板总线通信速率达 40 Mbit/s，可读取电子识别码，快速识别所有的组件。

S7-1500 的模块型号中的 BA（Basic）为基本型，它的价格便宜，功能简单，需要组态的参数少，没有诊断功能。型号中的 ST（Standard）为标准型，中等价格，有诊断功能。型号中的 HF（High Feature）为高性能型，功能复杂，可以对通道组态，支持通道级诊断。高性能型模拟量模块允许较高的共模电压。HS（High Speed）为高速型，用于高速处理，有等时同步功能。

S7-1500 的模块宽度有 25mm 和 35mm 两种。25mm 宽的模块自带前连接器，接线方式为弹簧压接。35mm 宽的模块的前连接器需要单独订货，统一采用 40 针前连接器，接线方式为螺丝连接或弹簧连接。

2. 数字量 I/O 模块

数字量输入/输出模块见表 1-5。数字量输入模块的最短输入延时时间为 50μs，DI 模块型号中的 SRC 为源型输入，无 SRC 的为漏型（SNK）输入。

模型号中有"24V…125VUC"的输入模块的额定输入电压为 AC/DC 24V、48V 和 125V。型号中有"24V…125VUC"的输出模块的额定输出电压为 AC/DC 24V、48V 和 DC 125V。

DQ 模块型号中的 Triac 是双向晶闸管输出，Relay 是继电器输出。没有 Triac 和 Relay 的是晶体管输出，其中有 SNK 的是漏型输出，没有 SNK 的是源型输出。

表中右边最下面两种型号是数字量输入/输出（DI/DQ）混合模块。

表 1-5　数字量输入/输出模块

型　　号	型　　号	型　　号
DI 16x24VDC BA	DQ 8x24VDC/2A HF	DQ 32x24VDC/0.5A BA
DI 16x24VDC HF	DQ 8x230VAC/2A ST Triac	DQ 32x24VDC/0.5A HF
DI 16x230VAC BA	DQ 8x230VAC/5A ST Relay	DQ 64x24VDC/0.3A BA
DI 16x24VDC SRC BA	DQ 16x24VDC/0.5A BA	DQ 64x24VDC/0.3A SNK BA
DI 32x24VDC BA	DQ 16x24VDC/0.5A HF	DI 16x24VDC/DQ 16x24VDC/0.5A BA
DI 32x24VUC HF	DQ 16x24...48VUC/125VDC/0.5A ST	DI 32x24VDC SNK/SRC/ DQ 32x24VDC/0.3A SNK BA
DI 64x24VDC SNK/SRC BA	DQ 16x230VAC/2A ST Relay	

各种 I/O 模块的详细参数和接线图见配套资源中的《S7-1500_ET 200MP 自动化系统手册集》有关模块的设备手册。

数字量 I/O 模块使用屏蔽电缆和非屏蔽电缆的最大长度分别为 1000m 和 600m。

3. 数字量输出模块感性负载的处理

感性负载（例如继电器、接触器的线圈）具有储能作用，PLC 内控制它的触点或场效应晶体管断开时，电路中的感性负载会产生高于电源电压数倍甚至数十倍的反电势。触点接通时，会因为触点的抖动而产生电弧，它们都会对系统产生干扰。对此可以采取下述的措施。

输出端接有直流感性负载时，应在它两端并联一个续流二极管。如果需要更快的断开时间，可以串接一个稳压管（见图 1-10），二极管可以选 IN4001，场效应晶体管输出可以选 8.2V/5W 的稳压管，继电器输出可以选 36V 的稳压管。

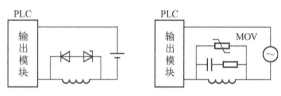

输出端接有 AC 220V 感性负载时，应在它两端并联 RC 串联电路（见图 1-10），可以选 0.1μF 的电容和 100～120Ω 的电阻。

图 1-10　输出电路感性负载的处理

电容的额定电压应大于电源峰值电压。要求较高时，还可以在负载两端并联压敏电阻，其压敏电压应大于线圈额定电压有效值的 2.2 倍。

为了减少电动机和电力变压器投切时产生的干扰，可以在 PLC 的电源输入端设置浪涌电流吸收器。

4. 模拟量 I/O 模块

S7-1500 的多功能模拟量输入模块具有自动线性化特性，适用于温度测量和限值监测，8 通道模拟量输入模块转换时间低至 125μs，分辨率均为 16 位，自带电缆屏蔽附件。高速型模拟量输入、模拟量输出模块的转换速度极快。

（1）模拟量输入模块

"4AI，U/I/RTD/TC" 和 "8AI，U/I/RTD/TC" 标准型和 "8AI，U/I/RTD/TC" 基本型模块的输入信号为电压、电流、热电阻、热电偶和电阻。"8AI，U/I" 高性能型和 "8AI，U/R/RTD/TC"

高性能型模块快速模式每通道的转换时间为 4/18/22/102ms（与组态的 A/D 转换的积分时间有关）。电流/电压、热电阻/热电偶和电阻输入时屏蔽电缆的最大长度分别为 800m、200m 和 50m。每个通道的测量类型和范围可以任意选择，只需要改变硬件配置和外部接线。"8AI，U/I"高速型模块每通道的转换时间为 62.5μs。16 通道基本型 AI 模块有电压输入型和电流输入型。

（2）模拟量输出模块

"2AQ，U/I"和"4AQ，U/I"标准型模块可输出电流和电压，每通道的转换时间为 0.5ms。"4AQ，U/I"高性能型模块每通道的转换时间为 125μs。上述模块电流、电压输出时屏蔽电缆的最大长度分别为 800m 和 200m。

"8AQ，U/I"高速型模块每通道的转换时间为 50μs。屏蔽电缆的最大长度为 200m。

（3）模拟量输入/输出模块

"4AI，U/I/RTD/TC 标准型/2AQ，U/I 标准型"模块的性能指标分别与"4AI，U/I/RTD/TC 标准型"模块和"2AQ，U/I 标准型"模块的相同，相当于这两种模块的组合。

1.2.4 工艺模块与通信模块

1. 工艺模块

工艺模块包括高速计数模块、位置检测模块、时间戳模块和 PTO 脉冲输出模块等。

（1）高速计数模块

计数和位置检测模块具有硬件级的信号处理功能，可以对各种传感器进行快速计数、测量和位置记录，支持集中式和分布式操作。

TM Count 2 x24V 和 TM PosInput 2 模块的供电电压为 DC 24V，可连接两个增量式编码器，后者还支持 SSI 绝对值编码器，计数范围 32 位。它们的计数频率分别为 200kHz 和 1MHz，4 倍频时分别为 800kHz 和 4MHz。分别集成了 6 个和 4 个 DI 点，用于门控制、同步、捕捉和自由设定。还集成了 4 个 DQ 点，用于比较值转换和自由设定。它们具有频率、周期和速度测量功能，以及绝对位置和相对位置检测功能，还具有同步、比较值、硬件中断、诊断中断、输入滤波器、等时模式等功能。

（2）时间戳模块

TM Timer DIDQ 16x24V 时间戳模块可以读取离散量输入信号的上升沿和下降沿，并标以高精度的时间戳信息。离散量输出可以基于精确的时间控制。离散量输入信号支持时间戳检测、计数、过采样（Oversampling）等功能。离散量输出信号支持过采样、时间控制切换和脉冲宽度调制等功能。该模块可用于电子凸轮控制、长度检测、脉冲宽度调制和计数等多种应用，最多 8 通道数字量输入和 16 通道数字量输出。输入频率最大 50kHz，计数频率最大 200kHz（4 倍频）。支持等时模式，有硬件中断、诊断中断和模块级诊断功能。

（3）PTO 脉冲输出模块

脉冲输出模块 TM PTO 4 可以连接最多 4 个步进电机轴，通过工艺对象实现与驱动器的接口。可提供 RS-422、TTL（5 V）和 24V 脉冲输出信号。24V/TTL 输出频率最高 200kHz，RS-422 最高 1MHz。集成了 12 点数字量输入和 12 点数字量输出，用于驱动器使能和测量输入等。集成了工艺对象，使用简单方便。

2．通信模块

（1）点对点通信模块

点对点通信模块 CM PtP 可以连接数据读卡器或特殊传感器，可以集中使用，也可以在分布式 ET 200MP I/O 系统中使用。可以使用 3964（R）、Modbus RTU（仅高性能型）或 USS 协议，以及基于自由口的 ASCII 协议。它有 CM PtP RS422/485 基本型和高性能型、CM PtP RS232 基本型和高性能型这 4 种模块。基本型的通信速率为 19.2kbit/s，最大报文长度 1kB，高性能型为 115.2kbit/s 和 4kB。RS-422/485 接口的屏蔽电缆最大长度 1200m，RS-232 接口为 15m。

（2）PROFIBUS 模块

PROFIBUS 模块 CP 1542-5 和 CM 1542-5 可以作 PROFIBUS-DP 主站和从站，有 PG/OP 通信功能，可使用 S7 通信协议，两种模块分别可以连接 32 个和 125 个从站。传输速率为 9.6kbit/s～12Mbit/s。CPU 集成的 DP 接口只能作 DP 主站。

（3）PROFINET 模块

PROFINET 模块 CM 1542-1 是可以连接 128 个 IO 设备的 IO 控制器，有实时通信（RT）、等时实时通信（IRT）、MRP（介质冗余）、NTP（网络时间协议）和诊断功能，可以作 Web 服务器。支持通过 SNMP（简单网络管理协议）版本 V1 进行数据查询。设备更换时无须可交换存储介质。支持开放式通信、S7 通信、ISO 传输、TCP、ISO-on-TCP、UDP 和基于 UDP 连接组播等。传输速率为 10M/100M bit/s。

（4）以太网模块

CP 1543-1 是带有安全功能的以太网模块，在安全方面支持基于防火墙的访问保护、VPN、FTPS Server/Client 和 SNMP V1、V3。支持 IPv6 和 IPv4、FTP Server/Client、NTP、SMTP、FETCH/WRITE 访问（CP 作为服务器）、Email 和网络分割。支持 Web 服务器访问、S7 通信和开放式用户通信，传输速率为 10M/100M/1000M bit/s。

（5）ET 200MP 的接口模块

ET 200MP 通过接口模块进行分布式 I/O 扩展，ET 200MP 与 S7-1500 的中央机架使用相同的 I/O 模块。模块采用螺钉压线方式，高速背板通信，支持 PROFINET 或 PROFIBUS，使用 DC 24V 电源电压，有硬件中断、诊断中断和诊断功能。

IM 155-5 DP 标准型 PROFIBUS 接口模块支持 12 个 I/O 模块。

IM 155-5 PN 标准型和高性能型 PROFINET 接口模块支持 30 个 I/O 模块。它们支持等时同步模式（最短周期 250μs）、IRT、MRP、MRPD 和优先化启动。支持开放式 IE 通信。有硬件中断和诊断中断功能，高性能型支持 S7-400H 冗余系统。IM 155-5 PN 基本型模块支持 12 个 I/O 模块。"共享设备"功能允许不同的 IO 控制器访问同一个 IO 设备的模块或子模块。高性能型接口模块可访问 4 个 IO 控制器，其他 PN 接口模块可访问 2 个 IO 控制器。

1.3　分布式 I/O

西门子的 ET 200 是基于现场总线 PROFIBUS-DP 和 PROFINET 的分布式 I/O，可以分别与经过认证的非西门子公司生产的 PROFIBUS-DP 主站或 PROFINET IO 控制器协同运行。

在组态时，STEP 7 自动分配 ET 200 的输入/输出地址。DP 主站或 IO 控制器的 CPU 分别通过 DP 从站或 IO 设备的 I/O 模块的地址直接访问它们。

ET 200MP 和 ET 200SP 是专门为 S7-1200/1500 设计的分布式 I/O，它们也可以用于 S7-300/400。

1.3.1　ET 200SP 分布式 I/O

1．ET 200SP 简介

ET 200SP 是新一代分布式 I/O 系统（见图 1-11），支持 PROFINET 和 PROFIBUS。

它的体积小巧，功能强大，简单易用。最多可带 64 个 I/O 模块，每个数字量模块最多 16 点。用标准 DIN 导轨安装，采用直插式端子，无须工具单手可以完成接线。模块、基座的组装方便，各种模块任意组合，各个负载电势组的形成无须 PM-E 电源模块。有热拔插、状态显示和诊断功能。

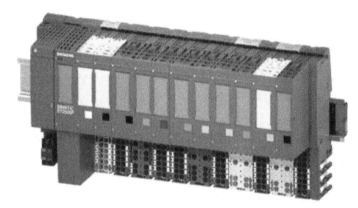

图 1-11　ET 200SP

ET 200SP 一个站点的基本配置包括 IM 通信接口模块，各种 I/O 模块、功能模块和对应的基座单元。最右侧是用于完成配置的服务模块，它无须单独订购，随接口模块附带。基座单元为 I/O 模块提供可靠的连接，实现供电及背板通信等功能。

2．ET 200SP 的接口模块

IM 155-6 PN 接口模块有基本型、标准型、高速型和高性能型，分别支持 12、32、30 和 64 个模块，均含服务模块。IM 155-6 PN/3 高性能型模块有 3 个端口，2 个总线适配器接口，不含总线适配器。高性能型支持 S2 系统冗余。IM 155-6 DP 高性能型接口模块支持 32 个模块。

对于标准应用，在中度的机械振动和电磁干扰条件下，PROFINET 接口模块可选用 BA 2×RJ45 总线适配器，它带有两个标准的 RJ45 接口。

对于有更高的抗振和抗电磁干扰要求的设备，推荐采用 BA 2×FC 总线适配器。在这种情况下，电缆通过快连端子直接连接，这种方式有 5 倍的机械抗振能力和抗电磁干扰能力。

对于高性能接口模块，还可以选择带有光纤接口的总线适配器。

PROFIBUS 接口模块已经包含了快连式 DP 接头。

3．ET 200SP 的 I/O 模块和工艺模块

ET 200SP 具有多种 I/O 模块，输入时间短，模拟量模块的精度高，丰富的种类可以满足不同的应用需要。模块有标准型、基本型、高性能型和高速型。

不同模块通过不同的颜色进行标识，DI 为白色，DQ 为黑色，AI 为淡蓝色，AQ 为深蓝色。模块可热插拔，正面带有接线图。两种电能测量模块可以实现各种电能参数的测量。有 16 点、8 点和 4 点的数字量模块，8 点、4 点、2 点的 AI 模块，以及 4 点、2 点的 AQ 模块。

ET 200SP 有类似于 S7-1500 的 3 种工艺模块。计数器模块 TM Count 1x24V 和定位模块 TM PosInput 1 只有 1 个通道，TM Timer DIDO 10x24V 带时间戳模块有 10 个数字量输入、输出点，可连接增量式编码器。TM Pulse 2x24V 脉冲输出模块可输出脉宽调制信号和脉冲序列，无需功率单元，就可以实现低成本的直流电机双向控制。SIWAREX WP321 称重模块可用于平台秤、料仓秤、定量灌装/包装和测力等场合。

4．ET 200SP 的通信模块

ET 200SP 支持串行通信、IO-Link、AS-i、CAN、DALI 和 PROFIBUS-DP 通信。

CM PtP 串行通信模块支持 RS-232、RS-422/RS-485 接口，以及自由口、3964（R）、Modbus RTU 主站/从站协议和 USS 协议。

DALI 是数字照明控制的国际标准。CM 1xDALI 通信模块作为 DALI V2 多主应用控制器，可接最多 63 个传感器（DELI 输入设备），最多 64 个灯（DALI 控制装置）。

CM 4xIO-Link 主站模块符合 IO-Link 规范 V1.1，有 4 个接口。

CM AS-i Master ST 模块符合 AS-i（执行器传感器接口）规范 V3.0，最多 62 个从站。

CM DP 模块可以实现 PROFIBUS-DP 主站和从站功能，最多支持 125 个 DP 从站。

通信处理器 CP 154xSP-1（x 为 2、3）用于将 ET 200SP 连接到工业以太网，为 CPU 提供附加的 S7 通信以太网接口。CP 154xSP-1 有 3 种型号的产品，具体功能见配套资源中的手册《ET 200SP 图书馆》。

5．ET 200SP 故障安全系统

ET 200SP F CPU（例如 CPU 1512SP F-1 PN）是故障安全 IO 控制器，故障安全 I/O 模块和非故障安全 I/O 模块可以混合使用。故障安全电源模块为 ET 200SP 故障安全系统提供电源。故障安全数字量输入模块检测安全传感器的信号状态，并将相应的安全帧发送到 F-CPU。故障安全数字量输出模块适用于安全关闭过程，并可以对执行器之前的电路进行短路和跨接保护。故障安全电机起动器用于安全地断开电机负载。

1.3.2　其他分布式 I/O

打开网络视图后，硬件目录的"分布式 I/O"文件夹中还有本节介绍的分布式 I/O。使用不同的接口模块，ET 200SP、ET 200S、ET 200M、ET 200MP、ET 200AL 和 ET 200pro 均可以分别接入 PROFIBUS-DP 和 PROFINET 网络。ET 200iSP 可接入 PROFIBUS-DP，ET 200L 和 ET 200R 是老一代的分布式 I/O。

1．安装在控制柜内的 ET 200

（1）ET 200S

ET 200S 是模块化的分布式 I/O，PROFINET 接口模块集成了双端口交换机。IM 151-7 CPU 接口模块的功能与 CPU 314 相当，IM151-8 PN/DP CPU 接口模块的 PROFINET 接口有 3 个 RJ45 端口。ET 200S 有数字量和模拟量 I/O 模块、技术功能模块、通信模块、最大 7.5kW 的电动机起动器、最大 4.0kW 的变频器和故障安全模块。每个站最多 63 个 I/O 模块，每个数字量模块最多 8 点。有热插拔功能和丰富的诊断功能，可以用于危险区域 Zone 2。ET 200S

COMPACT 紧凑型模块有 32 点数字量 I/O，可以扩展 12 个 I/O 模块。

（2）ET 200M

ET 200M 是多通道模块化的分布式 I/O，使用 S7-300 的 I/O 模块。ET 200M 可以提供与 S7-400H 系统相连的冗余接口模块和故障安全型 I/O 模块。ET 200M 可以用于 Zone 2 的危险区域，传感器和执行器可以用于 Zone 1。通过配置有源背板总线模块，ET 200M 支持带电热插拔功能。接口模块 IM153-1 DP 和 IM153-2 DP 最多分别可以扩展 8 块和 12 块模块。

（3）ET 200iSP

ET 200iSP 是本质安全 I/O 系统，只能用于 PROFIBUS-DP，适用于有爆炸危险的区域。模块化 I/O 可以直接安装在 Zone 1，可以连接来自 Zone 0 的本质安全的传感器和执行器。

ET 200iSP 可以扩展多种端子模块，有热插拔功能，最多可以插入 32 块电子模块。ET 200iSP 有支持 HART 通信协议的模块，可以用于容错系统的冗余运行。

2. 不需要控制柜的 ET 200

不需要控制柜的 ET 200 的保护等级为 IP65/67，具有抗冲击、防尘和不透水性，能适应恶劣的工业环境，可以用于没有控制柜的 I/O 系统。ET 200 无控制柜系统安装在一个坚固的玻璃纤维加强塑壳内，耐冲击和污物。而且附加部件少，节省布线，响应快。

（1）ET 200pro

ET 200pro 是多功能模块化分布式 I/O，采用紧凑的模块化设计，易于安装。可选用多种连接模块，有无线接口模块。ET 200pro 具有极高的抗振性能，最低运行温度−25℃。有数字量和模拟量 I/O 模块、电动机起动器、变频器、RFID（射频识别）模块和气动模块等，支持故障安全功能。最多 16 个 I/O 模块，可以带电热插拔。

（2）ET 200eco

ET 200eco 是一体化经济实用的数字量 I/O 模块，只能用于 PROFIBUS-DP，有故障安全模块和多种连接方式，能在运行时更换模块，不会中断总线或供电。

（3）ET 200eco PN

ET 200eco PN 是用于 PROFINET 的经济型、节省空间的 I/O 模块，每个模块集成了两个端口的交换机。通过 PROFINET 的线性或星形拓扑，可以实现在工厂中的灵活分布。

开关量模块最多 16 点，还有模拟量模块、IO-Link 主站模块和负载电源分配模块。工作温度范围可达−40℃～60℃，抗振能力强。

（4）ET 200AL

ET 200AL 是安装灵活的分布式 I/O，具有结构紧凑、重量较轻、安装空间小等诸多特性，适用于狭小的安装空间和涉及移动设备的场合。ET 200AL 可以通过 IM 157-1 PN 和 IM 157-1 DP 接口模块，分别连接到 PROFINET 和 PROFIBUS 网络，或通过 ET 200SP 的连接适配器 BusAdapter BA-Send 1xFC，连接到自动化网络中。ET 200AL 有两个独立的背板总线，可以各带 16 个 I/O 模块，最多可支持 32 个模块。

1.4 TIA 博途与仿真软件的安装

1. TIA 博途中的软件

TIA 博途是西门子自动化的全新工程设计软件平台，它将所有自动化软件工具集成在统一的开发环境中。TIA 博途通过统一的控制、显示和驱动机制，实现高效的组态、编程和公共数据存储，极大地简化了工厂内所有组态阶段的工程组态过程。

TIA 博途中的 STEP 7 Professional 可用于 S7-1200/1500、S7-300/400 和 WinAC 的组态、编程和诊断。S7-1200 还可以用 TIA 博途中的 STEP 7 Basic 编程。

TIA 博途中的 WinCC 是用于西门子的 HMI（人机界面）、工业 PC 和标准 PC 的组态软件。WinCC 的基本版用于组态精简面板，STEP 7 集成了 WinCC 的基本版。WinCC 的精智版用于组态精简面板、精智面板和移动面板。WinCC 的高级版还可以组态 PC 单站，WinCC 的专业版还可以组态 SCADA 系统。

SINAMICS Startdrive 用于所有 SINAMICS 驱动设备的系统组态、参数设置、调试和诊断。Scout TIA V5.3 SP1 用于实现 SIMOTION 运动控制器的工艺对象的组态、编程、调试和诊断。

选件包 STEP 7 Safety 用于标准和故障安全自动化的工程组态系统，支持所有的 S7-1200F/1500F-CPU 和老型号 F-CPU。

STEP 7 的操作直观、上手容易、使用简单。由于具有通用的项目视图、直观化的用户界面、高效的导航设计、智能的拖拽功能以及共享的数据处理等，保证了项目的质量。

STEP 7 和 WinCC V15.1 试用版在下载时被分为 3 个 DVD 文件夹。其中的 DVD1 文件夹为 STEP 7 和 WinCC，DVD2 文件夹为硬件支持包、开源软件和工具，DVD3 文件夹为老面板的映像文件。本书的配套资源提供了 DVD1 文件夹。

2. 安装 TIA 博途 V15 SP1 对计算机的要求

推荐的计算机硬件的最低配置如下：处理器主频 2.3GHz，内存 8GB，硬盘有 20GB 的可用空间，屏幕分辨率为 1024×768 像素。建议的 PC 硬件如下：处理器主频 3.4GHz，内存 16GB 或更多，硬盘至少 50GB 可用空间，15.6in 高清显示器（分辨率为 1920×1080 像素或更高）。

TIA 博途 V15 SP1 要求的计算机操作系统为非家用版的 64 位的 Windows 7 SP1，或非家用版的 64 位的 Windows 10，以及某些 Windows 服务器。

TIA 博途中的软件应按下列顺序安装：STEP 7 与 WinCC，S7-PLCSIM，Startdrive，STEP 7 Safety Advanced。

3. 安装 STEP 7 和 WinCC V15.1

为了保证成功地安装 TIA 博途，建议在安装之前卸载杀毒软件和 360 卫士之类的软件。安装时将随书资源的文件夹"TIA Portal STEP7 Pro-WINCC Adv V15 SP1 DVD1"中的 5 个文件保存到同一个文件夹，然后双击运行其中扩展名为 exe 的文件。首先出现欢迎对话框，单击各对话框的"下一步(N) >"按钮，进入下一个对话框。

选择安装语言为默认的简体中文，下一对话框将软件包解压缩到指定的文件夹，可用复选框设置退出时删除提取的文件。

解压结束后，开始初始化。在"安装语言"对话框，采用默认的安装语言（简体中文）。在"产品语言"对话框，采用默认的英语和中文。在"产品配置"对话框，建议采用默认的"典型"配置和默认的目标文件夹。单击"浏览"按钮，可以设置安装软件的目标文件夹。

在"许可证条款"对话框（见图 1-12），单击窗口下面的两个小正方形复选框，使方框中出现"√"（这种操作简称为"勾选"），接受列出的许可协议的条款。

在"安全控制"对话框，勾选复选框"我接受此计算机上的安全和权限设置"。

"概览"对话框列出了前面设置的产品配置、产品语言和安装路径。单击"安装"按钮，开始安装软件。安装结束后，出现的对话框询问"现在是否重启计算机？"，用单选框选中"是"，单击"重新启动"按钮，重启计算机。

在安装过程中，如果出现图 1-13 中的对话框，重新启动计算机后再安装软件，又会出现上述对话框。解决的方法如下：同时按键盘上的 Windows 键⊞和〈R〉键，打开"运行"对话框，键入命令 Regedit，单击"确定"按钮，打开注册表编辑器。打开左边窗口的文件夹"\HKEY_LOCAL_MACHINE\SYSTEM\CurrentControlSet\Control"，选中其中的"Session Manager"，用键盘上的删除键〈Delete〉删除右边窗口中的条目"PendingFileRename Operations"。这样不用重新启动计算机就可以安装软件了。

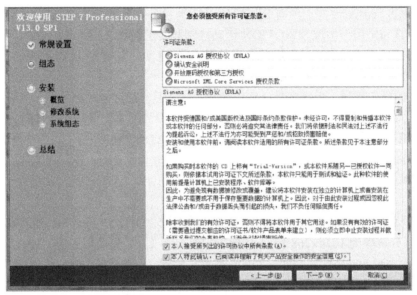

图 1-12 "许可证条款"对话框

图 1-13 要求重启计算机的对话框

4. 安装 S7-PLCSIM

双击文件夹"\PLCSIM V15 SP1"中的 Start.exe，开始安装软件。安装过程与安装 STEP 7 和 WinCC V15.1 基本相同。

如果没有软件的自动化许可证，第一次使用软件时，将会出现图 1-14 所示的对话框。选中 STEP 7 Professional，单击"激活"按钮，激活试用许可证密钥，可以获得 21 天试用期。

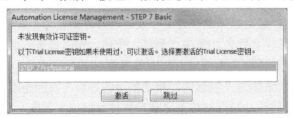

图 1-14 激活试用许可证密钥

5. 学习 TIA 博途的建议

博途是一种大型软件,功能非常强大,使用也很方便,但是需要花较多的时间来学习,才能掌握它的使用方法。

学习使用大型软件时一定要动手使用软件,如果只是限于阅读手册和书籍,不可能掌握软件的使用方法,只有边学边练习,才能逐渐学好、用好软件。

本书的配套资源提供了基于 TIA 博途的编程软件 STEP 7 V15 SP1、HMI 组态软件 WinCC V15 SP1、仿真软件 S7-PLCSIM V15 SP1、几十本中文用户手册、与正文配套的 80 多个例程和 60 多个多媒体视频教程。

S7-1200 的仿真软件 S7-PLCSIM 和 HMI 的运行系统可以分别对 PLC 和 HMI 仿真,它们还可以对 PLC 和 HMI 组成的控制系统仿真。读者安装好 STEP 7 和 S7-PLCSIM 后,在阅读本书的同时,可以一边看书一边打开有关的例程,进行仿真操作,这样做可以达到事半功倍的效果。在此基础上,读者可以创建与例程相似的项目,对项目进行组态、编程和仿真调试,这样可以进一步提高使用博途组态硬件、编程和调试程序的能力。配套资源中的视频教程比书中的文字和插图更为形象直观,可以通过视频教程学习软件的使用方法。

1.5　TIA 博途使用入门

1. Portal 视图与项目视图

TIA Portal 提供两种不同的工具视图,即基于项目的项目视图和基于任务的 Portal(门户)视图。在 Portal 视图中(见图 1-15),可以概览自动化项目的所有任务。初学者可以借助面向任务的用户指南,以及最适合其自动化任务的编辑器来进行工程组态。

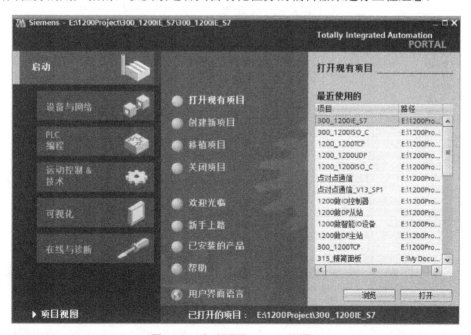

图 1-15　启动画面(Portal 视图)

安装好 TIA 博途后,双击桌面上的图标 ,打开启动画面(即 Portal 视图)。在 Portal

视图中，可以打开现有的项目，创建新项目，打开项目视图中的"设备和网络"视图（见图 1-16）、程序编辑器和 HMI 的画面编辑器等。单击视图左下角的"项目视图"，将切换到项目视图。因为具体的操作都是在项目视图中完成的，本书主要使用项目视图。

菜单和工具栏是大型软件应用的基础，初学时可以新建一个项目，或者打开一个已有的项目，对菜单和工具栏进行各种操作，通过操作了解菜单中的各种命令和工具栏中各个按钮的使用方法。

菜单中浅灰色的命令和工具栏中浅灰色的按钮表示在当前条件下，不能使用该命令和该按钮。例如在执行了"编辑"菜单中的"复制"命令后，"粘贴"命令才会由浅灰色变为黑色，表示可以执行该命令。下面介绍项目视图各组成部分的功能。

2. 项目树

图 1-16 中标有①的区域为项目树，可以用它访问所有的组件和项目数据，添加新的组件，编辑已有的组件，查看和修改现有组件的属性。

项目中的各组成部分在项目树中以树型结构显示，分为 4 个层次：项目、设备、文件夹和对象。项目树的使用方式与 Windows 的资源管理器相似。作为每个编辑器的子元件，用文件夹以结构化的方式保存对象。

单击项目树右上角的◀按钮，项目树和下面标有②的详细视图消失，同时最左边的垂直条的上端出现▶按钮。单击它将打开项目树和详细视图。可以用类似的方法隐藏和显示右边标有⑤的任务卡（图 1-16 中为硬件目录）。

图 1-16　在项目视图中组态硬件

将鼠标的光标放到相邻的两个窗口的垂直分界线上，出现带双向箭头的➕光标时，按住鼠标的左键移动鼠标，可以移动分界线，以调节分界线两边的窗口大小。可以用同样的方法调节水平分界线。

单击项目树标题栏上的"自动折叠"按钮▯，该按钮变为▯（永久展开）。此时单击项目树之外的任何区域，项目树自动折叠（消失）。单击最左边的垂直条上端的▶按钮，项目树随即打开。单击▯按钮，该按钮变为▯，自动折叠功能被取消。

可以用类似的操作，启动或关闭任务卡和巡视窗口的自动折叠功能。

3. 详细视图

项目树视图下面标有②的区域是详细视图，打开项目树中的"PLC 变量"文件夹，选中其中的"默认变量表"，详细视图显示出该变量表中的变量。用鼠标左键按住其中的某个符号地址并移动鼠标，开始时光标的形状为🚫（禁止放置）。光标进入程序中用红色问号表示的需要设置地址的地址域时，形状变为▯（允许放置）。松开左键，该符号地址被放在地址域，这个操作称为"拖拽"。拖拽到已设置的地址上时，原来的地址将会被替换。

单击详细视图左上角的▾按钮或"详细视图"标题，详细视图被关闭，只剩下紧靠"Portal 视图"的标题，标题左边的按钮变为▶。单击该按钮或标题，重新显示详细视图。单击标有④的巡视窗口右上角的▾按钮或▴按钮，可以隐藏和显示巡视窗口。

4. 工作区

标有③的区域为工作区，可以同时打开几个编辑器，但是一般只能在工作区同时显示一个当前打开的编辑器。在最下面标有⑦的编辑器栏中显示被打开的编辑器，单击它们可以切换工作区显示的编辑器。

单击工具栏上的▯、▬按钮，可以垂直或水平拆分工作区，同时显示两个编辑器。

在工作区同时打开程序编辑器和设备视图，将设备视图放大到 200%或以上，可以将模块上的 I/O 点拖拽到程序编辑器中指令的地址域，这样不仅能快速设置指令的地址，还能在 PLC 变量表中创建相应的条目。也可以用上述的方法将模块上的 I/O 点拖拽到 PLC 变量表中。

单击工作区右上角的"最大化"按钮▯，将会关闭其他所有的窗口，工作区被最大化。单击工作区右上角的"浮动"按钮▯，工作区浮动。用鼠标左键按住浮动的工作区的标题栏并移动鼠标，可以将工作区拖到画面上希望的位置。松开左键，工作区被放置在当前所在的位置。

工作区被最大化或浮动后，单击浮动的窗口右上角的"嵌入"按钮▯，工作区将恢复原状。图 1-16 的工作区显示的是设备和网络编辑器的"设备视图"选项卡，可以组态硬件。选中"网络视图"选项卡，打开网络视图，可以组态网络。选中"拓扑视图"选项卡，可以组态 PROFINET 网络的拓扑结构。

可以将硬件列表中需要的设备或模块拖拽到工作区的设备视图和网络视图中。

5. 巡视窗口

标有④的区域为巡视（Inspector）窗口，用来显示选中的工作区中的对象附加的信息，还可以用巡视窗口来设置对象的属性。巡视窗口有 3 个选项卡：

1）"属性"选项卡：用来显示和修改选中的工作区中的对象的属性。巡视窗口中左边的窗口是浏览窗口，选中其中的某个参数组，在右边窗口显示和编辑相应的信息或参数。

2）"信息"选项卡：显示所选对象和操作的详细信息，以及编译后的报警信息。

3）"诊断"选项卡：显示系统诊断事件和组态的报警事件。

图 1-16 选中了工作区中 101 号插槽的 RS485 通信模块。巡视窗口有两级选项卡，选中第一级的"属性"选项卡和第二级的"常规"选项卡，再选中左边浏览窗口的"RS-485 接口"文件夹中的"IO-Link"，简记为选中了巡视窗口的"属性 ＞ 常规 ＞ RS-485 接口 ＞ IO-Link"。

6. 任务卡

标有⑤的区域为任务卡，任务卡的功能与编辑器有关。可以通过任务卡进行进一步的或附加的操作。例如从库或硬件目录中选择对象，搜索与替代项目中的对象，将预定义的对象拖拽到工作区。

可以用最右边的竖条上的按钮来切换任务卡显示的内容。图 1-16 中的任务卡显示的是硬件目录，任务卡下面标有⑥的"信息"窗格中是在"目录"窗格选中的硬件对象的图形和对它的简要描述。

单击任务卡工具栏上的"更改窗格模式"按钮 ，可以在同时打开几个窗格和同时只打开一个窗格之间切换。

视频"TIA 博途使用入门（A）"和"TIA 博途使用入门（B）"可通过扫描二维码 1-1 和二维码 1-2 播放。

二维码 1-1　　二维码 1-2

7. 新建一个项目

执行菜单命令"项目"→"新建"，在出现的"创建新项目"对话框中，将项目的名称修改为"电动机控制"。单击"路径"输入框右边的 按钮，可以修改保存项目的路径。单击"创建"按钮，开始生成项目。

8. 添加新设备

双击项目树中的"添加新设备"，出现"添加新设备"对话框（见图 1-17）。单击其中的"控制器"按钮，双击要添加的 CPU 的订货号，添加一个 PLC。在项目树、设备视图和网络视图中可以看到新添加的 CPU。

将硬件目录中的设备拖拽到网络视图中，也可以添加设备。

9. 设置项目的参数

执行菜单命令"选项"→"设置"，选中工作区左边浏览窗口的"常规"（见图 1-18），用户界面语言为默认的"中文"，助记符为默认的"国际"（英语助记符）。

图 1-17　"添加新设备"对话框

建议用单选框选中"起始视图"区的"项目视图"或"上一视图"，以后在打开博途时将会自动打开项目视图或上一次关闭时的视图。

图 1-18 的右图是选中"常规"后右边窗口下面的部分内容，在"存储设置"区，可以选择最近使用的存储位置或默认的存储位置。选中后者时，可以用"浏览"按钮设置保存项目和库的文件夹。

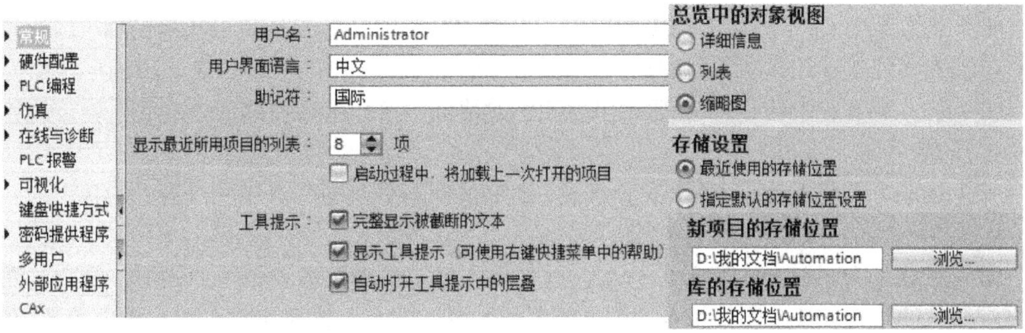

图 1-18　设置 TIA 博途的常规参数

1.6　S7-1200/1500 CPU 的参数设置

1.6.1　硬件组态的基本方法

1. 硬件组态的任务

英语单词"Configuring"（配置、设置）一般被翻译为"组态"。设备组态的任务就是在设备视图和网络视图中，生成一个与实际的硬件系统对应的虚拟系统，PLC、远程 I/O、HMI 和各种模块的型号、订货号和版本号，模块的安装位置和设备之间的通信连接，都应与实际的硬件系统完全相同。此外还应设置模块的参数，即给参数赋值。

组态信号模块时，STEP 7 自动地分配它们的 I/Q 地址，为编写程序提供了必要条件。

组态信息应下载到 CPU，CPU 按组态的参数运行。自动化系统启动时，CPU 比较组态时生成的虚拟系统和实际的硬件系统，检测出可能的错误并用巡视窗口显示。可以设置两个系统不兼容时，是否能启动 CPU（见图 1-26）。

CPU 根据组态的信息对模块进行实时监控，如果模块有故障，CPU 将报警和产生中断，并将故障信息保存到诊断缓冲区。

模块的组态信息保存在 CPU 中，在 CPU 启动期间传送给对应的模块。更换故障模块后，不需要重新下载组态信息。

TIA 博途为各种模块的参数预设了默认值，一般可以采用模块的默认值，只需要修改少量的参数。

2. 在设备视图中添加模块

打开项目"电动机控制"的项目树中的"PLC_1"文件夹（见图 1-16），双击其中的"设备组态"，打开设备视图，可以看到 1 号插槽中的 CPU 模块。在硬件组态时，需要将 I/O 模块或通信模块放置到工作区的机架的插槽内，有两种放置硬件对象的方法。

（1）用"拖拽"的方法放置硬件对象

单击图 1-16 中最右边竖条上的"硬件目录"按钮，打开硬件目录窗口。打开文件夹"\通信模块\点到点\CM 1241（RS485）"，单击选中订货号为 6ES7 241-1CH30-OXBO 的 CM 1241（RS485）模块，其背景色变为深色。可以插入该模块的 CPU 左边的 3 个插槽四周出现深蓝色的方框，只能将该模块插入这些插槽。用鼠标左键按住该模块不放，移动鼠标，将选中的模块"拖"到机架中 CPU 左边的 101 号插槽,该模块浅色的图标和订货号随着光标一起移动。没有移动到允许放置该模块的区域时,光标的形状为 ⊘（禁止放置）。反之光标的形状变为 🔛（允许放置）,同时选中的 101 号插槽出现浅色的边框。松开鼠标左键,拖动的模块被放置到选中的插槽。

用上述的方法将 CPU、HMI 或分布式 I/O 拖拽到网络视图,可以生成新的对象。

（2）用双击的方法放置硬件对象

放置模块还有另外一个简便的方法,首先单击机架中需要放置模块的插槽,使它的四周出现深蓝色的边框。双击硬件目录中要放置的模块的订货号,该模块便出现在选中的插槽中。

放置信号模块和信号板的方法与放置通信模块的方法相同,信号板安装在 CPU 模块内,信号模块安装在 CPU 右侧的 2~9 号插槽。将 DI 2/DQ 2 信号板插入 CPU,将 DI 模块 DI 8x24VDC、DQ 模块 DQ 8x24VDC、AI/AQ 模块 AI 4x13BIT/AQ 2x14BIT 分别插入 2~4 号插槽。

可以将信号模块插入已经组态的两个模块中间。插入点右边所有的信号模块将向右移动一个插槽的位置,新的模块被插入到空出来的插槽。

如果在设备视图中将缩放级别设置为大于等于 200%,可以显示 I/O 模块的各个 I/O 通道。如果已经为通道定义了 PLC 变量,则显示 PLC 变量的名称。

3. 硬件目录中的过滤器

如果勾选了图 1-16 中"硬件目录"窗口左上角的"过滤"复选框,激活了硬件目录的过滤器功能,则硬件目录只显示与工作区中的设备有关的硬件。例如打开 S7-1200 的设备视图时,如果勾选了"过滤"复选框,则硬件目录窗口只显示 S7-1200 的组件,不会显示其他控制设备。

4. 删除硬件组件

可以删除被选中的设备视图或网络视图中的硬件组件,被删除的组件的插槽可供其他组件使用。不能单独删除 CPU 和机架,只能在网络视图或项目树中删除整个 PLC 站。

删除硬件组件后,可能在项目中产生矛盾,即违反了插槽规则。选中指令树中的"PLC_1",单击工具栏上的"编译"按钮 🔲,对硬件组态进行编译。编译时进行一致性检查,如果有错误,将会显示错误信息,应改正错误后重新进行编译,直到没有错误为止。

5. 复制与粘贴硬件组件

可以在项目树、网络视图或设备视图中复制硬件组件,然后将保存在剪贴板上的组件粘贴到其他地方。可以在网络视图中复制和粘贴站点,在设备视图中复制和粘贴模块。

可以用拖拽的方法或通过剪贴板在设备视图或网络视图中移动硬件组件,但是 CPU 必须在 1 号插槽。

6. 更改设备的型号

右键单击项目树或设备视图中要更改型号的 CPU 或 HMI,执行出现的快捷菜单中的"更改设备"命令,双击出现的"更改设备"对话框右边的列表中用来替换的设备的订货号,设备型号被更改。

7. 打开已有的项目

单击工具栏中的 🔲 按钮,双击打开的"打开项目"对话框中列出的最近使用的某个项目,打开该项目。或者单击对话框中的"浏览"按钮,在打开的对话框中打开某个项目的文件夹,双击其中标有 🔲 的文件,打开该项目。

8. 打开用 TIA 博途较早版本保存的项目

单击工具栏上的"打开项目"按钮，打开一个用 TIA 博途较早的版本（例如 V13 版）保存的项目文件夹，双击其中后缀为"ap13"的文件，单击对话框中的"升级"按钮，数据被导入新项目。为了完成项目升级，升级后需要对每台设备执行菜单命令"编辑"→"编译"。

1.6.2　组态 PROFINET 接口

1. 以太网地址组态

打开一个 S7-1200 的项目，选中设备视图中 CPU 的 PROFINET 接口，再选中巡视窗口的"属性 > 常规 > 以太网地址"（见图 1-19），巡视窗口标题栏的"PROFINET 接口_1[Module]"是集成的 PROFINET 接口。

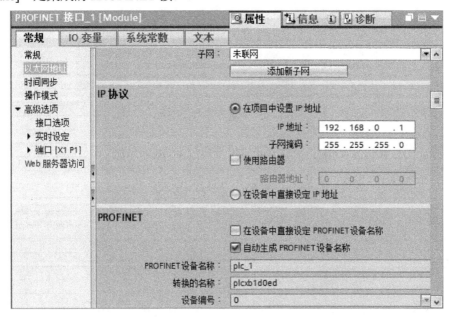

图 1-19　组态以太网地址

可以用"添加新子网"按钮添加新子网，用"子网"下拉式列表将接口连接到已有的网络上。

用单选框选中默认的选项"在项目中设置 IP 地址"，可以手动设置接口的 IP 地址和子网掩码。图 1-19 中是默认的 IP 地址和子网掩码。如果该 CPU 需要和其他子网的设备通信，应勾选"使用路由器"复选框，然后输入路由器的 IP 地址。

用单选框选中"在设备中直接设定 IP 地址"，则从组态之外的其他服务获取 IP 地址。

如果勾选了 PROFINET 区的复选框"在设备中直接设定 PROFINET 设备名称"，表示不是通过组态，而是用指令 T_CONFIG 或 S7-1500 的显示屏等方式分配 PROFINET 设备名称。

未勾选复选框"自动生成 PROFINET 设备名称"时，由用户设置 PROFINET 设备名称。"转换的名称"是符合 DNS 惯例的名称，用户不能修改。IO 控制器的"设备编号"默认值为 0，用户不能更改。

2. 组态网络时间同步

网络时间协议（Network Time Protocol，NTP）广泛应用于互联网的计算机时钟的时间同步，局域网内的时间同步精度可达 1ms。NTP 采用多重冗余服务器和不同的网络路径来保证时间同步的高精度和高可靠性。

选中 CPU 的以太网接口，再选中巡视窗口的"属性 > 常规 > 时间同步"，勾选"通过 NTP 服务器启动同步时间"复选框（见图 1-20）。然后设置时间同步的服务器的 IP 地址，最多可以添加 4 个 NTP 服务器。"更新间隔"是 PLC 每次请求时钟同步的时间间隔（10s～24h）。

二维码 1-3

视频"生成项目与组态 1200 硬件"可通过扫描二维码 1-3 播放。

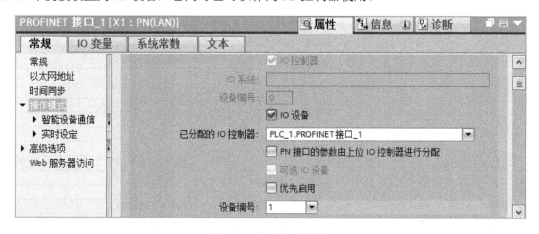

图 1-20　组态网络时间同步

3. 组态操作模式

选中巡视窗口左边窗口中的"操作模式"，可以将该接口设置为 IO 设备（见图 1-21）。CPU 即使被设置为 IO 设备，它同时也可以作为 IO 控制器使用。

图 1-21　组态操作模式

勾选了"IO 设备"复选框后，应在"已分配的 IO 控制器"选项中选择一个 IO 控制器。如果该 IO 设备的 IO 控制器不在该项目中，则应选择"未分配"。也可以用复选框设置"PN 接口的参数由上位 IO 控制器进行分配"。

4. 组态高级选项中的接口选项

（1）发生通信错误的处理

选中 CPU 1516 3PN/DP 的网络视图中的 PROFINET 接口[X1]，再选中巡视窗口的"属性 > 常规 > 高级选项 > 接口选项"（见图 1-22），如果没有勾选复选框"若发生通信错误，则调用用户程序"，出现 PROFINET 接口的通信错误时，不会调用诊断中断组织块 OB82，但是错误会进入 CPU 的诊断缓冲区。S7-1200 的 PROFINET 接口没有此选项。

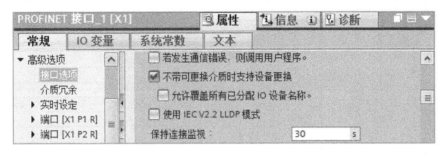

图 1-22　组态 S7-1500 PN 接口的"接口选项"

（2）无须可交换介质更换 IO 设备

PROFINET IO 设备没有 DP 从站那样的设置站地址的拨码开关，IO 控制器用 IO 设备名称来识别 IO 设备。在更换有故障的 IO 设备之后，必须通过编程设备为 IO 设备分配设备名称。早期的 IO 设备有可以存储设备名称的存储卡（可更换介质），可以通过将存储卡插入新更换的 IO 设备，来为 IO 设备分配设备名称。现在的 IO 设备没有存储卡，在更换 IO 设备时，如果所有的 IO 设备都支持 LLDP（Link Layer Discovery Protocol，链路层发现协议），IO 控制器使用 LLDP 来分析各 IO 设备和 IO 控制器之间的关系。通过这些关系，IO 控制器可以检测到更换的 IO 设备，并为其分配已组态的设备名称。

启用无须可交换介质的 IO 设备更换的操作步骤如下：

勾选图 1-22 中的复选框"不带可更换介质时支持设备更换"，允许在没有可更换介质（即存储卡）的情况下更换设备。该选项还允许自动调试，就是说可以在不事先分配设备名称的情况下，使用 IO 设备调试 IO 系统。

CPU 比较早的固件版本使用该功能之前，需要使用新的 IO 设备，或将已分配参数的 IO 设备恢复到出厂设置。对于固件版本为 V1.5 或更高的 S7-1500 CPU，如果勾选了 IO 控制器属性中的复选框"允许覆盖所有已分配 IO 设备名称"，则允许 IO 控制器覆盖 IO 设备的 PROFINET 设备名称。此时不用将已分配参数的 IO 设备恢复到出厂设置状态。

可以用"使用 IEC V2.2 LLDP 模式"复选框选择使用 IEC V2.2 还是 IEC V2.3 模式。

可以用"保持连接监视"输入框设置向 TCP 或 ISO-on-TCP 连接伙伴发送保持连接请求的时间间隔。

5. 其他高级选项组态

（1）组态介质冗余

S7-1500 CPU 的 PN 接口支持 MRP（介质冗余协议），S7-1200 CPU 没有介质冗余功能。选中图 1-23 的巡视窗口左边的"介质冗余"，可以设置 CPU 在介质冗余功能中作管理员还是客户端，使用哪个端口来连接 MRP 环网，以及网络出现故障时是否希望调用诊断中断组织块 OB82 等。

（2）组态实时设定参数

图 1-23 的以太网接口高级选项中的"实时设定"中的"发送时钟"是 IO 控制器和 IO 设备交换数据的最小时间间隔。同步功能可选"同步主站""同步从站"和"未同步"。"RT 等

级"可选 RT（实时通信）或 IRT（等时实时通信），S7-1200 的"实时设定"属性中没有"同步"。TIA 博途根据 IO 设备的数量和 I/O 字节，自动计算出用于周期性 IO 数据传输的带宽。最大带宽一般为"发送时钟"的一半。

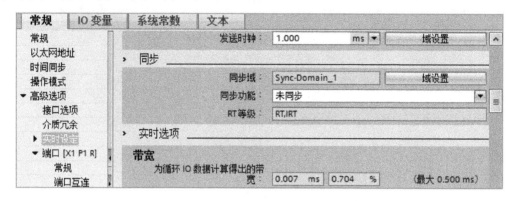

图 1-23　组态 S7-1500 PN 接口的"实时设定"

（3）组态端口互连参数

CPU 1215C、CPU 1217C 和 S7-1500 CPU 的 PROFINET 端口自带一个两端口的交换机，CPU 1215C 和 CPU 1217C 的两个端口分别叫作"端口[X1 P1]"和"端口[X1 P2]"；S7-1500 的两个端口分别叫作"端口[X1 P1 R]"和"端口[X1 P2 R]"（见图 1-24）。两个端口需要组态的参数相同。

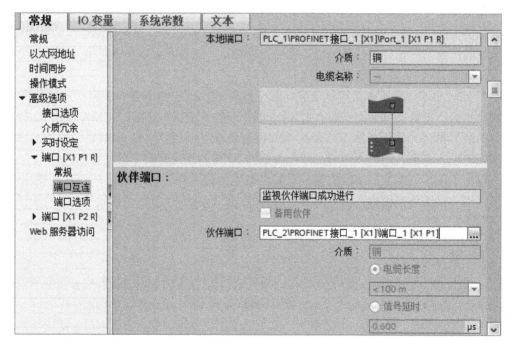

图 1-24　组态 S7-1500 PN 接口的"端口互连"

打开项目"1200 作 1500 的 IO 设备"，选中网络视图中 CPU 1511-1 PN 的 PN 接口。选中巡视窗口左边窗口中端口[X1 P1 R]的"端口互连"，右边窗口的"本地端口"区显示本地端口的属性，默认的介质类型为"铜"。用"伙伴端口"区的下拉式列表选择需要连接的伙伴端口为 PLC_2 站点的 PN 接口的端口_1，单击 ✓ 按钮确认和关闭打开的对话框。

如果在拓扑视图中组态了网络拓扑，将会显示连接的伙伴端口的"介质"类型等信息。"电缆长度"和"信号延时"仅适用于 PROFINET IRT 通信，用单选框选中二者之一，则按选中的参数自动计算另一个参数的值。

（4）组态端口选项参数

选中图 1-25 左边窗口的"端口选项"，右边窗口最上面的复选框用于启用或禁用该端口。S7-1500 可以用"传输速率/双工"下拉列表选择"自动"或"TP 100Mbit/s 全双工"。默认的"自动"表示该端口与连接伙伴自动协商传输速率和双工模式。

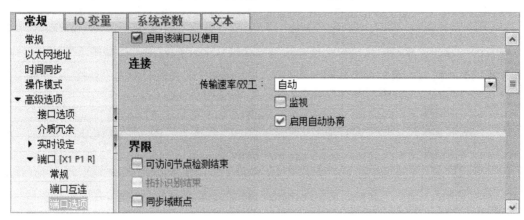

图 1-25　组态 S7-1500 PN 接口的"端口选项"

"界限"域用来设置传输某种以太网报文的边界限制。选中复选框"可访问节点检测结束"，表示此端口不转发用于检测可访问节点的 DCP 协议报文。选中复选框"拓扑识别结束"，表示不转发用于检测拓扑的 LLDP 协议报文。选中复选框"同步域断点"，表示不转发用来同步同步域内设备的同步报文。

1.6.3　组态 CPU 的其他参数

1. 设置 PLC 上电后的启动方式

选中设备视图中的 CPU 后，再选中巡视窗口的"属性 > 常规 > 启动"（见图 1-26），可以用"上电后启动"下拉列表组态上电后 CPU 的 3 种启动方式：

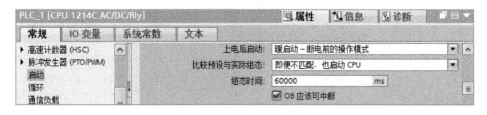

图 1-26　设置启动方式

1）不重新启动，保持在 STOP 模式。

2）暖启动，进入 RUN 模式。如果 S7-1500 的模式选择开关在 STOP 位置，不会暖启动和进入 RUN 模式。

3）暖启动，进入断电之前的操作模式。这是默认的启动方式。

暖启动将清除非保持存储器，同时将非保持性 DB 的内容复位为装载存储器的初始值。但是保持存储器和保持性 DB 中的值不变。

可以用"比较预设与实际组态"下拉列表设置当预设的组态与实际的硬件不匹配（不兼容）时，是否启动 CPU。兼容的模块必须完全能替换已组态的模块，功能可以更多，但是不能少。

在 CPU 的启动过程中，如果中央 I/O 或分布式 I/O 在组态的时间段内（默认值为 1min）没有准备就绪，则 CPU 的启动特性取决于"比较预设与实际组态"的设置。

组态 S7-1200 的 CPU 时如果勾选了图 1-26 中的"OB 应该可中断"复选框，优先级高的 OB（组织块）可以中断优先级低的 OB 的执行。S7-1500 没有该复选框。

2．设置循环周期监视时间与通信负载

循环时间是操作系统刷新过程映像和执行程序循环 OB 的时间，包括所有中断此循环的中断程序的执行时间。选中设备视图中的 CPU 后，再选中巡视窗口中的"属性 > 常规 > 循环"（见图 1-27），可以设置循环周期监视时间，默认值为 150ms。

图 1-27 设置循环周期监视时间

如果循环时间超过设置的循环周期监视时间，操作系统将会启动时间错误组织块 OB80。如果 OB80 不可用，CPU 将忽略这一事件。如果循环时间超出循环周期监视时间的 2 倍，CPU 将切换到 STOP 模式。

如果勾选了复选框"启用循环 OB 的最小循环时间"，并且 CPU 完成正常的扫描循环任务的时间小于设置的循环 OB 的"最小循环时间"，CPU 将延迟启动新的循环，在等待时间内将处理新的事件和操作系统服务，用这种方法来保证在固定的时间内完成扫描循环。

如果在设置的最小循环时间内，CPU 没有完成扫描循环，CPU 将完成正常的扫描（包括通信处理），并且不会产生超出最小循环时间的系统响应。

CPU 的"通信负载"属性用于将延长循环时间的通信过程的时间控制在特定的限制值内。选中图 1-28 中的"通信负载"，可以设置"由通信引起的循环负荷"，S7-1200 的默认值为 20%，S7-1500 的默认值为 50%。

3．设置系统存储器字节与时钟存储器字节

选中设备视图中的 CPU，再选中巡视窗口的"属性 > 常规 > 系统和时钟存储器"（见图 1-28），还可以用复选框分别启用系统存储器字节和时钟存储器字节，它们的默认地址分别为 MB1 和 MB0。还可以设置它们的地址值。

将 MB1 设置为系统存储器字节后，该字节的 M1.0～M1.3 的意义如下：

1）M1.0（首次循环）：仅在刚进入 RUN 模式的首次扫描时为 TRUE（1 状态），以后为 FALSE（0 状态）。

2）M1.1（诊断状态已更改）：诊断状态发生改变时为 1 状态。

图 1-28　组态系统存储器字节与时钟存储器字节

3）M1.2（始终为 1）：总是为 TRUE，其常开触点总是闭合。

4）M1.3（始终为 0）：总是为 FALSE，其常闭触点总是闭合。

图 1-28 勾选了右边窗口的"启用时钟存储器字节"复选框，采用默认的 MB0 作时钟存储器字节。

时钟存储器的各位在一个周期内为 FALSE 和为 TRUE 的时间各为 50%，时钟存储器字节每一位的周期和频率见表 1-6。CPU 在扫描循环开始时初始化这些位。

M0.5 的时钟脉冲周期为 1s，如果用它的触点来控制指示灯，指示灯将以 1Hz 的频率闪动，亮 0.5s，熄灭 0.5s。

表 1-6　时钟存储器字节各位的周期与频率

位	7	6	5	4	3	2	1	0
周期/s	2	1.6	1	0.8	0.5	0.4	0.2	0.1
频率/Hz	0.5	0.625	1	1.25	2	2.5	5	10

因为系统存储器和时钟存储器不是保留的存储器，用户程序或通信可能改写这些存储单元，破坏其中的数据。指定了系统存储器和时钟存储器字节以后，这两个字节不能再用作其他用途，否则将会使用户程序运行出错，甚至造成设备损坏或人身伤害。建议始终使用系统存储器字节和时钟存储器字节的默认地址（MB1 和 MB0）。

Web 服务器和 S7-1500 的系统诊断的参数设置将在故障诊断部分介绍。

4. 组态用户界面语言

项目语言用于显示项目的文本信息。需要将某种项目语言分配给 Web 服务器语言，例如将英语（美国）分配给 Web 服务器语言中的英语。

双击项目树的"语言和资源"文件夹中的"项目语言"，激活（即勾选）工作区中的"英语（美国）"。

选中设备视图中的 CPU，再选中巡视窗口的"属性 > 常规 > 用户界面语言"（S7-1500，见图 1-29），或选中巡视窗口的"属性 > 常规 > 支持多语言"（S7-1200），用右边窗口"项目语言"列的下拉式列表将"英语（美国）"分配给"设备显示语言/Web 服务器语言"列中的"英语"。"中文"的项目语言是自动分配好的。将其他语言设置为"无"。

常规	IO 变量	系统常数	文本

项目语言	设备显示语言 / Web 服务器语言
通信负载	
系统和时钟存储器	无	德语
▶ Web 服务器	英语（美国）	英语
用户界面语言	无	法语
时间	无	西班牙语
▶ 防护与安全	无	意大利语
组态控制	中文（中华人民共和国）	中文（简体）

图 1-29　组态用户界面语言

5. 设置实时时钟

选中设备视图中的 CPU 后，再选中巡视窗口的"属性 > 常规 > 时间"。如果设备在国内使用，应设置本地时间的时区为"（UTC+08:00）北京. 重庆. 中国香港特别行政区. 乌鲁木齐"，不要激活夏令时。出口产品可能需要设置夏令时。

6. 设置读写保护和密码

选中设备视图中的 CPU 后，再选中巡视窗口的"属性 > 常规 > 防护与安全 > 访问级别"（见图 1-30），可以选择右边窗口的 4 个访问级别。其中绿色的勾表示在没有该访问级别密码的情况下可以执行的操作。如果要使用该访问级别没有打勾的功能，需要输入密码。

1）选中"完全访问权限（无任何保护）"时，用户不需要密码就具有对所有功能的访问权限。

2）选中"读访问权限"时，没有密码仅允许用户对硬件配置和块进行读访问，没有写访问权限。知道第一行的密码的用户可以不受限制地访问 CPU。

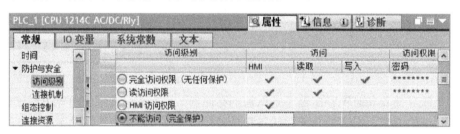

图 1-30　设置访问权限与密码

3）选中"HMI 访问权限"时，不输入密码用户没有读访问和写访问的权利，只能通过 HMI 访问 CPU。此时至少需要设置第一行的密码，知道第 2 行的密码的用户只有读访问的权限。各行的密码不能相同。

4）选中"不能访问（完全保护）"时，没有密码不能进行读写访问和通过 HMI 访问，禁用 PUT/GET 通信的服务器功能。至少需要设置第一行的密码，可以设置第 2、3 行的密码。知道第 3 行的密码的用户只能通过 HMI 访问 CPU。

如果 S7-1200/1500 的 CPU 在 S7 通信中作服务器，必须选中图 1-30 中的"连接机制"，勾选复选框"允许来自远程对象的 PUT/GET 通信访问"。

7. 组态控制

可以用"组态控制"功能更改运行中的硬件组态信息，为用户的产品设计提供更多的灵活性。为了使用组态控制功能，应选中图 1-30 左边窗口的"组态控制"，勾选"允许通过用户程序重新组态设备"复选框。

8. 连接资源

选中设备视图中的 CPU，再选中巡视窗口的"属性 > 常规 > 连接资源"，图 1-31 是连接资源的离线视图，包括 CPU、CP（通信处理器）和 CM（通信模块）的模块资源，整个站的站资源，已组态的总资源和可用的资源。

	站资源			模块资源	模块资源	模块资源
	预留		动态 !	PLC_2 [CPU ...	CM 1542-5_...	CP 1543-1_...
最大资源数：		10	246	128	118	120
	最大	已组态	已组态	已组态	已组态	已组态
PG 通信：	4	-	-	-	-	-
HMI 通信：	4	4	6	6	4	0
S7 通信：	0	-	23	2	0	21
开放式用户通信：	0	-	145	39	52	54
Web 通信：	2	-	-	-	-	-
其它通信：	-	-	-	-	-	-
使用的总资源：		4	174	47	56	75
可用资源：		6	72	81	62	45

图 1-31　连接资源的离线视图

在线状态打开"连接资源"窗口，将显示当前所用的资源。

9. 地址总览

打开配套资源中的例程"1500_ET200MP"，选中设备视图中的 CPU，再选中巡视窗口的"属性 > 常规 > 地址总览"（见图 1-32），右边窗口用表格显示已组态的模块的输入/输出类型、起始和结束的字节地址、模块型号、设备名称，所属的总线系统（PN 或 DP），模块所在的机架和插槽等信息。可以用过滤器复选框选择是否显示输入、输出、插槽和地址间隙。

组态完成后，单击设备视图工具栏最右端的 📇 按钮，可以保存窗口的设置。

| PLC_1 [CPU 1511-1 PN] | | | | | | | | 属性 | 信息 | 诊断 | | |

	类型	起始地址	结束地址	模块	设备名称	插槽	大小	设备编
	I	30	45	AI 8xU/I/RTD/TC ST_1	PLC_1 [CPU 1511-1 PN]	4	16 ...	
	O	0	0	DQ 8x24VDC/2A HF_1	PLC_1 [CPU 1511-1 PN]	3	1 字节	
	O	15	22	AQ 4xU/I ST_1	PLC_1 [CPU 1511-1 PN]	5	8 字节	
	I	0	1	DI 16x24VDC HF_1	PLC_1 [CPU 1511-1 PN]	2	2 字节	
	I	12	19	AI 4xU/I/RTD/TC ST_1	IO device_1 [IM 155-5 PN ST]	4	8 字节	1
	O	5	5	DQ 8x24VDC/2A HF_1	IO device_1 [IM 155-5 PN ST]	3	1 字节	1
	O	6	9	AQ 2xU/I ST_1	IO device_1 [IM 155-5 PN ST]	5	4 字节	1
	I	10	11	DI 16x24VDC HF_1	IO device_1 [IM 155-5 PN ST]	2	2 字节	1
	I	22	29	AI 4xU/I/RTD/TC ST_1	IO device_2 [IM 155-5 PN ST]	4	8 字节	2
	O	10	10	DQ 8x24VDC/2A HF_1	IO device_2 [IM 155-5 PN ST]	3	1 字节	2
	O	11	14	AQ 2xU/I ST_1	IO device_2 [IM 155-5 PN ST]	5	4 字节	2

图 1-32　地址总览

S7-1200 CPU 集成的 I/O 点的参数设置方法将在 1.7.1 节介绍，高速计数器和脉冲发生器的参数设置方法将在 3.8 节介绍。

1.6.4 S7-1500 的硬件组态

1. 组态中央机架

组态 S7-1500 的中央机架的硬件时，应注意下列问题：

中央机架最多 32 个模块，插槽号为 0~31。CPU 占用 1 号插槽，不能更改。

插槽 0 可以放置系统电源模块或负载电源模块，后者不需要组态。0 号插槽的系统电源模块通过背板总线向 CPU 和 CPU 右侧的模块供电。

CPU 右侧的插槽最多可以插入两块系统电源模块，它们将机架分为 3 个电源段。

从 2 号插槽开始依次插入信号模块、工艺模块和通信模块，模块间不能有空槽。允许的点对点之外的通信模块的个数与 CPU 的型号有关。

打开 TIA 博途后，新建一个名为 "1500_ET200MP" 的项目，双击项目树中的 "添加新设备"，出现 "添加新设备" 对话框（见图 1-17）。单击 "控制器" 按钮，双击要添加的 CPU 1511-1 PN 的订货号，添加一个 PLC 设备。

打开项目树中的 "PLC_1" 文件夹，双击其中的 "设备组态"，打开设备视图，可以看到 1 号插槽中的 CPU 1511-1 PN。将系统电源模块 PS 25W 24VDC 插入 0 号插槽，16 点数字量输入模块 DI 16x24VDC HF 插入 2 号插槽，8 点数字量输出模块 DQ 8x24VDC/2A HF 插入 3 号插槽，8 通道模拟量输入模块 AI 8xU/I/RTD/TC ST 插入 4 号插槽，4 通道模拟量输出模块 AQ 4xU/I ST 插入 5 号插槽。

2. 组态 ET 200MP

与 S7-300/400 相比，S7-1500 没有扩展机架，用分布式 I/O 实现扩展。ET 200SP 和 ET 200MP 是专门为 S7-1200/1500 设计的分布式 I/O。S7-1500 的主机架和 ET 200MP 使用同样的电源模块、信号模块、通信模块和工艺模块，因此它们合称为 S7-1500/ET 200MP 自动化系统，S7-1500 首选的 PROFINET IO 设备应为 ET 200MP。而 S7-1200 和 ET 200SP CPU 首选的 PROFINET IO 设备应为 ET 200SP。配套资源中的《S7-1500_ET200MP 自动化系统手册集》包含了 S7-1500/ET200MP 系统产品的所有手册。

在网络视图中（见图 1-33），将右边的硬件目录窗口的 "\分布式 I/O\ET200MP\接口模块\PROFINET\IM155-5 PN ST" 文件夹中，订货号为 6ES7 155-5AA00-0AB0 的接口模块拖拽到网络视图。双击生成的 ET 200MP 站点，打开它的设备视图（见图 1-34 的左图）。将电源模块插入 0 号插槽，DI、DQ、AI、AQ 模块分别插入 2~5 号插槽。IM155-5 PN ST 默认值的 IP 地址为 192.168.0.1，默认的 IO 设备名称为 "io device_1"，默认的 IO 设备编号为 0。

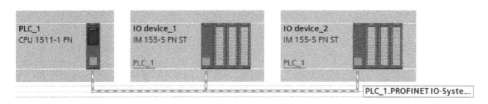

图 1-33 网络视图与 PROFINET IO 系统

右键单击网络视图中 CPU 1511-1 PN 的 PN 接口，执行快捷菜单命令 "添加 IO 系统"，生成 PROFINET IO 系统。单击 ET 200MP PN 上蓝色的 "未分配"，再单击出现的小方框中的 "PLC_1.PROFINET 接口_1"，它被分配给 IO 控制器 CPU 1511-1 PN。ET 200MP PN 方框内的

"未分配"变为蓝色的"PLC_1"，IP 地址自动变为 192.168.0.2，IO 设备的编号自动变为 1。

用同样的方法生成第二台 IO 设备 ET 200MP PN，IO 设备名称为默认的"io device_2"。将它分配给 IO 控制器 CPU 1511-1 PN 以后，IP 地址自动变为 192.168.0.3，IO 设备的编号自动变为 2。切换到设备视图后，将电源模块和信号模块插入机架。

双击网络视图中的 1 号 IO 设备，打开它的设备视图（图 1-34），单击原来在右边的竖条上向左的小三角形按钮◀，从右到左弹出"设备概览"视图，可以用鼠标移动小三角形按钮所在的设备视图和设备概览视图的垂直分界线。单击该分界线上向右的小三角形按钮▶，设备概览视图将会向右关闭。单击向左的小三角形按钮◀，将向左扩展，覆盖整个设备视图。可以用同样的方法打开中央机架的设备概览视图。

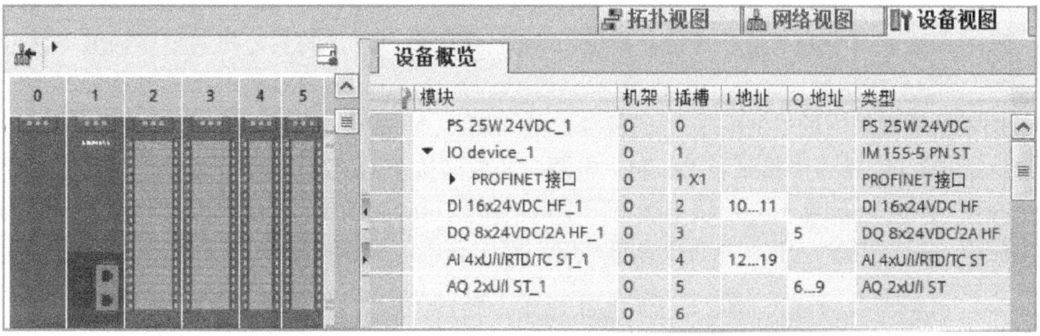

图 1-34　ET 200MP 的设备视图和设备概览

在设备概览视图中，可以看到 1 号 IO 设备各信号模块的字节地址，模拟量模块的每个通道占一个字或两个字节。用户程序用自动分配给各信号模块的地址访问它们。

单击图 1-34 中的"拓扑视图"选项卡，打开拓扑视图。网络视图定义的是通信设备之间的逻辑关系，拓扑视图定义的是通信设备之间的实际物理连接。如果仅仅组态了网络视图，设备之间的实际物理连接是不确定的。如果同时组态了拓扑视图，设备之间的实际物理连接必须与拓扑视图中组态的一致，系统才能正常工作。

3. 组态显示屏

S7-1500 CPU 大多数参数的组态方法与 S7-1200 CPU 的相同。下面介绍 S7-1500 CPU 特有的参数的组态方法。S7-1500 CPU 配有小显示屏（见 7.5 节），为了组态显示屏的参数，选中设备视图中的 CPU，再选中巡视窗口的"属性 ＞ 常规 ＞ 显示 ＞ 常规"（见图 1-35）。

图 1-35　组态 S7-1500 CPU 的显示屏

进入待机模式时，显示屏无显示。按下任意键时，显示屏被激活。可以用"待机模式的时间"下拉式列表设置显示屏进入待机模式所需的没有任何操作的持续时间。

在节能模式下，显示屏将以低亮度显示信息。按下显示屏的任意按键时，节能模式立即结束。"节能模式的时间"是显示屏进入节能模式所需的没有任何操作的持续时间。

可以将显示屏"显示的默认语言"设置为"中文（简体）"，也可以在运行时用显示屏更改它的显示语言。

选中左边窗口中的"自动更新"，可输入更新的时间间隔。

选中左边窗口中的"密码"，勾选"启用屏保"复选框，输入密码和确认密码，以防止未经授权的访问。可以设置在显示屏上输入密码多久后自动注销的时间。

选中左边窗口中的"监控表"，可以在右侧的表格中选择需要用显示屏显示的监控表或强制表，访问方式可以设置为"读取"和"读/写"。在运行过程中可以在显示屏上使用选择的监控表，显示屏只支持符号寻址方式。

选中左边窗口中的"用户自定义徽标"，可以将用户自定义的图片传送到显示屏中显示。

4．组态系统电源

选中设备视图中的 CPU，选中巡视窗口的"属性 > 常规 > 系统电源"（见图 1-36），用单选框选择 CPU 是否连接到了 DC 24V 电源。如果连接了 DC 24V 电源，CPU 本身可以为背板总线供电。这时应选中"连接电源电压 L+"，可以正确判断供电/功耗比，以便仅在实际连接电源电压后对电源电压缺失进行诊断。反之则应选中"未连接电源电压 L+"。

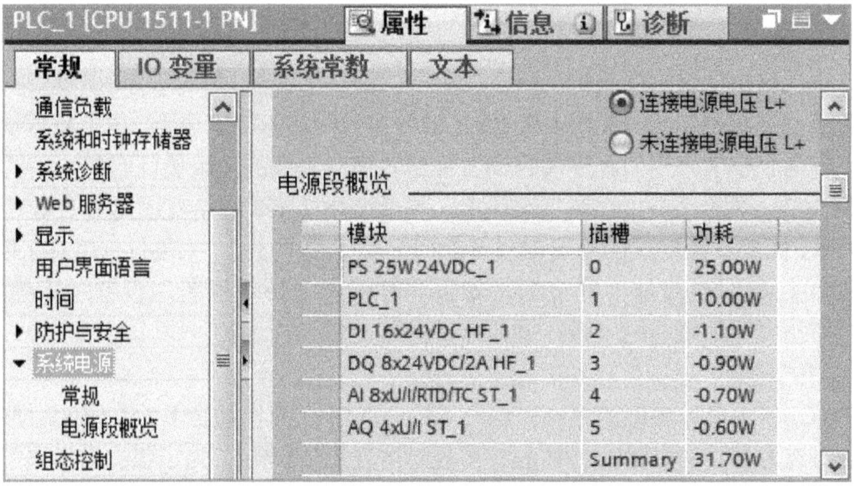

图 1-36　组态系统电源

在"电源段概览"区，可以查看 CPU 所在的电源段的电源模块可提供的电源，以及其他各模块所需的电源。如果汇总的电源功率为正值，表示功率有剩余。

5．上传已有的硬件系统的组态

如果有 S7-1500 安装好的硬件系统，但是没有项目文件，可以双击项目树的"添加新设备"，在"添加新设备"对话框中，双击"非指定的 CPU 1500"文件夹中的订货号 6ES7 5XX-XXXXX-XXXX，创建一个非指定的（Unspecific）CPU 站点。与 CPU 建立起在线连接后，单击非指定的 CPU 的设备视图自动出现的方框中的"获取"，或执行菜单命令"在线"→"硬件检测"，用出现的"PLC_1 的硬件检测"对话框检测 S7-1500 中央机架所有模块的硬件组态（不包括远程 I/O）。检测的模块参数为默认值，硬件 CPU 的已组态参数和用户程序不能用这种方法读取。

视频"S7-1500 的硬件组态"可通过扫描二维码 1-4 播放。

二维码 1-4

1.7　S7-1200/1500 输入/输出的组态

1.7.1　S7-1200 输入/输出点的参数设置

1. 输入/输出点的地址分配

在 CPU 1214C 的设备视图中添加 DI 2/DQ 2 信号板、DI 8 模块和 DQ 8 模块，它们的 I/Q 地址是自动分配的。在 101 号插槽添加 CM 1242-5 DP 从站模块。组态任务完成后，可以用设备概览视图查看硬件组态的详细信息（见图 1-37）。

模块	插槽	I 地址	Q 地址	类型
▼ CM 1242-5	101			CM 1242-5
DP 接口	101 2			DP 接口
▼ PLC_1	1			CPU 1214C AC/DC/Rly
DI 14/DQ 10_1	1 1	0...1	0...1	DI 14/DQ 10
AI 2_1	1 2	64...67		AI 2
DI 2/DQ 2x24VDC_1	1 3	4	4	DI2/DQ2 信号板 (200k...
HSC_1	1 16	1000...1003		HSC
HSC_2	1 17	1004...1007		HSC
HSC_3	1 18	1008...1011		HSC

图 1-37　设备视图与设备概览视图

在设备概览视图中，可以看到 CPU 集成的 I/O 点和信号模块的字节地址。例如 CPU 1214C 集成的 14 点数字量输入（I0.0~I0.7 和 I1.0~I1.5）的字节地址为 0 和 1，10 点数字量输出（Q0.0~Q0.7、Q1.0 和 Q1.1）的字节地址为 0 和 1。

CPU 集成的模拟量输入点的地址为 IW64 和 IW66，每个通道占一个字或两个字节。模拟量输入、模拟量输出的地址以组为单位分配，每一组有两个输入/输出点。

DI 2/DQ 2 信号板的字节地址均为 4（I4.0~I4.1 和 Q4.0~Q4.1）。DI、DQ 的地址以字节为单位分配，如果没有用完分配给它的某个字节中所有的位，剩余的位不能再作它用。

从设备概览视图还可以看到分配给各插槽的信号模块的输入、输出字节地址。

选中设备概览中某个插槽的模块，可以修改自动分配的 I/Q 地址。建议采用自动分配的地址，不要修改它们。但是在编程时必须使用组态时分配给各 I/O 点的地址。

2. CPU 集成的数字量输入点的参数设置

组态数字量输入时，首先选中设备视图或设备概览中的 CPU 或有数字量输入的信号板，再选中巡视窗口中的"属性 > 常规 > 常规"，右边窗口是它的常规信息，例如模块的型号、订货号、固件版本号、所在的机架号和插槽号、它的目录信息等。

选中 CPU 或数字量输入信号板，然后选中巡视窗口的"属性 > 常规"选项卡中的某个数字量输入通道（见图 1-38），可以用下拉式列表设置该通道输入滤波器的输入延时时间（0.1μs~20ms）。还可以用复选框启用或禁用该通道的上升沿中断、下降沿中断和脉冲捕捉功能,以及设置产生中断事件时调用的硬件中断组织块(OB)。

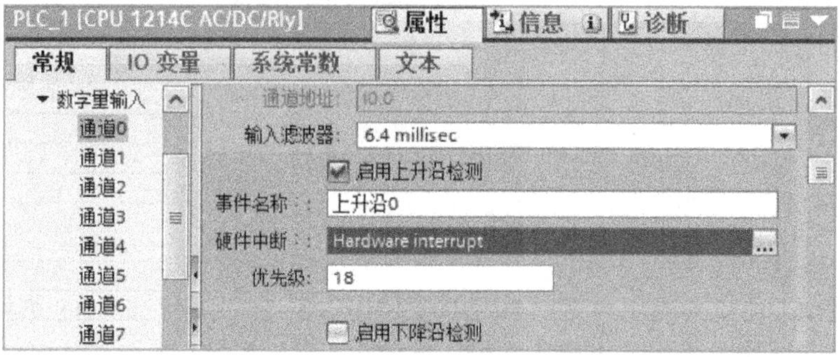

图 1-38 组态 CPU 的数字量输入点

脉冲捕捉功能暂时保持窄脉冲的 1 状态,直到下一次刷新过程映像输入。可以同时启用同一通道的上升沿中断和下降沿中断,但是不能同时启用中断和脉冲捕捉功能。

S7-1200 的数字量输入模块只能分组(每组 4 点)设置输入滤波器的延时时间(0.2~12.8ms)。

3. 组态过程映像分区

选中设备视图中的 CPU、某个信号模块或 S7-1200 的信号板,再选中巡视窗口左边的"I/O 地址"(见图 1-39),可以查看和修改模块的字节地址。

S7-1200/1500 的过程映像分区与中断功能配合,可以显著地减少 PLC 的输入-输出响应时间。默认的情况下,"过程映像"被设置为"自动更新","组织块"为"---(自动更新)"。CPU 将在每个扫描周期自动处理组态为"自动更新"的 I/O 和过程映像之间的数据交换。即在每次扫描循环开始时,CPU 将过程映像输出表的内容写入物理输出;读取数字量和模拟量输入的当前值,并将它们存入过程映像输入表。如果将"过程映像"设置为"无",则只能通过立即指令读写该硬件的 I/O。

S7-1200 其余的 5 个分区为 PIP1~PIP4 和"PIP OB 伺服",S7-1500 其余的 32 个分区为 PIP1~PIP31 和"PIP OB 伺服"。

可以用"组织块"和"过程映像"下拉式列表将某个过程映像分区关联到一个组织块。

下面举例说明过程映像分区的使用方法。图 1-39 中的数字量输入模块被分配给过程映像分区 PIP1,连接到该模块的组织块为"Hardware interrupt"(硬件中断组织块 OB40),这样过程映像分区 PIP1 就被关联到 OB40。在开始调用 OB40 时,CPU 自动读入被组态为属于过程映像分区 PIP1 的输入模块的输入值。OB40 执行完时,它的输出值被立即写到被组态为属于 PIP1 的输出模块。

图 1-39 组态 DI 模块的 I/O 地址

4．数字量输出点的参数设置

首先选中设备视图或设备概览中的 CPU、数字量输出模块或信号板，用巡视窗口选中"数字量输出"后（见图 1-40），可以选择在 CPU 进入 STOP 模式时，数字量输出保持上一个值（Keep last value），或者使用替代值。选中后者时，选中左边窗口的某个输出通道，用复选框设置其替代值，以保证系统因故障自动切换到 STOP 模式时进入安全的状态。复选框内有"√"表示替代值为 1，反之为 0（默认的替代值）。

图 1-40　组态 CPU 的数字量输出点

5．模拟量输入模块的参数设置

选中设备视图中的 4 AI/2 AQ 模块，模拟量输入需要设置下列参数：

1）积分时间（见图 1-41），它与干扰抑制频率成反比，后者可选 400Hz、60Hz、50Hz 和 10Hz。积分时间越长，精度越高，快速性越差。积分时间为 20ms 时，对 50Hz 的工频干扰噪声有很强的抑制作用，所以一般选择积分时间为 20ms。

图 1-41　组态 AI/AQ 模块的模拟量输入

2）测量类型（电压或电流）和测量范围。

3）A/D 转换得到的模拟值的滤波等级。模拟值的滤波处理可以减轻干扰的影响，这对缓慢变化的模拟量信号（例如温度测量信号）是很有意义的。滤波处理根据系统规定的转换次数来计算转换后的模拟值的平均值。有"无、弱、中、强"这 4 个等级，它们对应的计算平均值的模拟量采样值的周期数分别为 1、4、16 和 32。所选的滤波等级越高，滤波后的模拟值越稳定，但是测量的快速性越差。

4）设置诊断功能，可以选择是否启用断路和溢出诊断功能。只有 4～20mA 输入才能检测是否有断路故障。

CPU 集成的模拟量输入点、模拟量输入信号板与模拟量输入模块的参数设置方法基本上相同。

6．模拟量输入转换后的模拟值

模拟量输入/模拟量输出模块中模拟量对应的数字称为模拟值，模拟值用 16 位二进制补码（整数）来表示。最高位（第 15 位）为符号位，正数的符号位为 0，负数的符号位为 1。

模拟量经 A/D 转换后得到的数值的位数（包括符号位）如果小于 16 位，转换值被自动左移，使其最高的符号位在 16 位字的最高位。模拟值左移后未使用的低位则填入"0"，这种处理方法称为"左对齐"。设模拟值的精度为 12 位加符号位，左移 3 位后未使用的低位（第 0～2 位）为 0，相当于实际的模拟值被乘以 8。

这种处理方法的优点在于模拟量的量程与移位处理后的数字的关系是固定的，与左对齐之前的转换值的位数（即 AI 模块的分辨率）无关，便于后续的处理。

表 1-7 给出了模拟量输入模块的模拟值与以百分数表示的模拟量之间的对应关系，其中最重要的关系是双极性模拟量正常范围的上、下限（100% 和 -100%）分别对应于模拟值 27648 和 -27648，单极性模拟量正常范围的上、下限（100% 和 0%）分别对应于模拟值 27648 和 0。上述关系在表 1-7 中用黑体字表示。

表 1-7　模拟量输入模块的模拟值

范围	双极性				单极性			
	百分比	十进制	十六进制	±10V	百分比	十进制	十六进制	0～20 mA
上溢出，断电	118.515%	32767	7FFFH	11.851 V	118.515%	32767	7FFFH	23.70 mA
超出范围	117.589%	32511	7EFFH	11.759 V	117.589%	32511	7EFFH	23.52 mA
正常范围	**100.000%**	**27648**	**6C00H**	10 V	**100.000%**	**27648**	**6C00H**	20 mA
	0 %	**0**	**0H**	0 V	**0 %**	**0**	**0H**	0 mA
	-100.000%	**-27648**	**9400H**	-10 V				
低于范围	-117.593%	-32512	8100H	-11.759 V	—			
下溢出，断电	-118.519%	-32768	8000H	-11.851 V				

S7-1200 的热电偶和 RTD（电阻式温度检测器）模块输出的模拟值每个数值对应于 0.1℃。

7．模拟量输出模块的参数设置

选中设备视图中的 4 AI/2 AQ 模块，设置模拟量输出的参数。

与数字量输出相同，可以设置 CPU 进入 STOP 模式后，各模拟量输出点保持上一个值，或使用替代值（见图 1-42）。选中后者时，应设置各点的替代值。

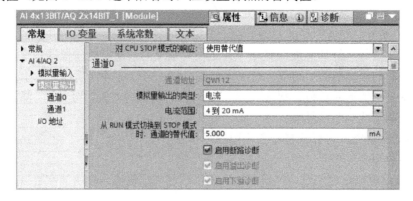

图 1-42　组态 AI/AQ 模块的模拟量输出

需要设置各输出点的输出类型（电压或电流）和输出范围。可以激活电压输出的短路诊断功能，电流输出的断路诊断功能，以及超出上限值或低于下限值的溢出诊断功能。

CPU 集成的模拟量输出点、模拟量输出信号板与模拟量输出模块的参数设置方法基本上相同。

1.7.2　S7-1500 信号模块的参数设置

1. 信号模块的通用设置

打开配套资源中的项目"1500_ET200MP"，选中 PLC_1 的设备视图中 2 号插槽的高性能数字量输入模块 DI 16x24VDC HF，再选中巡视窗口左边的"模块参数"文件夹中的"常规"（见图 1-43），用右边窗口的"比较组态与实际安装模块"下拉式列表设置该模块的启动特性。

1）来自 CPU：启动时将使用 CPU 属性中的启动设置（建议采用此设置）。

2）仅兼容时启动 CPU：仅当组态的与实际安装的模块和子模块相匹配或兼容时才启动该插槽。

3）即便不兼容仍然启动 CPU：即使组态与安装的模块和子模块存在差异，也将启动。

CPU 将检查集中式和分布式的每个插槽，判断该插槽是否满足启动条件。通过比较预设模块与实际的模块，如果所有的插槽都满足设置的启动条件，则 CPU 启动。

S7-1500 的信号模块的通道数和每个通道的参数个数都很多，如果逐一设置各通道所有的参数，工作量非常大。用户可以用信号模块的巡视窗口的"通道模板"来设置各通道默认的参数。

选中图 1-43 左边窗口"通道模板"下面的"输入"，可以设置 DI 模块各通道默认的输入特性，包括是否启用"无电源电压 L+"和"断路"这两个诊断功能和输入延时时间。

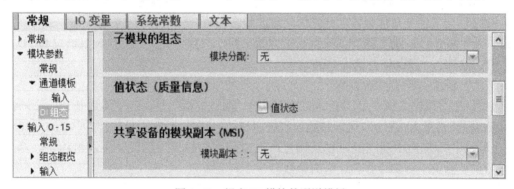

图 1-43　组态 DI 模块的通道模板

选中图 1-43 左边窗口的"DI 组态"，右边窗口的"模块分配"功能用于将模块分为多个子模块，可以为每个子模块分配起始地址。

右边窗口的"值状态"的应用实例见 7.6.3 节"用模块的值状态功能检测故障"。基本型（BA）模块的值状态选项无效。

右边窗口的"共享设备的模块副本（MSI）"表示模块内部的共享功能，MSI 是模块内部共享输入的简称。一个模块（基本子模块）将所有输入值复制最多 3 个副本（MSI 子模块），这样该模块可以由最多 4 个 IO 控制器（CPU）读取它。

MSI 和子模块的组态功能不能同时使用。MSI 只能用于 PROFINET IO。如果使用了 MSI

功能，值状态功能被自动激活并且不能取消。此时值状态还用于指示第一个子模块（基本子模块）是否就绪。

如果某通道所有的参数与通道模板设置的默认的参数完全相同，在组态该通道的参数时，可将该通道的"参数设置"（见图 1-44）设置为"来自模板"，即参数来源于"通道模板"中的设置。

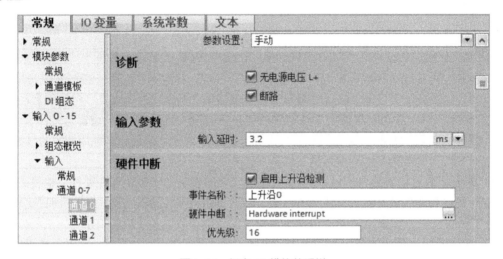

图 1-44　组态 DI 模块的通道

如果某通道的参数与通道模板设置的默认的参数不完全相同，将该通道的"参数设置"设置为"手动"，可以在通道模板设置的默认的参数的基础上，修改该通道的参数。

要检测断路故障，必须有足够大的静态电流。如果没有检测到足够大的静态电流，则认为线路断路。为了保证在传感器断开时仍然有此静态电流，可能需要在传感器上并联一个 25～45kΩ、功率为 0.25W 的电阻。如果激活了诊断功能，并且下载了故障诊断组织块 OB82，出现组态的故障时，CPU 将会调用 OB82。

2. 数字量输入点的参数设置

设置好数字量输入模块 DI 16x24VDC HF 的"通道模板"后，选中通道 0（见图 1-44），将"参数设置"设置为"手动"，可以单独设置该通道的诊断功能和输入延时时间（0.05～20ms），启用上升沿和下降沿中断功能，以及设置产生中断事件时调用的硬件中断组织块。基本型（BA）的 DI 模块不需要组态各通道的参数。

如果将通道的"参数设置"设置为"来自模板"，参数来源于"通道模板"中的设置。高性能 DI 模块的通道 0 和 1 具有简单的高速计数功能，具体情况见有关的手册。

S7-1500 和 S7-1200 的 I/O 模块的"I/O 地址"的组态方法（见图 1-39）和过程映像分区的使用方法相同。S7-1500 的"过程映像"除了"自动更新"，还有 32 个过程映像分区（PIP1～PIP31 和"PIP OB 伺服"）。可以通过修改"起始地址"来修改模块的字节地址。

用户程序可以调用"UPDAT_PI"指令来刷新整个或部分过程映像输入分区，调用"UPDAT_PO"指令来刷新整个或部分过程映像输出分区。

3. 数字量输出模块的参数设置

选中设备视图中的数字量输出模块 DQ 8x24VDC/2A HF，再选中巡视窗口的"属性 ＞ 常

规 〉 模块参数 〉 通道模板"（见图 1-45），组态各通道的默认设置。"对 CPU STOP 模式的响应"可选"关断"（进入 CPU 模式后输出为 0 状态）"保持上一个值"或者"输出替换值 1"（进入 CPU 模式后输出为 1 状态）。

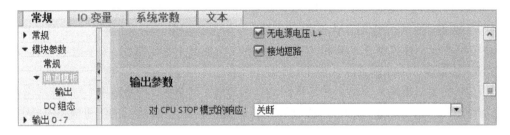

图 1-45　组态 DQ 模块的通道模板

选中模块中的某输出通道，如果选中"参数设置"列表中的"手动"，可以修改图 1-45 中的参数。如果选中"参数设置"列表中的"来自模板"，参数来源于"通道模板"中的设置。

选中左边窗口中的"DQ 组态"，参数"共享设备的模块副本（MSO）"与 DI 模块的"共享设备的模块副本（MSI）"类似，其使用的注意事项也与 MSI 的基本上相同。

4. 模拟量输入模块的参数设置

选中设备视图中的模拟量输入模块 AI 8xU/I/RTD/TC ST，再选中巡视窗口中的"属性 〉常规 〉 模块参数 〉 通道模板"中的"输入"，组态各通道的默认设置（见图 1-46）。可以在"诊断"区设置是否启用"无电源电压 L+""上溢""下溢""共模""基准结"和"断路"诊断功能。如果测量类型为"电流（二线制变送器）"时启用了"断路"诊断功能，需要设置"用于断路诊断的电流限制"，电流值小于设置值时出现断路故障。

如果勾选了诊断区的"共模"复选框，表示启用共模电压超出限制的诊断。

测量类型为热电偶时，如果勾选了"基准结"复选框，表示启用通道中的温度补偿错误（如断路）诊断。用"基准结"下拉式列表设置热电偶的温度补偿方式，如果选择"固定参考温度"，用图 1-46 中的"固定参考温度"输入框设置基准结固定的参考温度。

常规	IO 变量	系统常数	文本		
▶ 常规		测量类型:	热电偶		
▼ 模块参数		测量范围:	K 型		
常规		温度系数			
▼ 通道模板		温度单位:	摄氏度		
输入		基准结:	固定参考温度		
AI 组态		固定参考温度:	25.0		℃
▶ 输入 0-7		干扰频率抑制:	50		Hz
		滤波:	无		

图 1-46　组态模拟量输入的通道模板

此外，还可以设置模块各通道通用的其他属性。"温度系数"用来设置热电阻的温度校正因子，即温度变化 1℃时特定材料阻值的变化量。"温度单位"可选摄氏度、华式度和开尔文。

"干扰频率抑制"一般选 50Hz，以抑制工频干扰噪声。"滤波"可选"无""弱""中""强"这 4 个等级（见 S7-1200 的模拟量输入模块的参数设置）。

"AI 组态"请参考 DI 模块的"DI 组态"部分。

选中左边窗口的某个输入通道，如果将"参数设置"设置为"手动"，可以设置该通道上述的参数。还可以设置是否启用超上限 1、超上限 2 和超下限 1、超下限 2 的硬件中断、对应的上、下限值，产生中断事件时调用的硬件中断组织块和它们的优先级。

模拟量输入模块测量电压、电流和电阻时，双极性模拟量正常范围的上、下限（100% 和 −100%）分别对应于模拟值 27648 和 −27648，单极性模拟量正常范围的上、下限（100% 和 0%）分别对应于模拟值 27648 和 0。

S7-1500 的模拟量输入模块用热敏电阻测量温度时，可选择"测量范围"为"标准型范围"或"气候型范围"（分别使用标准型或气候型的热敏电阻），模块输出的测量值每个数值对应于 0.1℃ 或 0.01℃（请参阅模块的手册），例如气候型范围的测量值为 2000 时，实际的温度值为 20℃。

模拟量输入模块用热电偶测量温度时，测量值的每个数值对应于 0.1℃，例如测量值为 2000 时，实际的温度值为 200℃。

模拟量输入模块使用不同的传感器的接线图可参考配套资源中的《S7-1500_ET 200MP 自动化系统手册集》中的模拟量输入模块的手册。

5.　模拟量输出模块的参数设置

选中设备视图中的数字量输出模块 AQ 4xU/I ST，再选中巡视窗口中的"属性 > 常规 > 模块参数 > 通道模板"中的"输出"（见图 1-47），组态各通道的默认设置。可以设置模块各通道是否启用"无电源电压 L+""断路""接地短路""上溢"和"下溢"诊断功能。此外，还可以设置图 1-47 中的输出参数。

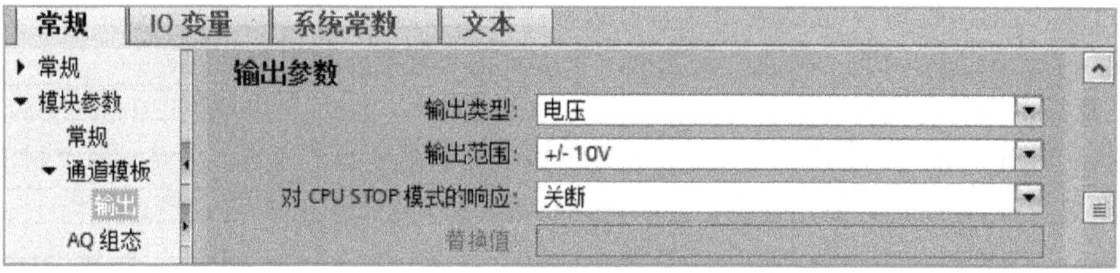

图 1-47　组态模拟量输出的通道模板

选中左边窗口的某个通道，将"参数设置"设置为"手动"，可以单独设置该通道的上述参数。可以选择在 CPU 进入 STOP 模式时，输出关断、保持上一个值，或者输出替换值。选中后者时，需要设置具体的替换值。"AQ 组态"请参考 DQ 模块的"DQ 组态"部分。

模拟量输出模块在双极性输出时，输出值 27648 和 −27648 分别对应于输出的模拟量正常范围的上、下限（100% 和 −100%），单极性输出时，输出值 27648 和 0 分别对应于输出的模拟量正常范围的上、下限（100% 和 0%）。

模拟量输出模块电压输出和电流输出的接线图可参考配套资源中的《S7-1500_ET 200MP 自动化系统手册集》中的模拟量输出模块的手册。

第2章　S7-1200/1500 程序设计基础

2.1　S7-1200/1500 的编程语言

IEC 61131 是 IEC（国际电工委员会）制定的 PLC 标准，其中的第三部分 IEC 61131-3 是 PLC 的编程语言标准。IEC 61131-3 是世界上第一个，也是至今为止唯一的工业控制系统的编程语言标准。

目前已有越来越多的 PLC 生产厂家提供符合 IEC 61131-3 标准的产品，IEC 61131-3 已经成为各种工控产品事实上的软件标准。

IEC 61131-3 详细说明了句法、语义和下述 5 种编程语言（见图 2-1）：

1）指令表（Instruction List，IL），西门子 PLC 称为语句表，简称为 STL。

图 2-1　PLC 的编程语言

2）结构文本（Structured Text），西门子 PLC 称为结构化控制语言，简称为 S7-SCL。

3）梯形图（Ladder Diagram，LD），西门子 PLC 简称为 LAD。

4）函数块图（Function Block Diagram），简称为 FBD。

5）顺序功能图（Sequential Function Chart，SFC），对应于西门子的 S7-Graph。

1. 顺序功能图

顺序功能图（SFC）是一种位于其他编程语言之上的图形语言，用来编制顺序控制程序。5.4 节将详细地介绍 S7-Graph。

2. 梯形图

梯形图（LAD）是使用得最多的 PLC 图形编程语言。梯形图与继电器电路图很相似，具有直观易懂的优点，很容易被工厂熟悉继电器控制的电气人员掌握，特别适合于数字量逻辑控制。有时把梯形图称为电路或程序。

梯形图由触点、线圈和用方框表示的指令框组成。触点代表逻辑输入条件，例如外部的开关、按钮和内部条件等。线圈通常代表逻辑运算的结果，常用来控制外部的负载和内部的标志位等。指令框用来表示定时器、计数器或者数学运算等指令。

触点和线圈等组成的电路称为程序段，英文名称为 Network（网络），STEP 7 会自动地为程序段编号。可以在程序段编号的右边加上程序段的标题，在程序段编号的下方为程序段加上注释（见图 2-2）。单击编辑器工具栏上的按钮 ☰，可以显示或关闭程序段的注释。

在分析梯形图的逻辑关系时，为了借鉴继电器电路图的分析方法，可以想象在梯形图的左右两侧垂直"电源线"之间有一个左正右负的直流电源电压，当图 2-2 中 I0.0 与 I0.1 的触点同时接通，或 Q0.0 与 I0.1 的触点同时接通时，有一个假想的"能流"（Power Flow）流过 Q0.0 的线圈。利用能流这一概念，可以借用继电器电路的术语和分析方法，帮助我们更好地理解和分析梯形图。能流只能从左往右流动。

程序段内的逻辑运算按从左往右的方向执行，与能流的方向一致。如果没有跳转指令，程序段之间按从上到下的顺序执行，执行完所有的程序段后，下一次扫描循环返回最上面的程序段 1，重新开始执行。

3. 函数块图

函数块图（FBD）使用类似于数字电路的图形逻辑符号来表示控制逻辑，有数字电路基础的人很容易掌握。国内很少有人使用函数块图语言。

图 2-3 是图 2-2 中的梯形图对应的函数块图，图 2-3 同时显示绝对地址和符号地址。

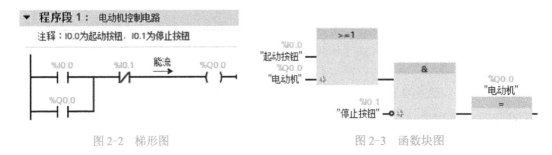

图 2-2　梯形图　　　　　　　　　　　图 2-3　函数块图

在函数块图中，用类似于与门（带有符号"&"）、或门（带有符号">=1"）的方框来表示逻辑运算关系，方框的左边为逻辑运算的输入变量，右边为输出变量，输入、输出端的小圆圈表示"非"运算，方框被"导线"连接在一起，信号自左向右流动。指令框用来表示一些复杂的功能，例如数学运算等。

4. SCL

SCL（Structured Control Language，结构化控制语言）是一种基于 Pascal 的高级编程语言。SCL 除了包含 PLC 的典型元素（例如输入、输出、定时器和位存储器）外，还包含高级编程语言中的表达式、赋值运算和运算符。SCL 提供了简便的指令进行程序控制。例如创建程序分支、循环或跳转。SCL 尤其适用于数据管理、过程优化、配方管理、数学计算和统计任务等场合。5.5 节将详细地介绍 SCL 语言。

5. 语句表

语句表（STL，见图 2-4）是一种类似于微机的汇编语言的文本语言，多条语句组成一个程序段。语句表只能用于 S7-1500，现在很少使用。

```
程序段  1：(I0.0+Q4.0)*/I0.1=Q4.0
A(
O      I      0.0
O      Q      4.0
)
AN     I      0.1
=      Q      4.0
```

图 2-4　语句表

6. 编程语言的选择与切换

S7-1200 只能使用梯形图、函数块图和 SCL，S7-1500 可以使用上述 5 种编程语言。在"添加新块"对话框中，S7-1200 的代码块可以选择 LAD、FBD 和 SCL，S7-1500 的代码块可以选择 LAD、FBD、STL 和 SCL。生成 S7-1500 的函数块（FB）时还可以选择 GRAPH。

右键单击项目树中 PLC 的"程序块"文件夹中的某个代码块，选中快捷菜单中的"切换编程语言"，单击需要切换的编程语言。也可以在程序块的属性对话框的"常规"条目中切换。编程语言的切换是有限制的，S7-1200/1500 的 LAD 和 FBD 可以互换，但是不能切换为 STL，SCL 和 GRAPH 不能切换为其他编程语言。

右键单击 S7-1500 的 LAD 或 FBD 程序块中的某个程序段，执行快捷菜单命令，可以在该程序段的下面插入一个 STL 程序段。

2.2　PLC 的工作原理与用户程序结构简介

2.2.1　逻辑运算

　　在数字量（或称开关量）控制系统中，变量仅有两种相反的工作状态，例如高电平和低电平、继电器线圈的通电和断电，可以分别用逻辑代数中的 1 和 0 来表示这些状态，在波形图中，用高电平表示 1 状态，用低电平表示 0 状态。

　　使用数字电路或 PLC 的梯形图都可以实现数字量逻辑运算。用继电器电路或梯形图可以实现基本的逻辑运算，触点的串联可以实现"与"运算，触点的并联可以实现"或"运算，用常闭触点控制线圈可以实现"非"运算。多个触点的串、并联电路可以实现复杂的逻辑运算。图 2-5 的上面是 PLC 的梯形图，下面是对应的函数块图。

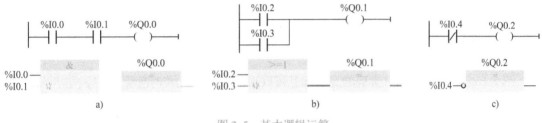

图 2-5　基本逻辑运算

　　图 2-5 中的 I0.0～I0.4 为数字量输入变量，Q0.0～Q0.2 为数字量输出变量，它们之间的"与""或""非"逻辑运算关系见表 2-1。表中的 0 和 1 分别表示输入点的常开触点断开和接通，或者线圈的断电和通电。

表 2-1　逻辑运算关系表

与			或			非	
$Q0.0 = I0.0 \cdot I0.1$			$Q0.1 = I0.2 + I0.3$			$Q0.2 = \overline{I0.4}$	
I0.0	I0.1	Q0.0	I0.2	I0.3	Q0.1	I0.4	Q0.2
0	0	0	0	0	0	0	1
0	1	0	0	1	1	1	0
1	0	0	1	0	1		
1	1	1	1	1	1		

　　图 2-6 是用交流接触器控制异步电动机的主电路、控制电路和有关的波形图。按下起动按钮 SB1，它的常开触点接通，电流经过 SB1 的常开触点和停止按钮 SB2 的常闭触点，流过交流接触器 KM 的线圈，接触器的衔铁被吸合，使主电路中 KM 的 3 对常开触点闭合，异步电动机的三相电源接通，电动机开始运行，控制电路中接触器 KM 的辅助常开触点同时接通。

　　放开起动按钮后，SB1 的常开触点断开，电流经 KM 的辅助常开触点和 SB2 的常闭触点流过 KM 的线圈，电动机继续运行。KM 的辅助常开触点实现的这种功能称为"自锁"或"自保持"，它使继电器电路具有类似于 R-S 触发器的记忆功能。

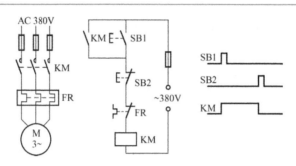

图 2-6   继电器控制电路

在电动机运行时按下停止按钮 SB2，它的常闭触点断开，使 KM 的线圈失电，KM 的主触点断开，异步电动机的三相电源被切断，电动机停止运行，同时控制电路中 KM 的辅助常开触点断开。当停止按钮 SB2 被放开，其常闭触点闭合后，KM 的线圈仍然失电，电动机继续保持停止运行状态。图 2-6 给出了有关信号的波形图，图中用高电平表示 1 状态（线圈通电、按钮被按下），用低电平表示 0 状态（线圈断电、按钮被放开）。

图中的热继电器 FR 用于过载保护，电动机过载时，经过一段时间后，FR 的常闭触点断开，使 KM 的线圈断电，电动机停转。图 2-6 中的继电器电路称为起动-保持-停止电路，简称为"起保停"电路。

图 2-6 中的继电器电路实现的逻辑运算可以用逻辑代数表达式表示为

$$KM = (SB1 + KM) \cdot \overline{SB2} \cdot \overline{FR}$$

在继电器电路图和梯形图中，线圈的状态是输出量，触点的状态是输入量。上式左边的 KM 与图中的线圈相对应，右边的 KM 与接触器的辅助常开触点相对应，上画线表示做逻辑"非"运算，$\overline{SB2}$ 对应于 SB2 的常闭触点。上式中的加号表示逻辑"或"运算，小圆点（乘号）或星号表示逻辑"与"运算。

与普通算术运算"先乘除后加减"类似，逻辑运算的规则为先"与"后"或"。上式为了先作"或"运算（触点的并联），用括号将"或"运算式括起来，括号中的运算优先执行。

2.2.2   PLC 的工作过程

1. 操作系统与用户程序

CPU 的操作系统用来实现与具体的控制任务无关的 PLC 的基本功能。操作系统的任务包括处理暖启动、刷新过程映像输入/输出、调用用户程序、检测中断事件和调用中断组织块、检测和处理错误、管理存储器，以及处理通信任务等。

用户程序包含处理具体的自动化任务必需的所有功能。用户程序由用户编写并下载到 CPU，用户程序的任务包括：

1）检查是否满足暖启动需要的条件，例如限位开关是否在正确的位置。

2）处理过程数据，例如用数字量输入信号来控制数字量输出信号、读取和处理模拟量输入信号、输出模拟量值。

3）用 OB（组织块）中的程序对中断事件做出反应，例如在诊断错误中断组织块 OB82 中发出报警信号和编写处理错误的程序。

2. 上电后的启动条件

CPU 有 3 种操作模式：RUN（运行）、STOP（停机）与 STARTUP（启动）。

如果同时满足下述条件，接通 PLC 电源（上电）后将进入启动模式。

1）预设的组态与实际的硬件匹配（见图 1-26）。

2）设置的启动类型为"暖启动-RUN 模式"；或启动类型为"暖启动-断电前的操作模式"，并且断电之前为 RUN 模式。

如果预设的组态与实际的硬件不匹配，或启动类型为"不重新启动"，或启动类型为"暖启动-断电前的操作模式"，且断电之前为 STOP 模式，上电后将进入 STOP 模式。

S7-1200/1500 的启动模式只有暖启动，暖启动删除非保持性位存储器的内容，非保持性数据块的内容被置为来自装载存储器的起始值。保持性位存储器和保持性 DB 中的内容被保留。

3. S7-1200 操作模式的切换

CPU 模块上没有切换操作模式的模式选择开关，只能用博途的 CPU 操作面板中的按钮（见图 7-11）或工具栏上的▮▮按钮和▮▮按钮，来切换 STOP 和 RUN 操作模式。也可以在用户程序中用 STP 指令使 CPU 进入 STOP 模式。

4. S7-1500 操作模式的切换

（1）STOP→RUN

如果同时满足下述条件，CPU 将从 STOP 模式切换到 STARTUP 模式。

1）预设的组态与实际的硬件匹配。

2）模式选择开关处于 RUN 位置，通过编程设备或 CPU 上的显示屏将 CPU 设置为 RUN 模式，或将模式选择开关从 STOP 扳到 RUN 位置处，或按 RUN 按钮。

如果启动成功，CPU 将进入 RUN 模式。

（2）STARTUP→STOP

如果 CPU 在启动过程中检测到错误，或通过编程设备、显示屏、模式选择开关、STOP 按钮发出 STOP 命令，或 CPU 在启动 OB 中执行了 STOP 命令，都会返回到 STOP 模式。

（3）RUN→STOP

如果检测到不能继续处理的错误，或通过编程设备、显示屏、模式选择开关、STOP 按钮发出 STOP 命令，或在用户程序中执行了 STOP 命令，都会返回到 STOP 模式。

5. S7-1200 启动模式的操作

在 CPU 内部的存储器中，设置了一片区域来存放输入信号和输出信号的状态，它们被称为过程映像输入区和过程映像输出区。

从 STOP 模式切换到 RUN 模式时，CPU 进入启动模式，执行下列操作（见图 2-7 中各阶段的代码）：

阶段 A 将外设输入（或称物理输入）的状态复制到过程映像输入（I 存储器）。

阶段 B 用上一次 RUN 模式最后的值或组态的替代值，来初始化过程映像输出（Q 存储器），将 DP、PN 和 AS-i 网络上的分布式 I/O 的输出设为 0。

阶段 C 执行启动 OB（如果有的话），将非保持性位存储器和数据块初始化为其初始值，并启用组态的循环中断事件和时钟事件。

阶段 D（整个启动阶段）将所有的中断事件保存到中断队列，以便在 RUN 模式进行处理。

阶段 E 将过程映像输出的值写到外设输出。

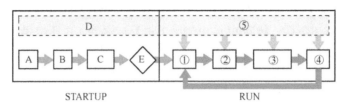

图 2-7　S7-1200 启动与运行过程示意图

6. S7-1500 启动模式的操作

根据相应模块的参数设置，用上一次 RUN 模式最后的值或替代值来初始化过程映像输出区（Q 存储区），不会更新过程映像输入/输出。要想在启动过程中读取输入的当前状态，可通过直接 I/O 访问来访问输入。要想在启动过程中初始化输出，可通过过程映像或通过直接 I/O 访问来写入值。在转换到 RUN 模式时将输出这些值。

CPU 以暖启动方式启动时，初始化非保持性位存储器、定时器和计时器，和数据块中的非保持性变量，保持性数据被保留。在启动期间，尚未运行循环时间监视。CPU 按启动组织块编号的顺序处理启动组织块。如果发生相应的事件，CPU 可以在启动期间启动 OB82、OB83、OB86、OB121 和 OB122。

如果没有插入 SIMATIC 存储卡或插入的存储卡无效，或没有将硬件配置下载到 CPU，CPU 将取消启动并返回到 STOP 模式。

7. RUN 模式的操作

启动阶段结束后，进入 RUN 模式。为了使 PLC 的输出及时地响应各种输入信号，CPU 反复地分阶段处理各种不同的任务（见图 2-7 中各阶段的符号）。

（1）写外设输出

在扫描循环的阶段①，操作系统将过程映像输出的值写到"过程映像"（见图 1-39）被组态为默认的"自动更新"的 CPU、信号板和信号模块的外设输出。

梯形图中某输出位的线圈"通电"时，对应的过程映像输出位中的二进制数为 1。信号经输出模块隔离和功率放大后，继电器型输出模块中对应的硬件继电器的线圈通电，其常开触点闭合，使外部负载通电工作。若梯形图中某输出位的线圈"断电"，对应的过程映像输出位中的二进制数为 0。将它送到继电器型输出模块，对应的硬件继电器的线圈断电，其常开触点断开，外部负载断电，停止工作。

可以用指令立即改写外设输出的值，同时将刷新过程映像输出。

（2）读外设输入

在扫描循环的阶段②，读取 CPU、信号板和信号模块"过程映像"被组态为"自动更新"的数字量和模拟量输入的当前值，然后将这些值写入过程映像输入。

外接的输入电路闭合时，对应的过程映像输入位中的二进制数为 1，梯形图中对应的输入点的常开触点接通，常闭触点断开。外接的输入电路断开时，对应的过程映像输入位中的二进制数为 0，梯形图中对应的输入点的常开触点断开，常闭触点接通。

可以用指令立即读取数字量或模拟量的外设输入的值，但是不会刷新过程映像输入。

（3）执行用户程序

在扫描循环的阶段③，执行一个或多个程序循环 OB，首先执行主程序 OB1。从第一条指令开始，逐条顺序执行用户程序中的指令，调用所有关联的 FC 和 FB，一直执行到最后一条指令。

在执行指令时，从过程映像输入/输出或别的位元件的存储单元读出其 0、1 状态，并根据指令的要求执行相应的逻辑运算，运算的结果写入到相应的过程映像输出和其他存储单元，它们的内容随着程序的执行而变化。

程序执行过程中，各输出点的值被保存到过程映像输出，而不是立即写给输出模块。

在程序执行阶段，即使外部输入信号的状态发生了变化，过程映像输入的状态也不会随之而变，输入信号变化的状态只能在下一个扫描周期的读取输入阶段被读入。执行程序时，对输入/输出的访问通常是通过过程映像，而不是实际的 I/O 点，这样做有以下好处：

1）在整个程序执行阶段，各过程映像输入点的状态是固定不变的，程序执行完后再用过程映像输出的值更新输出模块，使系统的运行稳定。

2）由于过程映像保存在 CPU 的系统存储器中，访问速度比直接访问信号模块快得多。

（4）自诊断检查

在扫描循环的阶段④，进行自诊断检查，包括定期检查系统和检查 I/O 模块的状态。上述 4 阶段的任务是按顺序循环执行的，这种周而复始的循环工作方式称为扫描循环。

（5）处理中断和通信

事件驱动的中断可能发生在扫描循环的任意阶段（阶段⑤）。中断事件发生时，CPU 停止扫描循环，调用被组态用于处理该事件的 OB。OB 处理完该事件后，CPU 从中断点继续执行用户程序。中断功能可以提高 PLC 对事件的响应速度。

阶段⑤还要处理接收到的通信报文，在适当的时候将响应报文发送给通信的请求方。

8. S7-1200 的存储器复位

存储器复位将 CPU 切换到"初始"状态。即终止 PC 和 CPU 之间的在线连接；清除工作存储器的内容，包括保持性和非保持性数据；诊断缓冲区、实时时间、IP 地址、硬件配置和激活的强制作业保持不变；将装载存储器中的代码块和数据块复制到工作存储器，数据块中变量的值被初始值替代。

存储器复位的必要条件是建立了与 PC 的在线连接和 CPU 处于 STOP 模式。打开博途的"在线和诊断"视图，单击"在线工具"任务卡的"CPU 操作面板"中的 MRES 按钮（见图 7-11），再单击出现的对话框中的"是"按钮，存储器被复位。

9. S7-1500 的存储器复位

（1）存储器的自动复位

如果发生下述错误之一，CPU 将执行存储器自动复位。

1）用户程序过大，不能完全加载到工作存储器中。

2）SIMATIC 存储卡中的项目数据损坏，例如文件被删除。

3）取出或插入 SIMATIC 存储卡。保持性备份数据与 SIMATIC 存储卡上的组态存在结构差异。

（2）存储器的手动复位

S7-1500 可以使用模式选择开关/模式选择按钮、显示屏和 STEP 7 手动复位存储器。

如果 CPU 插入了 SIMATIC 存储卡，下述操作使 CPU 执行存储器复位。反之 CPU 被复位为出厂设置。

（3）使用模式选择开关复位存储器

1）将模式选择开关（见图 1-9 的右图）扳到 STOP 位置，RUN/STOP LED 呈黄色点亮。

2）将模式选择开关扳到 MRES 位置并保持在该位置，直至 RUN/STOP LED 呈黄色第二次点亮并保持约 3s。松手后选择开关自动返回 STOP 位置。

3）在接下来的 3s 内，将模式选择器开关切换回 MRES 位置，然后重新返回到 STOP 模式。CPU 将执行存储器复位，在此期间 RUN/STOP LED 呈黄色闪烁。当该 LED 呈黄色点亮时，表示 CPU 已被复位为出厂设置，并处于 STOP 模式。

（4）使用 STOP 操作模式按钮复位存储器

1）按 STOP 操作模式按钮 ![STOP]（见图 1-9 的左图），STOP-ACTIVE 和 RUN/STOP LED 呈黄色点亮。

2）再次按 STOP 操作模式按钮 ![STOP]，直至 RUN/STOP LED 呈黄色第二次点亮，并在 3s 内保持点亮状态，然后松开按键。

3）在接下来的 3s 内，按 STOP 操作模式按钮 ![STOP]，CPU 执行存储器复位，RUN/STOP LED 呈黄色闪烁。当 STOP-ACTIVE 和 RUN/STOP LED 呈黄色点亮时，CPU 已复位为出厂设置，并处于 STOP 模式。

2.2.3 用户程序结构简介

S7-1200/1500 与 S7-300/400 的用户程序结构基本上相同。

1. 模块化编程

模块化编程将复杂的自动化任务划分为对应于生产过程的技术功能的较小的子任务，每个子任务对应于一个称为"块"的子程序，可以通过块与块之间的相互调用来组织程序。这样的程序易于修改、查错和调试。块结构显著地增加了 PLC 程序的组织透明性、可理解性和易维护性。各种块的简要说明见表 2-2，其中的 OB、FB、FC 都包含程序，统称为代码（Code）块。

表 2-2　用户程序中的块

块	简 要 描 述
组织块（OB）	操作系统与用户程序的接口，决定用户程序的结构
函数块（FB）	用户编写的包含经常使用的功能的子程序，有专用的背景数据块
函数（FC）	用户编写的包含经常使用的功能的子程序，没有专用的背景数据块
背景数据块（DB）	用于保存 FB 的输入、输出参数和静态变量，其数据在编译时自动生成
全局数据块（DB）	存储用户数据的数据区域，供所有的代码块共享

被调用的代码块又可以调用别的代码块，这种调用称为嵌套调用。从程序循环 OB 或启动 OB 开始，S7-1200 的嵌套深度为 16；从中断 OB 开始，嵌套深度为 6。S7-1500 每个优先级等级的嵌套深度为 24。

在块调用中，调用者可以是各种代码块，被调用的块是 OB 之外的代码块。调用函数块时需要为它指定一个背景数据块。

2. 组织块

组织块（Organization Block，OB）是操作系统与用户程序的接口，它由操作系统调用，用于控制扫描循环和中断程序的执行、PLC 的起动和错误处理等。组织块的程序是用户编写的。

每个组织块必须有一个唯一的 OB 编号，123 之前的某些编号是保留的，其他 OB 的编号应大于等于 123。CPU 中特定的事件触发组织块的执行，OB 不能相互调用，也不能被 FC 和 FB 调用。只有启动事件（例如诊断中断事件或周期性中断事件）可以启动 OB 的执行。

（1）程序循环组织块

OB1 是用户程序中的主程序，CPU 循环执行操作系统程序，在每一次循环中，操作系统程序调用一次 OB1。因此 OB1 中的程序也是循环执行的。允许有多个程序循环 OB，默认的是 OB1，其他程序循环 OB 的编号应大于等于 123。

（2）启动组织块

当 CPU 的操作模式从 STOP 切换到 RUN 时，执行一次启动（STARTUP）组织块，来初始化程序循环 OB 中的某些变量。执行完启动 OB 后，开始执行程序循环 OB。可以有多个启动 OB，默认的为 OB100，其他启动 OB 的编号应大于等于 123。

（3）中断组织块

中断处理用来实现对特殊内部事件或外部事件的快速响应。如果没有中断事件出现，CPU 循环执行 OB1 和它调用的块。如果出现中断事件，例如诊断中断和时间延迟中断等，因为 OB1 的中断优先级最低，操作系统在执行完当前程序的当前指令（即断点处）后，立即响应中断。CPU 暂停正在执行的程序块，自动调用一个分配给该事件的组织块（即中断程序）来处理中断事件。执行完中断组织块后，返回被中断的程序的断点处继续执行原来的程序。

这意味着部分用户程序不必在每次循环中处理，而是在需要时才被及时地处理。处理中断事件的程序放在该事件驱动的 OB 中。

4.3 节将详细介绍各种中断组织块和中断事件的处理方法。

3. 函数

函数（Function）是用户编写的子程序，简称为 FC，在 STEP 7 V5.x 中称为功能。它包含完成特定任务的代码和参数。FC 和 FB（函数块）有与调用它的块共享的输入参数和输出参数。执行完 FC 和 FB 后，返回调用它的代码块。

函数是快速执行的代码块，可用于执行标准的和可重复使用的操作，例如算术运算；或完成技术功能，例如使用位逻辑运算的控制。可以在程序的不同位置多次调用同一个 FC 和 FB，这样可以简化重复执行的任务的编程。函数没有固定的存储区，函数执行结束后，其临时变量中的数据可能被别的块的临时变量的值覆盖。

4. 函数块

函数块（Function Block）是用户编写的子程序，简称为 FB，在 STEP 7 V5.x 中称为功能块。调用函数块时，需要指定背景数据块，后者是函数块专用的存储区。CPU 执行 FB 中的程序代码，将块的输入/输出参数和局部静态变量保存在背景数据块中，以便在后面的扫描周期访问它们。FB 的典型应用是执行不能在一个扫描周期完成的操作。在调用 FB 时，自动打开对应的背景数据块，后者的变量可以被其他代码块访问。

使用不同的背景数据块调用同一个函数块，可以控制不同的对象。

S7-1200/1500 的某些指令（例如符合 IEC 标准的定时器和计数器指令）实际上是函数块，

在调用它们时需要指定配套的背景数据块。

5. 数据块

数据块（Data Block，DB）是用于存放执行代码块时所需的数据的数据区，与代码块不同，数据块没有指令，STEP 7 按变量生成的顺序自动地为数据块中的变量分配地址。

有两种类型的数据块（见图 2-8）：

1）全局数据块存储供所有的代码块使用的数据，所有的 OB、FB 和 FC 都可以访问它们。

2）背景数据块存储的数据供特定的 FB 使用。

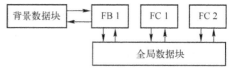

图 2-8   全局数据块与背景数据块

背景数据块中保存的是对应的 FB 的输入、输出参数和局部静态变量。FB 的临时数据（Temp）不是用背景数据块保存的。

2.3   物理存储器与系统存储区

2.3.1   物理存储器

1. PLC 使用的物理存储器

（1）随机存取存储器

CPU 可以读出随机存取存储器（RAM）中的数据，也可以将数据写入 RAM。它是易失性的存储器，电源中断后，存储的信息将会丢失。RAM 的工作速度高，价格便宜，改写方便。在关断 PLC 的外部电源后，可以用锂电池保存 RAM 中的用户程序和某些数据。

（2）只读存储器

只读存储器（ROM）的内容只能读出，不能写入。它是非易失的，电源消失后，仍能保存存储的内容，ROM 一般用来存放 PLC 的操作系统。

（3）快闪存储器和可电擦除可编程只读存储器

快闪存储器（Flash EPROM）简称为 FEPROM，可电擦除可编程的只读存储器简称为 EEPROM。它们是非易失性的，可以用编程装置对它们编程，兼有 ROM 的非易失性和 RAM 的随机存取优点，但是将数据写入它们所需的时间比 RAM 长得多。它们用来存放用户程序和断电时需要保存的重要数据。

2. 装载存储器与工作存储器

（1）装载存储器

装载存储器具有断电保持功能，用于保存用户程序、数据块和组态信息等。S7-1200 的 CPU 有内部的装载存储器。CPU 插入存储卡后，用存储卡作装载存储器。S7-1500 只能用存储卡作装载存储器。项目下载到 CPU 时，首先保存在装载存储器中，然后复制到工作存储器中运行。装载存储器类似于计算机的硬盘，工作存储器类似于计算机的内存条。

（2）工作存储器

工作存储器是集成在 CPU 中的高速存取的 RAM，为了提高运行速度，CPU 将用户程序中的代码块和数据块保存在工作存储器。CPU 断电时，工作存储器中的内容将会丢失。

S7-1500 集成的程序工作存储器用于存储 FB、FC 和 OB。集成的数据工作存储器用于存储数据块和工艺对象中与运行有关的部分。有些数据块可以存储在装载存储器中。

3．存储卡

SIMATIC 存储卡基于 FEPROM，是预先格式化的 SD 存储卡（见图 2-9），有保持功能，用于存储用户程序、PROFINET 设备名称和其他文件。存储卡用来作装载存储器（Load Memory）或作便携式媒体。

SIMATIC 存储卡带有序列号，右键单击项目树中的某个块，选中快捷菜单中的"属性"，再选中出现的对话框中的"保护"，在"防拷贝保护"区将选中的块与存储卡的序列号绑定，然后输入序列号。

将存储卡插入读卡器，右键单击项目树的"读卡器/USB 存储器"文件夹中的存储卡，再选中快捷菜单中的"属性"，可以查看

图 2-9　S7-1500 的存储卡

存储卡的属性信息。可以设置存储卡的模式为"程序""传送"和"更新固件"。

不能使用 Windows 中的工具格式化存储卡。如果误删存储卡中隐藏的文件，应将存储卡安装在 S7-1500 CPU 中，用 TIA 博途对它在线格式化，恢复存储卡中隐藏的文件。

存储卡可以用作程序卡、传送卡或固件更新卡。装载了用户程序和组态数据的存储卡（传送卡）将替代 S7-1200 的内部装载存储器。无须使用 STEP 7，用传送卡就可以将项目复制到 CPU 的内部装载存储器，传送过程完成后，必须取出传送卡。

将模块的固件存储在存储卡上，就可以执行固件更新。

忘记密码时，将空的传送卡插入 S7-1200，将会自动删除 CPU 内部装载存储器中受密码保护的程序，以后就可以将新的程序下载到 CPU 中。对于 S7-1500，将存储卡插入编程设备的读卡器，在项目树中，将包含新组态的 CPU 文件夹拖放到项目树的"读卡器/USB 存储器"文件夹中的存储卡符号上。在加载对话框中，确认覆盖当前受密码保护的 CPU 组态和程序。

S7-1200 的存储卡的详细使用方法见它的系统手册的 5.5 节"使用存储卡"。

4．保持性存储器

具有断电保持功能的保持性存储器用来防止在 PLC 电源关断时丢失数据，暖启动后保持性存储器中的数据保持不变，存储器复位时其值被清除。

S7-1200 CPU 提供了 10KB 的保持性存储器，S7-1500 CPU 的保持性存储器的字节数见 CPU 的设备手册。可以在断电时，将工作存储器的某些地址（例如数据块或位存储器 M）的值永久保存在保持性存储器中。

断电时组态的工作存储器的值被复制到保持性存储器。电源恢复后，系统将保持性存储器保存的断电之前工作存储器的数据，恢复到原来的存储单元。

在暖启动时，所有非保持的位存储器被删除，非保持的数据块的内容被设置为装载存储器中的初始值。保持性存储器和有保持功能的数据块的内容被保持。

可以用下列方法设置变量的断电保持属性：

1）位存储器、定时器和计数器：可以在 PLC 变量表（见 2.5.2 节）或分配列表（见 4.4.2 节）中，定义从 MB0、T0 和 C0 开始有断电保持功能的地址范围。S7-1200 只能设置 M 区的保持功能。

2）函数块的背景数据块（IDB）的变量：如果激活了 FB 的"优化的块访问"属性，可以在 FB 的接口区，单独设置各变量的保持性为"保持""非保持"和"在 IDB 中设置"。

对于"在 IDB 中设置"的变量,不能在 IDB 中单独设置每个变量的保持性。它们的保持性设置会影响到所有使用"在 IDB 中设置"选择的块接口变量。

如果没有激活 FB 的"优化的块访问"属性,只能在背景数据块中定义所有的变量是否有保持性。

3)如果激活了"优化的块访问"属性,可以对每个全局数据块中的变量单独设置断电保持属性。对于具有结构化数据类型的变量,将为所有变量元素传送保持性设置。

如果禁止了数据块的"优化的块访问"属性,只能设置数据块中所有的变量是否有断电保持属性。

诊断缓冲区、运行小时计数器和时钟时间均具有保持性。

5. 其他系统存储区

其他存储区包括位存储器、定时器和计数器、本地临时数据区和过程映像。它们的大小与 CPU 的型号有关。

6. 查看存储器的使用情况

选中"工具"菜单中的"资源",可以查看当前项目的存储器使用情况。

与 PLC 联机后双击项目树中 PLC 文件夹内的"在线和诊断",双击工作区左边窗口"诊断"文件夹中的"存储器"(见图 7-11),可以查看 PLC 运行时存储器的使用情况。

2.3.2 系统存储区

1. 过程映像输入/输出

过程映像输入(见表 2-3)在用户程序中的标识符为 I,它是 PLC 接收外部输入的数字量信号的窗口。输入端可以外接常开触点或常闭触点,也可以接多个触点组成的串并联电路。

表 2-3 系统存储区

存 储 区	描 述	强 制	保持性
过程映像输入(I)	在循环开始时,将输入模块的输入值保存到过程映像输入表	No	No
外设输入(I_:P)	通过该区域直接访问集中式和分布式输入模块	Yes	No
过程映像输出(Q)	在循环开始时,将过程映像输出表中的值写入输出模块	No	No
外设输出(Q_:P)	通过该区域直接访问集中式和分布式输出模块	Yes	No
位存储器(M)	用于存储用户程序的中间运算结果或标志位	No	Yes
局部数据(L)	块的临时局部数据,只能供块内部使用	No	No
数据块(DB)	数据存储器与 FB 的参数存储器	No	Yes

在每次扫描循环开始时,CPU 读取数字量输入点的外部输入电路的状态,并将它们存入过程映像输入区。

过程映像输出在用户程序中的标识符为 Q。用户程序访问 PLC 的输入和输出地址区时,不是去读、写数字量模块中信号的状态,而是访问 CPU 的过程映像区。在扫描循环中,用户程序计算输出值,并将它们存入过程映像输出区。在下一扫描循环开始时,将过程映像输出区的内容写到数字量输出点,再由后者驱动外部负载。

对存储器的"读写""访问""存取"这 3 个词的意思基本上相同。

I 和 Q 均可以按位、字节、字和双字来访问，例如 I0.0、IB0、IW0 和 ID0。程序编辑器自动地在绝对操作数前面插入%，例如%I3.2。在 SCL 中，必须在地址前输入"%"来表示该地址为绝对地址。如果没有"%"，STEP 7 将在编译时生成未定义的变量错误。

2. 外设输入

在 I/O 点的地址或符号地址的后面附加":P"，可以立即访问外设输入或外设输出。通过给输入点的地址附加":P"，例如 I0.3:P 或"Stop:P"，可以立即读取 CPU、信号板和信号模块的数字量输入和模拟量输入。访问时使用 I_:P 取代 I 的区别在于前者的数字直接来自被访问的输入点，而不是来自过程映像输入。因为数据从信号源被立即读取，而不是从最后一次被刷新的过程映像输入中复制，这种访问被称为"立即读"访问。

由于外设输入点从直接连接在该点的现场设备接收数据值，因此写外设输入点是被禁止的，即 I_:P 访问是只读的。

I_:P 访问还受到硬件支持的输入长度的限制。以 S7-1200 被组态为从 I4.0 开始的 2 DI/2 DQ 信号板的输入点为例，可以访问 I4.0:P、I4.1:P 或 IB4:P，但是不能访问 I4.2:P~I4.7:P，因为没有使用这些输入点。也不能访问 IW4:P 和 ID4:P，因为它们超过了信号板使用的字节范围。

用 I_:P 访问外设输入不会影响存储在过程映像输入区中的对应值。

S7-1200 的系统手册将外设输入、外设输出称为硬件输入和硬件输出。

3. 外设输出

在输出点的地址后面附加":P"（例如 Q0.3:P），可以立即写 CPU、信号板和信号模块的数字量和模拟量输出。访问时使用 Q_:P 取代 Q 的区别在于前者的数字直接写给被访问的外设输出点，同时写给过程映像输出。这种访问被称为"立即写"，因为数据被立即写给目标点，不用等到下一次刷新时将过程映像输出中的数据传送给目标点。

由于外设输出点直接控制与该点连接的现场设备，因此读外设输出点是被禁止的，即 Q_:P 访问是只写的。与此相反，可以读写 Q 区的数据。

与 I_:P 访问相同，Q_:P 访问还受到硬件支持的输出长度的限制。

用 Q_:P 访问外设输出同时影响外设输出点和存储在过程映像输出区中的对应值。

4. 位存储器

位存储器（M 存储器）用来存储运算的中间操作状态或其他控制信息。可以用位、字节、字或双字读/写位存储器。

5. S5 定时器和 S5 计数器

S7-1500 可以使用 S7-300/400 的 S5 定时器和 S5 计数器，它们的地址标识符为 T 和 C，例如 T3、C10。所有型号的 S7-1500 CPU 的 S5 定时器和 S5 计数器的个数分别为 2048 个。可以设置有掉电保持的 S5 定时器和 S5 计数器的个数。

建议 S7-1500 使用 IEC 定时器和 IEC 计数器，它们的个数不受限制，编程也更加灵活。

6. 数据块

数据块（DB）用来存储代码块使用的各种类型的数据，包括中间操作状态或 FB 的其他控制信息参数，以及某些指令（例如定时器和计数器指令）需要的数据结构。

数据块可以按位（例如 DB1.DBX3.5）、字节（DBB）、字（DBW）和双字（DBD）来访问。在访问数据块中的数据时，应指明数据块的名称，例如 DB1.DBW20。

如果启用了块属性"优化的块访问"，不能用绝对地址访问数据块和代码块的接口区中的临时局部数据。

7. 局部数据

局部数据是块被处理时使用的块的临时数据。局部数据类似于 M 存储器，二者的主要区别在于 M 存储器是全局的，而局部数据是局部的。

1）所有的 OB、FC 和 FB 都可以访问 M 存储器中的数据，即这些数据可以供用户程序中所有的代码块全局性地使用。

2）在 OB、FC 和 FB 的接口区生成局部数据（Temp）。它们具有局部性，只能在生成它们的代码块内使用，不能与其他代码块共享。即使 OB 调用 FC，FC 也不能访问调用它的 OB 的局部数据。

CPU 在代码块被启动（对于 OB）或被调用（对于 FC 和 FB）时，将局部数据分配给代码块。代码块执行结束后，CPU 将它使用的局部数据区重新分配给其他要执行的代码块使用。CPU 不对在分配时可能包含数值的局部数据初始化。建议以符号方式访问局部数据。

可以通过菜单命令"工具"→"调用结构"查看程序中各代码块占用的局部数据空间。

2.4 数制、编码与数据类型

2.4.1 数制与编码

1. 数制

（1）二进制数

二进制数的 1 位（bit）只能取 0 和 1 这两个不同的值，可以用来表示开关量（或称数字量）的两种不同的状态，例如触点的断开和接通、线圈的通电和断电等。如果该位为 1，则梯形图中对应的位编程元件（例如位存储器 M 和过程映像输出位 Q）的线圈"通电"，其常开触点接通，常闭触点断开，以后称该编程元件为 TRUE 或 1 状态，如果该位为 0，则对应的编程元件的线圈和触点的状态与上述的相反，称该编程元件为 FALSE 或 0 状态。

（2）多位二进制整数

计算机和 PLC 用多位二进制数来表示数字，二进制数遵循逢二进一的运算规则，从右往左的第 n 位（最低位为第 0 位）的权值为 2^n。二进制常数以 2# 开始，用下式计算 2#1100 对应的十进制数：

$$1\times2^3+1\times2^2+0\times2^1+0\times2^0 = 12$$

表 2-4 给出了不同进制的数和 BCD 码的表示方法。

（3）十六进制数

多位二进制数的书写和阅读很不方便。为了解决这一问题，可以用十六进制数来取代二进制数，每个十六进制数对应于 4 位二进制数。十六进制数的 16 个数字是 0~9 和 A~F（对应于十进制数 10~15）。B#16#、W#16# 和 DW#16# 分别用来表示十六进制字节、字和双字常数，例如 W#16#13AF。在数字后面加"H"也可以表示十六进制数，例如 16#13AF 可以表示为 13AFH。

表 2-4　不同进制的数的表示方法

十进制数	十六进制数	二进制数	BCD 码	十进制数	十六进制数	二进制数	BCD 码
0	0	00000	0000 0000	9	9	01001	0000 1001
1	1	00001	0000 0001	10	A	01010	0001 0000
2	2	00010	0000 0010	11	B	01011	0001 0001
3	3	00011	0000 0011	12	C	01100	0001 0010
4	4	00100	0000 0100	13	D	01101	0001 0011
5	5	00101	0000 0101	14	E	01110	0001 0100
6	6	00110	0000 0110	15	F	01111	0001 0101
7	7	00111	0000 0111	16	10	10000	0001 0110
8	8	01000	0000 1000	17	11	10001	0001 0111

2．编码

（1）补码

有符号二进制整数用补码来表示，其最高位为符号位，最高位为 0 时为正数，为 1 时为负数。正数的补码就是它本身，最大的 16 位二进制正数为 2#0111 1111 1111 1111，对应的十进制数为 32767。

将正数的补码逐位取反（0 变为 1，1 变为 0）后加 1，得到绝对值与它相同的负数的补码。例如将 1158 对应的补码 2#0000 0100 1000 0110 逐位取反后加 1，得到 -1158 的补码 1111 1011 0111 1010。

将负数的补码的各位取反后加 1，得到它的绝对值对应的正数的补码。例如将 -1158 的补码 2#1111 1011 0111 1010 逐位取反后加 1，得到 1158 的补码 2#0000 0100 1000 0110。

整数的取值范围为 -32768～32767，双整数的取值范围为 -2147483648～2147483647。

（2）BCD 码

BCD（Binary-coded Decimal）是二进制编码的十进制数的缩写，BCD 码用 4 位二进制数表示一位十进制数（见表 2-4），每一位 BCD 码允许的数值范围为 2#0000～2#1001，对应于十进制数 0～9。BCD 码的最高位二进制数用来表示符号，负数为 1，正数为 0。一般令负数和正数的最高 4 位二进制数分别为 1111 或 0000（见图 2-10）。BCD 码各位之间的关系是逢十进一，图 2-10 中的 BCD 码为 -829。3 位 BCD 码的范围为 -999～+999，7 位 BCD 码（见图 2-11）的范围为 -9999999～+9999999。

图 2-10　3 位 BCD 码的格式　　　　　　　图 2-11　7 位 BCD 码的格式

BCD 码常用来表示 PLC 的输入/输出变量的值。TIA 博途中的日期和时间一般都采用 BCD 码来显示和输入。

拨码开关（见图 2-12）内的圆盘的圆周面上有 0～9 这 10 个数字，用按钮来增、减各位要输入的数字。它用内部硬件将 10 个十进制数转换为 4 位二进制数。PLC 用输入点读取的多位拨码开关的输出值就是 BCD 码，可以用"转换值"指令 CONVERT 将它转换为二进制整数。

用 PLC 的 4 个输出点给译码驱动芯片 4547 提供输入信号,可以用 LED 七段显示器显示一位十进制数(见图 2-13)。需要使用"转换值"指令 CONVERT,将 PLC 中的二进制整数或双整数转换为 BCD 码,然后分别送给各个译码驱动芯片。

图 2-12 拨码开关

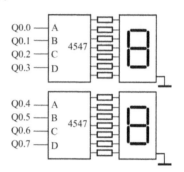

图 2-13 LED 七段显示器电路

(3) ASCII 码

ASCII 码(American Standard Code for Information Interchange,美国信息交换标准代码)由美国国家标准局(ANSI)制定,它已被国际标准化组织(ISO)定为国际标准(ISO 646 标准)。ASCII 码用来表示所有的英语大/小写字母、数字 0~9、标点符号和在美式英语中使用的特殊控制字符。数字 0~9 的 ASCII 码为十六进制数 30H~39H,英语大写字母 A~Z 的 ASCII 码为 41H~5AH,英语小写字母 a~z 的 ASCII 码为 61H~7AH。

2.4.2 基本数据类型

1. 数据类型

数据类型用来描述数据的长度(即二进制的位数)和属性。本节主要介绍基本数据类型,后面各节将介绍复杂数据类型、参数类型和其他数据类型。

很多指令和代码块的参数支持多种数据类型。将鼠标的光标放在某条指令某个参数的地址域上,过一会儿在出现的黄色背景的小方框中,可以看到该参数支持的数据类型。

不同的任务使用不同长度的数据对象,例如位逻辑指令使用位数据,MOVE 指令使用字节、字和双字等。表 2-5 给出了基本数据类型的属性。

2. 位

位数据的数据类型为 Bool(布尔)型,在编程软件中,Bool 变量的值 2#1 和 2#0 用英语单词 TRUE(真)和 FALSE(假)来表示。

位存储单元的地址由字节地址和位地址组成,例如 I3.2 中的区域标识符"I"表示输入(Input),字节地址为 3,位地址为 2(见图 2-14)。这种存取方式称为"字节.位"寻址方式。

表 2-5 基本数据类型

变 量 类 型	符 号	位数	取 值 范 围	常 数 举 例
位	Bool	1	1、0	TRUE、FALSE 或 2#1、2#0
字节	Byte	8	16#00~16#FF	16#12, B#16#AB

（续）

变量类型	符号	位数	取 值 范 围	常 数 举 例
字	Word	16	16#0000～16#FFFF	16#ABCD, W#16#B001
双字	DWord	32	16#00000000～16#FFFF_FFFF	DW#16#02468ACE
长字*	LWord	64	16#0～16#FFFF_FFFF_FFFF_FFFF	L#16#000000005F52DE8B
短整数	SInt	8	−128～127	123, −123
整数	Int	16	−32768～32767	12573, −12573
双整数	DInt	32	−2147483648～2147483647	12357934, −12357934
无符号短整数	USInt	8	0～255	123
无符号整数	UInt	16	0～65535	12321
无符号双整数	UDInt	32	0～4294967295	1234586
64 位整数*	LInt	64	−9223372036854775808～ +9223372036854775807	+154325790816159
无符号 64 位整数*	ULInt	64	0～18446744073709551615	154325790816159
浮点数（实数）	Real	32	$\pm1.175495\times10^{-38}$～$\pm3.402\ 823\times10^{38}$	12.45, −3.4, −1.2E+12, 3.4E-3
长浮点数	LReal	64	$\pm2.2250738585072014\times10^{-308}$ ～$\pm1.7976931348623158\times10^{308}$	12345.123456789, −1.2E+40
S7 时间*	S5TIME	16	S5T#0MS～S5T#2H_46M_30S_0MS	S5T#10s
IEC 时间	Time	32	T#−24d20h31m23s648ms～ T#+24d20h31m23s647ms	T#10d20h30m20s630ms
IEC 时间*	LTime	64	LT#−106751d23h47m16s854ms775μs808ns～ LT#+106751d23h47m16s854ms775μs807ns	LT#11350d20h25m14s830ms65 2μs315ns
日期	Date	16	D#1990-1-1～D#2169-06-06	D#2016-10-31
实时时间 TOD	Time_of_Day	32	TOD#00:00:00.000～TOD#23:59:59.999	TOD#10:20:30.400
LTOD*	LTime_of_Day	64	LTOD#00:00:00.000000000～ LTOD#23:59:59.999999999	LTOD#10:20:30.400_365_215
日期和日时钟*	Date_and_ Time（DT）	64	DT#1990-01-01-00:00:00.000～ DT#2089-12-31-23:59:59.999	DT#2016-10-25-8:12:34.567
日期和时间 LDT*	Date_and_ LTime	64	LDT#1970-01-01-0:0:0.000000000～ LDT#2263-04-11-23:47:16.854775808	LDT#2016-10-13:12:34.567
长格式日期和时间	DTL	12B	最大 DTL#2262-04-11:23:47:16.854 775 807	DTL#2016-10-16-20:30:20.250
字符	Char	8	16#00～16#FF	'A', 't'
16 位宽字符	WChar	16	16#0000～16#FFFF	WCHAR#'a'

注：*仅用于 S7-1500。DT、LDT 和 DTL 属于复杂数据类型。

3. 位字符串

数据类型 Byte、Word、Dword、Lword（后者仅用于 S7-1500）统称为位字符串。它们不能比较大小，它们的常数一般用十六进制数表示。

1）字节（Byte）由 8 位二进制数组成，例如 I3.0～I3.7 组成了输入字节 IB3（见图 2-14），B 是 Byte 的缩写。

2）字（Word）由相邻的 2 个字节组成，例如字 MW100 由字节 MB100 和 MB101 组成（见图 2-15）。MW100 中的 M 为区域标识符，W 表示字。

3）双字（DWord）由 2 个字（或 4 个字节）组成，双字 MD100 由字节 MB100～MB103 或字 MW100、MW102 组成（见图 2-15），D 表示双字。

4）S7-1500 的 64 位位字符串（LWord）由连续的 8 个字节组成。

需要注意以下两点：

1）用组成双字的编号最小的字节 MB100 的编号作为双字 MD100 的编号。

2）组成双字 MD100 的编号最小的字节 MB100 为 MD100 的最高位字节，编号最大的字节 MB103 为 MD100 的最低位字节。字和 LWord 也有类似的特点。

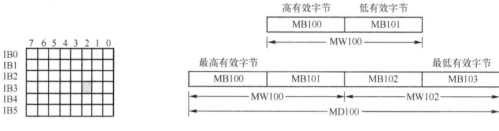

| | 图 2-14 字节与位 | 图 2-15 字节、字和双字 |

4. 整数

S7-1200 有 6 种整数（见表 2-5），SInt 和 USInt 分别为 8 位的短整数和无符号短整数，Int 和 UInt 分别为 16 位的整数和无符号整数，DInt 和 UDInt 分别为 32 位的双整数和无符号双整数。S7-1500 还有 64 位整数 LInt 和 64 位无符号整数 ULInt。

所有整数的符号中均有 Int。符号中带 S 的为 8 位整数（短整数），带 D 的为 32 位双整数，带 L 的是 64 位整数。不带 S、D 和 L 的为 16 位整数。带 U 的为无符号整数，不带 U 的为有符号整数。

有符号整数用补码来表示，其最高位为符号位，最高位为 0 时为正数，为 1 时为负数。

5. 浮点数

浮点数（Real）又称为实数，32 位浮点数的最高位（第 31 位）为符号位（见图 2-16），正数的符号位为 0，负数的为 1。ANSI/IEEE 标准的浮点数的尾数的整数部分总是为 1，第 0～22 位为尾数的小数部分。8 位指数加上偏移量 127 后（0～255），放在第 23～30 位。

图 2-16 浮点数的结构

浮点数的优点是用很小的存储空间（4B）可以表示非常大和非常小的数。浮点数的范围为 $\pm1.175495\times10^{-38}\sim\pm3.402823\times10^{38}$。PLC 输入和输出的数值大多是整数，例如 AI 模块的输出值和 AQ 模块的输入值都是整数。用浮点数来处理这些数据需要进行整数和浮点数之间的相互转换，浮点数的运算速度比整数的运算速度慢一些。

在编程软件中，用十进制小数来输入或显示浮点数，例如 50 是整数，而 50.0 为浮点数。

LReal 为 64 位的长浮点数，它的最高位（第 63 位）为符号位。尾数的整数部分总是为 1，第 0～51 位为尾数的小数部分。11 位的指数加上偏移量 1023 后（0～2047），放在第 52～62 位。

浮点数 Real 和长浮点数 LReal 的精度最高为十进制 6 位和 15 位有效数字。

6. 与定时器有关的数据类型

1）Time 是 IEC 格式时间，它是有符号双整数，其单位为 ms，取值范围为 T#-24d_20h_31m_23s_648ms～T#+24d_20h_31m_23s_647ms。其中的 d、h、m、s、ms 分别为天、小时、分钟、秒和毫秒。下面两种数据类型仅用于 S7-1500。

2）S5Time 是 16 位的 BCD 格式的时间，用于 SIMATIC 定时器。S5Time 由 3 位 BCD 码时间值（0～999）和时间基准组成（见图 2-17）。持续时间以指定的时间基准为单位。

定时器字的第 12 位和第 13 位是时间基准，未用的最高两位为 0。时间基准代码为二进制数 00、01、10 和 11 时，对应的时间基准分别为 10ms、100ms、1s 和 10s。持续时间等于 BCD 时间值乘以时间基准值。例如定时器字为 W#16#2127 时（见图 2-17），时间基准为 1s，持续时间为 127×1 = 127s。CPU 自动选择时间基准，选择的原则是根据预设时间值选择最小的时间基准。允许的最大时间值为 9990s（2H_46M_30S）。S5T#1H_12M_18S 中的 H 表示小时，M 为分钟，S 为秒，MS 为毫秒。

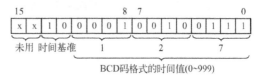

图 2-17　SIMATIC 定时器字

3）LTime 是 64 位的 IEC 格式时间，其单位为 ns，能表示的最大时间极长。

7. 表示日期和时间的数据类型

Date（IEC 日期）为 16 位无符号整数，其操作数为十六进制格式，例如 D#2016-12-31，对应于自 1990 年 1 月 1 日（16#0000）以来的天数。

TOD（Time_of_Day）为从指定日期的 0 时算起的毫秒数（无符号双整数）。其常数必须指定小时（24 小时/天）、分钟和秒，毫秒是可选的。

数据类型 DTL 的 12 个字节依次为年（占 2B）、月、日、星期的代码、小时、分、秒（各占 1B）和纳秒（占 4B），均为 BCD 码。星期日、星期一～星期六的代码依次为 1～7。DTL 属于复杂数据类型，可以在块的临时存储器或者 DB 中定义 DTL 数据。

下面的日期和时间数据类型仅用于 S7-1500。

LTOD（LTime_of_Day）为从指定日期的 0 时算起的纳秒（ns）数（无符号 64 位数）。其常数必须指定小时（24 小时/天）、分钟和秒，ns 是可选的。

DT（Date_and_Time，日期和日时钟）是 8 个字节的 BCD 码。第 1～6 字节分别存储年的低两位、月、日、时、分和秒，第 7 字节是毫秒的两个最高有效位，第 8 字节的高 4 位是毫秒的最低有效位，星期存放在第 8 字节的低 4 位。星期日、星期一～星期六的代码依次为 1～7。例如 2017 年 5 月 22 日 12 点 30 分 25.123 秒可以表示为 DT#17-5-22-12:30:25.123，可以省略毫秒部分。

LDT (Date_and_LTime) 占 8 个字节，存储自 1970 年 1 月 1 日 0:0 以来的日期和时间信息，单位为纳秒。例如 LDT#2018-10-25-8:12:34.854775808。

8. 字符

每个字符（Char）占 1 个字节，Char 数据类型以 ASCII 格式存储。字符常量用英语的单引号来表示，例如'A'。WChar（宽字符）占两个字节，可以存储汉字和中文的标点符号。

2.4.3 全局数据块与复杂数据类型

1. 生成全局数据块

在项目"电动机控制"（见配套资源中的同名例程）中，单击项目树 PLC 的"程序块"文件夹中的"添加新块"，在打开的对话框中（见图 2-18 中的大图），单击"数据块"按钮，生成一个数据块，可以修改其名称或采用默认的名称，其类型为默认的"全局 DB"，生成数据块编号的方式为默认的"自动"。如果用单选框选中"手动"，可以修改块的编号。单击"确定"按钮后自动生成数据块。选中下面的复选框"新增并打开"，生成新的块之后，将会自动打开它。

图 2-18 添加数据块与数据块中的变量

2. 块访问的基本知识

STEP 7 提供可优化访问和可标准访问这两种块访问的方式。

（1）可优化访问方式

可优化访问的数据块没有固定的定义结构。在块的变量声明中，仅为数据元素分配一个符号名称，而不分配在块中的固定地址。这些元素将自动保存在块的空闲内存区域中，在内存中不留存储间隙。这样可以提高内存空间的利用率。在这种数据块中，只能用符号地址访问块中的变量，不能用绝对地址来访问它们。

这种访问方式可以快速访问经优化并由系统进行管理的数据。在间接寻址或 HMI 访问时不会发生访问错误，可以将指定的单个变量定义为具有保持性。无需将 CPU 设置为 STOP 模式，就可以下载已修改的块，而不会影响已加载的变量的值。GRAPH 块和 ARRAY 数据块始终启用"优化的块访问"属性。

（2）可标准访问方式

未勾选属性中的"优化的块访问"复选框的数据块，称为"可标准访问"的数据块。它具有固定的结构，数据元素在声明中分配了一个符号名，并且在块中有固定的地址。地址在"偏移量"列中显示。这些变量既可以使用符号寻址，也可以使用绝对地址进行寻址。

3. 块访问的设置

S7-1200/1500 的 CPU 创建的块默认的设置为"优化的块访问"。打开项目树中的"程序块"文件夹，右键单击要更改访问方式的块，选择快捷菜单中的"属性"命令，选中打开的对话框左边导航区域的"属性"（见图 2-19）。启用或禁用"优化的块访问"选项，单击"确定"按钮确认。

背景数据块的块访问属性取决于对应的函数块。如果更改了函数块的访问模式，需要更新分配的背景数据块。不能改变系统块和受专有技术保护的块的访问方式。

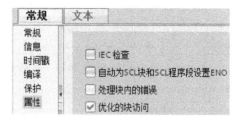

图 2-19　设置块的属性

S7-1500 可标准访问的 OB 的启动信息与 S7-300/400 相同，保存在块接口 Temp 部分的前 20 个字节中。可优化访问的 OB 的启动信息在块接口的 Input 部分。S7-1200 的 OB 只能采用可优化访问的方式。

4. 字符串

数据类型 String（字符串）是由字符组成的一维数组，每个字节存放 1 个字符。下面是字符串常数的例子：'PLC' 或 String#'PLC'。字符串的第 1 个字节是字符串的最大字符长度，第 2 个字节是字符串当前有效字符的个数，字符从第 3 个字节开始存放，1 个字符串最多 254 个字符。

数据类型 WString（宽字符串）存储多个数据类型为 WChar 的 Unicode 字符（长度为 16 位的宽字符，包括汉字），宽字符串常数的前面必须使用 WString#，例如 WString#'西门子'。输入时软件将在 '西门子' 的前面自动添加 WString#。宽字符串的第一个字是最大字符个数，默认的长度为 254 个宽字符，最多 16382 个 WChar 字符。第二个字是当前的宽字符个数。

可以在代码块的接口区和全局数据块中创建字符串、数组和结构。

在"数据块_1"的第 2 行的"名称"列（见图 2-18 中的小图）输入字符串的名称"故障信息"，单击"数据类型"列中的 ▤ 按钮，选中下拉式列表中的数据类型"String"。"String[30]"表示该字符串的最大字符个数为 30，其起始值（初始字符）为'OK'。

转义字符$用于标识控制字符、美元符号和单引号。ASCII 控制字符的使用方法见字符串的在线帮助。

5. 数组

数组（Array）是由固定数目的同一种数据类型元素组成的数据结构。允许使用除 Array 之外的所有数据类型作为数组的元素，数组的维数最多为 6 维。数组元素通过下标（即元素的编号）进行寻址。

数组的数据类型为"Array[lo..hi] of type"。其中的"lo"（low）和"hi"（high）分别是数

组元素的下标的下限值和上限值（简称它们为限制），它们用两个小数点隔开，下限值应小于等于上限值。type 是数组元素的数据类型。

S7-1200 的数组的限值为整数，S7-1500 标准访问的块和优化访问的块的数组的限值分别为整数和双整数。限值也可以是常量定义的固定值。可以为优化的 FC 的 Input/InOut 参数和 FB 的 InOut 参数定义 Array[*]这种可变限值的数组。

在数据块_1 的第 3 行的"名称"列输入数组的名称"功率"（见图 2-18 中的小图），单击"数据类型"列右边隐藏的 按钮，选中下拉式列表中的 Array[0..1]of，设置元素的数据类型为 Int，将上限值修改为 23，元素的下标为 0～23。在用户程序中，可以用符号地址"数据块_1".功率[2]或绝对地址 DB1.DBW36 访问数组"功率"中下标为 2 的元素。

图 2-20 给出了一个名为"电流"的二维数组 Array[1..2,1..3] of Byte 的内部结构，它一共有 6 个字节型元素，第 1 维的下标 1、2 是电动机的编号，第 2 维的下标 1～3 是三相电流的序号。方括号中各维的限值用英语的逗号分隔。数组元素"电流[1,2]"是一号电动机的第 2 相电流。

名称	数据类型	偏移量
▼ Static		
■ ▼ 电流	Array[1..2, 1..3] of Byte	0.0
■　电流[1,1]	Byte	0.0
■　电流[1,2]	Byte	1.0
■　电流[1,3]	Byte	2.0
■　电流[2,1]	Byte	3.0
■　电流[2,2]	Byte	4.0
■　电流[2,3]	Byte	5.0

图 2-20　二维数组的元素

单击图 2-18 中"功率"左边的 ▶ 按钮，它变为 ▼，将会显示数组的各个元素和它们的起始值，在线时还可以监控它们的监视值。单击"功率"左边的 ▼ 按钮，它变为 ▶，数组的元素被隐藏起来。

6. 结构

结构（Struct）是由固定数目的不同的数据类型的元素组成的数据类型。结构的元素可以是数组和结构，嵌套深度限制为 8 级（与 CPU 的型号有关）。用户可以把过程控制中有关的数据统一组织在一个结构中，作为一个数据单元来使用，而不是使用大量的单个的元素，为统一处理不同类型的数据或参数提供了方便。

在数据块_1 的第 4 行生成一个名为"电动机"的结构（见图 2-18），数据类型为 Struct。在第 5～8 行生成结构的 4 个元素。单击"电动机"左边的 ▼ 按钮，它变为 ▶，结构的元素被隐藏起来。单击"电动机"左边的 ▶ 按钮，它变为 ▼，将会显示结构的各个元素。

数组和结构的"偏移量"列是它们在数据块中的起始绝对字节地址。数组和结构的元素的"偏移量"列是它们在数据块中的绝对字节地址。从偏移量可以看出数组"功率"占 48B。

下面是用符号地址表示结构的元素的例子："数据块_1". 电动机. 电流。

单击数据块编辑器的工具栏上的 按钮（见图 2-18），在选中的变量的下面增加一个空白行，单击工具栏上的 按钮，在选中的变量的上面增加一个空白行。单击扩展模式按钮，可以显示或隐藏结构和数组的元素。

选中项目树中的 PLC_1，将 PLC 的组态数据和用户程序下载到 CPU，将 CPU 切换到 RUN 模式。打开数据块_1 以后，单击工具栏上的 按钮，启动监控功能，出现"监视值"列，可以看到数据块_1 中的字符串和数组、结构的元素的当前值。

2.4.4　参数类型

参数类型是传递给被调用块的形参的数据类型。参数类型还可以是 PLC 数据类型。

1. Timer 和 Counter 类型（S7-1500）

参数类型 Timer 和 Counter 分别占 2 个字节，用于指定在被调用代码块中使用的 SIMATIC 定时器和计数器。如果使用 Timer 和 Counter 参数类型的形参，其实参必须是 SIMATIC 定时器和计数器，例如 T3 和 C8。

2. Block_FB、Block_FC 和 Block_DB（S7-1500）

参数类型 Block_FB、Block_FC 和 Block_DB 分别占 2 个字节，用于指定在被调用代码块中用作输入的块，参数的声明决定要使用的块的类型（例如 FB、FC 和 DB），它们的实参应为块地址，例如 FB3。

3. Void

参数类型 Void 不保存数值，它用于函数不需要返回值的情况（见图 4-1 中 Ret_Val 的数据类型）。

4. Pointer 指针（S7-1500）

指针数据类型（Pointer、Any 和 Variant）包含地址信息而不是实际的数值。

Pointer 类型的参数是一个指向特定变量的指针，它在存储器中占用 6 个字节（见图 2-21），字节 0 和字节 1 是数据块的编号。如果指针不是用于数据块，DB 编号为 0。用 x 表示的最低 3 位是变量的位地址，用 b 表示的 16 位是变量的字节地址。字节 2 用来表示 CPU 中的存储区，存储区的编码见表 2-6。

图 2-21　Pointer 指针的结构

表 2-6　Pointer 指针中的存储区编码

十六进制代码	数据类型	说　明	十六进制代码	数据类型	说　明
16#1	P	S7-1500 的外设输入	b#16#84	DBX	全局数据块
16#2	P	S7-1500 的外设输出	b#16#85	DIX	背景数据块
b#16#81	I	过程映像输入	b#16#86	L	局部数据
b#16#82	Q	过程映像输出	b#16#87	V	主调块的局部数据
b#16#83	M	位存储区	—	—	—

P#20.0 是内部区域指针，不包含存储区域。P#M20.0 是包含存储区域 M 的跨区域指针，P#DB10.DBX20.0 是指向数据块变量的 DB 指针，指针中有数据块的编号。

输入指针时可以省略 "P#"，编译时 STEP 7 会将它自动转换为指针形式。如果使用前缀 P#，则只能指向 "标准" 访问模式的存储区。

5. Any 指针（S7-1500）

指针数据类型 Any 指向数据区的起始位置，并指定其长度。Any 指针使用存储器中的 10 个字节（见图 2-22），字节 4～9 的意义与图 2-21 中 Pointer 指针的字节 0～5 相同。字节 1（数据类型编码）的意义见表 2-7。存储区编码与表 2-6 基本上相同，但是未使用编码 16#1 和 16#2。

	15	0	
字节0	10H（保留）	数据类型	字节1
字节2	重复系数（数据长度）		字节3
字节4	DB编号或0		字节5
字节6	存储区	0 0 0 0 0 b b b	字节7
字节8	b b b b b b b b	b b b b b x x x	字节9

图 2-22　Any 指针的结构

Any 指针可以用来表示一片连续的数据区，例如 P#DB2.DBX10.0 BYTE 8 表示 DB2 中的 DBB10～DBB17 这 8 个字节。在这个例子中，全局数据块的编号为 2，重复系数（数据长度）为 8，数据类型的编码为 B#16#02（Byte）。

Any 指针也可以用地址作实参，例如 DB2.DBW30 和 Q12.5，但是只能指向一个地址。

表 2-7　数据类型的编码

代　码	数 据 类 型	描　述	代　码	数 据 类 型	描　述
B#16#00	Null	空指针	B#16#08	Real	浮点数（32 位）
B#16#01	Bool	位	B#16#09	Date	日期（16 位）
B#16#02	Byte	字节（8 位）	B#16#0A	Time_of_Day（TOD）	实时时间（32 位）
B#16#03	Char	字符（8 位）	B#16#0B	Time	持续时间（32 位）
B#16#04	Word	字（16 位）	B#16#0C	S5Time	持续时间（16 位）
B#16#05	Int	整数（16 位）	B#16#0E	Date_and_Time（DT）	日期和时间（64 位）
B#16#06	DWord	双字（32 位）	B#16#13	String	字符串
B#16#07	DInt	双整数（32 位）			

6. Variant 指针

Variant 指针的实参是一个可以指向不同数据类型的变量的指针，可以指向基本数据类型、复杂数据类型和复杂数据类型的元素。它可以用作 FC 的块接口中的 Input、Output、InOut、Temp 变量的数据类型，但是不能用于 FB 的 Output 和 Static 变量。

使用 Variant 数据类型，可以为各种数据类型创建通用的标准函数块或函数。Variant 数据类型的操作数不占用背景数据块或工作存储器的空间，但是要占用 CPU 的装载存储器的存储空间。

Variant 除了传递变量的指针外，还会传递变量的数据类型信息。在块中可以使用与 Variant 有关的指令，识别出变量的类型信息并进行处理。Variant 指向的实参，可以是符号寻址或绝对地址寻址，还可以是 P#DB5.DBX10.0 INT 12 这种 Any 指针形式的寻址。

2.4.5　其他数据类型

1. 系统数据类型

系统数据类型（见表 2-8）由系统提供，只能用于特定指令，具有不能更改的预定义的结构。TIA 博途的在线帮助给出了系统数据类型和硬件数据类型详细的说明。

表 2-8　系统数据类型

系统数据类型	字节数	说　　明
IEC_TIMER	16	定时值为 Time 数据类型的 IEC 定时器结构,用于 TP、TON、TOF、TONR 等指令
IEC_LTIMER*	32	定时值为 LTime 数据类型的 IEC 定时器结构,用于 TP、TON、TOF、TONR 等指令
IEC_SCOUNTER	3	计数值为 SInt 数据类型的计数器结构,用于 CTU、CTD、CTUD 指令
IEC_USCOUNTER	3	计数值为 USInt 数据类型的计数器结构,用于 CTU、CTD、CTUD 指令
IEC_COUNTER	6	计数值为 Int 数据类型的计数器结构,用于 CTU、CTD、CTUD 指令
IEC_UCOUNTER	6	计数值为 UInt 数据类型的计数器结构,用于 CTU、CTD、CTUD 指令
IEC_DCOUNTER	12	计数值为 DInt 数据类型的计数器结构,用于 CTU、CTD、CTUD 指令
IEC_UDCOUNTER	12	计数值为 UDInt 数据类型的计数器结构,用于 CTU、CTD、CTUD 指令
IEC_LCOUNTER*	24	计数值为 LInt 数据类型的计数器结构,用于 CTU、CTD、CTUD 指令
IEC_ULCOUNTER*	24	计数值为 ULInt 数据类型的计数器结构,用于 CTU、CTD、CTUD 指令
ERROR_STRUCT	28	编程错误信息或 I/O 访问错误信息的结构,例如用于 GET_ERROR 指令
CREF	8	数据类型 ERROR_STRUCT 的组成部分,在其中保存有关块地址的信息
NREF	8	数据类型 ERROR_STRUCT 的组成部分,在其中保存有关操作数的信息
VREF	12	用于存储 Variant 指针,例如可用于 S7-1200 Motion Control 的指令
SSL_HEADER*	4	读取系统状态列表期间保存有关数据记录信息的数据结构,例如用于 RDSYSST 指令
CONDITIONS	52	用户自定义的数据结构,定义数据接收的开始和结束条件,例如用于 RCV_CFG 指令
TADDR_Param	8	存储 UDP 通信的连接说明的数据块结构。用于 TUSEND 和 TURSV 指令
TCON_Param	64	存储实现开放式用户通信的连接说明的数据块结构,例如用于 TSEND 和 TRSV 指令
HSC_Period**	12	使用扩展的高速计数器,测量指定的时间段的数据块结构,用于 CTRL_HSC_EXT 指令

注: *仅用于 S7-1500,**仅用于 S7-1200。

2. 硬件数据类型

硬件数据类型由 CPU 提供,可用的硬件数据类型的个数与 CPU 有关。TIA 博途根据硬件组态时设置的模块,存储特定硬件数据类型的常量。它们用于识别硬件组件、事件和中断 OB 等与硬件有关的对象。用户程序使用控制或激活已组态模块的指令时,用硬件数据类型的常量来作指令的参数。

PLC 默认变量表的"系统常量"选项卡列出了 PLC 已组态的硬件对象的硬件数据类型常量的名称和值(即硬件标识符)。选中设备视图中的某个硬件对象(例如模块或接口),在巡视窗口的"属性 > 系统常数"选项卡,可以看到该硬件的系统常量的名称和硬件标识符。图 3-76 给出了在程序编辑器中输入硬件标识符的简便方法。

3. PLC 数据类型

PLC 数据类型(UDT)是一种复杂的用户自定义数据类型,用于声明变量。它是一个由多个不同数据类型元素组成的数据结构。各元素可以源自其他 PLC 数据类型和 Array，也可以直接使用关键字 Struct 声明为一个结构，嵌套深度限制为 8 级。PLC 数据类型可以在程序代码中统一更改和重复使用，更改后系统自动更新该数据类型的所有使用位置。

打开项目树的"PLC 数据类型"文件夹，双击"添加新数据类型"，可以创建 PLC 数据类型。定义好以后可以在用户程序中作为数据类型来使用。

基于 PLC 数据类型，可以创建多个具有相同数据结构的数据块。例如，为颜料混合配方创建一个 PLC 数据类型后，将该 PLC 数据类型分配给多个数据块。通过调节各数据块中的变量，就可以创建特定颜色的配方。

2.5 编写用户程序与使用变量表

2.5.1 编写用户程序

1. 打开项目

如果勾选了图 1-18 中的"启动过程中，将加载上一次打开的项目"复选框，启动 STEP 7 后，将自动打开上一次关闭软件之前打开的项目的项目视图。执行菜单命令"项目"→"打开"，打开项目"电动机控制"。

2. 系统简介

图 2-23 是异步电动机星形-三角形降压起动的主电路和 PLC 的外部接线图。起动时主电路中的接触器 KM1 和 KM2 接通，异步电动机在星形接线方式运行，以减小起动电流。延时后 KM1 和 KM3 接通，在三角形接线方式运行。

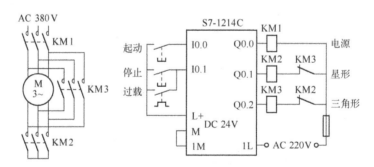

图 2-23 电动机主电路与 PLC 外部接线图

停止按钮和过载保护器的常开触点并联后接在 I0.1 对应的输入端，可以节约一个输入点。输入回路使用 CPU 模块内置的 DC 24V 电源，其负极 M 点与输入电路内部的公共点 1M 连接，L+是 CPU 内置的 DC 24V 电源的正极。

3. 程序编辑器简介

双击项目树的文件夹"\PLC_1\程序块"中的 OB1，打开主程序（见图 2-24）。选中项目树中的"默认变量表"后，标有②的详细视图显示该变量表中的变量，可以将其中的变量直接拖拽到梯形图中使用。拖拽到已设置的地址上时，原来的地址将会被替换。

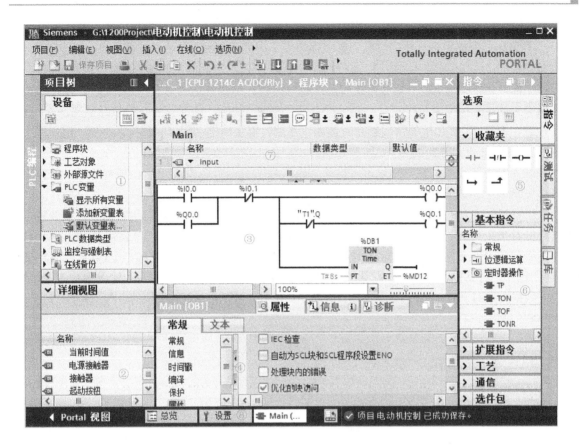

图 2-24　程序编辑器

将鼠标的光标放在 OB1 的程序区最上面的分隔条上，按住鼠标左键，往下拉动分隔条，分隔条上面是代码块的接口（Interface）区（见图 2-24 中标有⑦的区域），下面标有③的是程序区。将水平分隔条拉至程序编辑器视窗的顶部，不再显示接口区，但是它仍然存在。

程序区的下面标有④的区域是打开的程序块的巡视窗口。标有⑥的区域是任务卡中的指令列表。标有⑤的区域是指令的收藏夹（Favorites），用于快速访问常用的指令。单击程序编辑器工具栏上的 按钮，可以在程序区的上面显示或隐藏收藏夹。可以将指令列表中自己常用的指令拖拽到收藏夹，也可以右键单击收藏夹中的某条指令，用弹出的快捷菜单中的"删除"命令删除它。

图 2-24 下面标有⑧的编辑器栏中的按钮对应于已经打开的编辑器。单击编辑器栏中的某个按钮，可以在工作区显示单击的按钮对应的编辑器。

视频"程序编辑器的操作"可通过扫描二维码 2-1 播放。

二维码 2-1

4. 生成用户程序

按下起动按钮 I0.0，Q0.0 和 Q0.1 同时变为 1 状态（见图 2-25），使 KM1 和 KM2 同时动作，电动机按星形接线方式运行，定时器 TON 的 IN 输入端为 1 状态，开始定时。8s 后定时器的定时时间到，其输出位"T1".Q 的常闭触点断开，使 Q0.1 和 KM2 的线圈断电。"T1".Q 的常开触点闭合，使 Q0.2 和 KM3 的线圈通电，电动机改为三角形接线方式运行。按下停止按钮，梯形图中 I0.1 的常闭触点断开，使 KM1 和 KM3 的线圈断电，电动机停止运行。过载时

I0.1 的常闭触点也会断开，使电动机停机。

下面介绍生成用户程序的过程。选中程序段 1 中的水平线，依次单击图 2-24 中标有⑤的收藏夹中的─┤├─、─┤/├─和─( )─按钮，水平线上出现从左到右串联的常开触点、常闭触点和线圈，元件上面红色的地址域 <??.?> 用来输入元件的地址。选中最左边的垂直"电源线"，依次单击收藏夹中的按钮→、─┤├─和↑，生成一个与上面的常开触点并联的 Q0.0 的常开触点。

选中图 2-25 中 I0.1 的常闭触点右边的水平线，依次单击→、─┤├─和─( )─按钮，出现图中 Q0.1 线圈所在的支路。

输入触点和线圈的绝对地址后，自动生成名为"tag_x"（x 为数字）的符号地址，可以在 PLC 变量表中修改它们。绝对地址前面的字符%是编程软件自动添加的。

S7-1200/1500 使用的 IEC 定时器和计数器属于函数块（FB），在调用它们时，需要生成对应的背景数据块。选中图 2-25 中"T1".Q 的常闭触点左边的水平线，单击→按钮，然后打开指令列表中的文件夹"定时器操作"，双击其中的接通延时定时器 TON，出现图 2-26 中的"调用选项"对话框，将数据块默认的名称改为"T1"。单击"确定"按钮，生成指令 TON 的背景数据块 DB1。S7-1200 的定时器和计数器没有编号，可以用背景数据块的名称（例如"T1"）来作它们的标识符。

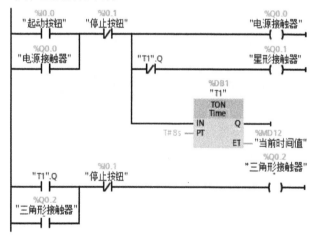

图 2-25 梯形图   图 2-26 生成定时器的背景数据块

在定时器的 PT 输入端输入预设值 T#8s。定时器的输出位 Q 是它的背景数据块"T1"中的 Bool 变量，符号名为"T1".Q。为了输入定时器左上方的常闭触点的地址"T1".Q，单击触点上面的 <??.?>（地址域），再单击出现的小方框右边的▦按钮，单击出现的地址列表中的"T1"（见图 2-27 的左图），地址域出现"T1".（见图 2-27 的右图）。单击地址列表中的"Q"，地址列表消失，地址域出现"T1".Q。

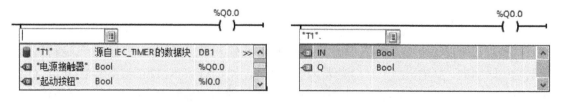

图 2-27 生成地址"T1".Q

生成定时器时，也可以将收藏夹中的 ?? 图标拖拽到指定的位置，单击出现的图标中的问号，再单击出现的 按钮，用出现的下拉式列表选中 TON，或者直接输入 TON。可以用这个方法输入任意的指令。选中最左边的垂直"电源线"，单击收藏夹中的 → 按钮，生成图 2-25 中用"T1".Q 和 I0.1 控制 Q0.2 的电路。

与 S7-200 和 S7-300/400 不同，S7-1200/1500 的梯形图允许在一个程序段内生成多个独立电路。

单击图 2-24 工作区工具栏上的 按钮，将在选中的程序段的下面插入一个新的程序段。 按钮用于删除选中的程序段。 和 按钮用于打开或关闭所有的程序段。 按钮用于关闭或打开程序段的注释。单击程序编辑器工具栏上的 按钮，可以用下拉式列表选择只显示绝对地址、只显示符号地址，或同时显示两种地址。单击工具栏上的 按钮，可以在上述 3 种地址显示方式之间切换。

即使程序块没有完整输入，或者有错误，也可以保存项目。

视频"生成用户程序"可通过扫描二维码 2-2 播放。

二维码 2-2

5. 设置程序编辑器的参数

用菜单命令"选项"→"设置"打开"设置"编辑器（见图 2-28），选中工作区左边窗口中的"PLC 编程"文件夹，可以设置是否显示程序段注释。如果勾选了右边窗口的"代码块的 IEC 检查"复选框，项目中所有的新块都将启用 IEC 检查。执行指令时，将用较严格的条件检查操作数的数据类型是否兼容。

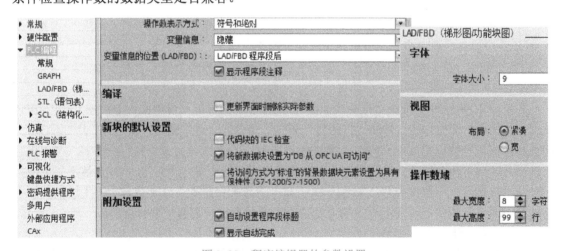

图 2-28　程序编辑器的参数设置

"助记符"下拉式列表用来选择使用英语助记符（国际）或德语助记符。

选中"设置"编辑器左边窗口的"LAD/FBD"，图 2-28 的右图是此时的右边窗口下面的部分内容。

"字体"区的"字体大小"下拉式列表用来设置程序编辑器中字体的大小。"视图"区的"布局"单选框用来设置操作数和其他对象（例如操作数与触点）之间的垂直间距，建议设置为"紧凑"。

"操作数域"的"最大宽度"和"最大高度"分别是操作数域水平方向和垂直方向可以输入的最大字符数和行数。如果操作数域的最大宽度设置过小，有的方框指令内部的空间不够用，方框的宽度将会自动成倍增大。需要关闭代码块后重新打开它，修改后的设置才起作用。

2.5.2 使用变量表与帮助功能

1. 生成和修改变量

打开项目树的文件夹"PLC 变量",双击其中的"默认变量表",打开变量编辑器。"变量"选项卡用来定义 PLC 的全局变量,"系统常数"选项卡中是系统自动生成的与 PLC 的硬件和中断事件有关的常数值。

在"变量"选项卡最下面的空白行的"名称"列输入变量的名称,单击"数据类型"列右侧隐藏的按钮,设置变量的数据类型,可用的 PLC 变量地址和数据类型见 TIA 博途的在线帮助。在"地址"列输入变量的绝对地址,"%"是自动添加的。

符号地址使程序易于阅读和理解。可以首先用 PLC 变量表定义变量的符号地址,然后在用户程序中使用它们。也可以在变量表中修改自动生成的符号地址的名称。

图 2-29 是修改变量名称后项目"电动机控制"的 PLC 变量表,图 2-25 是同时显示符号地址和绝对地址的梯形图。

图 2-29 PLC 变量表的"变量"选项卡

2. 变量表中变量的排序

单击变量表表头中的"地址",该单元出现向上的三角形,各变量按地址的第一个字母从 A 到 Z 升序排列。再单击一次该单元,三角形的方向向下,各变量按地址的第一个字母从 Z 到 A 降序排列。可以用同样的方法,根据变量的名称和数据类型等来排列变量。

3. 快速生成变量

右键单击图 2-29 的变量"电源接触器",执行出现的快捷菜单中的命令"插入行",在该变量上面出现一个空白行。单击"接触器"最左边的单元,选中变量"接触器"所在的整行。将光标放到该行的标签列单元 ⊞ 左下角的小正方形上,光标变为深蓝色的小十字。按住鼠标左键不放,向下移动鼠标。松开左键,在空白行生成新的变量"接触器_1"。它继承了上一行的变量"接触器"的数据类型,其地址 QB1 与上一行顺序排列,其名称是自动生成的。如果选中最下面一行的变量,用上述方法可以快速生成多个相同数据类型的变量。

4. 设置变量的保持性功能

单击变量编辑器工具栏上的 ⊞ 按钮,可以用打开的对话框(见图 2-30)设置 M 区从 MB0 开始的具有保持性功能的字节数,S7-1500 还可以设置具有保持性功能的 SIMATIC 定时器和 SIMATIC 计数器的个数。设置后变量表中有保持性功能的 M 区的变量的"保持性"列的复选框中出现"√"。将项目下载到 CPU 后,设置的保持性功能才开始起作用。

图 2-30 设置保持性存储器

5. 调整表格的列

右键单击 TIA 博途中某些表格灰色的表头所在的行，选中快捷菜单中的"显示/隐藏"，勾选某一列对应的复选框，或去掉复选框中的勾，可以显示或隐藏该列。选中"调整所有列的宽度"，将会调节各列的宽度，使表格各列尽量紧凑。单击某个列对应的表头单元，选中快捷菜单中的"调整宽度"，将会使该列的宽度恰到好处。

6. 全局变量与局部变量

PLC 变量表中的变量是全局变量，可以用于整个 PLC 中所有的代码块，在所有的代码块中具有相同的意义和唯一的名称。可以在变量表中，为输入 I、输出 Q 和位存储器 M 的位、字节、字和双字定义全局变量。在程序中，变量表中的变量被自动添加英语的双引号，例如"起动按钮"。全局数据块中的变量也是全局变量，程序的变量名称中的数据块的名称被自动添加英语的双引号，例如"数据块_1".功率[1]。

局部变量只能在它被定义的块中使用，同一个变量名称可以在不同的块中分别使用一次。可以在块的接口区定义块的输入/输出参数（Input、Output 和 Inout 参数）和临时局部数据（Temp），以及定义 FB 的静态局部数据（Static）。在程序中，局部变量被自动添加#号，例如"#起动按钮"。

二维码 2-3

视频"使用变量表"可通过扫描二维码 2-3 播放。

7. 使用帮助功能

为了帮助用户获得更多的信息和快速高效地解决问题，STEP 7 提供了丰富全面的在线帮助信息和信息系统。

（1）弹出项

将鼠标的光标放在 STEP 7 的文本框和工具栏上的按钮等对象上，例如在设置 CPU 的"循环"属性的"循环周期监视时间"时，单击文本框，将会出现黄色背景的弹出项方框（见图 2-31），方框内是对象的简要说明或帮助信息。

设置循环周期监视时间时，如果输入的值超过了允许的范围，按〈Enter〉键后，出现红色背景的错误信息（见图 2-32）。

图 2-31　弹出项　　　　　　　　　图 2-32　弹出项中的错误信息

将光标放在指令的地址域的<???>上，将会出现该参数的类型（例如 Input）和允许的数据类型等信息。如果放在指令已输入的参数上，将会出现该参数的数据类型和地址。

（2）层叠工具提示

下面是使用层叠工具提示的例子。将光标放在程序编辑器的收藏夹的??按钮上（见图 2-33），出现的黄色背景的层叠工具提示框中的▶表示有更多信息。单击▶图标，层叠工具提示框出现图中第 2 行的蓝色有下画线的层叠项，它是指向相应帮助页面的链接。单击该链接，将会打开信息系统，显示对应的帮助页面。可以用"设置"窗口的"工具提示"区中的复选框设置是否自动打开工具提示中的层叠功能（见图 1-18）。

（3）信息系统

帮助又称为信息系统，除了用上述的层叠工具提示打开信息系统，还可以用下面两种方式打开信息系统（见图 2-34）。

1）执行菜单命令"帮助"→"显示帮助"。

2）选中某个对象（例如程序中的某条指令）后，按〈F1〉键。

图 2-33　层叠工具提示框

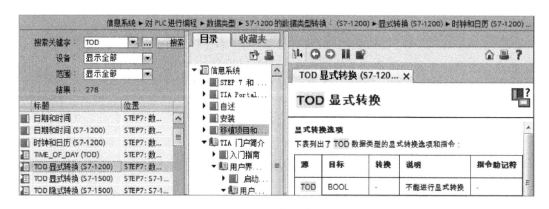

图 2-34　信息系统

信息系统从左到右分为"搜索区""导航区"和"内容区"。可以用鼠标移动 3 个区的垂直分隔条，也可以用分隔条上的小按钮打开或关闭某个分区。

在搜索区搜索关键字，搜索区将会列出包含与搜索的关键字完全相同或者有少许不同的所有帮助页面。双击搜索结果列表中的某个页面，将会在内容区显示它。可以用"设备"和"范围"下拉式列表来缩小搜索的范围。

可以通过导航区的"目录"选项卡查找到感兴趣的帮助信息。右键单击内容区，或单击搜索区、导航区中的某个对象，可以用快捷菜单中的命令将页面或对象的名称添加到收藏夹。右键单击搜索到的某个页面，执行快捷菜单中的"在新选项卡中打开"命令，可以在内容区生成一个新的选项卡。

视频"帮助功能的使用"可通过扫描二维码 2-4 播放。

二维码 2-4

2.6　用户程序的下载与仿真

2.6.1　下载用户程序

1. 以太网设备的地址

（1）MAC 地址

MAC（Media Access Control，媒体访问控制）地址是以太网接口设备的物理地址。通常由设备生产厂家将 MAC 地址写入 EEPROM 或闪存芯片。在网络底层的物理传输过程中，通过 MAC 地址来识别发送和接收数据的主机。MAC 地址是 48 位二进制数，分为 6 个字节（6B），一般用十六进制数表示，例如 00-05-BA-CE-07-0C。其中的前 3 个字节是网络硬件制造商的编号，它由 IEEE（国际电气与电子工程师协会）分配，后 3 个字节是该制造商生产的某个网络产品（例如网卡）的序列号。MAC 地址就像我们的身份证号码，具有全球唯一性。

CPU 的每个 PN 接口在出厂时都装载了一个永久的唯一的 MAC 地址。可以在模块的以太网端口上面看到它的 MAC 地址。

（2）IP 地址

为了使信息能在以太网上快捷准确地传送到目的地，连接到以太网的每台计算机必须拥有一个唯一的 IP 地址。IP 地址由 32 位二进制数（4B）组成，是 Internet Protocol（网际协议）地址。在控制系统中，一般使用固定的 IP 地址。IP 地址通常用十进制数表示，用小数点分隔。CPU 默认的 IP 地址为 192.168.0.1。

（3）子网掩码

子网是连接在网络上的设备的逻辑组合。同一个子网中的节点彼此之间的物理位置通常相对较近。子网掩码（Subnet mask）是一个 32 位二进制数，用于将 IP 地址划分为子网地址和子网内节点的地址。二进制的子网掩码的高位应该是连续的 1，低位应该是连续的 0。以常用的子网掩码 255.255.255.0 为例，其高 24 位二进制数（前 3 个字节）为 1，表示 IP 地址中的子网地址（类似于长途电话的地区号）为 24 位；低 8 位二进制数（最后一个字节）为 0，表示子网内节点的地址（类似于长途电话的电话号）为 8 位。具有多个以太网接口的设备（例如 CPU 1513-2 PN），各接口的 IP 地址应位于不同的子网中。

（4）路由器

IP 路由器用于连接子网，如果 IP 报文发送给别的子网，首先将它发送给路由器。在组态时子网内所有的节点都应输入路由器的地址。路由器通过 IP 地址发送和接收数据包。路由器的子网地址与子网内的节点的子网地址相同，其区别仅在于子网内的节点地址不同。

在串行通信中，传输速率（又称为波特率）的单位为 bit/s，即每秒传送的二进制位数。西门子的工业以太网默认的传输速率为 10M/100Mbit/s。

2. 组态 CPU 的 PROFINET 接口

通过 CPU 与运行 STEP 7 的计算机的以太网通信，可以执行项目的下载、上传、监控和故障诊断等任务。一对一的通信不需要交换机，两台以上的设备通信则需要交换机。CPU 可以使用直通的或交叉的以太网电缆进行通信。

打开 STEP 7，生成一个项目，在项目中生成一个 PLC 设备，其 CPU 的型号和订货号应与实际的硬件相同。

双击项目树的 PLC 文件夹中的"设备组态"，打开该 PLC 的设备视图。单击 CPU 的以太网接口，打开该接口的巡视窗口，选中左边的"以太网地址"，采用右边窗口默认的 IP 地址和子网掩码（见图 1-19）。设置的地址在下载后才起作用。

3. 设置计算机网卡的 IP 地址

用以太网电缆连接计算机和 CPU，接通 PLC 的电源。如果计算机的操作系统是 Windows 7，打开控制面板，单击"查看网络状态和任务"。再单击"本地连接"，打开"本地连接状态"对话框。单击其中的"属性"按钮，打开"本地连接属性"对话框（见图 2-35 的左图），双击

"此连接使用下列项目"列表框中的"Internet 协议版本 4（TCP/IPv4）"，打开"Internet 协议版本 4（TCP/IPv4）属性"对话框（见图 2-35 的右图）。

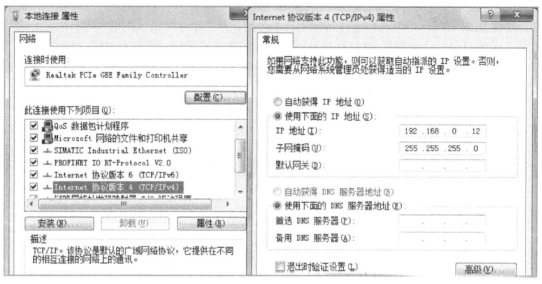

图 2-35　设置计算机网卡的 IP 地址

用单选框选中"使用下面的 IP 地址"，键入 PLC 以太网接口默认的子网地址 192.168.0（应与 CPU 的子网地址相同），IP 地址的第 4 个字节是子网内设备的地址，可以取 0～255 中的某个值，但是不能与子网中其他设备的 IP 地址重叠。单击"子网掩码"输入框，自动出现默认的子网掩码 255.255.255.0。一般不用设置网关的 IP 地址。

使用宽带上互联网时，一般只需要用单选框选中图 2-35 中的"自动获得 IP 地址"。

设置结束后，单击各级对话框中的"确定"按钮，最后关闭"本地连接状态"对话框和控制面板。

如果计算机的操作系统是 Windows 10，单击屏幕左下角的"开始"按钮，选中"设置"按钮。单击"设置"对话框中的"网络和 Internet"，再单击"更改适配器选项"，双击"网络连接"对话框中的"以太网"，打开"以太网状态"对话框。单击"属性"按钮，打开与图 2-35 左图基本上相同的"以太网属性"对话框。后续的操作与 Windows 7 相同。

4. 下载项目到 CPU

做好上述的准备工作后，接通 PLC 的电源，选中项目树中的 PLC_1，单击工具栏上的"下载到设备"按钮，打开"扩展下载到设备"对话框（见图 2-36）。

有的计算机有多块以太网卡，例如笔记本计算机一般有一块有线网卡和一块无线网卡，用"PG/PC 接口"下拉式列表选择实际使用的网卡。用下拉式列表选中"显示所有兼容的设备"或"显示可访问的设备"。

如果 CPU 有两个以太网接口，需要用"接口/子网的连接"下拉式列表设置使用哪一个接口。

单击"开始搜索"按钮，经过一定的时间后，在"选择目标设备"列表中，出现搜索到的网络上所有的 CPU 和它们的 IP 地址，图 2-36 中计算机与 PLC 之间的连线由断开变为接通。CPU 所在方框的背景色变为实心的橙色，表示 CPU 进入在线状态。

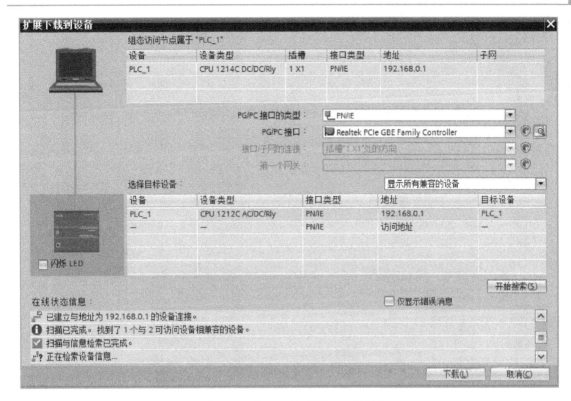

图 2-36　"扩展下载到设备"对话框

　　新出厂的 CPU 还没有 IP 地址，只有厂家设置的 MAC 地址。搜索后显示的是 CPU 的 MAC 地址。将硬件组态中的 IP 地址下载到 CPU 以后，才会显示搜索到的 IP 地址。

　　如果搜索到网络上有多个 CPU，为了确认设备列表中的 CPU 对应的硬件，选中列表中的某个 CPU，勾选左边的 CPU 图标下面的"闪烁 LED"复选框（见图 2-36），对应的硬件 CPU 上的"RUN/STOP"等 3 个 LED 将会闪动。再单击一次该复选框，停止闪动。

　　选中列表中的 CPU，"下载"按钮上的字符由灰色变为黑色。单击该按钮，出现"下载预览"对话框（见图 2-37 上面的图）。如果出现"装载到设备前的软件同步"对话框，单击"在不同步的情况下继续"按钮，继续下载程序。

　　编程软件首先对项目进行编译，编译成功后，单击"装载"按钮，开始下载。

　　如果要在 RUN 模式下载修改后的硬件组态，应在"停止模块"行选择"全部停止"。

　　如果组态的模块与在线的模块略有差异（例如固件版本略有不同），将会出现"不同的模块"行。单击该行的 ▶ 按钮，可以查看具体的差异。用下拉式列表选中"全部接受"。

　　下载结束后，出现"下载结果"对话框（见图 2-37 下面的图），如果想切换到 RUN 模式，用下拉式列表选中"启动模块"，单击"完成"按钮，PLC 切换到 RUN 模式，CPU 上的"RUN/STOP" LED 变为绿色。

　　打开 S7-1200 CPU 的以太网接口上面的盖板，通信正常时，"Link" LED（绿色）亮，"RX/TX" LED（橙色）周期性闪动。打开项目树中的"在线访问"文件夹（见图 2-38），可以看到组态的 IP 地址已经下载给 CPU。

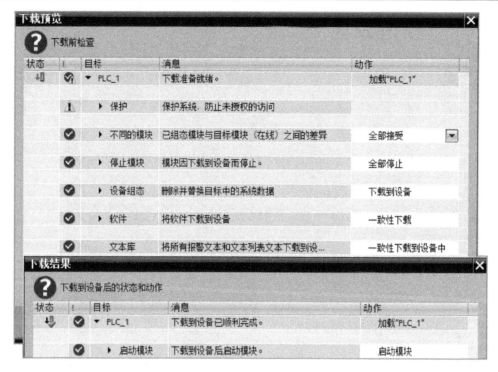

图 2-37 "下载预览"与"下载结果"对话框

图 2-38 在线的可访问设备

5. 使用菜单命令下载

1) 选中 PLC_1, 执行菜单命令"在线"→"下载到设备", 如果在线版本和离线版本之间存在差异, 将硬件组态数据和程序下载到选中的设备。

2) 执行菜单命令"在线"→"扩展的下载到设备", 出现"扩展的下载到设备"对话框, 其功能与"下载到设备"相同。通过扩展的下载, 可以显示所有可访问的网络设备, 以及是否为所有设备分配了唯一的 IP 地址。

6. 用快捷菜单下载部分内容

右键单击项目树中的 PLC_1, 选中快捷菜单中的"下载到设备"和其中的子选项"硬件和软件（仅更改）""硬件配置""软件（仅更改）"或"软件（全部下载）", 执行相应的操作。

也可以在打开某个程序块时, 单击工具栏上的下载按钮 ↓, 下载该程序块。

视频"组态通信与下载用户程序"可通过扫描二维码 2-5 播放。

二维码 2-5

2.6.2　用户程序的仿真调试

1. S7-1200/S7-1500 的仿真软件

仿真软件 S7-PLCSIM V15 SP1 支持通信指令 PUT、GET、TSEND、TRCV、TSEND_C 和 TRCV_C，支持 PROFINET 连接。支持 S7-1500 CPU 之间、S7-1500 和 S7-300/400 CPU 之间使用 BSEND、BRCV、USEND 和 URCV 指令通信的仿真。

S7-1500 支持对下列对象的仿真：计数、PID 和运动控制工艺模块；PID 和运动控制工艺对象；包含受专有技术保护的块的程序。而 S7-1200 不支持对上述对象的仿真。

S7-PLCSIM 支持故障安全程序仿真。但是可能需要延长 F 周期时间，因为仿真的扫描时间会比较长。S7-PLCSIM 支持对 S7-1500 SMC（简单运动控制）组态进行仿真。但是可能需要延长运动控制周期时间。

2. 启动仿真和下载程序

选中项目树中的 PLC_1，单击工具栏上的"启动仿真"按钮，S7-PLCSIM 被启动，出现"自动化许可证管理器"对话框，显示"启动仿真将禁用所有其他的在线接口"。勾选"不再显示此消息"复选框，以后启动仿真时不会再显示该对话框。单击"确定"按钮，出现 S7-PLCSIM 的精简视图（见图 2-39）。

图 2-39　S7-PLCSIM 的精简视图

打开仿真软件后，如果出现图 2-40 中的"扩展下载到设备"对话框，将"接口/子网的连接"设置为"PN/IE_1"或"插槽'1×1'处的方向"，用以太网接口下载程序。

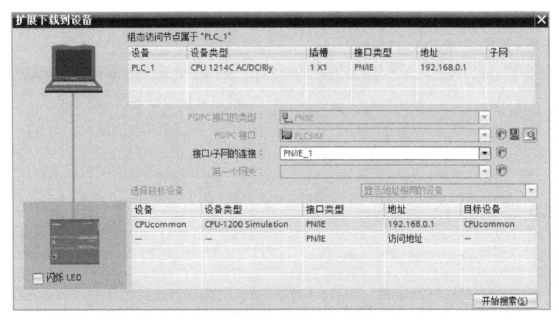

图 2-40　"扩展下载到设备"对话框

单击"开始搜索"按钮，"选择目标设备"列表中显示出搜索到的仿真 PLC 的以太网接口的 IP 地址。

单击"下载"按钮，出现"下载预览"对话框（见图 2-41 的上图），如果要更改仿真 PLC 中已下载的程序，勾选"全部覆盖"复选框，单击"装载"按钮，将程序下载到 PLC。

下载结束后，出现"下载结果"对话框（见图 2-41 的下图）。用下拉式列表将"无动作"改为"启动模块"，单击"完成"按钮，仿真 PLC 被切换到 RUN 模式（见图 2-39）。

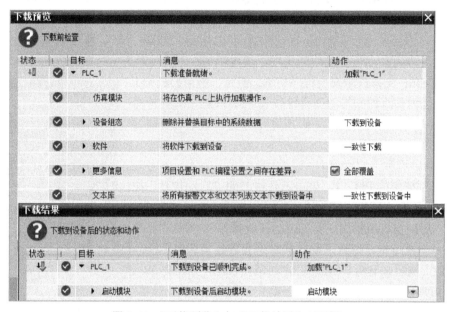

图 2-41 "下载预览"与"下载结果"对话框

3．生成仿真表

单击精简视图右上角的 按钮，切换到项目视图（见图 2-42）。单击工具栏最左边的 按钮，创建一个 S7-PLCSIM 的新项目。

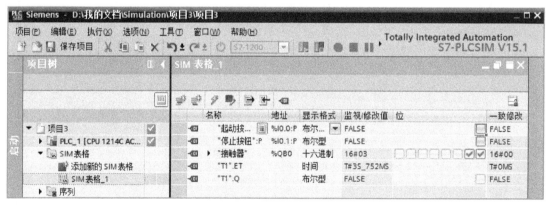

图 2-42 S7-PLCSIM 的项目视图

双击项目树的"SIM 表格"（仿真表）文件夹中的"SIM 表格_1"，打开该仿真表。在右边窗口的"地址"列输入 I0.0、I0.1 和 QB0，可以用 QB0 所在的行来显示 Q0.0～Q0.7 的状态。如果在 SIM 表中生成 IB0，可以用一行来分别设置和显示 I0.0～I0.7 的状态。

单击表格的空白行"名称"列隐藏的 按钮，再单击选中出现的变量列表中的"T1"，名称列出现"T1".。单击地址列表中的"T1".ET，地址列表消失，名称列出现"T1".ET。用同样的方法在"名称"列生成"T1".Q。

4. 用仿真表调试程序

两次单击图 2-42 中第一行"位"列中的小方框，方框中出现"√"，I0.0 变为 TRUE 后又变为 FALSE，模拟按下和放开起动按钮。梯形图中 I0.0 的常开触点闭合后又断开。由于 OB1 中程序的作用，Q0.0（电源接触器）和 Q0.1（星形接触器）变为 TRUE，梯形图中其线圈通电，SIM 表中"接触器"（QB0）所在行右边 Q0.0 和 Q0.1 对应的小方框中出现"√"（见图 2-42）。同时，当前时间值"T1".ET 的监视值不断增大。它等于预设时间值 T#8S 时其监视值保持不变，变量"T1".Q 变为 TRUE，"接触器"行的 Q0.1 变为 FALSE，Q0.2 变为 TRUE，电动机由星形接法切换到三角形接法。

两次单击 I0.1 对应的小方框，分别模拟按下和放开停止按钮的操作。由于用户程序的作用，Q0.0 和 Q0.2 变为 FALSE，电动机停机。仿真表中对应的小方框中的勾消失。

单击 S7-PLCSIM 项目视图工具栏最右边的 █ 按钮，可以返回图 2-39 所示的精简视图。

5. SIM 编辑器的表格视图和控制视图

图 2-42 中 SIM 编辑器的上半部分是表格视图，选中 I0.0 所在的行，编辑器下半部分出现控制视图，其中显示一个按钮，按钮上面是 I0.0 的变量名称"起动按钮"。可以用该按钮来控制 I0.0 的状态。

在表格视图中生成变量 IW64（模拟量输入），选中它所在的行，在下面的控制视图中出现一个用于调整模拟值的滚动条，它的两边显示最小值 16#0000 和最大值 16#FFFF。用鼠标按住并拖动滚动条的滑块，可以看到表格视图中 IW64 的"监视/修改值"快速变化。

6. 仿真软件的其他功能

在 S7-PLCSIM 的项目视图中，可以用工具栏上的 █ 按钮打开使用过的项目，用 █ 和 █ 按钮启动和停止 S7-PLCSIM 项目的运行。

执行项目视图的"选项"菜单中的"设置"命令，在"设置"视图中，可以设置起始视图为项目视图或紧凑视图（即精简视图），还可以设置项目的存储位置。

默认情况下，只允许更改 I 区的输入值，Q 区或 M 区变量（非输入变量）的"监视/修改值"列的背景为灰色，只能监视不能更改非输入变量的值。单击按下 SIM 表工具栏的"启动/禁用非输入修改"按钮 █，便可以修改非输入变量。单击工具栏上的 █ 按钮，将会加载最近一次从 STEP 7 下载的所有变量。

生成新项目后，单击工具栏上的 █ 按钮，断开仿真 PLC 的电源（按钮由绿色变为灰色），可以用该按钮右边的下拉式列表来选择"S7-1200""S7-1500"和"ET 200SP"。

二维码 2-6

视频"用仿真软件调试用户程序"可通过扫描二维码 2-6 播放。

2.7　用 STEP 7 调试程序

有两种调试用户程序的方法：使用程序状态或监控表（Watch table）。程序状态用于监视程序的运行，显示程序中操作数的值和程序段的逻辑运算结果（RLO），查找用户程序的逻辑错误，还可以修改某些变量的值。

使用监控表可以监视、修改和强制用户程序或 CPU 内指定的多个变量。可以向某些变量写入需要的数值，来测试程序或硬件。例如，为了检查接线，可以在 CPU 处于 STOP 模式时给外设输出点指定固定的值。

2.7.1 用程序状态功能调试程序

1. 启动程序状态监视

与 PLC 建立好在线连接后，打开需要监视的代码块，单击程序编辑器工具栏上的"启用/禁用监视"按钮 ，启动程序状态监视。如果在线（PLC 中的）程序与离线（计算机中的）程序不一致，项目树中的项目、站点、程序块和有问题的代码块的右边均会出现表示故障的符号。需要重新下载有问题的块，使在线、离线的块一致，上述对象右边均出现绿色的表示正常的符号后，才能启动程序状态功能。进入在线模式后，程序编辑器最上面的标题栏变为橘红色。

如果在运行时测试程序出现功能错误或程序错误，可能会对人员或财产造成严重损害，应确保不会出现这样的危险情况。

2. 程序状态的显示

启动程序状态后，梯形图用绿色连续线来表示状态满足，即有"能流"流过，见图 2-43 中较浅的实线。用蓝色虚线表示状态不满足，没有能流流过。用灰色连续线表示状态未知或程序没有执行，黑色表示没有连接。

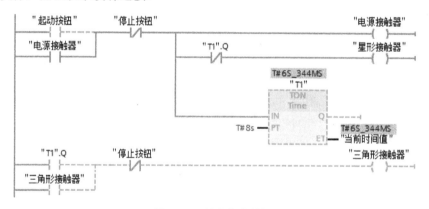

图 2-43 程序状态监视

Bool 变量为 0 状态和 1 状态时，它们的常开触点和线圈分别用蓝色虚线和绿色连续线来表示，常闭触点的显示与变量状态的关系则反之。

进入程序状态之前，梯形图中的线和元件因为状态未知，全部为黑色。启动程序状态监视后，梯形图左侧垂直的"电源"线和与它连接的水平线均为连续的绿线，表示有能流从"电源"线流出。有能流流过的处于闭合状态的触点、指令方框、线圈和"导线"均用连续的绿色线表示。

图 2-43 是星形-三角形降压起动的梯形图。接通连接在 PLC 的输入端 I0.0 的小开关后马上断开它（模拟外接的起动按钮的操作），梯形图中 I0.0（起动按钮）的常开触点接通，使 Q0.0（电源接触器）和 Q0.1（星形接触器）的线圈通电并自保持。TON 定时器的 IN 输入端有能流流入，开始定时。TON 的当前时间值 ET 从 0 开始增大，达到 PT 预置的时间 8s 时，定时器的位输出"T1".Q 变为 1 状态，其常开触点接通，使 Q0.2（三角形接触器）的线圈通电；其常闭触点断开，使 Q0.1（星形接触器）的线圈断电。电动机由星形接法切换到三角形接法运行。

3. 在程序状态修改变量的值

右键单击程序状态中的某个变量，执行出现的快捷菜单中的某个命令，可以修改该变量的值。对于 Bool 变量，执行命令"修改"→"修改为 1"或"修改"→"修改为 0"；对于其他数据类型的变量，执行命令"修改"→"修改值"。执行命令"修改"→"显示格式"，可以修改变量的显示格式。

不能修改连接外部硬件输入电路的过程映像输入（I）的值。如果被修改的变量同时受到程序的控制（例如受线圈控制的 Bool 变量），则程序控制的作用优先。

视频"用程序状态监控与调试程序"可通过扫描二维码 2-7 播放。

二维码 2-7

2.7.2 用监控表监控与强制变量

使用程序状态功能，可以在程序编辑器中形象直观地监视梯形图程序的执行情况，触点和线圈的状态一目了然。但是程序状态功能只能在屏幕上显示一小块程序，调试较大的程序时，往往不能同时看到与某一程序功能有关的全部变量的状态。

监控表可以有效地解决上述问题。使用监控表可以在工作区同时监视、修改和强制用户感兴趣的全部变量。一个项目可以生成多个监控表，以满足不同的调试要求。

监控表可以赋值或显示的变量包括过程映像输入和输出（I 和 Q）、外设输入（I :P）、外设输出（Q :P）、位存储器（M）和数据块（DB）内的存储单元。

1. 监控表的功能

1）监视变量：在计算机上显示用户程序或 CPU 中变量的当前值。

2）修改变量：将固定值分配给用户程序或 CPU 中的变量。

3）对外设输出赋值：允许在 STOP 模式下将固定值赋给 CPU 的外设输出点，这一功能可用于硬件调试时检查接线。

2. 生成监控表

打开项目树中 PLC 的"监控与强制表"文件夹，双击其中的"添加新监控表"，生成一个名为"监控表_1"的新的监控表，并在工作区自动打开它。根据需要，可以为一台 PLC 生成多个监控表。应将有关联的变量放在同一个监控表内。

3. 在监控表中输入变量

在监控表的"名称"列输入 PLC 变量表中定义过的变量的符号地址，"地址"列将会自动出现该变量的地址。在地址列输入 PLC 变量表中定义过的地址，"名称"列将会自动地出现它的名称。如果输入了错误的变量名称或地址，出错的单元的背景变为提示错误的浅红色，标题为"i"的标示符列出现红色的叉。

可以使用监控表的"显示格式"列默认的显示格式，也可以右键单击该列的某个单元，选中出现的下拉式列表中需要的显示格式。图 2-44 的监控表用二进制格式显示 QB0，可以同时显示和分别修改 Q0.0~Q0.7 这 8 个 Bool 变量。这一方法用于 I、Q 和 M，可以用字节（8位）、字（16 位）或双字（32 位）来监视和修改多个 Bool 变量。

复制 PLC 变量表中的变量名称，然后将它粘贴到监控表的"名称"列，可以快速生成监控表中的变量。

图 2-44　监控表

4. 监视变量

可以用监控表的工具栏上的按钮来执行各种功能。与 CPU 建立在线连接后，单击工具栏上的 按钮，启动监视功能，将在"监视值"列连续显示变量的动态实际值。

再次单击该按钮，关闭监视功能。单击工具栏上的"立即一次性监视所有变量"按钮 ，即使没有启动监视，将立即读取一次变量值，在"监视值"列用表示在线的橙色背景显示变量值。几秒钟后，背景色变为表示离线的灰色。

位变量为 TRUE（1 状态）时，监视值列的方形指示灯为绿色。位变量为 FALSE（0 状态）时，指示灯为灰色。图 2-44 中的 MD12 是定时器的当前时间值，在定时器的定时过程中，MD12 的值不断增大。

5. 修改变量

单击监控表工具栏上的"显示/隐藏所有修改列"按钮 ，出现隐藏的"修改值"列，在"修改值"列输入变量新的值，并勾选要修改的变量的"修改值"列右边的复选框。输入 Bool 变量的修改值 0 或 1 后，单击监控表其他地方，它们将自动变为"FALSE"（假）或"TRUE"（真）。单击工具栏上的"立即一次性修改所有选定值"按钮 ，复选框打勾的"修改值"被立即送入指定的地址。

右键单击某个位变量，执行出现的快捷菜单中的"修改 > 修改为 0"或"修改 > 修改为 1"命令，可以将选中的变量修改为 FALSE 或 TRUE。在 RUN 模式修改变量时，各变量同时又受到用户程序的控制。假设用户程序运行的结果使 Q0.1 的线圈断电，用监控表不可能将 Q0.1 修改和保持为 TRUE。不能改变 I 区分配给硬件的数字量输入点的状态，因为它们的状态取决于外部输入电路的通/断状态。

在程序运行时如果修改变量值出错，可能导致人身或财产的损害。执行修改功能之前，应确认不会有危险情况出现。

视频"用监控表监控与调试程序"可通过扫描二维码 2-8 播放。

二维码 2-8

6. 在 STOP 模式改变外设输出的状态

在调试设备时，这一功能可以用来检查输出点连接的过程设备的接线是否正确。以 Q0.0 为例（见图 2-45），操作的步骤如下：

	i	名称	地址	显示格式	监视值	使用触发器监视	使用触发器进行修改	修改值	⚡	
1		"起动按钮"	%I0.0	布尔型	■ FALSE	永久	永久	TRUE	☐	
2		"停止按钮"	%I0.1	布尔型	■ FALSE	永久	永久		☐	
3		"星形接触器"	%Q0.1	布尔型	■ FALSE	永久	永久		☐	
4		"当前时间值"	%MD12	时间	T#0MS	永久	永久	T#222MS	☐	
5		"T1".Q		布尔型	■ FALSE	永久	永久		☐	🔧
6		"电源接触器":P	%Q0.0:P	布尔型	⚡	永久	永久	FALSE	☑	!

图 2-45　在 STOP 模式改变外设输出的状态

1）在监控表中输入外设输出点 Q0.0:P。

2）将 CPU 切换到 STOP 模式。

3）单击监控表工具栏上的 [图标] 按钮，切换到扩展模式，出现与"触发器"有关的两列（见图 2-45）。勾选 Q0.0:P 所在行"修改值"列右边的复选框，它的右边出现一个黄色的三角形。

4）单击工具栏上的 [图标] 按钮，启动监视功能。

5）单击工具栏上的 [图标] 按钮，出现"启用外围设备输出"对话框，单击"是"按钮确认。

6）右键单击 Q0.0:P 所在的行，执行出现的快捷菜单中的"修改"→"修改为 1"或"修改"→"修改为 0"命令，CPU 上 Q0.0 对应的 LED（发光二极管）亮或熄灭。

CPU 切换到 RUN 模式后，工具栏上的 [图标] 按钮变为灰色，该功能被禁止，Q0.0 受到用户程序的控制。如果有输入点或输出点被强制，则不能使用这一功能。为了在 STOP 模式下允许外设输出，应取消强制功能。

因为 CPU 只能改写，不能读取外设输出变量 Q0.0:P 的值，符号 [图标] 表示该变量被禁止监视（不能读取）。将光标放到图 2-45 最下面一行的"监视值"单元时，将会出现弹出项方框，提示"无法监视外围设备输出"。

7. 定义监控表的触发器

触发器用来设置在扫描循环的哪一点来监视或修改选中的变量。可以选择在扫描循环开始、扫描循环结束或从 RUN 模式切换到 STOP 模式时监视或修改某个变量。

单击监控表工具栏上的 [图标] 按钮，切换到扩展模式，出现"使用触发器监视"和"使用触发器进行修改"列（见图 2-45）。单击这两列的某个单元，再单击单元右边出现的 [图标] 按钮，用出现的下拉式列表设置监视和修改该行变量的触发点。

触发方式可以选择"仅一次"或"永久"（每个循环触发一次）。如果设置为触发一次，单击一次工具栏上的按钮，执行一次相应的操作。

8. 强制的基本概念

可以用强制表给用户程序中的单个变量指定固定的值，这一功能被称为强制（Force）。强制应在与 CPU 建立了在线连接时进行。使用强制功能时，不正确的操作可能会危及人员的生命或健康，造成设备或整个工厂的损失。

只能强制外设输入和外设输出，例如强制 I0.0:P 和 Q0.0:P 等。不能强制组态时指定给 HSC（高速计数器）、PWM（脉冲宽度调制）和 PTO（脉冲列输出）的 I/O 点。在测试用户程序时，可以通过强制 I/O 点来模拟物理条件，例如用来模拟输入信号的变化。强制功能不能仿真。

在执行用户程序之前，强制值被用于输入过程映像。在处理程序时，使用的是输入点的强制值。在写外设输出点时，强制值被送给过程映像输出，输出值被强制值覆盖。强制值在外设输出点出现，并且被用于过程。

变量被强制的值不会因为用户程序的执行而改变。被强制的变量只能读取，不能用写访问来改变其强制值。

输入、输出点被强制后，即使编程软件被关闭，或编程计算机与 CPU 的在线连接断开，或 CPU 断电，强制值都被保持在 CPU 中，直到在线时用强制表停止强制功能。

用存储卡将带有强制点的程序装载到别的 CPU 时，将继续程序中的强制功能。

9. 强制变量

双击打开项目树中的强制表，输入 I0.0 和 Q0.0（见图 2-46），它们后面被自动添加表示外设输入/输出的":P"。只有在扩展模式才能监视外设输入的强制监视值。单击工具栏上的"显示/隐藏扩展模式列"按钮 █▌，切换到扩展模式。将 CPU 切换到 RUN 模式。

同时打开 OB1 和强制表，用"窗口"菜单中的命令，水平拆分编辑器空间，同时显示 OB1 和强制表（见图 2-46）。单击程序编辑器工具栏上的 ◌◌ 按钮，启动程序状态功能。

图 2-46　用强制表强制外设输入点和外设输出点

单击强制表工具栏上的 ◌◌ 按钮，启动监视功能。右键单击强制表的第一行，执行快捷菜单命令，将 I0.0:P 强制为 TRUE。单击出现的"强制为 1"对话框中的"是"按钮确认。强制表第一行出现表示被强制的 █F 符号，第一行"F"列的复选框中出现勾。PLC 面板上 I0.0 对应的 LED 不亮，梯形图中 I0.0 的常开触点接通，上面出现被强制的 █F 符号，由于 PLC 程序的作用，梯形图中 Q0.0 和 Q0.1 的线圈通电，PLC 面板上 Q0.0 和 Q0.1 对应的 LED 亮。

右键单击强制表的第二行，执行快捷菜单命令，将 Q0.0:P 强制为 FALSE。单击出现的"强制为 0"对话框中的"是"按钮确认。强制表第二行出现表示被强制的 █F 符号。梯形图中 Q0.0 线圈上面出现表示被强制的 █F 符号，PLC 面板上 Q0.0 对应的 LED 熄灭。

10. 停止强制

单击强制表工具栏上的 **F▄** 按钮，停止对所有地址的强制。被强制的变量最左边和输入点的"监视值"列红色的标有"F"的小方框消失，表示强制被停止。复选框后面的黄色三角形符号重新出现，表示该地址被选择强制，但是 CPU 中的变量没有被强制。梯形图中的 █F 符号也消失了。

为了停止对单个变量的强制，单击去掉该变量的 F 列的复选框中的勾，然后单击工具栏上的 **F** 按钮，重新启动强制。

第3章 S7-1200/1500 的指令

3.1 位逻辑指令

本章主要介绍梯形图编程语言中的基本指令和部分扩展指令,其他指令将在后面各章中陆续介绍。

本节的程序在配套资源的项目"位逻辑指令应用"的 OB1 中。

1. 常开触点与常闭触点

常开触点(见表 3-1)在指定的位为 1 状态(TRUE)时闭合,为 0 状态(FALSE)时断开。常闭触点在指定的位为 1 状态时断开,为 0 状态时闭合。两个触点串联将进行"与"运算,两个触点并联将进行"或"运算。

2. 取反 RLO 触点

RLO 是逻辑运算结果的简称,图 3-1 中间有"NOT"的触点为取反 RLO 触点,它用来转换能流输入的逻辑状态。如果有能流流入取反 RLO 触点,该触点输入端的 RLO 为 1 状态,反之为 0 状态。

如果没有能流流入取反 RLO 触点,则有能流流出(见图 3-1 的左图)。如果有能流流入取反 RLO 触点,则没有能流流出(见图 3-1 的右图)。

图 3-1 取反 RLO 触点

表 3-1 位逻辑指令

指　令	描　述	指　令	描　述
—┤├—	常开触点	RS	复位/置位触发器
—┤/├—	常闭触点	SR	置位/复位触发器
—┤NOT├—	取反 RLO	—┤P├—	扫描操作数的信号上升沿
—( )—	赋值	—┤N├—	扫描操作数的信号下降沿
—(/)—	赋值取反	—(P)—	在信号上升沿置位操作数
—(S)—	置位输出	—(N)—	在信号下降沿置位操作数
—(R)—	复位输出	P_TRIG	扫描 RLO 的信号上升沿
—(SET_BF)—	置位位域	N_TRIG	扫描 RLO 的信号下降沿
—(RESET_BF)—	复位位域	R_TRIG	检测信号上升沿
		F_TRIG	检测信号下降沿

3. 赋值和赋值取反指令

梯形图中的线圈对应于赋值指令,该指令将线圈输入端的逻辑运算结果(RLO)的信号状态写入指定的操作数地址，线圈通电（RLO 的状态为 "1"）时写入 1，线圈断电时写入 0。可以用 Q0.4:P 的线圈将位数据值写入过程映像输出 Q0.4，同时立即直接写给对应的外设输出点（见图 3-2 的右图）。

赋值取反线圈中间有 "/" 符号，如果有能流流过 M4.1 的赋值取反线圈（见图 3-2 的左图），则 M4.1 为 0 状态，其常开触点断开（见图 3-2 的右图），反之 M4.1 为 1 状态，其常开触点闭合。

图 3-2　取反线圈与立即输出

4. 置位、复位输出指令

S（Set，置位输出）指令将指定的位操作数置位（变为 1 状态并保持）。

R（Reset，复位输出）指令将指定的位操作数复位（变为 0 状态并保持）。

如果同一操作数的 S 线圈和 R 线圈同时断电（线圈输入端的 RLO 为 "0"），则指定操作数的信号状态保持不变。

置位输出指令与复位输出指令最主要的特点是有记忆和保持功能。如果图 3-3 中 I0.4 的常开触点闭合，Q0.5 变为 1 状态并保持该状态。即使 I0.4 的常开触点断开，Q0.5 也仍然保持 1 状态（见图 3-3 中的波形图）。I0.5 的常开触点闭合时，Q0.5 变为 0 状态并保持该状态，即使 I0.5 的常开触点断开，Q0.5 也仍然保持为 0 状态。

图 3-3　置位输出与复位输出指令

在程序状态中，用 Q0.5 的 S 和 R 线圈连续的绿色圆弧和线圈中绿色的字母表示 Q0.5 为 1 状态，用间断的蓝色圆弧和蓝色的字母表示 0 状态。图 3-3 中 Q0.5 为 1 状态。

视频"位逻辑指令应用（A）"可通过扫描二维码 3-1 播放。

二维码 3-1

5. 置位位域指令与复位位域指令

"置位位域"指令 SET_BF 将指定的地址开始的连续的若干个位地址置位（变为 1 状态并保持）。在图 3-4 的 I0.6 的上升沿（从 0 状态变为 1 状态），从 M5.0 开始的 4 个连续的位被置位为 1 状态并保持该状态不变。

"复位位域"指令 RESET_BF 将指定的地址开始的连续的若干个位地址复位（变为 0 状态并保持）。在图 3-4 的 M4.4 的下降沿（从 1 状态变为 0 状态），从 M5.4 开始的 3 个连续的位被复位为 0 状态并保持该状态不变。

6. 置位/复位触发器与复位/置位触发器

图 3-5 中的 SR 方框是置位/复位（复位优先）触发器，其输入/输出关系见表 3-2，两种触发器的区别仅在于表的最下面一行。在置位（S）和复位（R1）信号同时为 1 时，图 3-5 的 SR 方框上面的输出位 M7.2 被复位为 0。M7.2 的当前信号状态被传送到输出 Q。

表 3-2　SR 与 RS 触发器的功能

置位/复位（SR）触发器			复位/置位（RS）触发器		
S	R1	Q	S1	R	Q
0	0	保持前一状态	0	0	保持前一状态
0	1	0	0	1	0
1	0	1	1	0	1
1	1	0	1	1	1

　　RS 方框是复位/置位（置位优先）触发器，其功能见表 3-2。在置位（S1）和复位（R）信号同时为 1 时，方框上面的 M7.6 被置位为 1。M7.6 的当前信号状态被传送到输出 Q。

　　7. 扫描操作数信号边沿的指令

　　图 3-4 中间有 P 的触点指令的名称为"扫描操作数的信号上升沿"，如果该触点上面的输入信号 I0.6 由 0 状态变为 1 状态（即输入信号 I0.6 的上升沿），则该触点接通一个扫描周期。在其他任何情况下，该触点均断开。边沿检测触点不能放在电路结束处。

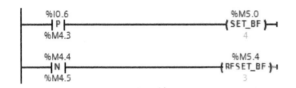

图 3-4　边沿检测触点与置位复位位域指令　　　　图 3-5　SR 触发器与 RS 触发器

　　P 触点下面的 M4.3 为边沿存储位，用来存储上一次扫描循环时 I0.6 的状态。通过比较 I0.6 的当前状态和上一次循环的状态，来检测信号的边沿。边沿存储位的地址只能在程序中使用一次，它的状态不能在其他地方被改写。只能用 M、DB 和 FB 的静态局部数据（Static）来作边沿存储位，不能用块的临时局部数据或 I/O 变量来作边沿存储位。

　　图 3-4 中间有 N 的触点指令的名称为"扫描操作数的信号下降沿"，如果该触点上面的输入信号 M4.4 由 1 状态变为 0 状态（即 M4.4 的下降沿），RESET_BF 的线圈"通电"一个扫描周期。该触点下面的 M4.5 为边沿存储位。

　　8. 在信号边沿置位操作数的指令

　　图 3-6 中间有 P 的线圈是"在信号上升沿置位操作数"指令，仅在流进该线圈的能流（即 RLO）的上升沿（线圈由断电变为通电），该指令的输出位 M6.1 为 1 状态。其他情况下 M6.1 均为 0 状态，M6.2 为保存 P 线圈输入端的 RLO 的边沿存储位。

　　图 3-6 中间有 N 的线圈是"在信号下降沿置位操作数"指令，仅在流进该线圈的能流（即 RLO）的下降沿（线圈由通电变为断电），该指令的输出位 M6.3 为 1 状态。其他情况下 M6.3 均为 0 状态，M6.4 为边沿存储位。

　　上述两条线圈格式的指令不会影响逻辑运算结果 RLO，它们对能流是畅通无阻的，其输入端的逻辑运算结果被立即送给它的输出端。这两条指令可以放置在程序段的中间或程序段的最右边。

　　在运行时用外接的小开关使 I0.7 和 I0.3 的串联电路由断开变为接通，RLO 由 0 状态变为 1 状态（即在 RLO 的上升沿），M6.1 的常开触点闭合一个扫描周期，使 M6.6 置位。在上述串联电路由接通变为断开时，RLO 由 1 状态变为 0 状态，M6.3 的常开触点闭合一个扫描周期，使 M6.6 复位。

9. 扫描 RLO 的信号边沿指令

在流进"扫描 RLO 的信号上升沿"指令（P_TRIG 指令）的 CLK 输入端（见图 3-7）的能流（即 RLO）的上升沿（能流刚流进），Q 端输出脉冲宽度为一个扫描周期的能流，使 M8.1 置位。指令方框下面的 M8.0 是脉冲存储位。

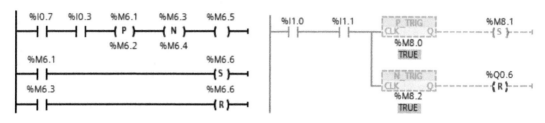

图 3-6 在 RLO 边沿置位操作数指令   图 3-7 扫描 RLO 的信号边沿指令

在流进"扫描 RLO 的信号下降沿"指令（N_TRIG 指令）的 CLK 输入端的能流的下降沿（能流刚消失），Q 端输出脉冲宽度为一个扫描周期的能流，使 Q0.6 复位。指令方框下面的 M8.2 是脉冲存储器位。P_TRIG 指令与 N_TRIG 指令不能放在电路的开始处和结束处。

10. 检测信号边沿指令

图 3-8 中的 R_TRIG 是"检测信号上升沿"指令，图 3-9 中的 F_TRIG 是"检测信号下降沿"指令。它们是函数块，在调用时应为它们指定背景数据块。这两条指令将输入 CLK 的当前状态与背景数据块中的边沿存储位保存的上一个扫描周期的 CLK 的状态进行比较。如果指令检测到 CLK 的上升沿或下降沿，将会通过 Q 端输出一个扫描周期的脉冲，将 M2.2 置位或复位。

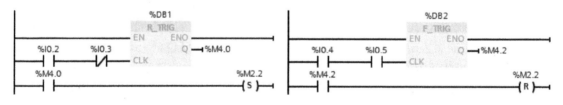

图 3-8 检测信号上升沿指令   图 3-9 检测信号下降沿指令

在生成 CLK 输入端的电路时，首先选中左侧的垂直"电源"线，双击收藏夹中的"打开分支"按钮→，生成一个带双箭头的分支。双击收藏夹中的按钮，生成一个常开触点和常闭触点的串联电路。将鼠标的光标放到串联电路右端的双箭头上，按住鼠标左键不放，移动鼠标。光标放到 CLK 端绿色的小方块上时，出现一根连接双箭头和小方块的浅色折线（见图 3-10）。松开鼠标左键，串联电路被连接到 CLK 端（见图 3-8）。

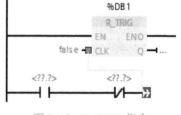

11. 边沿检测指令的比较

以上升沿检测为例，下面比较 4 种边沿检测指令的功能。

在 ┤P├ 触点上面的地址的上升沿，该触点接通一个扫描周期。因此 P 触点用于检测触点上面的地址的上升沿，并且

图 3-10 R_TRIG 指令

直接输出上升沿脉冲。其他 3 种指令都是用来检测 RLO（流入它们的能流）的上升沿。

在流过─┤ P ├─线圈的能流的上升沿，线圈上面的地址在一个扫描周期为 1 状态。因此 P 线圈用于检测能流的上升沿，并用线圈上面的地址来输出上升沿脉冲。其他 3 种指令都是直接输出检测结果。

R_TRIG 指令与 P_TRIG 指令都是用于检测流入它们的 CLK 端的能流的上升沿，并直接输出检测结果。其区别在于 R_TRIG 指令用背景数据块保存上一次扫描循环 CLK 端信号的状态，而 P_TRIG 指令用边沿存储位来保存它。如果 P_TRIG 指令与 R_TRIG 指令的 CLK 电路只有某地址的常开触点，可以用该地址的─┤P├─触点来代替它的常开触点和这两条指令之一的串联电路。图 3-11 中的两个程序段的功能是等效的。

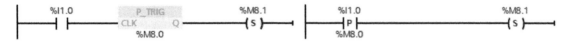

图 3-11 两个等效的上升沿检测电路

12. 故障显示电路

【例 3-1】 设计故障信息显示电路，从故障信号 I0.0 的上升沿开始，Q0.7 控制的指示灯以 1Hz 的频率闪烁。操作人员按复位按钮 I0.1 后，如果故障已经消失，则指示灯熄灭。如果故障没有消失，则指示灯转为常亮，直至故障消失。

解：信号波形图和故障信息显示电路如图 3-12 所示。在设置 CPU 的属性时，令 MB0 为时钟存储器字节（见图 1-28），其中的 M0.5 提供周期为 1s 的时钟脉冲。出现故障时，将 I0.0 提供的故障信号用 M2.1 锁存起来，M2.1 和 M0.5 的常开触点组成的串联电路使 Q0.7 控制的指示灯以 1Hz 的频率闪烁。按下复位按钮 I0.1，故障锁存标志 M2.1 被复位为 0 状态。如果这时故障已经消失，则指示灯熄灭。如果故障没有消失，则 M2.1 的常闭触点与 I0.0 的常开触点组成的串联电路使指示灯转为常亮，直至 I0.0 变为 0 状态，故障消失，指示灯熄灭。

如果将程序中的─┤P├─触点改为 I0.0 的常开触点，在故障没有消失的时候按复位按钮 I0.1，松手后 M2.1 又会被置位，指示灯不会由闪烁变为常亮，仍然继续闪动。

视频"位逻辑指令应用（B）"可通过扫描二维码 3-2 播放。

二维码 3-2

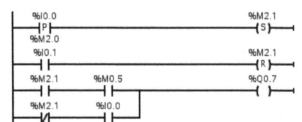

图 3-12 故障显示电路波形图与电路

3.2 定时器指令与计数器指令

S7-1200 只能使用 IEC 定时器指令和 IEC 计数器指令。S7-1500 还可以使用指令列表的"\定时器操作\原有"文件夹中的 5 种方框格式和 5 种线圈格式的 SIMATIC 定时器指令。它们的具体使用方法见在线帮助或作者编写的《S7-300/400 PLC 应用技术　第 4 版》。

S7-1500 CPU 可以使用的 SIMATIC 定时器的个数受到限制,IEC 定时器的个数不受限制。IEC 定时器的最大定时时间为 24 天,比 SIMATIC 定时器的 9990s 大得多。在 HMI 上显示 IEC 定时器的当前值和设置预设值比 SIMATIC 定时器方便得多。本节只介绍 IEC 定时器和 IEC 计数器指令。

3.2.1　定时器指令

本节的程序在配套资源的项目"定时器计数器例程"的 OB1 中。

1. 脉冲定时器

IEC 定时器和 IEC 计数器属于函数块,调用时需要指定配套的背景数据块,定时器和计数器指令的数据保存在背景数据块中。打开程序编辑器右边的指令列表窗口,将"定时器操作"文件夹中的定时器指令拖放到梯形图中适当的位置。在出现的"调用选项"对话框中(见图 2-26),可以修改默认的背景数据块的名称。IEC 定时器没有编号,可以用背景数据块的名称(例如"T1",或"1 号电机起动延时")来作定时器的标识符。单击"确定"按钮,自动生成的背景数据块见图 3-13。

定时器的输入 IN(见图 3-14)为启动输入端,在输入 IN 的上升沿(从 0 状态变为 1 状态),启动脉冲定时器 TP、接通延时定时器 TON 和时间累加器 TONR 开始定时。在输入 IN 的下降沿,启动关断延时定时器 TOF 开始定时。

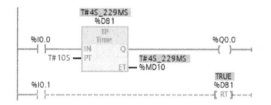

图 3-13　IEC 定时器的背景数据块　　　　　　图 3-14　脉冲定时器

各定时器的输入参数 PT(Preset Time)为预设时间值,输出参数 ET(Elapsed Time)为定时开始后经过的时间,称为当前时间值,它们的数据类型为 32 位的 Time,单位为 ms,最大定时时间为 T#24D_20H_ 31M_23S_647MS,D、H、M、S、MS 分别为日、小时、分、秒和毫秒。

S7-1500 的 PT 和 ET 的数据类型还可以是 64 位的 LTime,单位为 ns。单击定时器标识符(例如 TP)下面的问号,可以设置 PT 和 ET 的数据类型。

Q 为定时器的位输出,可以不给 Q 和 ET 指定地址。各参数均可以使用 I(仅用于输入参数)、Q、M、D、L 存储区,IN 和 PT 可以使用常量。定时器指令可以放在程序段的中间或结束处。

脉冲定时器 TP 的指令名称为"生成脉冲",用于将输出 Q 置位为 PT 预设的一段时间。用程序状态功能可以观察当前时间值的变化情况(见图 3-14)。在 IN 输入信号的上升沿启动该定时器,Q 输出变为 1 状态,开始输出脉冲。定时开始后,当前时间 ET 从 0ms 开始不断增大,达到 PT 预设的时间时,Q 输出变为 0 状态。如果 IN 输入信号为 1 状态,则当前时间值保持不变(见图 3-15 的波形 A)。如果达到 PT 预设的时间时,IN 输入信号为 0 状态(见波形 B),则当前时间变为 0s。

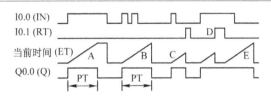

图 3-15　脉冲定时器的波形图

IN 输入的脉冲宽度可以小于预设值,在脉冲输出期间,即使 IN 输入出现下降沿和上升沿(见波形 B),也不会影响脉冲的输出。

图 3-14 中的 I0.1 为 1 时,定时器复位线圈(RT)通电,定时器被复位。用定时器的背景数据块的编号或符号名来指定需要复位的定时器。如果此时正在定时,且 IN 输入信号为 0 状态,将使当前时间值 ET 清零,Q 输出也变为 0 状态(见波形 C)。如果此时正在定时,且 IN 输入信号为 1 状态,将使当前时间清零,但是 Q 输出保持为 1 状态(见波形 D)。复位信号 I0.1 变为 0 状态时,如果 IN 输入信号为 1 状态,将重新开始定时(见波形 E)。只是在需要时才对定时器使用 RT 指令。

2. 接通延时定时器

接通延时定时器(TON,见图 3-16)用于将 Q 输出的置位操作延时 PT 指定的一段时间。IN 输入端的输入电路由断开变为接通时开始定时。定时时间大于等于预设时间 PT 指定的设定值时,输出 Q 变为 1 状态,当前时间值 ET 保持不变(见图 3-17 中的波形 A)。

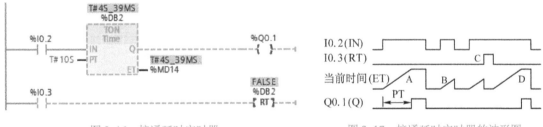

图 3-16　接通延时定时器　　　　　　　　图 3-17　接通延时定时器的波形图

IN 输入端的电路断开时,定时器被复位,当前时间被清零,输出 Q 变为 0 状态。CPU 第一次扫描时,定时器输出 Q 被清零。如果 IN 输入信号在未达到 PT 设定的时间时变为 0 状态(见波形 B),输出 Q 保持 0 状态不变。

图 3-16 中的 I0.3 为 1 状态时,定时器复位线圈 RT 通电(见波形 C),定时器被复位,当前时间被清零,Q 输出变为 0 状态。复位输入 I0.3 变为 0 状态时,如果 IN 输入信号为 1 状态,将开始重新定时(见波形 D)。

3. 关断延时定时器指令

关断延时定时器(TOF,见图 3-18)用于将 Q 输出的复位操作延时 PT 指定的一段时间。其 IN 输入电路接通时,输出 Q 为 1 状态,当前时间被清零。IN 输入电路由接通变为断开时(IN 输入的下降沿)开始定时,当前时间从 0 逐渐增大。当前时间等于预设值时,输出 Q 变为 0 状态,当前时间保持不变,直到 IN 输入电路接通(见图 3-19 的波形 A)。关断延时定时器可以用于设备停机后的延时,例如大型变频电动机的冷却风扇的延时。

如果当前时间 ET 未达到 PT 预设的值,IN 输入信号就变为 1 状态,当前时间 ET 被清零,输出 Q 将保持 1 状态不变（见波形 B）。图 3-18 中的 I0.5 为 1 状态时，定时器复位线圈 RT 通电。如果此时 IN 输入信号为 0 状态，则定时器被复位，当前时间被清零，输出 Q 变为 0 状态（见波形 C）。如果复位时 IN 输入信号为 1 状态，则复位信号不起作用（见波形 D）。

视频"定时器的基本功能"可通过扫描二维码 3-3 播放。

二维码 3-3

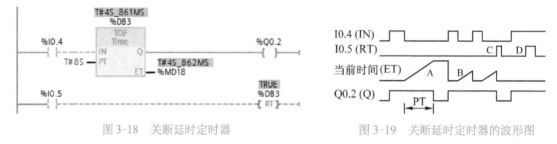

图 3-18　关断延时定时器　　　　　图 3-19　关断延时定时器的波形图

4．时间累加器

时间累加器（TONR，见图 3-20）的 IN 输入电路接通时开始定时（见图 3-21 中的波形 A 和 B）。输入电路断开时，累计的当前时间值保持不变。可以用 TONR 来累计输入电路接通的若干个时间段。图 3-21 中的累计时间 $t1 + t2$ 等于预设值 PT 时，Q 输出变为 1 状态（见波形 D）。

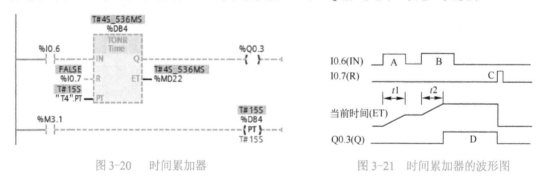

图 3-20　时间累加器　　　　　　　图 3-21　时间累加器的波形图

复位输入 R 为 1 状态时（见波形 C），TONR 被复位，它的当前时间值变为 0，同时输出 Q 变为 0 状态。

图 3-20 中的 PT 线圈为"加载持续时间"指令，该线圈通电时，将 PT 线圈下面指定的时间预设值（即持续时间），写入图 3-20 中的 TONR 定时器名为"T4"的背景数据块 DB4 中的静态变量 PT（"T4".PT），将"T4".PT 作为 TONR 的输入参数 PT 的实参，定时器才能定时。用 I0.7 复位 TONR 时，"T4".PT 也被清零。

【例 3-2】　用接通延时定时器设计周期和占空比可调的振荡电路。

解：图 3-22 中的串联电路接通后，左边的定时器的 IN 输入信号为 1 状态，开始定时。2s 后定时时间到，它的 Q 输出端的能流流入右边的定时器的 IN 输入端，使右边的定时器开始定时，同时 Q0.7 的线圈通电。

3s 后右边的定时器的定时时间到，它的输出 Q 变为 1 状态，使"T6".Q（T6 是 DB6 的符号地址）的常闭触点断开，左边的定时器的 IN 输入电路断开，其 Q 输出变为 0 状态，使 Q0.7 和右边的定时器的 Q 输出也变为 0 状态。下一个扫描周期因为"T6".Q 的常闭触点接通，左边的定时器又开始定时，以后 Q0.7 的线圈将这样周期性地通电和断电，直到串联电路断开。Q0.7

线圈通电和断电的时间分别等于右边和左边的定时器的预设值。振荡电路实际上是一个有正反馈的电路，两个定时器的输出 Q 分别控制对方的 IN 输入端，形成了正反馈。

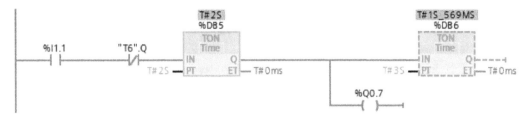

图 3-22　振荡电路

CPU 的时钟存储器字节（见图 1-28）的各位提供周期为 0.1～2s 的时钟脉冲，它们输出高电平和低电平时间相等的方波信号，可以用周期为 1s 的时钟脉冲来控制需要闪烁的指示灯。

【例 3-3】　用 3 种定时器设计卫生间冲水控制电路。

解：图 3-23 是卫生间冲水控制电路及其波形图。I0.7 是光电开关检测到的有使用者的信号，用 Q1.0 控制冲水电磁阀，图的右边是有关信号的波形图。

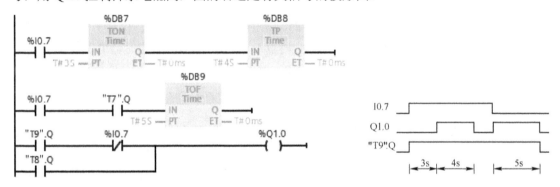

图 3-23　卫生间冲水控制电路与波形图

从 I0.7 的上升沿（有人使用的信号）开始，用接通延时定时器 TON 延时 3s，3s 后 TON 的输出 Q 变为 1 状态，使脉冲定时器 TP 的 IN 输入信号变为 1 状态，TP 的 Q 输出"T8".Q 输出一个宽度为 4s 的脉冲。TP 和 TOF 的背景数据块 DB8 和 DB9 的符号地址分别为 T8 和 T9。

从 I0.7 的上升沿开始，关断延时定时器（TOF）的 Q 输出"T9".Q 变为 1 状态。使用者离开时（在 I0.7 的下降沿），TOF 开始定时，5s 后"T9".Q 变为 0 状态。

由波形图可知，控制冲水电磁阀的 Q1.0 输出的高电平脉冲波形由两块组成，4s 的脉冲波形由 TP 的 Q 输出"T8".Q 提供。TOF 的 Q 输出"T9".Q 的波形减去 I0.7 的波形得到宽度为 5s 的脉冲波形，可以用"T9".Q 的常开触点与 I0.7 的常闭触点的串联电路来实现上述要求。两块脉冲波形的叠加用并联电路来实现。"T7".Q 的常开触点用于防止 3s 内有人进入和离开时冲水。

5. 用数据类型为 IEC_TIMER 的变量提供背景数据

图 3-23 和图 3-24 中的程序的控制要求完全相同。图 3-24 中的定时器用数据块中数据类型为 IEC_TIMER 的变量提供背景数据。

在配套资源的项目"定时器计数器例程"中，双击"程序块"文件夹中的"添加新块"，生成符号地址为"定时器 DB"的全局数据块 DB15。在 DB15 中生成数据类型为 IEC_TIMER 的变量 T1、T2、T3（见图 3-24 的右图），用它们提供定时器的背景数据。

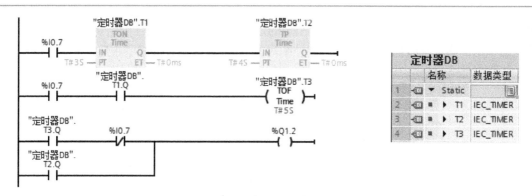

图 3-24 卫生间冲水控制电路

将 TON 方框指令拖放到程序区后，单击方框上面的 `<??.?>`，再单击出现的小方框右边的 ▦
按钮，单击出现的地址列表中的"定时器 DB"。地址域出现"定时器 DB"。单击地址列表中的
"T1"，地址域出现"定时器 DB".T1.。单击地址列表中的"无"，指令列表消失，地址域出现
"定时器 DB".T1。用同样的方法为 TP 和 TOF 提供背景数据，和生成触点上各定时器 Q 输出
的地址。

输入图 3-24 最下面的常开触点的地址时，单击触点上面的 `<??.?>`，再单击出现的小方框
右边的 ▦ 按钮，单击出现的地址列表中的"定时器 DB"，地址域出现"定时器 DB".。单击地址
列表中的"T2"，地址域出现"定时器 DB".T2.。单击地址列表中的"Q"，地址列表消失，地
址域出现"定时器 DB".T2.Q。

6. 定时器线圈指令

两条运输带顺序相连（见图 3-25），为了避免运送的物料在 1 号运输带上堆积，按下起
动按钮 I0.3，1 号运输带开始运行，8s 后 2 号运输带自动起动。停机的顺序与起动的顺序刚好
相反，即按了停止按钮 I0.2 后，先停 2 号运输带，8s 后停 1 号运输带。PLC 通过 Q1.1 和 Q0.6
控制两台电动机 M1 和 M2。

图 3-25 运输带示意图与波形图

运输带控制的梯形图程序如图 3-26 所示，
程序中设置了一个用起动按钮和停止按钮控制
的辅助元件 M2.3，用它来控制接通延时定时器
（TON）的 IN 输入端和关断延时定时器（TOF）
的线圈。

中间标有 TP、TON、TOF 和 TONR 的线圈
是定时器线圈指令。将指令列表的"基本指令"
窗格的"定时器操作"文件夹中的"TOF"线圈

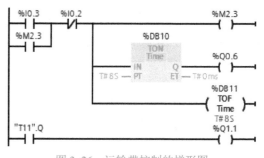

图 3-26 运输带控制的梯形图

指令拖拽到程序区。它的上面可以是自动生成的类型为 IEC_TIMER 的背景数据块（见图 3-26 中的 DB11），也可以是数据块中数据类型为 IEC_TIMER 的变量，它的下面是时间预设值 T#8S。TOF 线圈断电时，定时器被启动定时，它的功能与对应的 TOF 方框定时器指令相同。

　　TON 的 Q 输出端控制的 Q0.6 在 I0.3 的上升沿之后 8s 变为 1 状态，在停止按钮 I0.2 的上升沿时变为 0 状态。综上所述，可以用 TON 的 Q 输出端直接控制 2 号运输带 Q0.6。

　　T11 是 DB11 的符号地址。按下起动按钮 I0.3，关断延时定时器线圈（TOF）通电。它的 Bool 输出"T11".Q 在它的线圈通电时变为 1 状态，在它的线圈断电后延时 8s 变为 0 状态，因此可以用"T11".Q 的常开触点控制 1 号运输带 Q1.1。

　　视频"定时器应用例程"可通过扫描二维码 3-4 播放。

二维码 3-4

3.2.2　计数器指令

　　S7-1200 只能使用 IEC 计数器指令。S7-1500 还可以使用指令列表的"\计数器操作\原有"文件夹中的 3 种方框格式和 3 种线圈格式的 SIMATIC 计数器指令。它们的具体使用方法见在线帮助或作者编写的《S7-300/400 PLC 应用技术　第 4 版》。

　　S7-1500 CPU 可以使用的 SIMATIC 计数器的个数受到限制，IEC 计数器的个数不受限制。IEC 计数器的当前计数值的数据类型可选多种整数，最大计数值比 SIMATIC 定时器的 999 大得多。本节只介绍 IEC 计数器指令。

1. 计数器的数据类型

　　S7-1200/1500 有 3 种 IEC 计数器：加计数器（CTU）、减计数器（CTD）和加减计数器（CTUD）。它们属于软件计数器，其最大计数频率受到 OB1 的扫描周期的限制。如果需要频率更高的计数器，可以使用 S7-1200 CPU 内置的或 S7-1500 工艺模块中的高速计数器。

　　IEC 计数器指令是函数块，调用它们时，需要生成保存计数器数据的背景数据块。

　　CU（见图 3-27）和 CD 分别是加计数输入和减计数输入，在 CU 或 CD 由 0 状态变为 1 状态时（信号的上升沿），当前计数器值 CV 被加 1 或减 1。PV 为预设计数值，Q 为 Bool 输出。R 为复位输入，CU、CD、R 和 Q 均为 Bool 变量。

　　将指令列表的"计数器操作"文件夹中的 CTU 指令拖放到工作区，单击方框中 CTU 下面的 3 个问号（见图 3-27 的左图），再单击问号右边出现的 ▼ 按钮，用下拉式列表设置 PV 和 CV 的数据类型为 Int。S7-1500 的 PV 和 CV 的数据类型还可以选 LInt 和 ULInt。

　　各变量均可以使用 I（仅用于输入变量）、Q、M、D 和 L 存储区，PV 还可以使用常数。

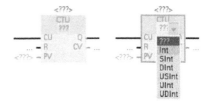

图 3-27　设置计数器的数据类型

2. 加计数器

　　当接在 R 输入端的复位输入 I1.1 为 FALSE（即 0 状态，见图 3-28），接在 CU 输入端的加计数脉冲输入电路由断开变为接通时（即在 CU 信号的上升沿），当前计数器值 CV 加 1，直到 CV 达到指定的数据类型的上限值。此后 CU 输入的状态变化不再起作用，CV 的值不再增加。

　　CV 大于等于预设计数值 PV 时，输出 Q 为 1 状态，反之为 0 状态。第一次执行指令时，CV 被清零。各类计数器的复位输入 R 为 1 状态时，计数器被复位，输出 Q 变为 0 状态，CV 被清零。图 3-29 是加计数器的波形图。

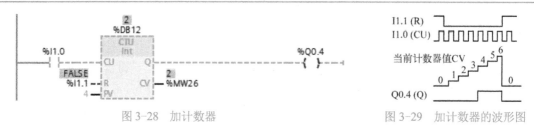

图 3-28   加计数器   图 3-29   加计数器的波形图

3. 减计数器

图 3-30 中的减计数器的装载输入 LD 为 1 状态时，输出 Q 被复位为 0，并把预设计数值 PV 装入 CV。LD 为 1 状态时，减计数输入 CD 不起作用。

LD 为 0 状态时，在减计数输入 CD 的上升沿，当前计数器值 CV 减 1，直到 CV 达到指定的数据类型的下限值。此后 CD 输入信号的状态变化不再起作用，CV 的值不再减小。

当前计数器值 CV 小于等于 0 时，输出 Q 为 1 状态，反之 Q 为 0 状态。第一次执行指令时，CV 被清零。图 3-31 是减计数器的波形图。

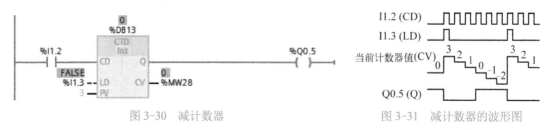

图 3-30   减计数器   图 3-31   减计数器的波形图

4. 加减计数器

在加减计数器的加计数输入 CU 的上升沿（见图 3-32），当前计数器值 CV 加 1，CV 达到指定的数据类型的上限值时不再增加。在减计数输入 CD 的上升沿，CV 减 1，CV 达到指定的数据类型的下限值时不再减小。

如果同时出现计数脉冲 CU 和 CD 的上升沿，CV 保持不变。CV 大于等于预设计数值 PV 时，输出 QU 为 1，反之为 0。CV 小于等于 0 时，输出 QD 为 1，反之为 0。

装载输入 LD 为 1 状态时，预设值 PV 被装入当前计数器值 CV，输出 QU 变为 1 状态，QD 被复位为 0 状态。

复位输入 R 为 1 状态时，计数器被复位，CV 被清零，输出 QU 变为 0 状态，QD 变为 1 状态。R 为 1 状态时，CU、CD 和 LD 不再起作用。图 3-33 是加减计数器的波形图。

视频"计数器的基本功能"可通过扫描二维码 3-5 播放。

二维码 3-5

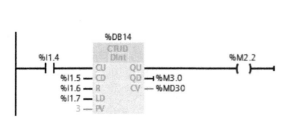

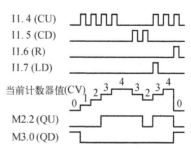

图 3-32   加减计数器   图 3-33   加减计数器的波形图

3.3　数据处理指令

本节的程序在配套资源中的项目"数据处理指令应用"的 OB1 中。

3.3.1　比较操作指令

1. 比较指令

比较指令用来比较数据类型相同的两个数 IN1 与 IN2 的大小（见图 3-34），IN1 和 IN2 分别在触点的上面和下面。操作数可以是 I、Q、M、D、L、P 存储区中的变量或常数。比较两个字符串是否相等时，实际上比较的是它们各对应字符的 ASCII 码的大小，第一个不相同的字符决定了比较的结果。

可以将比较指令视为一个等效的触点，比较符号可以是"=="（等于）、"<>"（不等于）、">"">=""<"和"<="。当满足比较关系式给出的条件时，等效触点接通。例如当 MW8 的值等于-24732 时，图 3-34 第一行左边的比较触点接通。

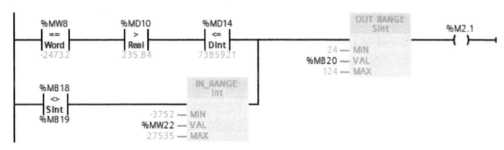

图 3-34　比较操作指令

生成比较指令后，双击触点中间比较符号下面的问号，单击出现的 ▼ 按钮，用下拉式列表设置要比较的数的数据类型。数据类型可以是位字符串、整数、浮点数、字符串、TIME、DATE、TOD 和 DLT。S7-1500 还可以是 LTIME、LTOD、DT 和 LDT。

比较指令的比较符号也可以修改，双击比较符号，单击出现的 ▼ 按钮，可以用下拉式列表修改比较符号。

2. 值在范围内与值超出范围指令

"值在范围内"指令 IN_RANGE 与"值超出范围"指令 OUT_RANGE 可以等效为一个触点。如果有能流流入指令方框，执行比较，反之不执行比较。图 3-34 中 IN_RANGE 指令的参数 VAL 满足 MIN≤VAL≤MAX（-3752≤MW22≤27535），或 OUT_RANGE 指令的参数 VAL 满足 VAL < MIN 或 VAL > MAX（MB20 < 24 或 MB20 > 124）时，等效触点闭合，指令框为绿色。不满足比较条件则等效触点断开，指令框为蓝色的虚线。

这两条指令的 MIN、MAX 和 VAL 的数据类型必须相同，可选整数和浮点数，可以是 I、Q、M、D、L 存储区中的变量或常数。

【例 3-4】　用接通延时定时器和比较指令组成占空比可调的脉冲发生器。

解：T1 是接通延时定时器 TON 的背景数据块 DB1 的符号地址。"T1".Q 是 TON 的位输出。PLC 进入 RUN 模式时，TON 的 IN 输入端为 1 状态，定时器的当前值从 0 开始不断增大。当前值等于预设值时，"T1".Q 变为 1 状态，其常闭触点断开，定时器被复位，"T1".Q 变为 0

状态。下一扫描周期其常闭触点接通，定时器又开始定时。

TON 和它的 Q 输出"T1".Q 的常闭触点组成了一个脉冲发生器，使 TON 的当前时间 "T1".ET 按图 3-35 所示的锯齿波形变化。比较指令用来产生脉冲宽度可调的方波，"T1".ET 小于 1000ms 时，Q1.0 为 0 状态，反之为 1 状态。比较指令上面的操作数"T1".ET 的数据类型 为 Time，输入该操作数后，指令中"≥="符号下面的数据类型自动变为"Time"。

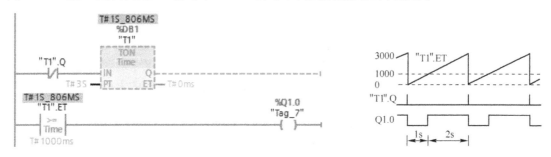

图 3-35　占空比可调的脉冲发生器

3．检查有效性与检查无效性指令

"检查有效性"指令┤OK├和"检查无效性"指令┤NOT_OK├（见图 3-36）用来检测输入 数据是否是有效的实数（即浮点数）。如果是有效的实数，OK 触点接通，反之 NOT_OK 触点 接通。触点上面的变量的数据类型为 Real。

执行图 3-37 中的乘法指令 MUL 之前，首先用"OK"指令检查 MUL 指令的两个操作数 是否是实数。如果不是，OK 触点断开，没有能流流入 MUL 指令的使能输入端 EN，不会执 行乘法指令。

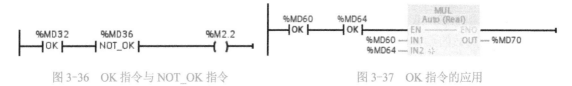

图 3-36　OK 指令与 NOT_OK 指令　　　图 3-37　OK 指令的应用

4．变量类型检查指令

在指令列表的"\比较操作\变量"文件夹中，还有下列指令。

EQ_Type 和 NE_Type 指令用于比较两个变量的数据类型相等或不相等，操作数 1 的数据 类型为 Variant。

EQ_ElemType 和 NE_ElemType 指令用于比较在块接口中声明的操作数 1 的数据类型与操 作数 2 的数据类型相等或不相等，操作数 1 的数据类型为 Variant。如果操作数 1 的数据类型 为 Array，将比较 Array 元素的数据类型。

如果 IS_NULL 指令查询到 Variant 变量指向 NULL 指针而没有指向对象，等效的触点闭 合。如果 NOT_NULL 指令查询到 Variant 变量不是指向 NULL 指针而是指向对象，等效的触 点闭合。

如果检查数组指令 IS_ARRAY 查询到 Variant 操作数指向 Array 数据类型的变量，等效的 触点闭合。

3.3.2 使能输入与使能输出

在梯形图中，用方框表示某些指令、函数（FC）和函数块（FB），输入信号和输入/输出（InOut）信号均在方框的左边，输出信号均在方框的右边。"转换值"指令 CONVERT 在指令方框中的标识符为 CONV。梯形图中有一条提供"能流"的左侧垂直母线，图 3-38 中 I0.0 的常开触点接通时，能流流到方框指令 CONV 的使能输入端 EN（Enable Input），方框指令才能执行。"使能"有允许的意思。

如果方框指令的 EN 端有能流流入，而且执行时无错误，则使能输出端 ENO（Enable Output）将能流传递给下一个元件（见图 3-38 的左图）。如果执行过程中有错误，能流在出现错误的方框指令终止（见图 3-38 的右图）。

图 3-38 EN 与 ENO

将指令列表中的 CONVERT 指令拖放到梯形图中时，CONV 下面的"to"两边分别有 3 个红色的问号，用来设置转换前后的数据的数据类型。单击"to"前面或后面的 3 个问号，再单击问号右边出现的 ▼ 按钮，用下拉式列表设置转换前的数据的数据类型为 16 位 BCD 码（Bcd16），用同样的方法设置转换后的数据的数据类型为 Int（有符号整数）。

在程序中用十六进制格式显示 BCD 码。在 RUN 模式用程序状态功能监视程序的运行情况。如果用监控表设置转换前 MW24 的值为 16#F234（见图 3-38 的左图），最高位的"F"对应于 2#1111，表示负数。转换以后的十进制数为-234，因为程序执行成功，有能流从 ENO 输出端流出。指令框和 ENO 输出线均为绿色的连续线。

也可以右键单击图 3-38 中的 MW24，执行出现的快捷菜单中的"修改"→"修改值"命令，在出现的"修改"对话框中设置变量的值。单击"确定"按钮确认。

设置转换前的数值为 16#23F（见图 3-38 的右图），BCD 码每一位的有效数字应为 0~9，16#F 是非法的数字，因此指令执行出错，没有能流从 ENO 流出，指令框和 ENO 输出线均为蓝色的虚线。可以在指令的在线帮助中找到使 ENO 为 0 状态的原因。

ENO 可以作为下一个方框的 EN 输入，即几个方框可以串联，只有前一个方框被正确执行，与它连接的后面的程序才能被执行。EN 和 ENO 的操作数均为能流，数据类型为 Bool。

下列指令使用 EN/ENO：数学运算指令、传送与转换指令、移位与循环指令、字逻辑运算指令等。

下列指令不使用 EN/ENO：绝大多数位逻辑指令、比较指令、计数器指令、定时器指令和部分程序控制指令。这些指令不会在执行时出现需要程序中止的错误，因此不需要使用 EN/ENO。

退出程序状态监控，右键单击带 ENO 的指令框，执行快捷菜单中相应的命令，可以生成 ENO 或不生成 ENO。执行"不生成 ENO"命令后，ENO 变为灰色（见图 3-40），表示它不起作用，不论指令执行是否成功，ENO 端均有能流输出。ENO 默认的状态是"不生成"。

视频"数据处理指令应用（A）"可通过扫描二维码 3-6 播放。

二维码 3-6

107

3.3.3 转换操作指令

1. 数据类型的转换

用户程序中的操作与特定长度的数据对象有关，例如位逻辑指令使用位（bit）数据，MOVE 指令使用字节、字和双字数据。

一个指令中有关的操作数的数据类型应是协调一致的，这一要求也适用于块调用时的参数设置。如果操作数具有不同的数据类型，应对它们进行转换。下面是两种不同的转换方式。

1）隐式转换：执行指令时自动地进行转换。

2）显式转换：执行指令之前使用转换指令进行转换。

（1）隐式转换

如果操作数的数据类型兼容，将自动执行隐式转换。兼容性测试可以使用两种标准：

1）进行 IEC 检查（默认），采用严格的兼容性规则，允许转换的数据类型较少。

2）不进行 IEC 检查，采用不太严格的兼容性测试标准，允许转换的数据类型较多。

上述两种方式都不能将 Bool 隐式转换为其他数据类型，源数据类型的位长度不能超过目标数据类型的位长度。可以在帮助中搜索"数据类型转换概述"，以获取有关的详细信息。

（2）显式转换

操作数不兼容时，不能执行隐式转换，可以使用显式转换指令。可以用指令列表的"转换操作"和"字符串 + 字符"文件夹中的指令进行显示转换。

显式转换的优点是可以检查出所有不符合标准的问题，并用 ENO 的状态指示出来。图 3-40 给出了两个数据类型转换的例子。

2. 设置 IEC 检查功能

如果激活了"IEC 检查"，在执行指令时，将会采用严格的数据类型兼容性标准。

（1）设置对项目中所有新的块进行 IEC 检查

执行"选项"菜单中的"设置"命令，选中出现的"设置"编辑器左边窗口的"PLC 编程"中的"常规"组（见图 2-28），用复选框选中右边窗口"新块的默认设置"区中的"代码块的 IEC 检查"，新生成的块默认的设置将使用 IEC 检查。

（2）设置单独的块进行 IEC 检查

如果没有设置对项目中所有的新块进行 IEC 检查，可以设置对单独的块进行 IEC 检查。右键单击项目树中的某个代码块，执行快捷菜单中的"属性"命令，选中打开的对话框左边窗口的"属性"（见图3-39），用右边窗口中的"IEC 检查"复选框激活或取消这个块的 IEC 检查功能。

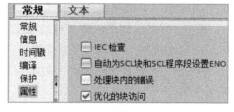

图 3-39　设置块的属性

3. 转换值指令

"转换值"指令 CONVERT（CONV）的参数 IN、OUT 可以设置为十多种数据类型，IN 还可以是常数。

EN 输入端有能流流入时，CONV 指令读取参数 IN 的内容，并根据指令框中选择的数据类型对其进行转换，转换值存储在输出 OUT 指定的地址中。转换前后的数据类型可以是位字符串、整数、浮点数、CHAR、WCHAR 和 BCD 码等。

图 3-40 中 I0.3 的常开触点接通时，执行 CONV 指令，将 MD42 中的 32 位 BCD 码转换为双整数后送 MD46。如果执行时没有出错，有能流从 CONV 指令的 ENO 端流出。

图 3-40　数据转换指令

4. 浮点数转换为双整数的指令

浮点数转换为双整数有 4 条指令，"取整"指令 ROUND 用得最多（见图 3-40），它将浮点数转换为四舍五入的双整数。"截尾取整"指令 TRUNC 仅保留浮点数的整数部分，去掉其小数部分。

"浮点数向上取整"指令 CEIL 将浮点数转换为大于或等于它的最小双整数，"浮点数向下取整"指令 FLOOR 将浮点数转换为小于或等于它的最大双整数。这两条指令极少使用。

因为浮点数的数值范围远远大于 32 位整数，有的浮点数不能成功地转换为 32 位整数。如果被转换的浮点数超出了 32 位整数的表示范围，得不到有效的结果，ENO 为 0 状态。

5. 标准化指令

图 3-41 中的"标准化"指令 NORM_X 的整数输入值 VALUE（MIN≤VALUE≤MAX）被线性转换（标准化，或称归一化）为 0.0~1.0 之间的浮点数，转换结果用 OUT 指定的地址保存。

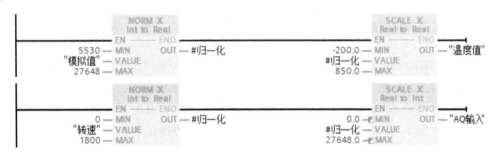

图 3-41　NORM_X 指令与 SCALE_X 指令

NORM_X 的输出 OUT 的数据类型可选 Real 或 LReal，单击方框内指令名称下面的问号，用下拉式列表设置输入 VALUE 和输出 OUT 的数据类型。输入、输出之间的线性关系如下式所示（见图 3-42）：

$$OUT = (VALUE-MIN)/(MAX-MIN)$$

6. 缩放指令

图 3-41 中的"缩放"（或称"标定"）指令 SCALE_X 的浮点数输入值 VALUE（0.0≤VALUE≤1.0）被线性转换（映射）为参数 MIN（下限）和 MAX（上限）定义的范围之间的数值。转换结果用 OUT 指定的地址保存。

单击方框内指令名称下面的问号，用下拉式列表设置变量的数据类型。参数 MIN、MAX 和 OUT 的数据类型应相同，VALUE、MIN 和 MAX 可以是常数。输入、输出之间的线性关系如下式所示（见图 3-43）：

$$OUT = VALUE×(MAX-MIN)+MIN$$

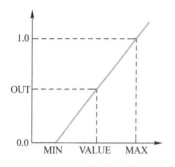

图 3-42　NORM_X 指令的线性关系

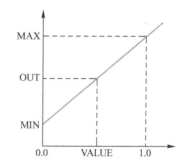

图 3-43　SCALE_X 指令的线性关系

满足下列条件之一时 ENO 为 0 状态：EN 输入为 0 状态；MIN 的值大于等于 MAX 的值；实数值超出 IEEE 754 标准规定的范围；有溢出；输入 VALUE 为 NaN（无效的算术运算结果）。

【例 3-5】　某温度变送器的量程为-200～850℃，输出信号为 4～20mA，符号地址为"模拟值"的 IW96 将 0～20mA 的电流信号转换为数字 0～27648，求以℃为单位的浮点数温度值。

解：4mA 对应的模拟值为 5530，IW96 将-200～850℃的温度转换为模拟值 5530～27648，用"标准化"指令 NORM_X 将 5530～27648 的模拟值归一化为 0.0～1.0 之间的浮点数（见图 3-41 上半部分的图），然后用"缩放"指令 SCALE_X 将归一化后的数字转换为-200～850℃的浮点数温度值，用变量"温度值"（MD74）保存。

【例 3-6】　地址为 QW96 的整型变量"AQ 输入"转换后的 DC 0～10V 电压作为变频器的模拟量给定输入值，通过变频器内部参数的设置，0～10V 的电压对应的转速为 0～1800r/min。求以 r/min 为单位的整型变量"转速"（MW80）对应的 AQ 模块的输入值"AQ 输入"。

解：程序见图 3-41 下半部分的图，应去掉 OB1 属性中的"IEC 检查"复选框中的勾，否则不能将 SCALE_X 指令输出参数 OUT 的数据类型设置为 Int。

"标准化"指令 NORM_X 将 0～1800 的转速值归一化为 0.0～1.0 之间的浮点数，然后用"缩放"指令 SCALE_X 将归一化后的数字转换为 0～27648 的整数值，用变量"AQ 输入"（QW96）保存。

7."缩放"指令 SCALE

"缩放"指令 SCALE 和"取消缩放"指令 UNSCALE 在指令列表的文件夹"\转换操作\原有"中，它们对应于 STEP 7 V5.x 的 TI-S7 库中的 FC105 和 FC106，只能用于 S7-1500。SCALE 指令将来自 AI 模块的整数输入参数 IN 转换为以工程单位表示的实数值 OUT。

Bool 输入参数 BIPOLAR 为 1 时为双极性，AI 模块输出值的下限 K1 为-27648.0，上限 K2 为 27648.0。BIPOLAR 为 0 时为单极性，AI 模块输出值的下限 K1 为 0.0，上限 K2 为 27648.0。HI_LIM 和 LO_LIM 分别是以工程单位表示的实数上、下限值。计算公式为

$$OUT = \frac{(IN-K1)(HI\_LIM-LO\_LIM)}{K2-K1} + LO\_LIM \tag{3-3}$$

输入值 IN 超出上限 K2 或小于下限 K1 时，输出值将被钳位为 HI_LIM 或 LO_LIM。

【例 3-7】　某压力变送器的量程为-20kPa～100kPa，输出的 4～20mA 电流被 AI 模块转换为数字 0～27648，试求名为"AI 通道 1"的 IW4 输出的整数值对应的以 kPa 为单位的浮点

数 "压力值"。

解：压力值-20kPa～100kPa 对应于数字量 0～27648，图 3-44 的左边是使用 SCALE 指令实现上述要求的程序（见配套资源中的例程 "数据处理指令应用"）。

图 3-44 SCALE 与 UNSCALE 指令

仿真时令 "AI 通道 1"（IW4）为 10000，OUT 的值为 23.40kPa，与用计算器根据式（3-3）计算出来的值相同。IW4 的值超过上限 27648 时，OUT 的值被钳位为 HI_LIM（100.0kPa）。

8. "取消缩放" 指令 UNSCALE

UNSCALE 指令将以工程单位表示的实数输入值 IN 转换为整数输出值 OUT，送给 AQ 模块。转换公式为

$$OUT = \frac{(IN - LO\_LIM)(K2 - K1)}{HI\_LIM - LO\_LIM} + K1 \tag{3-4}$$

输入参数 BIPOLAR 分别为 1 和 0 时，AQ 模块输入值的下限 K1 和上限 K2 的值与指令 SCALE 的相同。III_LIM 和 LO_LIM 分别是以工程单位表示的实数上限值和下限值。

输入值 IN 超出上限 HI_LIM 或小于下限 LO_LIM 时，输出值将被钳位为 K2 或 K1。

【例 3-8】 S7-1500 的 AQ 模块输出的 DC 0～10V 电压作为某变频器的模拟量输入值，通过变频器内部参数的设置，0～10V 的电压对应的转速为 0～1800r/min。试求以 r/min 为单位的浮点数变量 "转速值" 对应的 "AQ 通道 1"（QW4）的输入值。

解：图 3-44 的右边是用 UNSCALE 指令实现上述要求的程序。IN 的值为 1000.0r/min 时，OUT 的值为 15360，与根据式（3-4）用计算器计算出来的值相同。

3.3.4 移动操作指令

1. 移动值指令

"移动值" 指令 MOVE（见图 3-45）用于将 IN 输入端的源数据传送给 OUT1 输出的目的地址，并且转换为 OUT1 允许的数据类型（与是否进行 IEC 检查有关），源数据保持不变。IN 和 OUT1 的数据类型可以是位字符串、整数、浮点数、定时器、日期时间、CHAR、WCHAR、STRUCT、ARRAY、IEC 定时器/计数器数据类型、PLC 数据类型等，IN 还可以是常数。

图 3-45 MOVE 与 SWAP 指令

可用于 S7-1200 CPU 或 S7-1500 CPU 的不同数据类型之间的数据传送见 MOVE 指令的在线帮助。如果输入 IN 数据类型的位长度超出输出 OUT1 数据类型的位长度，源值的高位会丢失。如果输入 IN 数据类型的位长度小于输出 OUT1 数据类型的位长度，则目标值的高位被改写为 0。

MOVE 指令允许有多个输出，单击 "OUT1" 前面的，将会增加一个名为 OUT2 的输出，

以后增加的输出的编号按顺序排列。右键单击某个输出端的短线，执行快捷菜单中的"删除"命令，将会删除该输出参数。删除后自动调整剩下的输出的编号。

2. 交换指令

IN 和 OUT 为数据类型 Word 时，"交换"指令 SWAP 交换输入 IN 的高、低字节后，保存到 OUT 指定的地址。IN 和 OUT 为数据类型 Dword 时，交换 4 个字节中数据的顺序，交换后保存到 OUT 指定的地址（见图 3-45）。

3. 填充块指令

打开配套资源中的例程"数据处理指令应用"，其中的"数据块_1"（DB3）中的数组 Source 和"数据块_2"（DB4）中的数组 Distin 分别有 40 个 Int 元素。

"填充块"指令 FILL_BLK 将输入参数 IN 设置的值填充到输出参数 OUT 指定起始地址的目标数据区（见图 3-46），COUNT 为填充的数组元素的个数，源区域和目标区域的数据类型应相同。"Tag_13"（I0.4）的常开触点接通时，常数 3527 被填充到 DB3（数据块_1）的 DBW0 开始的 20 个字中。Source 是 DB3 中元素的数据类型为 Int 的数组。

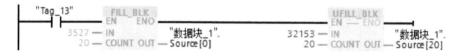

图 3-46　填充块指令与不可中断的存储区填充指令

"不可中断的存储区填充"指令 UFILL_BLK 与 FILL_BLK 指令的功能相同，其区别在于前者的填充操作不会被其他操作系统的任务打断。

4. 块移动指令

图 3-47 中的"块移动"指令 MOVE_BLK 用于将源存储区的数据移动到目标存储区。IN 和 OUT 是待复制的源区域和目标区域中的首个元素（并不要求是数组的第一个元素）。

图 3-47 中 I0.3（"Tag_12"）的常开触点接通时，MOVE_BLK 指令将数据块_1 中的数组 Source 的 0 号元素开始的 20 个 Int 元素的值，复制给数据块_2 的数组 Distin 的 0 号元素开始的 20 个元素。COUNT 为要传送的数组元素的个数，复制操作按地址增大的方向进行。源区域和目标区域的数据类型应相同。

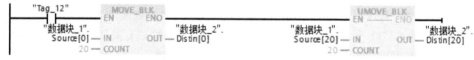

图 3-47　块移动指令与不可中断的存储区移动指令

"不可中断的存储区移动"指令 UMOVE_BLK（见图 3-47）与 MOVE_BLK 指令的功能基本上相同，其区别在于前者的复制操作不会被操作系统的其他任务打断。执行该指令时，CPU 的报警响应时间将会增大。

"移动块"指令 MOVE_BLK_VARIANT 将一个存储区（源区域）的数据移动到另一个存储区（目标区域）。可以将一个完整的数组或数组的元素复制到另一个相同数据类型的数组中。源数组和目标数组的大小（元素个数）可能会不同。可以复制一个数组内的多个或单个元素。

5. 块填充与块传送指令的实验

打开配套资源中的例程"数据处理指令应用"，其中的"数据块_1"（DB3）中的数组

Source 和 "数据块_2"（DB4）中的数组 Distin 分别有 40 个 Int 元素。

将程序下载到 CPU，切换到 RUN 模式后，双击打开项目树中的 DB4。单击工具栏上的 按钮，启动扩展模式，显示各数组元素。单击 按钮，启动监视，"监视值" 列是 CPU 中的变量值。

因为没有设置保持性（Retain）功能，此时 DB3 和 DB4 的各数组元素的初始值均为 0。

接通 I0.4（"Tag_13"）的常开触点，FILL_BLK 与 UFILL_BLK 指令被执行，DB3 中的数组元素 Source[0]～Source[19]被填充数据 3527，Source[20]～Source[39]被填充数据 32153。

接通 I0.3（"Tag_12"）的常开触点，MOVE_BLK 与 UMOVE_BLK 指令被执行，DB3 中的数组 Source 的 40 个元素被传送给 DB4 中的数组 Distin 的 40 个元素。图 3-48 是传送给 DB4 的部分数据。

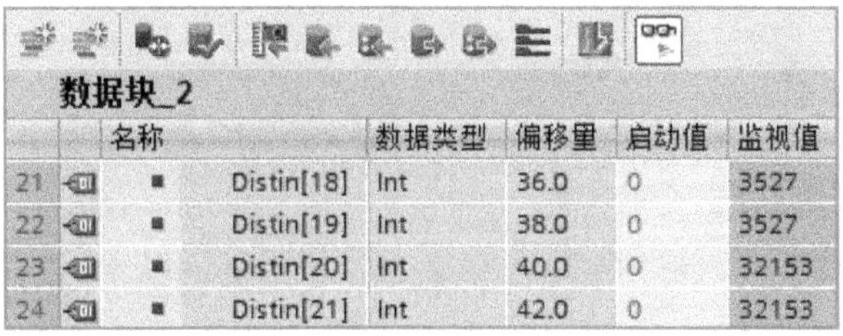

	名称		数据类型	偏移量	启动值	监视值
21		Distin[18]	Int	36.0	0	3527
22		Distin[19]	Int	38.0	0	3527
23		Distin[20]	Int	40.0	0	32153
24		Distin[21]	Int	42.0	0	32153

图 3-48　DB4 中的部分变量

6．Array 数据块指令

Array 数据块是仅有一个数组数据类型的数据块。数组的元素可以是 PLC 数据类型或其他任何基本数据类型。数组通常从下限 "0" 开始计数。

指令列表的文件夹 "\移动操作\数组 DB" 中的指令只能用于 S7-1500。ReadFromArrayDB 指令用于从 Array 数据块中读取数据并写入目标区域。WriteToArrayDB 指令用于将数据写入 Array 数据块。ReadFromArrayDBL 指令用于从装载存储器的 Array 数据块中读取数据。WriteToArrayDBL 指令用于将数据写入到装载存储器的 Array 数据块。

7．Variant 指令

指令列表的文件夹 "\移动操作\变量" 中的 VariantGet 指令用于读取数据类型为 Variant 的参数 SRC 指向的变量值，并将其写入参数 DST 指定的地址。VariantPut 指令用于将 SRC 参数指定的变量值写入数据类型为 Variant 的参数 DST 指向的存储区中。CountOfElements 指令用于查询数据类型为 Variant 的参数 IN 指向的变量包含的 Array 元素的个数。

指令列表的文件夹 "\移动操作\原有" 中的指令 FieldRead（读取域）和 FieldWrite（写入域）将在 4.2.2 节介绍。S7-1500 还有 BLKMOV（块移动）、UBLKMOV（不可中断的块移动）和 FILL（填充块）指令。

3.3.5　移位指令与循环移位指令

1．移位指令

"右移" 指令 SHR 和 "左移" 指令 SHL 将输入参数 IN 指定的存储单元的整个内容逐位右移或左移 N 位，移位的结果保存到输出参数 OUT 指定的地址中。

无符号数移位和有符号数左移后空出来的位用 0 填充。有符号整数右移后空出来的位用符号位（原来的最高位）填充，正数的符号位为 0，负数的符号位为 1。

移位位数 N 为 0 时不会移位，但是 IN 指定的输入值被复制给 OUT 指定的地址。

如果参数 N 的值大于操作数的位数，则输入 IN 中所有原始位值将被移出，OUT 为 0。

将指令列表中的移位指令拖放到梯形图后，单击方框内指令名称下面的问号，用下拉式列表设置变量的数据类型。

如果移位后的数据要送回原地址，应将图 3-49 中 I0.5 的常开触点改为 I0.5 的扫描操作数的信号上升沿指令（P 触点），否则在 I0.5 为 1 状态的每个扫描周期都要移位一次。

右移 n 位相当于除以 2^n，将十进制数-200 对应的二进制数 2#1111 1111 0011 1000 右移 2 位（见图 3-49 和图 3-50），相当于除以 4，右移后的数为-50。

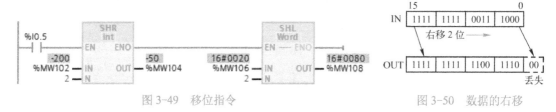

图 3-49 移位指令 　　　　　　　　　　　　　　图 3-50 数据的右移

左移 n 位相当于乘以 2^n，将 16#20 左移 2 位，相当于乘以 4，左移后得到的十六进制数为 16#80（见图 3-49）。

2. 循环移位指令

"循环右移"指令 ROR 和"循环左移"指令 ROL 将输入参数 IN 指定的存储单元的整个内容逐位循环右移或循环左移若干位，即移出来的位又送回存储单元另一端空出来的位，原始的位不会丢失。N 为移位的位数，移位的结果保存在输出参数 OUT 指定的地址。N 为 0 时不会移位，但是 IN 指定的输入值复制给 OUT 指定的地址。如果参数 N 的值大于操作数的位数，输入 IN 中的操作数值仍将循环移动指定的位数。

3. 使用循环移位指令的彩灯控制器

在图 3-51 的 8 位循环移位彩灯控制程序中，QB0 是否移位用 I0.6 来控制，移位的方向用 I0.7 来控制。为了获得移位用的时钟脉冲和首次扫描脉冲，在组态 CPU 的属性时，设置系统存储器字节和时钟存储器字节的地址分别为默认的 MB1 和 MB0（见图 1-28），时钟存储器位 M0.5 的频率为 1Hz。PLC 首次扫描时 M1.0 的常开触点接通，MOVE 指令给 QB0（Q0.0～Q0.7）置初始值 7，其低 3 位被置为 1。

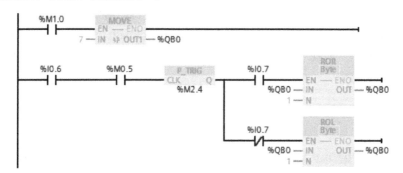

图 3-51 使用循环移位指令的彩灯控制器

输入、下载和运行彩灯控制程序，通过观察 CPU 模块上与 Q0.0～Q0.7 对应的 LED（发光二极管），观察彩灯的运行效果。

I0.6 为 1 状态时，在时钟存储器位 M0.5 的上升沿，指令 P_TRIG 输出一个扫描周期的脉冲。如果此时 I0.7 为 1 状态，执行一次 ROR 指令，QB0 的值循环右移 1 位。如果 I0.7 为 0 状态，执行一次 ROL 指令，QB0 的值循环左移 1 位。表 3-3 是 QB0 循环移位前后的数据。因为 QB0 循环移位后的值又送回 QB0，循环移位指令的前面必须使用 P_TRIG 指令，否则每个扫描循环周期都要执行一次循环移位指令，而不是每秒钟移位一次。

视频"数据处理指令应用（B）"可通过扫描二维码 3-7 播放。

二维码 3-7

表 3-3　QB0 循环移位前后的数据

内　　容	循 环 左 移	循 环 右 移
移位前	0000 0111	0000 0111
第 1 次移位后	0000 1110	1000 0011
第 2 次移位后	0001 1100	1100 0001
第 3 次移位后	0011 1000	1110 0000

3.4　数学运算指令

本节的程序在配套资源中的项目"数学运算指令应用"的 OB1 中。

3.4.1　数学函数指令

1. 四则运算指令

数学函数指令中的 ADD、SUB、MUL 和 DIV 分别是加、减、乘、除指令，它们执行的操作见表 3-4。操作数的数据类型可选各种整数和浮点数，S7-1500 还可以选 64 位的数据类型。IN1 和 IN2 可以是常数，IN1、IN2 和 OUT 的数据类型应相同。

整数除法指令将得到的商截尾取整后，作为整数格式的输出 OUT。

ADD 和 MUL 指令允许有多个输入，单击方框中参数 IN2 后面的 ✳，将会增加输入 IN3，以后增加的输入的编号依次递增。

【例 3-9】　压力变送器的量程为 0～10MPa，输出信号为 0～10V，被 S7-1200 CPU 集成的模拟量输入的通道 0（地址为 IW64）转换为 0～27648 的数字。假设转换后的数字为 N，试求以 kPa 为单位的压力值。

解：0～10Mpa(0～10000kPa)对应于转换后的数字 0～27648，转换公式为

$$P = (10000 \times N) / 27648 \quad (\text{kPa}) \tag{3-1}$$

值得注意的是，在运算时一定要先乘后除，否则将会损失原始数据的精度。

公式中乘法运算的结果可能会大于一个字能表示的最大值，因此应使用数据类型为双整数的乘法和除法（见图 3-52）。为此首先使用 CONV 指令，将 IW2 转换为双整数（DInt）。

图 3-52　使用整数运算指令的压力计算程序

115

将指令列表中的 MUL 和 DIV 指令拖放到梯形图中后，单击指令方框内指令名称下面的问号，再单击出现的 ▼ 按钮，用下拉式列表框设置操作数的数据类型为双整数 DInt。在 OB1 的块接口区定义数据类型为 DInt 的临时局部变量 Temp1，用来保存运算的中间结果。

表 3-4　数学函数指令

指令	描　述	指令	描　述
CALCULATE	计算	SQR	计算平方，$IN^2 = OUT$
ADD	加，IN1 + IN2 = OUT	SQRT	计算平方根，$\sqrt{IN} = OUT$
SUB	减，IN1 − IN2 = OUT	LN	计算自然对数，LN(IN) = OUT
MUL	乘，IN1 * IN2 = OUT	EXP	计算指数值，$e^{IN} = OUT$
DIV	除，IN1 / IN2 = OUT	SIN	计算正弦值，sin(IN) = OUT
MOD	返回除法的余数	COS	计算余弦值，cos(IN) = OUT
NEG	将输入值的符号取反	TAN	计算正切值，tan(IN) = OUT
INC	将参数 IN/OUT 的值加 1	ASIN	计算反正弦值，arcsin(IN) = OUT
DEC	将参数 IN/OUT 的值减 1	ACOS	计算反余弦值，arccos(IN) = OUT
ABS	计算绝对值	ATAN	计算反正切值，arctan(IN) = OUT
MIN	获取最小值	EXPT	取幂，$IN1^{IN2} = OUT$
MAX	获取最大值	FRAC	返回小数
LIMIT	设置限值		

双整数除法指令 DIV 的运算结果为双整数，但是由式（3-1）可知运算结果实际上不会超过 16 位正整数的最大值 32767，所以双字 MD10 的高位字 MW10 为 0，运算结果的有效部分在 MD10 的低位字 MW12 中。

【例 3-10】使用浮点数运算计算上例以 kPa 为单位的压力值。将式（3-1）改写为式（3-2）：
$$P = (10000 \times N) / 27648 = 0.361690 \times N \quad (kPa) \tag{3-2}$$

在 OB1 的块接口区定义数据类型为 Real 的局部变量 Temp2，用来保存运算的中间结果。

解：首先用 CONV 指令将 IW64 中的变量的数据类型转换为实数（Real）。再用实数乘法指令完成式（3-2）的运算（见图 3-53）。最后使用四舍五入的 ROUND 指令，将运算结果转换为整数。

图 3-53　使用浮点数运算指令的压力计算程序

2. CALCULATE 指令

可以使用"计算"指令 CALCULATE 定义和执行数学表达式，根据所选的数据类型计算复杂的数学运算或逻辑运算。

单击图 3-54 指令框中 CALCULATE 下面的"???"，用出现的下拉式列表选择该指令所有操作数的数据类型为 Real。根据所选的数据类型，可以用某些指令组合的函数来执行复杂的计算。单击指令框右上角的 ▦ 图标，或双击指令框中间的数学表达式方框，打开图 3-54 下半部分的对话框。对话框给出了所选数据类型可以使用的指令，在该对话框中输入待计算的表达式，表达式可以包含输入参数的名称（INn）和运算符，不能指定方框外的地址和常数。

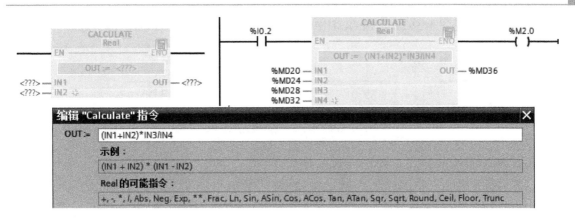

图 3-54　CALCULATE 指令应用实例

在初始状态下，指令框只有两个输入 IN1 和 IN2。单击方框左下角的 ✳ 符号，可以增加输入参数的个数。功能框按升序对插入的输入编号，表达式可以不使用所有已定义的输入。

运行时使用方框外输入的值执行指定的表达式的运算，运算结果传送到 MD36 中。

3. 浮点数函数运算指令

浮点数（实数）数学运算指令（见表 3-4）的操作数 IN 和 OUT 的数据类型为 Real。

"计算指数值" 指令 EXP 和 "计算自然对数" 指令 LN 中的指数和对数的底数 e 为 2.718282。

"计算平方根" 指令 SQRT 和 LN 指令的输入值如果小于 0，输出 OUT 为无效的浮点数。

三角函数指令和反三角函数指令中的角度均为以弧度为单位的浮点数。如果输入值是以度为单位的浮点数，使用三角函数指令之前应先将角度值乘以 $\pi/180.0$，转换为弧度值。

"计算反正弦值" 指令 ASIN 和 "计算反余弦值" 指令 ACOS 的输入值的允许范围为 $-1.0\sim1.0$，ASIN 和 "计算反正切值" 指令 ATAN 的运算结果的取值范围为 $-\pi/2\sim+\pi/2$ 弧度，ACOS 的运算结果的取值范围为 $0\sim\pi$ 弧度。

求以 10 为底的对数时，需要将自然对数值除以 2.302585（10 的自然对数值）。例如 lg100 = ln100/2.302585 = 4.605170/2.302585 = 2。

【例 3-11】　测量远处物体的高度时，已知被测物体到测量点的距离 L 和以度为单位的夹角 θ，求被测物体的高度 H，$H = L\tan\theta$，角度的单位为度。

解：假设以度为单位的实数角度值在 MD40 中，将它乘以 $\pi/180$ = 0.0174533，得到角度的弧度值（见图 3-55），运算的中间结果用实数临时局部变量 Temp2 保存。MD44 中是 L 的实数值，运算结果在 MD48 中。

图 3-55　浮点数函数运算指令的应用

4. 其他数学函数指令

（1）MOD 指令

除法指令只能得到商，余数被丢掉。可以用 "返回除法的余数" 指令 MOD 来求各种整数除法的余数（见图 3-56）。输出 OUT 中的运算结果为除法运算 IN1 / IN2 的余数。

图 3-56 MOD 指令和 INC 指令

（2）NEG 指令

"求二进制补码"（取反）指令 NEG（negation）将输入 IN 的值的符号取反后，保存在输出 OUT 中。IN 和 OUT 的数据类型可以是 SInt、Int、DInt 和 Real，S7-1500 还可以使用 Lint 和 LReal。输入 IN 还可以是常数。

（3）INC 与 DEC 指令

执行"递增"指令 INC 与"递减"指令 DEC 时，参数 IN/OUT 的值分别被加 1 和减 1。IN/OUT 的数据类型为各种有符号或无符号的整数。

如果图 3-56 中的 INC 指令用来计 I0.4 动作的次数，应在 INC 指令之前添加用来检测能流上升沿的 P_TRIG 指令，或将 I0.4 的常开触点改为带 P 的触点。否则在 I0.4 为 1 状态的每个扫描周期，MW64 都要加 1。

（4）ABS 指令

"计算绝对值"指令 ABS 用来求输入 IN 中的有符号整数（SInt、Int、DInt）或实数（Real）的绝对值，将结果保存在输出 OUT 中。S7-1500 还可以使用 LInt 和 LReal。IN 和 OUT 的数据类型应相同。

（5）MIN 与 MAX 指令

"获取最小值"指令 MIN 比较输入 IN1 和 IN2 的值（见图 3-57），将其中较小的值送给输出 OUT。"获取最大值"指令 MAX 比较输入 IN1 和 IN2 的值，将其中较大的值送给输出 OUT。输入参数和 OUT 的数据类型为各种整数和浮点数，可以增加输入的个数。

（6）LIMIT 指令

"设置限值"指令 LIMIT（见图 3-57）将输入 IN 的值限制在输入 MIN 与 MAX 的值范围之间。如果 IN 的值没有超出该范围，将它直接保存在 OUT 指定的地址中。如果 IN 的值小于 MIN 的值或大于 MAX 的值，将 MIN 或 MAX 的值送给输出 OUT。

图 3-57 MIN 指令和 LIMIT 指令

（7）返回小数指令与取幂指令

"返回小数"指令 FRAC 将输入 IN 的小数部分传送到输出 OUT。"取幂"指令 EXPT 计算以输入 IN1 的值为底，以输入 IN2 为指数的幂（OUT = $IN1^{IN2}$），计算结果在 OUT 中。

3.4.2　字逻辑运算指令

1. 字逻辑运算指令

字逻辑运算指令对两个输入 IN1 和 IN2 逐位进行逻辑运算,运算结果在输出 OUT 指定的地址中（见图 3-58）。

图 3-58　字逻辑运算指令

"'与'运算"（AND）指令的两个操作数的同一位如果均为 1,运算结果的对应位为 1,否则为 0（见表 3-5）。"'或'运算"（OR）指令的两个操作数的同一位如果均为 0,运算结果的对应位为 0,否则为 1。"'异或'运算"（XOR）指令的两个操作数的同一位如果不相同,运算结果的对应位为 1,否则为 0。以上指令的操作数 IN1、IN2 和 OUT 的数据类型为位字符串 Byte、Word 和 DWord, S7-1500 还可以选 LWord。

允许有多个输入,单击方框中的 ♣,将会增加输入的个数。

"求反码"指令 INVERT（见图 3-59 中的 INV 指令）将输入 IN 中的二进制整数逐位取反,即各位的二进制数由 0 变 1,由 1 变 0,运算结果存放在输出 OUT 指定的地址。

表 3-5　字逻辑运算举例

参　数	数　值
IN1	0101 1001
IN2 或 INV 指令的 IN	1101 0100
AND 指令的 OUT	0101 0000
OR 指令的 OUT	1101 1101
XOR 指令的 OUT	1000 1101
INV 指令的 OUT	0010 1011

2. 解码与编码指令

如果输入参数 IN 的值为 n,"解码"（即译码）指令 DECO（Decode）将输出参数 OUT 的第 n 位置位为 1,其余各位置 0,相当于数字电路中译码电路的功能。利用解码指令,可以用输入 IN 的值来控制 OUT 中指定位的状态。如果输入 IN 的值大于 31,将 IN 的值除以 32 以后,用余数来进行解码操作。IN 的数据类型为 UInt, OUT 的数据类型为位字符串。

图 3-59 中 DECO 指令的参数 IN 的值为 5, OUT 为 2#0010 0000（16#20）,仅第 5 位为 1。

"编码"指令 ENCO（Encode）与"解码"指令相反,将 IN 中为 1 的最低位的位数送给输出参数 OUT 指定的地址, IN 的数据类型为位字符串, OUT 的数据类型为 Int。如果 IN 为 2#00101000（即 16#28,见图 3-59）, OUT 指定的 MW98 中的编码结果为 3。如果 IN 为 1 或 0, MW98 的值为 0。如果 IN 为 0, ENO 为 0 状态。

视频"数学运算指令应用"可通过扫描二维码 3-8 播放。

二维码 3-8

图 3-59　字逻辑运算指令

3. SEL 与 MUX、DEMUX 指令

"选择"指令 SEL（Select）的 Bool 输入参数 G 为 0 时选中 IN0（见图 3-60）, G 为 1 时选中 IN1,选中的数值被保存到输出参数 OUT 指定的地址。

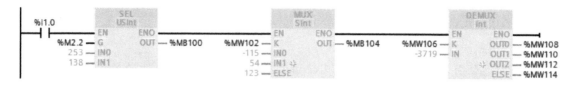

图 3-60   字逻辑运算指令

"多路复用"指令 MUX（Multiplex）根据输入参数 K 的值，选中某个输入数据，并将它传送到输出参数 OUT 指定的地址。K = m 时，将选中输入参数 INm。如果参数 K 的值大于可用的输入个数，则参数 ELSE 的值将复制到输出 OUT 中，并且 ENO 被指定为 0 状态。

单击方框内的 ❄ 符号，可以增加输入参数 INn 的个数。参数 K 的数据类型为整数，INn、ELSE 和 OUT 的数据类型应相同，它们可以取多种数据类型。

"多路分用"指令 DEMUX 根据输入参数 K 的值，将输入 IN 的内容复制到选定的输出，其他输出则保持不变。K = m 时，将复制到输出 OUTm。如果参数 K 的值大于可用的输出个数，参数 ELSE 输出 IN 的值，并且 ENO 为 0 状态。

单击方框中的 ❄ 符号，可以增加输出参数 OUTn 的个数。参数 K 的数据类型为整数，IN、ELSE 和 OUTn 的数据类型应相同，它们可以取多种数据类型。

3.5   程序控制操作指令与"原有"指令

本节的程序在配套资源中的项目"程序控制与日期时间指令应用"中。

1. 跳转指令与标签指令

没有执行跳转指令时，各个程序段按从上到下的顺序执行。跳转指令中止程序的顺序执行，跳转到指令中的跳转标签指定的目的地址。跳转时不执行跳转指令与跳转标签（LABEL）之间的程序，跳转到目的地址后，程序继续顺序执行。可以向前或向后跳转，可以在同一个代码块中从多个位置跳转到同一标签。

只能在同一个代码块内跳转，不能从一个代码块跳转到另一个代码块。在一个块内，跳转标签的名称只能使用一次。一个程序段中只能设置一个跳转标签。

如果图 3-61 中 M2.0 的常开触点闭合，跳转条件满足。"若 RLO = '1' 则跳转"指令的 JMP（Jump）线圈通电（跳转线圈为绿色），跳转被执行，将跳转到指令给出的跳转标签 W1234 处，从跳转标签之后的第一条指令继续执行。被跳过的程序段的指令没有被执行，这些程序段的梯形图用浅色的细线表示。标签在程序段的开始处，标签的第一个字符必须是字母，其余的可以是字母、数字和下画线。如果跳转条件不满足，将继续执行跳转指令之后的程序。

"若 RLO = '0' 则跳转"指令 JMPN 的线圈断电时，将跳转到指令给出的跳转标签处，从跳转标签之后的第一条指令继续执行。反之则不跳转。

2. 跳转分支指令与定义跳转列表指令

"跳转分支"指令 SWITCH（见图 3-62）根据一个或多个比较指令的结果，定义要执行的多个程序跳转。用参数 K 指定要比较的值，将该值与各个输入提供的值进行比较。可以为每个输入选择比较符号。

M2.4 的常开触点接通时，如果 K 的值等于 235 或大于 74，将分别跳转到跳转标签 LOOP0

和 LOOP1 指定的程序段。如果不满足上述条件，将执行输出 ELSE 处的跳转。如果输出 ELSE 未指定跳转标签，从下一个程序段继续执行程序。

单击 SWITCH 和 JMP_LIST 方框中的 ✳ 符号，可以增加输出 DESTn 的个数。SWITCH 指令每增加一个输出都会自动插入一个输入。

使用"定义跳转列表"指令 JMP_LIST，可以定义多个有条件跳转，用参数 K 指定输出 DESTn 的编号 n（从 0 开始），由此定义要执行的跳转。可以增加输出的个数。图 3-62 中 M2.5 的常开触点接通时，如果 K 的值为 1，将跳转到标签 LOOP1 指定的程序段。如果 K 值大于可用的输出编号，则继续执行块中下一个程序段的程序。

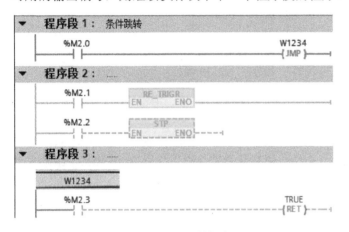

图 3-61　跳转指令　　　　　　　　　　　　图 3-62　多分支跳转指令

3. RE_TRIGR 指令

监控定时器又称为看门狗（Watchdog），每次循环它都被自动复位一次，正常工作时最大循环时间小于监控定时器的时间设定值，它不会起作用。

如果循环时间大于监控定时器的设定时间，监控定时器将会起作用。可以在所有的块中调用"重置周期监视时间"（Restart cycle monitoring time）指令 RE_TRIGR（见图 3-61），来重新启动 CPU 的循环时间监控。PLC 扫描时间最长只能延长到组态的最大循环时间的 10 倍。

在组态 CPU 时，可以用参数"循环周期监视时间"设置允许的最大循环时间，默认值为 150ms。

4. STP 指令与返回指令 RET

有能流流入"退出程序"指令 STP（见图 3-61）的 EN 输入端时，PLC 进入 STOP 模式。

"返回"指令 RET（见图 3-61）用来有条件地结束块，它的线圈通电时，停止执行当前的块，不再执行该指令后面的指令，返回调用它的块。RET 指令的线圈断电时，继续执行它下面的指令。一般情况并不需要在块结束时使用 RET 指令来结束块，操作系统将会自动地完成这一任务。

RET 线圈上面的参数是返回值，数据类型为 Bool。如果当前的块是 OB，返回值被忽略。如果当前的块是 FC 或 FB，返回值作为 FC 或 FB 的 ENO 的值传送给调用它的块。返回值可以是 TRUE、FALSE 或指定的位地址。

5. GET_ERROR 与 GET_ERR_ID 指令

"获取本地错误信息" 指令 GET_ERROR（见图 3-63）用输出参数 ERROR（错误）显示程序块内发生的错误，该错误通常为访问错误。#ERROR1 是在 OB1 的接口区定义的系统数据类型为 ErrorStruct（错误结构）的临时局部变量。该数据类型的详细结构见该指令的在线帮助。符号 "#" 表示该变量为局部变量。

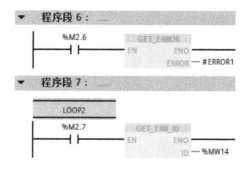

图 3-63　读取错误信息的指令

如果块内存在多处错误，更正了第一个错误后，该指令输出下一个错误的错误信息。

"获取本地错误 ID" 指令 GET_ERR_ID 用来报告错误的 ID（标识符）。如果块执行时出现错误，且指令的 EN 输入为 1 状态，出现的第一个错误的标识符保存在指令的输出参数 "ID" 中，ID 的数据类型为 Word。第一个错误消失时，指令输出下一个错误的 ID。ID 代码的意义见该指令的在线帮助。

此外程序控制指令还有 "限制和启用密码合法性" 指令 ENDIS_PW、"测量程序运行时间" 指令 RUNTIME，以及 S7-1500 专用的 "初始化所有保持性数据" 指令 INIT_RD、"组态延时时间" 指令 WEIT。

6. S7-1500 的 "原有" 指令

"基本指令" 窗格的 "原有" 文件夹中有下列指令："执行顺控程序" 指令 DRUM、"离散控制定时器报警" 指令 DCAT、"电机控制定时器报警" 指令 MCAT、"比较输入位与掩码位" 指令 IMC、"比较扫描矩阵" 指令 SMC、"提前和滞后算法" 指令 LEAD_LAG、"创建 7 段显示的位模式" 指令 SEG、"求十进制补码" 指令 BCDCPL 和 "统计置位位数量" 指令 BITSUM。

3.6　日期和时间指令

本节和 3.7 节的指令属于扩展指令，其他扩展指令将在后面各章节陆续介绍。

在 CPU 断电时，用超级电容保证实时时钟（Time-of-day Clock）的运行。S7-1200 的保持时间通常为 20 天，40℃时最少为 12 天。S7-1500 在 40℃时为 6 星期。打开在线与诊断视图，可以设置实时时钟的时间值（见图 7-3）。也可以用日期和时间指令来读、写实时时钟。

1. 日期时间的数据类型

数据类型 Time 的长度为 4 字节，时间单位为 ms。数据类型 DTL（日期时间）见表 3-6，可以在全局数据块或块的接口区定义 DTL 变量。

表 3-6　数据类型 DTL 的结构组成及其属性

数　据	字节数	取值范围	数　据	字节数	取值范围
年的低两位	2	1970~2554	小时	1	0~23
月	1	1~12	分	1	0~59
日	1	1~31	秒	1	0~59
星期	1	1~7（星期日~星期六）	纳秒	4	0~999 999 999

2. T_CONV 与 T_COMP 指令

扩展指令中的"日期和时间"文件夹中的"转换时间并提取"指令 T_CONV（见图 3-64）用于整数和时间数据类型之间的转换。使用某些实时时钟指令时，需要用指令名称下面的下拉式列表来选择输入、输出参数的数据类型。

S7-1500 的"比较时间变量"指令 T_COMP 用于比较数据类型为 DATE、TIME、LTIME、TOD、LTOD、DT、LDT、DTL 和 S5Time 的两个变量。

3. T_ADD 与 T_SUB 指令

"时间相加"指令 T_ADD 将输入参数 IN1 的值与 IN2 的值相加，"时间相减"指令 T_SUB 将输入参数 IN1 的值减去 IN2 的值，参数 OUT 是用来指定保存运算结果的地址。各参数的数据类型见指令的在线帮助。

图 3-64　时间处理指令

4. T_DIFF 指令和 T_COMBINE 指令

"时间值相减"指令 T_DIFF 将输入参数 IN1 中的时间值减去 IN2 中的时间值，结果在输出参数 OUT 中。"组合时间"指令 T_COMBINE 用于合并日期值和时间值，并将其转换为合并后的日期和时间值。

5. 时钟功能指令

系统时间是格林尼治标准时间，本地时间是根据当地时区设置的本地标准时间。我国的本地时间（北京时间）比系统时间晚 8h。在组态 CPU 的属性时，设置时区为北京，不使用夏令时。

时钟功能指令在指令列表的"扩展指令"窗格的"日期和时间"文件夹中，读取和写入时间指令的输出参数 RET_VAL 是返回的指令的状态信息，数据类型为 Int。

生成全局数据块"数据块_1"，在其中生成数据类型为 DTL 的变量 DT1～DT3。用监控表将新的时间值写入"数据块_1".DT3。"写时间"（M3.2）为 1 状态时，"写入本地时间"指令 WR_LOC_T（见图 3-65）将输入参数 LOCTIME 输入的日期时间作为本地时间写入实时时钟。参数 DST 为 FALSE 表示不使用夏令时。

"读时间"（M3.1）为 1 状态时，"读取时间"指令 RD_SYS_T 和"读取本地时间"指令 RD_LOC_T（见图 3-65）的输出 OUT 分别是数据类型为 DTL 的 PLC 中的系统时间和本地时间。在组态 CPU 的属性时，应设置实时时间的时区为北京，不使用夏令时。图 3-65 给出了同时读出的系统时间 DT1 和本地时间 DT2，本地时间晚 8h。

"设置时区"指令 SET_TIMEZONE 用于设置本地时区和夏令时/标准时间切换的参数。

"运行时间定时器"指令 RTM 用于对 CPU 的 32 位运行小时计数器的设置、启动、停止和读取操作。

视频"程序控制指令与时钟功能指令应用"可通过扫描二维码 3-9 播放。

二维码 3-9

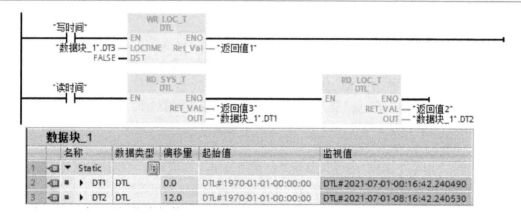

图 3-65　读写时间指令与数据块

6. S7-1500 的时钟功能指令

"同步时钟从站"指令 SNC_RTCB 将某总线段的时钟主站的日期和实时时间传送到该总线段中的所有时钟从站。

"读取系统时间"指令 TIME_TCK 用于读取 CPU 的系统时间，系统时间是一个时间计数器，它从 0 一直计数到 2147483647ms，然后再次从 0 开始计数。系统时间的时间刻度和精度为 1ms。

【例 3-12】　用实时时钟指令通过 Q0.0 控制路灯的定时接通和断开，20:00 开灯，06:00 关灯，图 3-66 是梯形图程序。

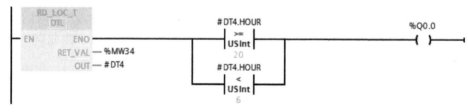

图 3-66　路灯控制电路

首先用 RD_LOC_T 指令读取本地实时时间，保存在数据类型为 DTL 的局部变量 DT4 中，其中的 HOUR 是小时值，其变量名称为 DT4.HOUR。用 Q0.0 来控制路灯，20:00～0:00 时，上面的比较触点接通；0:00～6:00 时，下面的比较触点接通。

3.7　字符串与字符指令

本节的程序在配套资源中的项目"字符串指令应用"的 OB1 中。

3.7.1　字符串转换指令

1. 字符串的结构

String（字符串）数据类型有 2 字节的头部，其后是最多 254 字节的 ASCII 字符代码。字符串的首字节是字符串的最大长度，第 2 个字节是当前长度，即当前实际使用的字符数。字符串占用的字节数为最大长度加 2。本节的指令中字符串的数据类型可以是 String 或 WString。

2．定义字符串

执行字符串指令之前，首先应定义字符串。不能在变量表中定义字符串，只能在代码块的接口区或全局数据块中定义它。

生成符号名为 DB_1 的全局数据块 DB1，取消它的"优化的块访问"属性后，可以用绝对地址访问它。在 DB_1 中定义字符串变量 String1～String3（见图 3-67）。字符串的数据类型 String[18]中的"[18]"表

DB_1			数据类型	偏移量	启动值
1	▼	Static			
2	■	String1	String[18]	0.0	''
3	■	String2	String[18]	20.0	'12345'
4	■	String3	String[18]	40.0	''

图 3-67　数据块中的字符串变量

示其最大长度为 18 个字符，加上两个头部字节共 20 字节。String1 的起始地址（偏移量）为 DBB0，String2 的起始地址为 DBB20。如果字符串的数据类型为 String（没有方括号），每个字符串变量将占用 256 字节。

3．S_CONV 指令

字符串指令属于扩展指令，在"字符串 + 字符"文件夹中。"转换字符串"指令 S_CONV 用于将输入的字符串转换为对应的数值，或者将数值转换为对应的字符串。该指令没有输出格式选项，因此需要设置的参数很少，但是不如指令 STRG_VAL 和 VAL_STRG 灵活。首先需要在指令方框中设置转换前后的操作数 IN 和 OUT 的数据类型（见图 3-68）。

（1）将字符串转换为数值

使用 S_CONV 指令将字符串转换为整数或浮点数时，允许转换的字符包括 0～9、加减号和小数点对应的字符。转换后的数值用参数 OUT 指定的地址保存。如果输出的数值超出 OUT 的数据类型允许的范围，OUT 为 0，ENO 被置为 0 状态。转换浮点数时不能使用指数计数法（带"e"或"E"）。图 3-68 中 M2.0 的常开触点闭合时，左边的 S_CONV 指令将字符串常量 '1345.6' 转换为双整数 1345，小数部分被截尾取整。

图 3-68　字符串与数值转换指令

（2）将数值转换为字符串

可以用指令 S_CONV 将参数 IN 指定的整数、无符号整数或浮点数转换为输出 OUT 指定的字符串。数据类型 Int 转换后的字符串的长度固定为 6 个字符，输出的字符串中的值为右对齐，值的前面用空格字符填充，正数字符串不带符号。

图 3-68 中右边的 S_CONV 指令的参数 OUT 的实参为字符串 DB1.String。M2.0 的常开触点闭合时，右边的 S_CONV 指令将-359 转换为字符串'　-359'（负号前面有两个空格字符），替换了 DB1.String1 原有的字符串。

（3）复制字符串

如果 S_CONV 指令输入、输出的数据类型均为字符串，输入 IN 指定的字符串将复制到输出 OUT 指定的地址。

4．STRG_VAL 指令

"将字符串转换为数字值"指令 STRG_VAL 将数值字符串转换为对应的整数或浮点数。从参数 IN 指定的字符串的第 P 个字符开始转换（见图 3-69），直到字符串结束。允许的字符

包括数字 0~9、加减号、句号、逗号、"e" 和 "E"。

图 3-69　字符串与数值转换指令

转换后的数值保存在参数 OUT 指定的存储单元。输入参数 P 是要转换的第一个字符的编号，数据类型为 UInt。P 为 1 时，从字符串的第一个字符开始转换。图 3-69 中被转换的字符串为 DB1.String2，它从 DBB20 开始存放，其启动值为'12345'（见图 3-67）。

参数 FORMAT 是输出格式选项，数据类型为 Word，第 0 位 r 为 1 和 0 时，分别为指数表示法和定点数表示法。第 1 位 f 为 1 和 0 时，分别用英语的逗号和句号作十进制数的小数点。FORMAT 的高位为 0。

打开图 3-70 中的监控表，进入 RUN 模式后，单击工具栏上的按钮，启用监视。单击按钮，给 M2.1 写入 TRUE（即 2#1），同时将参数 P 的值 2 送给 MW14，从字符串'12345'的第 2 个字符开始转换。MD16（OUT）中的转换结果为 IN 字符串'12345'从第 2 个字符开始的字符对应的数字 2345。

	i	名称	地址	显示格式	监视值	修改值		
1		"Tag_3"	%M2.1	布尔型	TRUE	TRUE	☑	⚠
2		"Tag_5"	%MW14	无符号十进制	2	2	☑	⚠
3		"Tag_6"	%MD16	带符号十进制	2345		☐	
4		"DB_1".String2	P#DB1.DBX20.0	字符串	'12345'		☐	
5		"Tag_7"	%MW20	带符号十进制	12345	12345	☑	⚠
6		"Tag_8"	%MW22	无符号十进制	5	5	☑	⚠
7		"DB_1".String3	P#DB1.DBX40.0	字符串	'la =123.45A'	'la =　　　A'	☑	⚠

图 3-70　监控表

5. VAL_STRG 指令

"将数字值转换为字符串" 指令 VAL_STRG（见图 3-69）将输入参数 IN 中的数字转换为输出参数 OUT 中对应的字符串。参数 IN 的数据类型可以是各种整数和实数。仅 S7-1500 可以使用 64 位的整数 Lint 和 ULInt。

被转换的字符串将取代 OUT 字符串从参数 P 提供的字符偏移量开始，到参数 SIZE 指定的字符数结束的字符。参数 FORMAT 的数据类型、第 0 位 r 和第 1 位 f 的意义与指令 STRG_VAL 的相同。第 2 位 s 是符号字符，为 1 时正数使用符号字符 "+"，为 0 时正数不使用符号字符 "+"。负数一直使用符号字符 "–"。

参数 PREC 用来设置精度或字符串的小数部分的位数。如果参数 IN 的值为整数，PREC 指定小数点的位置。例如数据值为 12345 和 PREC 为 2 时，转换结果为字符串'123.45'。Real 数据类型支持最高精度为 7 位有效数字。

该指令可以用于在文本字符串中嵌入动态变化的数字字符。例如将数字 123.45 嵌入字符

串 'Ia = ␣␣␣␣␣␣A' 后（等号和 A 之间有 6 个空格字符），得到字符串 'Ia =123.45A'。

调试程序时，用图 3-70 中的监控表将初始值 'Ia = ␣␣␣␣␣␣A' 写入数据块 DB_1 中的字符串 string3，将 5 写入参数 P（MW22），将参数 IN（MW20）中的整数 12345 转换为字符串，小数部分为 2 位（参数 PREC 为 2），即转换为字符串'123.45'，转换后的字符串从字符串 string3 的第 5 个字符开始存放，其长度为参数 SIZE 定义的 6 个字符。指令执行后输出参数 OUT（字符串 string3）为 'Ia =123.45A'，输入 IN 中的数字被成功地嵌入初始字符串，可以用人机界面显示字符串 string3 中的动态数据。

6.其他字符串转换指令

指令 Strg_TO_Chars 将字符串转换为字符元素组成的数组，指令 Chars_TO_Strg 将字符元素组成的数组转换为字符串。指令 ATH 将 ASCII 字符串转换为十六进制数，指令 HTA 将十六进制数转换为 ASCII 字符串。具体的使用方法见指令的在线帮助。

3.7.2 字符串指令

1.获取字符串长度指令与移动字符串指令

"获取字符串长度"指令 LEN 用输出参数 OUT（整数）提供输入参数 IN 指定的字符串的当前长度，空字符串(' ')的长度为 0。执行图 3-71 中的 LEN 指令后，MW24 中是输入的字符串的长度（7 个字符）。

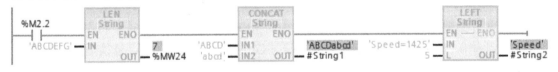

图 3-71 字符串指令

"获取字符串最大长度"指令 MAX_LEN 用输出参数 OUT（整数）提供输入参数 IN 指定的字符串的最大长度。

"移动字符串"指令 S_MOVE 用于将参数 IN 中的字符串的内容写入参数 OUT 指定的数据区域。

2.合并字符串的指令

"合并字符串"指令 CONCAT（见图 3-71）将输入参数 IN1 和 IN2 指定的两个字符串连接在一起，然后用参数 OUT 输出合并后的字符串。IN1 和 IN2 分别是合并后的字符串的左半部分和右半部分。

3.读取字符串中字符的指令

"读取字符串左边的字符"指令 LEFT 提供由字符串参数 IN 的前 L 个字符组成的子字符串。执行图 3-71 中的 LEFT 指令后，输出参数 OUT 中的字符串包含了 IN 输入的字符串左边的 5 个字符'Speed'。

"读取字符串右边的字符"指令 RIGHT 提供字符串的最后 L 个字符。执行图 3-72 中的 RIGHT 指令后，输出参数 OUT 中的字符串包含了 IN 输入的字符串右边的 4 个字符 '1425'。

"读取字符串中间的字符"指令 MID 提供字符串参数 IN 从字符位置 P（包括该位置）开始的 L 个字符。执行图 3-72 中的 MID 指令后，输出参数 OUT 中的字符串包含了 IN 输入的字符串从第 2 个字符开始的中间 4 个字符'BCDE'。

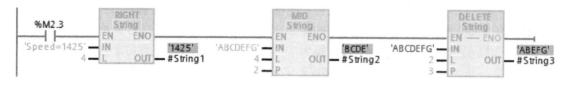

图 3-72　字符串指令

4．删除字符指令

"删除字符串中的字符"指令 DELETE 从字符串 IN 中第 P 个字符开始，删除 L 个字符。参数 OUT 输出剩余的子字符串。执行图 3-72 中的 DELETE 指令后，IN 输入的字符串被删除了从第 3 个字符开始的 2 个字符'CD'，然后将字符串'ABEFG'输出到 OUT 指定的字符串。

5．插入字符指令

"在字符串中插入字符"指令 INSERT 将字符串 IN2 中的字符插入到字符串 IN1 中第 P 个字符之后。执行图 3-73 中的 INSERT 指令后，IN2 指定的字符'ABC'被插入到 IN1 指定的字符串'abcde'第 3 个字符之后，输出的字符串为'abcABCde'。

6．替换字符指令

"替换字符串中的字符"指令 REPLACE 用字符串 IN2 中的字符替换字符串 IN1 中从字符位置 P 开始的 L 个字符。执行图 3-73 中的 REPLACE 指令以后，字符串 IN1 中从第 3 个字符开始的 3 个字符（'CDE'）被 IN2 指定的字符'1234'代替。替换后得到字符串'AB1234FG'。

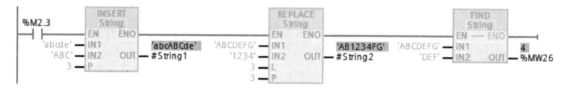

图 3-73　字符串指令

7．查找字符指令

"在字符串中查找字符"指令 FIND 提供字符串 IN2 中的字符在字符串 IN1 中的位置。查找从字符串 IN1 的左侧开始，输出参数 OUT（整数）返回第一次出现字符串 IN2 的位置。如果在字符串 IN1 中未找到字符串 IN2，则返回零。

执行图 3-73 中的 FIND 指令后，查找到 IN2 指定的字符'DEF'从 IN1 指定的字符串'ABCDEFG'的第 4 个字符开始。

8．仅用于 S7-1500 的指令

"比较字符串"指令 S_COMP 比较两个字符串变量的内容，并将比较结果作为返回值输出。可以用指令框选择比较条件。如果满足比较条件（例如大于或等于），则输出参数 OUT 为 1 状态。

"连接多个字符串"指令 JOIN 将多个字符串连接为一个数组。

"将字符数组分为多个字符串"指令 SPLIT 将字符串数组转换为多个单独的字符串。

3.8　S7-1200 的高速脉冲输出与高速计数器

3.8.1　高速脉冲输出

1．高速脉冲输出

每个 S7-1200 CPU 有 4 个 PTO/PWM 发生器，分别通过 DC 输出的 CPU 集成的 Q0.0～Q0.7 或信号板上的 Q4.0～Q4.3 输出 PTO 或 PWM 脉冲（见表 3-7）。CPU 1211C 没有 Q0.4～Q0.7，CPU 1212C 没有 Q0.6 和 Q0.7。

表 3-7　PTO/PWM 的输出点

PTO1 或 PWM1 脉冲	PTO1 方向	PTO2 或 PWM2 脉冲	PTO2 方向	PTO3 或 PWM3 脉冲	PTO3 方向	PTO4 或 PWM4 脉冲	PTO4 方向
Q0.0 或 Q4.0	Q0.1 或 Q4.1	Q0.2 或 Q4.2	Q0.3 或 Q4.3	Q0.4 或 Q4.0	Q0.5 或 Q4.1	Q0.6 或 Q4.2	Q0.7 或 Q4.3

脉冲宽度与脉冲周期之比称为占空比，脉冲列输出（PTO）功能提供占空比为 50% 的方波脉冲列输出。脉冲宽度调制（PWM）功能提供脉冲宽度可以用程序控制的脉冲列输出。

2．PWM 的组态

PWM 功能提供可变占空比的脉冲输出，时间基准可以设置为μs 或 ms。

脉冲宽度为 0 时占空比为 0%，没有脉冲输出，输出一直为 FALSE（0 状态）。脉冲宽度等于脉冲周期时，占空比为 100%，没有脉冲输出，输出一直为 TRUE（1 状态）。

在 STEP 7 中生成项目"高速计数器与高速输出"（见配套资源中的同名例程），CPU 为继电器输出的 CPU 1214C。使用 PWM 之前，首先应对脉冲发生器组态，具体步骤如下：

1）将 2 DI/2 DQ 的信号板插入 CPU。打开 PLC 的设备视图，选中 CPU。

2）选中巡视窗口的"属性 > 常规"选项卡（见图 3-74），再选中左边的"PTO1/PWM1"文件夹中的"常规"，用右边窗口的复选框启用该脉冲发生器。

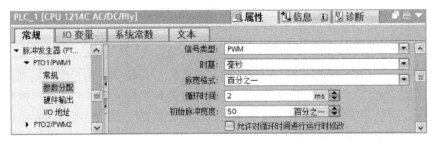

图 3-74　设置脉冲发生器的参数

3）选中图 3-74 左边窗口的"参数分配"，用右边窗口的下拉式列表设置"信号类型"为 PWM 或 PTO。"时基"（时间基准）可选毫秒或微秒，"脉宽格式"可选百分之一、千分之一、万分之一和 S7 模拟量格式（0～27648）。

用"循环时间"输入域设置脉冲的周期值为 2ms，采用"时基"选择的时间单位。

用"初始脉冲宽度"输入域设置脉冲的占空比为 50%，即脉冲周期为 2ms，脉冲宽度为 1ms。脉冲宽度采用"脉宽格式"设置的单位（百分之一），"硬件输出"为信号板上的 Q4.0。

4）选中左边窗口的"IO 地址"（见图 3-75），在右边窗口可以看到 PWM1 的起始地址和结束地址。可以修改其起始地址,在运行时可以用 QW1000 来修改脉冲宽度(单位为图 3-74 中组态的百分之一),对于较高固件版本的 CPU,如果勾选了图 3-74 中的复选框,"允许对循环时间进行运行时修改",在运行时可以用 QD1002 来修改循环时间。

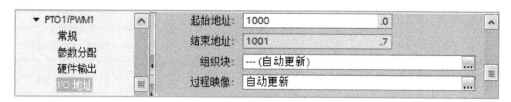

图 3-75　设置脉冲发生器的 I/O 地址

3. PWM 的编程

打开 OB1,将右边指令列表的"扩展指令"窗格的文件夹"脉冲"中的"脉宽调制"指令 CTRL_PWM 拖放到程序区(见图 3-76 的左图),单击出现的"调用选项"对话框中的"确定"按钮,生成该指令的背景数据块 DB1。

单击参数 PWM 左边的问号,再单击出现的 ▦ 按钮,用下拉式列表选中"Local~Pulse_1"(见图 3-76 的右图),其值为 267,它是 PWM1 的系统常量,其值为 267。

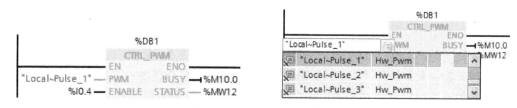

图 3-76　CTRL_PWM 指令

EN 输入信号为 1 状态时,用输入参数 ENABLE(I0.4)来启动或停止脉冲发生器,用 PWM 的输出地址(见图 3-75)QW1000 来修改脉冲宽度。因为在执行 CTRL_PWM 指令时 S7-1200 激活了脉冲发生器,输出 BUSY 总是 0 状态。参数 STATUS 是状态代码。

3.8.2　高速计数器

PLC 的普通计数器的计数过程与扫描工作方式有关,CPU 通过每一个扫描周期读取一次被测信号的方法来捕捉被测信号的上升沿,被测信号的频率较高时,会丢失计数脉冲,因此普通计数器的最高工作频率一般仅有几十赫兹。高速计数器(HSC)可以对发生速率高于程序循环 OB 执行速率的事件进行计数。

1. 编码器

高速计数器一般与增量式编码器一起使用,后者每圈发出一定数量的计数脉冲和一个复位脉冲,作为高速计数器的输入。编码器有以下几种类型。

(1)增量式编码器

光电增量式编码器的码盘上有均匀刻制的光栅。码盘旋转时,输出与转角的增量成正比的脉冲,需要用计数器来计脉冲数。有两种增量式编码器:

1)单通道增量式编码器内部只有 1 对光电耦合器,只能产生一个脉冲列。

2)双通道增量式编码器又称为 A/B 相或正交相位编码器,内部有两对光电耦合器,输出相位差为 90°的两组独立脉冲列。正转和反转时两路脉冲的超前、滞后关系相反（见图 3-77），如果使用 A/B 相编码器，PLC 可以识别出转轴旋转的方向。

图 3-77　A/B 相编码器的输出波形图

a) 正转　b) 反转

A/B 相正交计数器可以选择 1 倍频模式（见图 3-78）和 4 倍频模式（见图 3-79），1 倍频模式在时钟脉冲的每一个周期计 1 次数，4 倍频模式在时钟脉冲的每一个周期计 4 次数。

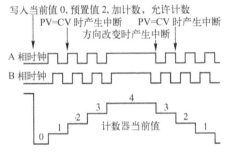

图 3-78　1 倍频 A/B 相计数器波形

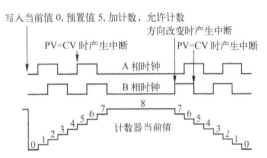

图 3-79　4 倍频 A/B 相计数器波形

（2）绝对式编码器

N 位绝对式编码器有 N 个码道，最外层的码道对应于编码的最低位。每个码道有一个光电耦合器，用来读取该码道的 0、1 数据。绝对式编码器输出的 N 位二进制数反映了运动物体所处的绝对位置，根据位置的变化情况，可以判别出旋转的方向。

2．高速计数器使用的输入点

S7-1200 的系统手册给出了各种型号的 CPU 的 HSC1～HSC6 分别在单向、双向和 A/B 相输入时默认的数字量输入点，以及各输入点在不同的计数模式的最高计数频率。

HSC1～HSC6 的当前计数器值的数据类型为 DInt，默认的地址为 ID1000～ID1020，可以在组态时修改地址。

3．高速计数器的功能

（1）HSC 的工作模式

HSC 有 4 种高速计数工作模式：具有内部方向控制的单相计数器、具有外部方向控制的单相计数器、具有两路时钟脉冲输入的双相计数器和 A/B 相正交计数器。

每种 HSC 模式都可以使用或不使用复位输入。复位输入为 TRUE 时，HSC 的当前计数器值被清除。直到复位输入变为 FALSE，才能启动计数功能。

（2）频率测量功能

某些 HSC 模式可以选用 3 种频率测量的周期（0.01s、0.1s 和 1.0s）来测量频率值。频率测量周期决定了多长时间计算和报告一次新的频率值。根据信号脉冲的计数值和测量周期计算出频率的平均值，频率的单位为 Hz（每秒的脉冲数）。

（3）周期测量功能

使用指令列表的"工艺"窗格文件夹"计数"中的"扩展高速计数器"指令 CTRL_HSC_EXT，可以按指定的时间周期，用硬件中断的方式测量出被测信号的周期数和精确到 μs 的时间间隔，从而计算出被测信号的周期。

4. 高速计数器的组态步骤

在用户程序使用 HSC 之前，应为 HSC 组态，设置 HSC 的计数模式。某些 HSC 的参数在设备组态中初始化，以后可以用程序来修改。

1）打开 PLC 的设备视图，选中其中的 CPU。选中图 3-80 左边窗口"HSC1"文件夹中的"常规"，勾选复选框"启用该高速计数器"。

2）选中左边窗口的"功能"（见图 3-80），在右边窗口设置参数。

使用"计数类型"下拉式列表，可选"计数""周期""频率"或"Motion Control"（运动控制）。如果设置为"周期"和"频率"，使用"频率测量周期"下拉式列表，可以选择 0.01s、0.1s 和 1.0s。

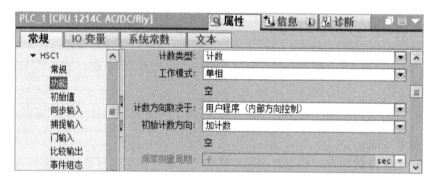

图 3-80　组态高速计数器的功能

使用"工作模式"下拉式列表，可选"单相""两相位""A/B 计数器"或"AB 计数器四倍频"。使用"计数方向取决于"下拉式列表，可选"用户程序（内部方向控制）"或"输入（外部方向控制）"。用"初始计数方向"下拉式列表可选择"加计数"或"减计数"。

3）选中图 3-81 左边窗口的"初始值"，可以设置"初始计数器值"等参数。选中左边窗口的"同步输入""捕捉输入""门输入"可以设置相应的参数。选中左边窗口的"比较输出"，可以为计数事件生成输出脉冲。

图 3-81　设置高速计数器的初始值

4）选中图 3-81 左边窗口的"事件组态"，可以用右边窗口的复选框激活下列事件出现时是否产生中断（见图 3-82）：计数器值等于参考值 0、出现外部同步事件和出现计数方向变化事件。可以输入中断事件名称或采用默认的名称。生成硬件中断组织块 OB40（Hardware interrupt）后，将它指定给计数值等于参考值的中断事件。

5）选中图 3-81 左边窗口的"硬件输入"，在右边窗口可以组态该 HSC 使用的时钟发生器输入、方向输入和同步输入的输入点地址。可以看到选中的输入点可用的最高频率。

6）选中图 3-80 左边窗口的"I/O 地址"，可以在右边窗口修改 HSC 的起始地址。HSC1 默认的地址为 1000，在运行时可以用 ID1000 监视 HSC 的测量值。

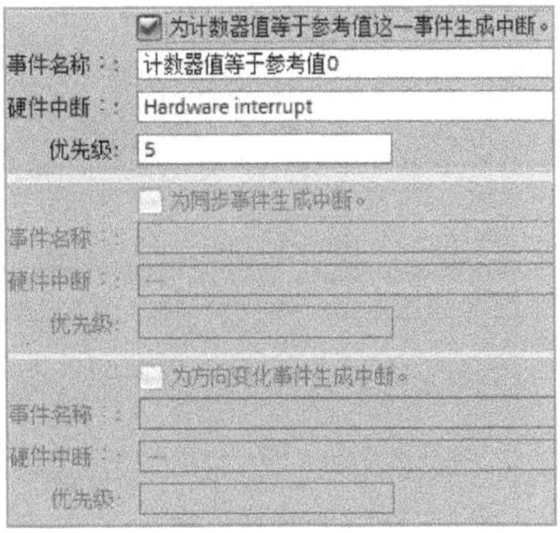

图 3-82　高速计数器的事件组态

5. 设置数字量输入的输入滤波器的滤波时间

CPU 和信号板的数字量输入通道的输入滤波器的滤波时间默认值为 6.4ms，如果滤波时间过大，输入脉冲将被过滤掉。对于高速计数器的数字量输入，可以用期望的最小脉冲宽度来设置对应的数字量输入滤波器。本例的输入脉冲宽度为 1ms，因此设置用于高速脉冲输入的 I0.0 的输入滤波时间为 0.8ms。

3.8.3　高速脉冲输出与高速计数器实验

1. 实验的基本要求

用高速脉冲输出功能产生周期为 2ms，占空比为 50％的 PWM 脉冲列，送给高速计数器 HSC1 计数。

期望的高速计数器的当前计数值和 Q0.4～Q0.6 的波形见图 3-83。HSC1 的初始参数如下：当前值的初始值为 0，初始状态为加计数，当前值小于预设值 2000 时仅 Q0.4 为 1 状态。

当前值等于 2000 时产生中断，中断程序令 HSC1 仍然为加计数，新的预设值为 3000，Q0.4 被复位，Q0.5 被置位。当前值等于 3000 时产生第二次中断，HSC1 改为减计数，新的预设值为 1500，Q0.5 被复位，Q0.6 被置位。当前值等于 1500 时产生第 3 次中断，HSC1 的当前值被清 0，改为加计数，新的预设值为 2000，Q0.6 被复位，Q0.4 被置位。实际上是一个新的循环周期开始了。

由于出现中断的次数远比 HSC 的计数次数少，因此可以实现对快速操作的精确控制。

2. 硬件接线

作者做实验使用的是继电器输出的 CPU 1214C，为了输出高频脉冲，使用了一块 2 DI/2 DQ 信号板。图 3-84 是硬件接线图，用信号板的输出点 Q4.0 发出 PWM 脉冲，送给 HSC1 的高速脉冲输入点 I0.0 计数。使用 PLC 内部的脉冲发生器的优点是简单方便，做频率测量实验时易于验证测量的结果。

CPU 的 L+ 和 M 端子之间是内置的 DC 24V 电源。将它的参考点 M 与数字量输入的内部电路的公共点 1M 相连，用内置的电源作输入回路的电源。内置的电源同时又作为 2 DI/2 DQ 信号板的电源。电流从 DC 24V 电源的正极 L+ 流出，流入信号板的 L+ 端子，经过信号板内部的 MOSFET（场效应晶体管）开关，从 Q4.0 输出端子流出，流入 I0.0 的输入端，经内部的输入电路，从 1M 端子流出，最后回到 DC 24V 电源的负极 M 点。

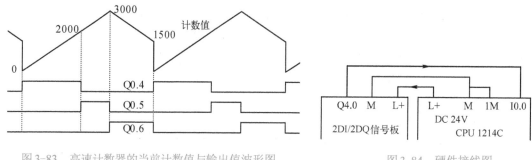

图 3-83 高速计数器的当前计数值与输出值波形图   图 3-84 硬件接线图

也可以用外部的脉冲信号发生器或增量式编码器为高速计数器提供外部脉冲信号。

3．PWM 的组态与编程

组态 PTO1/PWM1 产生 PWM 脉冲（见图 3-74），输出源为信号板上的输出点，时间单位为 ms，脉冲宽度的格式为百分数，脉冲的周期为 2ms，初始脉冲宽度为 50%。

在 OB1 中调用 CTRL_PWM 指令（见图 3-76），用 I0.4 启动脉冲发生器。

4．高速计数器的组态

组态时设置 HSC1 的工作方式为单相脉冲计数（见图 3-80），使用 CPU 集成的输入点 I0.0，通过用户程序改变计数的方向。设置 HSC 的初始状态为加计数，初始计数值为 0，初始参考值为 2000（见图 3-80 和图 3-81）。出现计数值等于参考值的事件时，调用硬件中断组织块 OB40（见图 3-82）。HSC 默认的地址为 1000，在运行时可以用 ID1000 监视 HSC 的计数值。

5．程序设计

由高速计数器实际计数值的波形图（见图 3-83）可知，HSC 以循环的方式工作。每个循环周期产生 3 次计数值等于参考值的硬件中断。可以生成 3 个硬件中断 OB，在 OB 中用"将 OB 与中断事件脱离"指令 DETACH 断开硬件中断事件与原来的中断 OB 的连接（见 4.3.5 节），用"将 OB 附加到中断事件"指令 ATTACH 将下一个中断 OB 指定给中断事件。

本节的程序采用另一种处理方法，设置 MB11 为标志字节，其取值范围为 0、1、2，初始值为 0。HSC1 的计数值等于参考值时，调用 OB40。根据 MB11 的值，用比较指令来判断是图 3-83 中的哪一次中断，然后调用对应的"工艺"窗格的"\计数\其他"文件夹中的"控制高速计数器"指令 CTRL_HSC，来设置下一阶段的计数方向、计数值的初始值和参考值，同时对输出点进行置位和复位处理。处理完后，将 MB11 的值加 1，运算结果如果为 3，将 MB11 清零（见图 3-85）。

组态 CPU 时，采用默认的 MB1 作系统存储器字节（见图 1-28）。CPU 进入 RUN 模式后，M1.0 仅在首次扫描时为 TRUE。在 OB1 中，用 M1.0 的常开触点将标志字节 MB11 清零（见图 3-86），将输出点 Q0.4 置位为 1。

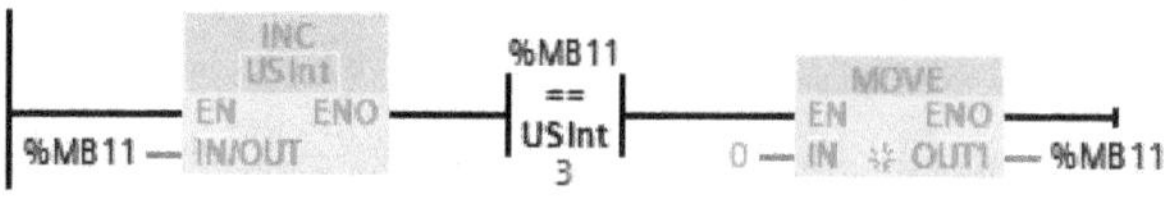

图 3-85 OB40 的程序段 4 的程序 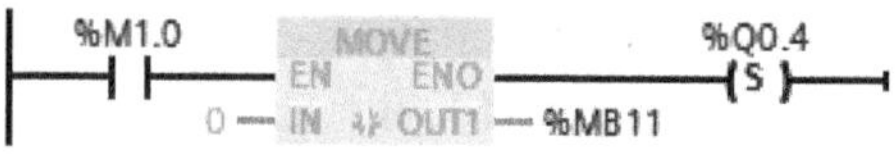   图 3-86 OB1 中的初始化程序

图 3-87 中的高速计数器控制指令 CTRL_HSC 的输入参数 HSC 为 HSC1 的硬件标识符 Local~HSC_1，其值为 259。EN 为 1 时，参数 BUSY 为 1，STATUS 是执行指令的状态代码。

DIR 为 1 时，计数方向 NEW_DIR（1 为加计数，-1 为减计数）被装载到 HSC。只有在组态时设置计数方向由用户程序控制，参数 DIR 才有效。

CV 为 1 时，32 位计数值 NEW_CV 被装载到 HSC。

RV 为 1 时，32 位参考值 NEW_RV 被装载到 HSC。

PERIOD 为 1 时，频率测量的周期 NEW_PERIOD（单位为 ms）被装载到 HSC。

如果请求修改参数的 DIR、CV、RV、PERIOD 为 0，它们对应的输入值被忽略。

将组态数据和用户程序下载到 CPU 后，进入 RUN 模式。用外接的小开关使 I0.4 为 1 状态，信号板的 Q4.0 开始输出 PWM 脉冲，送给 I0.0 计数。因为传送的是占空比为 0.5 的脉冲，Q4.0 和 I0.0 的 LED 的亮度比 I0.4 的 LED 的稍微暗一点。

开始运行时使用组态的初始值，计数值小于参考值 2000 时（见图 3-83），输出 Q0.4 为初始值 1。计数值等于参考值时产生中断，调用硬件中断组织块 OB40。此时标志字节 MB11 的值为 0，OB40 的程序段 1 中的比较触点接通（见图 3-87），调用第一条 CTRL_HSC 指令，CV 为 0，HSC1 的实际计数值保持不变。RV 为 1，将新的参考值 3000 送给 HSC1。复位 Q0.4，置位下一阶段的输出 Q0.5。在程序段 4 将 MB11 的值加 1（见图 3-85）。

当计数值等于参考值 3000 时产生中断，第 2 次调用硬件中断组织块 OB40。此时标志字节 MB11 的值为 1，OB40 的程序段 2 中的比较触点接通（见图 3-88），调用第 2 条 CTRL_HSC 指令，CV 为 0，HSC1 的实际计数值保持不变。RV 为 1，装载新的参考值 1500。DIR 为 1，NEW_DIR 为-1，将计数方向改为减计数。复位 Q0.5，置位下一阶段的输出 Q0.6。在程序段 4 将 MB11 的值加 1。

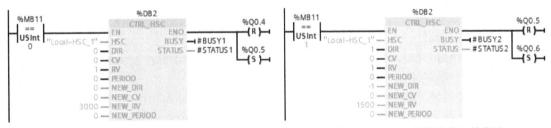

图 3-87 OB40 的程序段 1 的程序   图 3-88 OB40 的程序段 2 的程序

当计数值等于参考值 1500 时产生中断，第 3 次调用硬件中断组织块 OB40。此时标志字节 MB11 的值为 2，OB40 的程序段 3 中的比较触点接通（见图 3-89），调用第 3 条 CTRL_HSC 指令。RV 为 1，装载新的参考值 2000。CV 为 1，用参数 NEW_CV 将实际计数值复位为 0。DIR 为 1，NEW_DIR 为 1，计数方向改为加计数。复位 Q0.6，置位下一阶段的输出 Q0.4。

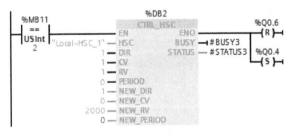

图 3-89 OB40 的程序段 3 的程序

在程序段 4 将 MB11 加 1 后，其值为 3，比较触点接通，MOVE 指令将 MB11 复位为 0

（见图 3-85）。以后将重复上述的 3 个阶段的运行，直到 I0.4 变为 FALSE，脉冲发生器停止发出脉冲为止。Q0.4～Q0.6 依次为 TRUE 的时间分别为 4s、2s 和 3s，分别与 3 个阶段的计数值 2000、1000 和 1500 对应。

用监控表监视 ID1000，可以看到 HSC1 的计数值的变化情况。图 3-90 同时监视了标志字节 MB11 的值。

图 3-90　监控表

3.8.4　用高速计数器测量频率的实验

1. 项目简介

在 STEP 7 中生成项目"频率测量例程"（见配套资源中的同名例程），CPU 为继电器输出的 CPU 1214C。为了输出高频脉冲，使用了一块 2 DI/2 DQ 信号板。用信号板的输出点 Q4.0 发出 PWM 脉冲，送给 HSC1 的高速脉冲输入点 I0.0 测量频率，硬件接线见图 3-84。

2. PWM 的组态与编程

打开 PLC 的设备视图，选中其中的 CPU。选中巡视窗口的"属性 > 常规"选项卡，选中左边窗口的 PTO1/PWM1 文件夹中的"常规"，用右边窗口的复选框启用该脉冲发生器。

选中左边窗口的"参数分配"（见图 3-74），组态"信号类型"为 PWM，时间单位（时基）为 ms，"脉宽格式"为百分数，脉冲周期（循环时间）为 2ms，"初始脉冲宽度"为 50%。选中左边窗口的"硬件输出"，设置用信号板上的 Q4.0 输出脉冲。

在 OB1 中调用 CTRL_PWM 指令（见图 3-76），用 I0.4 启动脉冲发生器。

3. 高速计数器的组态

选中左边窗口的"硬件输入"，设置"时钟发生器输入"地址为 I0.0。设置 HSC1 的"计数类型"为"频率"（频率测量，见图 3-91）。在组态时设置 HSC 的初始状态为加计数，频率测量周期为 1.0s。选中左边窗口的"I/O 地址"，可以看到 HSC1 默认的地址为 1000，在运行时可以用 ID1000 监视 HSC 的频率测量值。

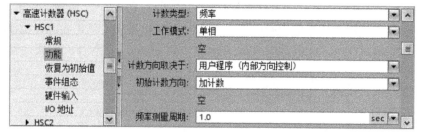

图 3-91　组态 HSC 测频

4. 实验情况

将组态数据和用户程序下载到 CPU 后运行程序。用外接的小开关使 I0.4 为 TRUE，信号板的 Q4.0 开始输出 PWM 脉冲，送给 I0.0 测频。PWM 脉冲使 Q4.0 和 I0.0 的 LED 点亮，如果脉冲的频率较低，Q4.0 和 I0.0 的 LED 将会闪烁。

在监控表中输入 HSC1 的地址 ID1000（见图 3-92），单击工具栏上的 📷 按钮，"监视值"
列显示测量得到的频率值为 500Hz，与理论计算值相同。

	i	名称	地址	显示格式	监视值	修改值	🗲
1			%ID1000	带符号十进制	500		☐

图 3-92　监控表

可以在设置脉冲发生器的图 3-74 中，修改 PWM 脉冲的循环时间（即周期）。如果勾选
了复选框"允许对循环时间进行运行时修改"，在运行时可以用 QD1002 来修改循环时间。
用图 3-91 中的巡视窗口，修改频率测量周期，修改后下载到 CPU。脉冲周期在 10μs～
100ms 之间变化时，都能得到准确的频率测量值。信号频率较低时，应选用较大的测量周期。
信号频率较高时，频率测量周期为 0.01s 时也能得到准确的测量值。

第4章 S7-1200/1500 的用户程序结构

4.1 函数与函数块

4.1.1 生成与调用函数

1. 函数的特点

2.2.3 节简单介绍了用户程序的结构。S7-1200/1500 的用户程序由代码块和数据块组成。代码块包括组织块、函数和函数块，数据块包括全局数据块和背景数据块。

函数（Function，FC）和函数块（Function Block，FB）是用户编写的子程序，它们包含完成特定任务的程序。FC 和 FB 有与调用它的块共享的输入、输出参数，执行完 FC 和 FB 后，将执行结果返回给调用它的代码块。

S7-300/400 的编程软件 STEP 7 V5.x 将 Function 和 Function Block 翻译为功能和功能块。

设压力变送器的量程下限为 0 MPa，上限为 High MPa，经 A/D 转换后得到 0～27648 的整数。下式是转换后得到的数字 N 和压力 P 之间的计算公式：

$$P = (\text{High} \times N) / 27648 \quad (\text{MPa}) \tag{4-1}$$

用函数 FC1 实现上述运算，在 OB1 中调用 FC1。

2. 生成函数

打开 STEP 7 的项目视图，生成一个名为"函数与函数块"的新项目（见配套资源中的同名例程）。双击项目树中的"添加新设备"，添加一块 CPU 1214C。

打开项目视图中的文件夹"\PLC_1\程序块"，双击其中的"添加新块"（见图 4-1），打开"添加新块"对话框（见图 2-18），单击选中其中的"函数"按钮，FC 默认的编号为 1，默认的语言为 LAD（梯形图）。设置函数的名称为"计算压力"。单击"确定"按钮，在项目树的文件夹"\PLC_1\程序块"中可以看到新生成的 FC1。

3. 定义函数的局部变量

将鼠标的光标放在 FC1 的程序区最上面标有"块接口"的水平分隔条上，按住鼠标左键，往下拉动分隔条，分隔条上面是函数的块接口（Interface）区（见图 4-1），下面是程序区。将分隔条拉至程序编辑器视窗的顶部，不再显示接口区，但是它仍然存在。

在接口区中生成局部变量，后者只能在它所在的块中使用。在 Input（输入）下面的"名称"列生成输入参数"输入数据"，单击"数据类型"列的 ▼ 按钮，用下拉式列表设置其数据类型为 Int（16 位整数）。用同样的方法生成输入参数"量程上限"、输出参数（Output）"压力值"和临时数据（Temp）"中间变量"，它们的数据类型均为 Real。

右键单击项目树中的 FC1，单击快捷菜单中的"属性"，选中打开的对话框左边的"属性"，去掉复选框"块的优化访问"中的勾。单击工具栏上的"编译"按钮，成功编译后 FC1 的接口区出现"偏移量"列，只有临时数据才有偏移量。在编译时，程序编辑器自动地为临时局部变量指定偏移量。

图 4-1　项目树与 FC1 接口区的局部变量

函数各种类型的局部变量的作用如下。

1）Input（输入参数）：用于接收调用它的块提供的输入数据。

2）Output（输出参数）：用于将块的程序执行结果返回调用它的块。

3）InOut（输入/输出参数）：初值由调用它的块提供，块执行完后用同一个参数将它的值返回给调用它的块。

4）文件夹 Return 中自动生成的返回值"计算压力"与函数的名称相同，属于输出参数，其值返回给调用它的块。返回值默认的数据类型为 Void，表示函数没有返回值。在调用 FC1时，看不到它。如果将它设置为 Void 之外的数据类型，在 FC1 内部编程时可以使用该输出变量，调用 FC1 时它在方框的右边出现，说明它属于输出参数。返回值的设置与 IEC 6113-3 标准有关，该标准的函数没有输出参数，只有一个与函数同名的返回值。

函数还有下面两种局部数据。

1）Temp（临时局部数据）：用于存储临时中间结果的变量。同一优先级的 OB 及其调用的块的临时数据保存在局部数据堆栈中的同一片物理存储区，它类似于公用的布告栏，大家都可以往上面贴布告，后贴的布告将原来的布告覆盖掉。只是在执行块时使用临时数据，每次调用块之后，不再保存它的临时数据的值，它可能被同一优先级中后面调用的块的临时数据覆盖。调用 FC 和 FB 时，首先应初始化它的临时数据（写入数值），然后再使用它，简称为"先赋值后使用"。

2）Constant（常量）：是在块中使用并且带有声明的符号名的常数。

4. FC1 的程序设计

首先用 CONV 指令将参数"输入数据"接收的 A/D 转换后的整数值（0~27648）转换为实数（Real），再用实数乘法指令和实数除法指令完成式（4-1）的运算（见图 4-2）。运算的中间结果用临时局部变量"中间变量"保存。STEP 7 自动地在局部变量的前面添加#号，例如"#输入数据"。

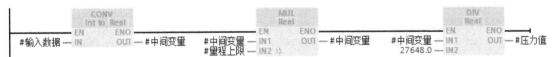

图 4-2　FC1 中的压力计算程序

5．在 OB1 中调用 FC1

在变量表中生成调用 FC1 时需要的 3 个变量（见图 4-3），IW64 是 CPU 集成的模拟量输入的通道 0 的地址。将项目树中的 FC1 拖放到 OB1 的程序区的水平"导线"上（见图 4-4）。FC1 的方框中左边的"输入数据"等是在 FC1 的接口区中定义的输入参数和输入/输出（InOut）参数，右边的"压力值"是输出参数。它们被称为 FC 的形式参数，简称为形参，形参在 FC 内部的程序中使用。别的代码块调用 FC 时，需要为每个形参指定实际的参数，简称为实参。实参在方框的外面，实参（例如"压力转换值"）与它对应的形参（"输入数据"）应具有相同的数据类型。STEP 7 自动地在程序中的全局变量的符号地址两边添加双引号。

9	压力转换值	Int	%IW64
10	压力计算值	Real	%MD18
11	压力计算	Bool	%I0.6

图 4-3　PLC 默认变量表　　　　　　　　　　图 4-4　OB1 调用 FC1 的程序

实参既可以是变量表和全局数据块中定义的符号地址或绝对地址，也可以是调用 FC1 的块（例如本例的 OB1）的局部变量。

块的 Output（输出）和 InOut（输入/输出）参数不能用常数来作实参。它们用来保存变量值，例如计算结果，因此其实参应为地址。只有 Input（输入参数）的实参能设置为常数。

6．函数应用的实验

选中项目树中的 PLC_1，将组态数据和用户程序下载到 CPU，将 CPU 切换到 RUN 模式。

在 CPU 集成的模拟量输入的通道 0 的输入端输入一个 DC 0～10V 的电压，用程序状态功能监视 FC1 或 OB1 中的程序。调节该通道的输入电压，观察 MD18 中的压力计算值是否与理论计算值相同。

也可以通过仿真来调试程序。选中项目树中的 PLC_1，单击工具栏上的"启动仿真"按钮 ，出现 S7-PLCSIM 的精简视图。将程序下载到仿真 PLC，后者进入 RUN 模式。单击精简视图右上角的 按钮，切换到项目视图。生成一个新的项目，双击打开项目树中的"SIM 表格_1"，在表中生成图 4-5 中的条目。

	名称	地址	显示格式	监视/修改值	位		一致修改	
	▶ ----	%IB0	十六进制	16#40	☐☐☑☐☐☐☐☐		16#00	☐
	"压力转换值"	%IW64	DEC+/-	13824			13824	☑ !
	"压力计算值"	%MD18	浮点数	5			0	☐

图 4-5　S7-PLCSIM 的 SIM 表格_1

勾选 IB0 所在行的第一行中 I0.6 对应的小方框，I0.6 的常开触点接通，调用 FC1。在第二行的"一致修改"列输入 13824（27648 的一半），单击工具栏上的"修改所有选定值"按钮 ，13824 被送给 IW64 后，被传送给 FC1 的形参"输入数据"。执行 FC1 中的程序后，输出参数"压力值"的值 5.0MPa 被传送给它的实参"压力计算值"MD18。

7．为块提供密码保护

右键单击项目树中的 FC1，执行快捷菜单命令"专有技术保护"，单击打开的对话框中的"定义"，在"定义密码"对话框中输入密码和密码的确认值。两次单击"确定"按钮后，项目树中 FC1 的图标变为有一把锁的符号 🔒，表示 FC1 受到保护。双击打开 FC1，需要在出现的对话框中输入密码，才能看到程序区的程序。

右键单击项目树中已加密的 FC1，执行快捷菜单命令"专有技术保护"，在打开的对话框中输入旧密码，单击"删除"按钮，FC1 的密码保护被解除。项目树中 FC1 的图标上一把锁的符号消失。也可以用该对话框修改密码。

视频"生成与调用函数"可通过扫描二维码 4-1 播放。

二维码 4-1

4.1.2　生成与调用函数块

1. 函数块

函数块（FB）是用户编写的有自己的存储区（背景数据块）的代码块，FB 的典型应用是执行不能在一个扫描周期结束的操作。每次调用函数块时，都需要指定一个背景数据块。后者随函数块的调用而打开，在调用结束时自动关闭。函数块的输入、输出参数和静态局部数据（Static）用指定的背景数据块保存。函数块执行完后，背景数据块中的数值不会丢失。

2. 生成函数块

打开项目"函数与函数块"的项目树中的文件夹"\PLC_1\程序块"，双击其中的"添加新块"，单击打开的对话框中的"函数块"按钮，默认的编号为 1，默认的语言为 LAD（梯形图）。设置函数块的名称为"电动机控制"，单击"确定"按钮，生成 FB1。去掉 FB1"优化的块访问"属性。可以在项目树的文件夹"\PLC_1\程序块"中看到新生成的 FB1（见图 4-1）。

3. 定义函数块的局部变量

双击打开 FB1，用鼠标往下拉动程序编辑器的分隔条，分隔条上面是函数块的接口区，生成的局部变量见图 4-6，FB1 的背景数据块见图 4-7。

电动机控制

		名称	数据类型	偏移量	默认值
1	▼	Input			
2	■	起动按钮	Bool	0.0	false
3	■	停止按钮	Bool	0.1	false
4	■	定时时间	Time	2.0	T#0ms
5	▼	Output			
6	■	制动器	Bool	6.0	false
7	▼	InOut			
8	■	电动机	Bool	8.0	false
9	▼	Static			
10	■ ▶	定时器DB	IEC_TIMER	10.0	
11	▶	Temp			
12	▶	Constant			

图 4-6　FB1 的接口区

电动机数据1　保持实际值　快照

		名称	数据类型	偏移量	起始值	保持
1	▼	Input				☐
2	■	起动按钮	Bool	0.0	false	☐
3	■	停止按钮	Bool	0.1	false	☐
4	■	定时时间	Time	2.0	T#0ms	☐
5	▼	Output				☐
6	■	制动器	Bool	6.0	false	☐
7	▼	InOut				☐
8	■	电动机	Bool	8.0	false	☐
9	▼	Static				☐
10	■ ▶	定时器DB	IEC_TIMER	10.0		☐

图 4-7　FB1 的背景数据块

IEC 定时器、计数器实际上是函数块，方框上面是它的背景数据块。在 FB1 中，IEC 定时器、计数器的背景数据如果由一个固定的背景数据块提供，在同时多次调用 FB1 时，该数据块将会被同时用于两处或多处，这犯了程序设计的大忌，程序运行时将会出错。为了解决这一问题，在块接口中生成数据类型为 IEC_TIMER 的静态变量"定时器 DB"（见图 4-6），用它提供定时器 TOF 的背景数据。其内部结构见图 4-8，与图 3-13 中 IEC 定时器的背景数据块中的变量相同。每次调用 FB1 时，在 FB1 不同的背景数据块中，不同的被控对象都有保存

TOF 的背景数据的静态变量"定时器 DB"。FB1 的背景数据块包含了定时器 TOF 的背景数据，这种程序结构称为多重背景或多重实例。

4. FB1 的控制要求与程序

FB1 的控制要求如下：用输入参数"起动按钮"和"停止按钮"控制 InOut 参数"电动机"（见图 4-9）。按下停止按钮，断开延时定时器（TOF）开始定时，输出参数"制动器"为 1 状态，经过输入参数"定时时间"设置的时间预设值后，停止制动。

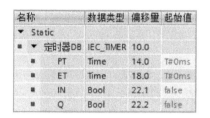

图 4-8 定时器 DB 的内部变量   图 4-9 FB1 的程序

在 TOF 定时期间，每个扫描周期执行完 FB1 后，都需要保存"定时器 DB"中的数据。函数块执行完后，下一次重新调用它时，其 Static（静态）变量的值保持不变。所以"定时器 DB"必须是静态变量，不能在函数块的临时数据区（Temp 区）生成数据类型为 IEC_TIMER 的变量。

函数块的背景数据块中的变量就是它对应的 FB 接口区中的 Input、Output、InOut 参数和 Static 变量（见图 4-6 和图 4-7）。函数块上述的数据因为用背景数据块保存，在函数块执行完后也不会丢失，以供下次执行时使用。其他代码块也可以访问背景数据块中的变量。不能直接删除和修改背景数据块中的变量，只能在它对应的函数块的接口区中删除和修改这些变量。

生成函数块的输入参数、输出参数和静态变量时，它们被自动指定一个默认值（见图 4-6），可以修改这些默认值。局部变量的默认值被传送给 FB 的背景数据块，作为同一个变量的起始值。可以在背景数据块中修改上述变量的起始值。调用 FB 时，没有指定实参的形参使用背景数据块中的起始值。

5. 在 OB1 中调用 FB1

在 PLC 默认变量表中生成两次调用 FB1 使用的符号地址（见图 4-10）。将项目树中的 FB1 拖放到 OB1 程序区的水平"导线"上（见图 4-11）。在出现的"调用选项"对话框中，输入背景数据块的名称。单击"确定"按钮，自动生成 FB1 的背景数据块。为各形参指定实参时，既可以使用变量表或全局数据块中定义的符号地址，也可以使用尚未定义名称的绝对地址，然后在变量表中修改自动生成的符号的名称。

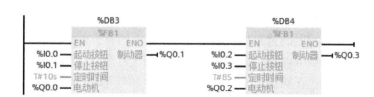

图 4-10 PLC 默认变量表   图 4-11 OB1 调用 FB1 的程序

6. 调用函数块的仿真实验

选中项目树中的 PLC_1，单击工具栏上的"启动仿真"按钮 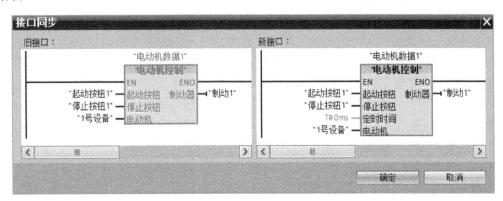，打开 S7-PLCSIM。将程序下载到仿真 PLC，使后者进入 RUN 模式。在 S7-PLCSIM 的项目视图中生成一个新的项目，打开项目树中的"SIM 表格_1"，在表中生成 IB0 和 QB0 的 SIM 表条目（见图 4-12）。

两次单击 I0.0（起动按钮 1）对应的小方框，Q0.0（1 号设备）变为 1 状态。两次单击 I0.1（停止按钮 1）对应的小方框，Q0.0 变为 0 状态，Q0.1（制动 1）变为 1 状态。经过参数"定时时间"设置的时间后 Q0.1 变为 0 状态。可以令两台设备几乎同时起动、同时停车和制动延时，图 4-12 是两台设备均处于制动状态的 SIM 表。

视频"生成与调用函数块"可通过扫描二维码 4-2 播放。　　　　　　二维码 4-2

名称	地址	显示格式	监视/修改值	位	一致修改	
▶ -...	%IB0	十六进制	16#00	□□□□□□□□	16#00	□
▶ -...	%QB0	十六进制	16#0A	□□□□☑□☑□	16#00	□

图 4-12　S7-PLCSIM 的 SIM 表格_1

7. 处理调用错误

作者最初编写的 FB1 没有生成参数"定时时间"。在 OB1 中调用符号名为"电动机控制"的 FB1 之后，在 FB1 的接口区增加了输入参数"定时时间"，OB1 中被调用的 FB1 的字符变为红色（见图 4-13 中的左图）。右键单击出错的 FB1，执行快捷菜单中的"更新块调用"命令，出现"接口同步"对话框，显示出原有的块接口和增加了输入参数后的块接口。单击"确定"按钮，关闭"接口同步"对话框。OB1 中调用的 FB1 被修改为新的接口（见图 4-13 中的右图），程序中 FB1 的红色字符变为黑色。需要用同样的方法处理图 4-11 右边的 FB1 的调用错误。

图 4-13　"接口同步"对话框

8. 函数与函数块的区别

FB 和 FC 均为用户编写的子程序，接口区中均有 Input、Output、InOut 参数和 Temp 数据。FC 的返回值实际上属于输出参数。下面是 FC 和 FB 的区别：

1）函数块有背景数据块，函数没有背景数据块。

2）只能在函数内部访问它的局部变量。其他代码块或 HMI（人机界面）可以访问函数块的背景数据块中的变量。

3）函数没有静态（Static）变量，函数块有保存在背景数据块中的静态变量。

函数如果有执行完后需要保存的数据，只能用全局数据区（例如全局数据块和 M 区）来保存。如果块的内部使用了全局变量，在移植时需要重新统一分配所有的块内部使用的全局变量的地址，以保证不会出现地址冲突。当程序很复杂，代码块很多时，这种重新分配全局变量地址的工作量非常大，也很容易出错。

如果函数或函数块的内部不使用全局变量，只使用局部变量，不需要做任何修改就可以将块移植到其他项目。这样的块具有很好的可移植性。

如果代码块有执行完后需要保存的数据，显然应使用函数块，而不是函数。

4）函数块的局部变量（不包括 Temp）有默认值（起始值），函数的局部变量没有默认值。在调用函数块时可以不设置某些有默认值的输入、输出参数的实参，这种情况下将使用这些参数在背景数据块中的起始值，或使用上一次执行后的参数值。这样可以简化调用函数块的操作。调用函数时应给所有的形参指定实参。

5）函数块的输出参数值不仅与来自外部的输入参数有关，还与用静态数据保存的内部状态数据有关。函数因为没有静态数据，相同的输入参数产生相同的执行结果。

9. 组织块与 FB 和 FC 的区别

出现事件或故障时，由操作系统调用对应的组织块，FB 和 FC 是用户程序在代码块中调用的。组织块没有输出参数、InOut 参数和静态数据，它的输入参数是操作系统提供的启动信息。用户可以在组织块的接口区生成临时变量和常量。组织块中的程序是用户编写的。

4.1.3 复杂数据类型作块的输入参数

在块调用中，可以用复杂数据类型作为块的实参，用它将一组数据传送到被调用块，或者用复杂数据类型将一组数据返回给调用它的块。通过这种方式，可以高效而简洁地在调用块和被调用块之间传递数据。

下面的例子用数组作为函数的输入参数。将数组作为参数传递时，作为形参和实参的两个数组应有相同的结构，例如两个一维数组的元素数据类型和数组下标的上、下限值都相同。

新建一个名为"数组做输入"的项目（见配套资源中的同名例程），CPU 为 CPU 1214C。生成名为"求累加值"的函数 FC1，在 FC1 的接口区生成一个输入参数"输入数组"，它是有 3 个 Int 元素的数组（见图 4-14），再生成一个数据类型为 Int 的输出参数"电流和"。数组用于保存电动机的三相电流，图中的 ADD 指令将数组的 3 个 Int 元素相加，得到三相电流之和。

生成名为"机组电流"的共享数据块 DB1，在 DB1 中生成有 3 个 Int 元素的数组"1号机电流"和"2 号机电流"，其数据类型均为 Array[0..2] of Int。还生成了数据类型为 Int 的"1 号机总电流"和"2 号机总电流"。在 OB1 中两次调用 FC1（见图 4-16），用数组"1号机电流"和"2 号机电流"作输入参数，运行结果用变量"1 号机总电流"和"2 号机总电流"保存。

双击指令树的"监控与强制"文件夹中的"添加新监控表"，生成"监控表_1"（见图 4-15）。在监控表中设置 1 号机和 2 号机的三相电流值。下载到 CPU 后，可以看到 OB1 的程序状态中 FC1 计算出的 1 号机和 2 号机的总电流（见图 4-16）。

	名称	数据类型	默认值
1	▼ Input		
2	▶ 输入数组	Array[0..2] of Int	
3	▼ Output		
4	电流和	Int	

名称	地址	显示格式	监视值	修改值
"机组电流"."1号机电流"[0]	%DB1.DBW0	带符号十进制	111	111
"机组电流"."1号机电流"[1]	%DB1.DBW2	带符号十进制	112	112
"机组电流"."1号机电流"[2]	%DB1.DBW4	带符号十进制	113	113
"机组电流"."2号机电流"[0]	%DB1.DBW6	带符号十进制	221	221
"机组电流"."2号机电流"[1]	%DB1.DBW8	带符号十进制	222	222
"机组电流"."2号机电流"[2]	%DB1.DBW10	带符号十进制	223	223

图 4-14　FC1 的块接口和程序　　　　　　　　图 4-15　监控表

图 4-16　在 OB1 中调用 FC1

4.1.4　多重背景

1. 用于定时器和计数器的多重背景

打开项目视图，生成一个名为"多重背景"的新项目（见配套资源中的同名例程），CPU 为 CPU 1214C。打开项目树中的文件夹"\PLC_1\程序块"，生成名为"电磁阀控制"的函数块 FB2，去掉它的"优化的块访问"属性。

FB2 用来控制卫生间的冲水阀，图 4-18 中的程序与图 3-23 中的差不多。在 FB2 的接口区生成输入、输出参数（见图 4-17），"使用者"是有人使用卫生间的信号，"电磁阀"是要控制的冲水电磁阀。程序中的 TOF_DB.Q 是 TOF 定时器的背景数据块中定时器的 Q 输出信号。

每次调用 IEC 定时器和 IEC 计数器指令时，一般都需要指定一个背景数据块（见图 3-23）。为了解决 4.1.2 节所述的 FB 中定时器、计数器固定的背景数据块带来的问题，在函数块中使用定时器、计数器指令时，在函数块的接口区定义数据类型为 IEC_Timer（IEC 定时器）或 IEC_Counter（IEC 计数器）的静态变量（见图 4-17），用这些静态变量来提供定时器和计数器的背景数据。这种程序结构被称为多重背景或多重实例。

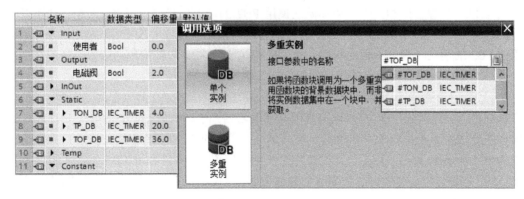

图 4-17　FB2 的接口区与"调用选项"对话框

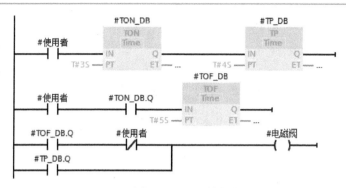

图 4-18　FB2 的程序

双击打开 FB2，在接口区生成数据类型为 IEC_TIMER 的静态变量 TON_DB、TP_DB 和 TOF_DB（见图 4-17 的左图）。将定时器 TON 拖放到程序区，出现"调用选项"对话框。单击选中"多重实例 DB"（即多重背景 DB，见图 4-17 的右图），用下拉式列表选中列表中的"TON_DB"，用 FB2 的静态变量"TON_DB"提供 TON 的背景数据。用同样的方法在 FB2 中调用定时器指令 TP 和 TOF，用 FB2 的静态变量"TP_DB"和"TOF_DB"提供 TP 和 TOF 的背景数据。

这样处理后，多个定时器的背景数据被包含在它们所在的函数块 FB2 的背景数据块中，不再需要为每个定时器设置一个单独的背景数据块，解决了函数块内使用固定的背景数据块的定时器带来的问题。

在 PLC 默认变量表（见图 4-19）中定义调用 FB2 需要的变量，在 OB1 中两次调用 FB2 的背景数据块分别为"电磁阀控制 DB1"和"电磁阀控制 DB2"（见图 4-20）。

12	使用者1	Bool	%I0.4
13	使用者2	Bool	%I0.5
14	电磁阀1	Bool	%Q0.4
15	电磁阀2	Bool	%Q0.5

图 4-19　PLC 默认变量表

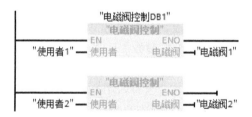

图 4-20　OB1 调用 FB2 的程序

将用户程序下载到 CPU，将 CPU 切换到 RUN 模式。拨动外接的小开关，模拟有人使用卫生间的"使用者"信号。可以看到输出参数"电磁阀"的状态按程序的要求变化，各段定时时间与 FB2 中设置的相同。可以令两次调用 FB2 的输入信号"使用者 1"和"使用者 2"几乎同时变为 1 状态和同时变为 0 状态。在运行时可以用主程序 OB1 的程序状态功能监视被调用的 FB2 的输入、输出参数的状态，也可以在线监视 FB2 内部的程序的执行情况。

此外，也可以用仿真的方法调试电磁阀控制程序。

2. 用于用户生成的函数块的多重背景

在项目"多重背景"中生成与 4.1.2 节相同的名为"电动机控制"的函数块 FB1，其接口区和程序分别如图 4-6 和图 4-9 所示，去掉 FB1"优化的块访问"属性。

为了实现多重背景，生成一个名为"多台电动机控制"的函数块 FB3，去掉 FB3"优化的块访问"属性。在它的接口区生成两个数据类型为"电动机控制"的静态变量"1 号电动机"和"2 号电动机"（见图 4-21）。每个静态变量内部的输入参数、输出参数等局部变量是自动生成的，与 FB1"电动机控制"的相同。

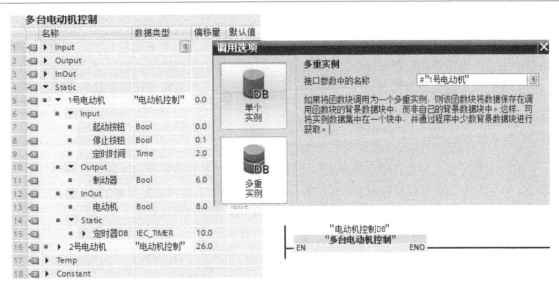

图 4-21　FB3 的接口区与 OB1 调用 FB3 的程序

双击打开 FB3，调用 FB1 "电动机控制"（见图 4-22），出现 "调用选项" 对话框（见图 4-21 的右图）。单击选中 "多重实例 DB"（即多重背景 DB），对话框中有对多重背景的解释。单击▼按钮，选中列表中的 "1 号电动机"，用 FB3 的静态变量 "1 号电动机"（见图 4-21 的左图）提供数据类型为 "电动机控制" 的 FB1 的背景数据。用同样的方法在 FB3 中再次调用 FB1，用 FB3 的静态变量 "2 号电动机" 提供 FB1 的背景数据。

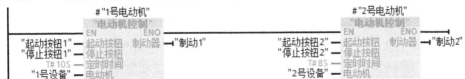

图 4-22　在 FB3 中两次调用 FB1

在 OB1 中调用 FB3 "多台电动机控制"（见图 4-21 右下角的小图），其背景数据块为 "电机控制 DB"（DB3）。FB3 的背景数据块与图 4-21 中 FB3 的接口区均只有静态变量 "1 号电动机" 和 "2 号电动机"。

这个例子中实际上有 3 重背景数据。FB3 的背景数据块 DB3 包含了两次调用 FB1 的背景数据，后者又包含了定时器 TOF 的背景数据。

将用户程序下载到仿真 PLC，将 CPU 切换到 RUN 模式。在 S7-PLCSIM 的项目视图中生成一个新的项目，打开项目树中的 "SIM 表格_1"，在 SIM 表中生成地址 IB0 和 QB0 的 SIM 表条目，用 I0.0 和 I0.2 分别起动 1 号、2 号电动机，用 I0.1 和 I0.3 分别停止 1 号、2 号电动机，电动机和制动器的状态变化满足 FB1 "电动机控制" 的要求。

视频 "多重背景应用" 可通过扫描二维码 4-3 播放。

二维码 4-3

4.2　操作数寻址

操作数是指令操作或运算的对象，寻址方式是指令取得操作数的方式，操作数可以直接给出或者间接给出。

有三种寻址方式：立即寻址、直接寻址和间接寻址。立即寻址和直接寻址用得最多，间接寻址主要用于需要在程序中修改地址的场合。间接寻址中用得最多的是存储器间接寻址。

立即寻址的操作数直接在指令中给出，直接寻址在指令中直接给出操作数的地址。

4.2.1 对变量的组成部分寻址

1. 使用符号方式访问非结构数据类型变量的"片段"

可以用符号方式按位、按字节或按字访问 PLC 变量表和数据块中某个符号地址变量的一部分。双字大小的变量可以按位 0~31、字节 0~3 或字 0、1 访问（见图 4-23），字大小的变量可以按位 0~15、字节 0 或 1、字 0 访问。字节大小的变量则可以按位 0~7 或字节 0 访问。

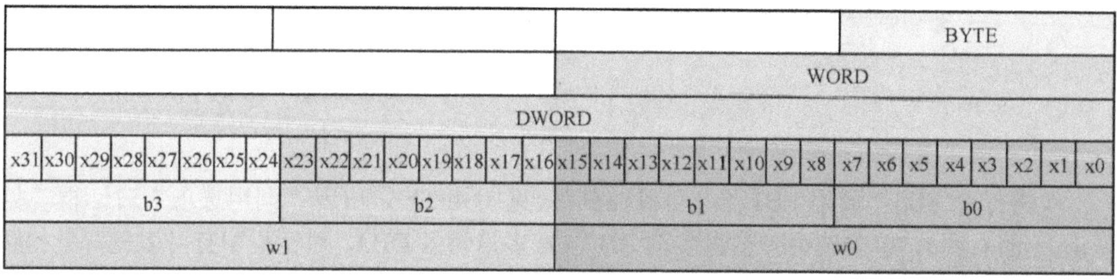

			BYTE
		WORD	
	DWORD		
x31 x30 x29 x28 x27 x26 x25 x24	x23 x22 x21 x20 x19 x18 x17 x16	x15 x14 x13 x12 x11 x10 x9 x8	x7 x6 x5 x4 x3 x2 x1 x0
b3	b2	b1	b0
w1		w0	

图 4-23 双字中的字、字节和位

例如在 PLC 变量表中，"状态"是一个声明为 DWord 数据类型的变量，"状态".x11 是"状态"的第 11 位，"状态".b2 是"状态"的第 2 号字节，"状态".w0 是"状态"的第 0 号字。

2. 访问带有一个 AT 覆盖的变量

通过关键字"AT"，可以将一个已声明的变量覆盖为其他类型的变量，比如通过 Bool 型数组访问 Word 变量的各个位。使用 AT 覆盖访问变频器的控制字和状态字的各位非常方便。

在 FC 或 FB 的块接口参数区组态覆盖变量。生成名为"函数块 1"的函数块 FB1，右键单击项目树中的"函数块 1"，选中快捷菜单中的"属性"，在"属性"选项卡取消"优化的块访问"属性（去掉复选框中的勾）。

打开 FB1 的接口区，输入想要用新的数据类型覆盖的输入参数"状态字"，其数据类型为 Word（见图 4-24）。在"状态字"下面的空行中输入变量名称"状态位"，双击"数据类型"列表中的"AT"，在"名称"列的变量名称"状态位"的右边出现"AT '状态字'"。

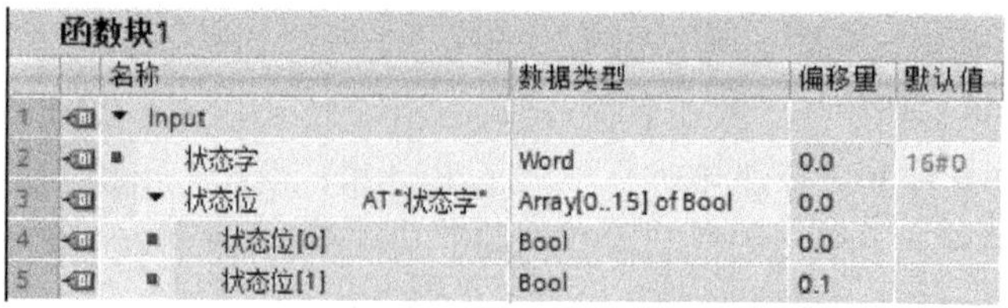

函数块1					
	名称		数据类型	偏移量	默认值
1	▼ Input				
2	状态字		Word	0.0	16#0
3	▼ 状态位	AT "状态字"	Array[0..15] of Bool	0.0	
4	状态位 [0]		Bool	0.0	
5	状态位 [1]		Bool	0.1	

图 4-24 在块的接口区声明 AT 覆盖变量

再次单击"数据类型"列，声明变量"状态位"的数据类型为数组 Array[0..15] of Bool。单击"状态位"左边的 ▶ 按钮，它变为 ▼，显示出数组"状态位"的各个元素，例如"状态位[0]"。至此覆盖变量的声明已经完成，可以在程序中使用数组"状态位"的各个元素，即

Word 变量"状态字"的各位。

4.2.2　间接寻址

1. 间接寻址的优点

间接寻址的优点是可以在程序运行期间，通过改变指针的值，动态地修改指令中操作数的地址。某发电机在计划发电时每个小时有一个有功功率给定值，从 0 时开始，这些给定值被依次存放在连续的 24 个整数中。可以根据读取的 PLC 的实时时钟的小时值，用间接寻址读取当时的功率给定值。

用循环程序来累加一片连续的地址区中的数值时，每次循环累加一个数值。累加后修改地址指针值，使指针指向下一个地址，为下一次循环的累加运算做好准备。没有间接寻址就不能编写查表程序和循环程序。

地址指针就像收音机调台的指针，改变指针的位置，指针指向不同的电台。改变地址指针值，指针"指向"不同的地址。

旅客入住酒店时，在前台办完入住手续，酒店就会给旅客一张房卡，房卡上面有房间号，旅客根据房间号使用酒店的房间。修改房卡中的房间号，用同一张房卡就可以指定旅客入住不同的房间。这里房间相当于要寻址的存储单元，房间号就是地址指针值，房卡就是存放指针的存储单元。

由于是在运行期间通过间接寻址计算操作数地址，因此可能会出现访问错误，而且程序可能会使用错误值来操作。此外，某些存储单元可能会因为间接寻址无意中被覆盖，从而导致 PLC 的意外动作。因此，使用间接寻址时需要格外小心。

2. 使用 FieldRead 与 FieldWrite 指令的间接寻址

生成名为"间接寻址"的项目，CPU 为 CPU 1214C。生成名为"数据块 1"的全局数据块 DB1，在 DB1 中生成名为"数组 1"的数组，其数据类型为 Array[1..5] of Int（见图 4-25）。

使用指令 FieldRead（读取域）和 FieldWrite（写入域），可以实现间接寻址。这两条指令在指令列表的文件夹"\移动操作\原有"中。

单击指令框中的"???"，用下拉式列表设置要写入或读取的数据类型为 Int（见图 4-25）。两条指令的参数 MEMBER 的实参必须是上述数组的第一个元素"数据块 1".数组 1[1]。

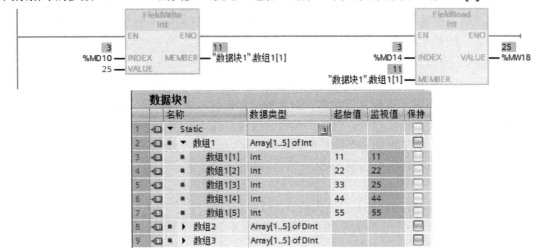

图 4-25　间接寻址的程序与数据块

指令的输入参数索引值"INDEX"是要读写的数组元素的下标，数据类型为 DInt（双整数）。参数"VALUE"是要写入数组元素的操作数或保存读取的数组元素的值的地址。

选中项目树中的 PLC_1，单击工具栏上的"启动仿真"按钮█，打开 S7-PLCSIM。将程序下载到仿真 PLC，后者进入 RUN 模式。打开 OB1，单击工具栏上的█按钮，启动程序状态监视功能。

右键单击指令 FieldWrite 的输入参数 INDEX 的实参 MD10，执行出现的快捷菜单中的命令"修改"→"修改值"，用出现的"修改"对话框将 MD10 的值修改为 3。启用数据块 1 的监视功能（见图 4-25），可以看到输入参数 VALUE 的值 25 被写入下标为 3 的数组元素"数据块 1".数组 1[3]。再次修改 INDEX 的值，VALUE 的值被写入 INDEX 对应的数组元素。

用上述方法设置指令 FieldRead 的输入参数 INDEX 的值为 3，输出参数 VALUE 的实参 MW18 中是读取的下标为 3 的数组元素"数据块 1".数组 1[3]的值。

3. 使用 MOVE 指令的间接寻址

要寻址数组的元素，既可以用常量作下标，也可以用 DInt 数据类型的变量作下标。可以用多个变量作多维数组的下标，实现多维数组的间接寻址。

图 4-26 左边的 MOVE 指令的功能类似于图 4-25 中的 FieldWrite 指令。修改参数 OUT1 的实参"数据块 1".数组 2["下标 3"]中的"下标 3"（MD30）的值，就可以改写"数据块 1".数组 2 中不同下标的元素的值。

图 4-26 右边的 MOVE 指令的功能类似于图 4-25 中的 FieldRead 指令。修改参数 IN 的实参"数据块 1".数组 2["下标 4"]中的"下标 4"（MD34）的值，就可以读取"数据块 1".数组 2 中不同下标的元素的值。

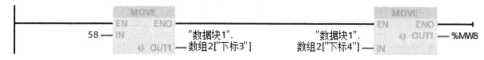

图 4-26 使用 MOVE 指令的间接寻址程序

图 4-25 和图 4-26 中的程序的仿真调试方法相同。

刚进入 RUN 模式时变量"下标 3"和"下标 4"的值为默认值 0，超出了数组 2 的下标（1～5）的范围，出现了区域长度错误，CPU 的 ERROR LED 闪烁。令"下标 3"和"下标 4"的值为 1～5 之间的某个数后，错误消失，ERROR LED 熄灭。为了避免出现上述错误，可将数组 2 下标的下限值设置为 1。

4. 使用间接寻址的循环程序

循环程序用来完成多次重复的操作。S7-1200/1500 的 SCL 语言有用于循环程序的指令，但是梯形图语言没有循环程序专用的指令。为了用梯形图编写循环程序，可以用 FieldRead 指令或 MOVE 指令实现间接寻址，用普通指令来编写循环程序。

在项目"间接寻址"的 DB1 中生成有 5 个 DInt 元素的数组"数组 3"，数据类型为 Array[1..5] of DInt（见图 4-25 的下图），设置各数组元素的初始值。

生成一个名为"累加双字"的函数 FC1，图 4-27 是

图 4-27 FC1 的接口区

它的接口区中的局部变量。输入参数"数组 IN"的数据类型为 Array[1..5] of DInt，它的实参（数据块 1 中的数组 3）应与它的结构完全相同。

　　FC1 的程序首先将变量"累加结果"清零（见图 4-28），设置数组下标的初始值为 1，程序段 2 的跳转标签 Back 表示循环的开始。指令 FieldRead 用来实现间接寻址，其参数 INDEX 是要读写的数组元素的下标。参数 MEMBER 的实参"数组 IN[1]"是数据类型为数组的输入参数"数组 IN"的第一个元素，参数 VALUE 中是读取的数组元素的值。

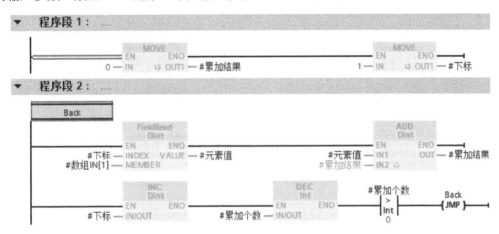

图 4-28　FC1 的程序

　　读取数组元素值后，将它与输出参数"累加结果"的值相加，将数组的下标（即临时变量"下标"）加 1，它指向下一个数组元素，为下一次循环做好准备。将作为循环次数计数器的"累加个数"减 1。减 1 后如果非 0，则返回标签 Back 处，开始下一次循环的操作。减 1 后如果为 0，则结束循环。

　　在 OB1 中调用 FC1"累加双字"（见图 4-29 的上图），求数据块 1 中的数组 3 从第一个元素开始，若干个数组元素之和，运算结果用 MD20（"累加值"）保存。

　　将程序下载到仿真 PLC，CPU 切换到 RUN 模式。用 MW24 设置要求和的数组元素的个数为 5，FC1 中设置的数组元素的下标的起始值为 1。单击监控表工具栏上的 ⚬ 按钮（见图 4-29 下图的左半部分)启动监视功能。首先令"累加启动"信号 M2.0 的修改值为 0(FALSE)，单击 ⚬ 按钮，将修改值写入 CPU。再令 M2.0 的修改值为 1（TRUE），将修改值写入 CPU 以后，在 M2.0 的上升沿调用 FC1"累加双字"（见图 4-29 的上图），通过循环程序计算出数组 3 的 5 个元素（见图 4-29 的右下图）的累加和为 15。

　　使用结构化控制语言 SCL 的间接寻址和循环程序的编程将在 5.5 节介绍。

　　视频"间接寻址与循环程序"可通过扫描二维码 4-4 播放。

二维码 4-4

5. 另一种间接寻址的循环程序

　　将项目"间接寻址"中的 FC1 复制为名为"间接索引"的 FC2，用图 4-30 中的 MOVE 指令取代图 4-28 中的 FieldRead 指令。MOVE 指令的输入参数 IN 的实参"#数组 IN [#下标]"中的"下标"是 DInt 数据类型的临时变量，它是"数组 IN"的下标。用 INC 指令将它加 1（见图 4-28），下一次循环就可以读取数组的下一个元素的值。图 4-30 的右图是 OB1 中调用 FC2 的程序。

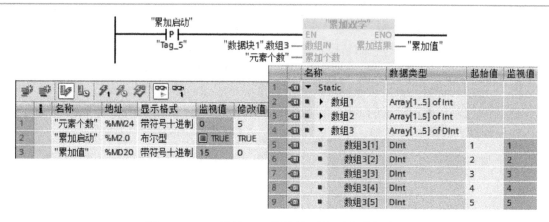

图 4-29   OB1 调用 FC1 的程序、监控表与数据块 1

图 4-30   FC2 中的间接寻址与 OB1 调用 FC2 的程序

将程序下载到仿真 PLC 后，打开 OB1，启动程序状态监控，右键单击"元素个数 2"（MW26），用快捷菜单中的"修改"命令设置其值为 5。右键单击"累加启动 2"（M2.2），用快捷菜单中的"修改"命令产生它的上升沿，"累加值 2"（MD38）中是累加的结果。

6. STL 语言中的存储器间接寻址

S7-1500 的 STL（语句表）编程语言中的间接寻址分为存储器间接寻址和寄存器间接寻址，用得最多的是存储器间接寻址。详细情况见作者编写的《S7-300/400 PLC 应用技术　第 4 版》。实际上 S7-1500 很少使用 STL 语言。SCL 语言的间接寻址指令将在 5.5 节中介绍。

在存储器间接寻址中，要寻址的变量的地址称为指针，它存放在方括号表示的一个地址（存储单元）中。存放指针的变量的数据类型可以是 Word（16 位指针）或 DWord（32 位指针），可以使用 DB、M 或 L 存储区。S7-1500 也可以用 FB 参数保存地址。如果该变量在数据块中，必须是没有激活优化的块访问属性的可标准访问数据块。

（1）16 位指针的存储器间接寻址

SIMATIC 定时器/计数器、DB、FB 和 FC 的编号范围小于 65535，因此它们使用 16 位指针的存储器间接寻址。

生成项目"STL 间接寻址"（见配套资源中的同名例程），CPU 为 CPU 1511-1 PN。在 OB1 中插入 STL 程序段，图 4-31 中的程序段 1 是 16 位指针的存储器间接寻址的程序。程序段 2 是 32 位指针的存储器间接寻址的程序。

选中项目树中的 PLC_1，单击工具栏上的"开始仿真"按钮███，打开 S7-PLCSIM，将程序下载到仿真 PLC，启用程序状态监控功能。右边监控区的"值"列是该行指令中变量的数值，"额外"列是该行的间接寻址的地址指针值。MW8 中的指针值为 3，T [MW8]相当于 SIMATIC 定时器 T3。S7-1500 的仿真表不能直接对 STL 语言中的变量进行监控。在程序运行时用监控表监控变量的值（见图 4-32）。

程序段 1:　……

				RLO	值	额外
1	L	3	//将指针值装载到累加器1	1	3	
2	T	%MW8	//将指针值传送给MW8	1	16#0003	
3	A	%M2.0	//SIMATIC定时器启动信号	1	1	
4	L	S5T#6S	//定时器预设时间	1	S5T#6S	
5	SD T [%MW8]		//启动接通延时定时器T3	1		T3

程序段 2:　……

				RLO	值	额外
1	L	P#10.0	//将指针值装载到累加器1	1	P#10.0	
2	T	%MD20	//将指针值传送给MD20	1	16#0000_0050	
3	L QB [%MD20]		//将QB10装载到累加器1	1	16#23	P#10.0
4	T	%MB6	//将累加器1中的值传送到MB6	1	16#23	
5	L	P#4.3	//将指针值装载到累加器1	1	P#4.3	
6	T	%MD30	//将指针值传送给MD30	1	16#0000_0023	
7	A M [%MD30]			1	1	P#4.3
8	=	%Q5.0	//用M4.3控制Q5.0	1	1	

图 4-31　存储器间接寻址的程序状态监控

	i	名称	地址	显示格式	监视值	修改值	🔧	
1		"Tag_7"	%M2.0	布尔型	▣ TRUE	TRUE	☑	!
2			%T3	SIMATIC 时间	S5T#25_960MS		☐	
3			%QB10	十六进制	16#23	16#23	☑	!
4			%M4.3	布尔型	▣ FALSE	FALSE	☑	!
5			%MW10	十六进制	16#ABCD	16#ABCD	☑	!
6			%MW16	十六进制	16#8320	16#8320	☑	!

图 4-32　监控表

在监控表中令 T3 的启动信号 M2.0 为 1 状态，T3 开始定时，它的剩余时间值开始变化，说明间接寻址的操作数 T [MW8] 的确是 T3。修改程序中 MW8 中的地址指针值，下载后可以用新地址指定的定时器定时。

（2）32 位指针的存储器间接寻址

32 位指针可以对 I、Q、M、DB 等地址区的位、字节、字和双字进行间接寻址，地址指针包含了地址中的字节和位的信息。这些地址区的间接寻址使用双字指针，指针格式如图 4-33 所示。第 0～2 位为被寻址地址中位的编号（0～7），第 3～18 位为被寻址地址的字节编号（0～65535）。32 位指针的数值实际上是以位（bit）为单位的双字。

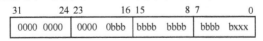

31	24 23	16 15	8 7	0
0000 0000	0000 0bbb	bbbb bbbb	bbbb bxxx	

图 4-33　存储器间接寻址的双字指针格式

如果要用双字格式的指针访问一个字节、字或双字存储器，必须保证指针的位编号为 0，例如 P#20.0，否则程序会出错。

在 OB1 中插入 STL 程序段，在其中生成图 4-31 程序段 2 中 32 位指针的存储器间接寻址的程序。将程序下载到仿真 PLC 后，启用程序状态监控功能。前两条指令将指针值 P#10.0 传送到 MD20。第 3 行的"额外"列的值表示 MD20 中的地址指针值为 P#10.0，地址的字节部分为 10，因此间接寻址的 QB [MD20] 的地址为 QB10。在监控表中将 16#23 写入 QB10（见图 4-32），执行指令"L　QB [MD20]"之后，QB10 中的 16#23 被装载到累加器 1 中。第 3 行的

"值"列为 16#23，说明 QB [MD20]对应的地址的确是 QB10。

第 5、6 条指令将指针值 P#4.3 传送到 MD30。第 7 行的"额外"列的值表示 MD30 中的地址指针值为 P#4.3，因此 M [MD30]的地址为 M4.3。第 7、8 行的程序用 M4.3 控制 Q5.0，这两行的"值"列中分别是 M4.3 和 Q5.0 的值。在监控表中改变 M4.3 的状态（见图 4-32），它控制的 Q5.0 的状态随之而变。说明 M [MD30]对应的地址的确是 M4.3。

P#10.0 的值为 2#0000 0000 0000 0000 0000 0000 0101 0000（16#50）。所以第 2 行的"值"列的十六进制格式的数值为 16#0000_0050。

P#4.3 的值为 2#0000 0000 0000 0000 0000 0000 0010 0011（16#23）。所以第 6 行的"值"列的十六进制格式的数值为 16#0000_0023。

7. STL 语言中的寄存器间接寻址

S7-1500 可以用地址寄存器 AR1 和 AR2 对各地址区的地址作寄存器间接寻址。地址寄存器中的指针值加上地址偏移量，形成地址指针值，指向数据所在的存储单元。寄存器间接寻址分为区域内的间接寻址和跨区域间接寻址。

图 4-34 是地址寄存器间接寻址的双字地址指针的格式，其中第 0~2 位（xxx）为被寻址地址中位的编号（0~7），第 3~18 位为被寻址地址的字节的编号。第 24~26 位（rrr）为被寻址地址的区域标识号，第 31 位 x = 0 为区域内的间接寻址，为 1 则为跨区域的间接寻址。最高字节的值与表 2-6 中的基本上相同（不包括代码 16#1 和 16#2）。

31	24 23	16 15	8 7	0
x000 0rrr	0000 0bbb	bbbb bbbb	bbbb bxxx	

图 4-34　寄存器间接寻址的双字指针格式

用寄存器间接寻址访问一个字节、字或双字时，必须保证指针的位地址编号为 0。

（1）寄存器区域内间接寻址

寄存器区域内间接寻址的地址指针不包括地址的区域标识号，指针的最高位字节为 0。在 OB1 中插入 STL 程序段，在其中生成图 4-35 中的寄存器间接寻址的程序。前两条指令将指针值 P#2.0 传送到 AR1，MW[AR1, P#8.0]方括号中 AR1 的指针值 P#2.0 加上偏移量 P#8.0，得到地址指针值 P#10.0，其字节地址为 10，因此 MW[AR1, P#8.0]的地址为 MW10。在监控表中将 16#ABCD 写入 MW10（见图 4-32），第 3 条指令将 MW10 中的 16#ABCD 装载到累加器 1（见图 4-35），说明 MW[AR1, P#8.0]的地址的确是 MW10。第 3 行的"额外"列中的 P#10.0 是 AR1 中的指针值加上偏移量得到的地址指针值。

程序段 3 :			RLO	值	额外
1	L P#2.0	//将指针值装载到累加器1		P#2.0	
2	LAR1	//将累加器1的内容传送给地址寄存器AR1		P#2.0	
3	L MW [AR1 , P#8.0]	//将MW10装载到累加器1，区域内的间接寻址		16#ABCD	P#10.0
4	L P#M6.0	//将指针值装载到累加器1		P#M6.0	
5	LAR1	//将累加器1的内容传送给地址寄存器AR1		P#M6.0	
6	L W [AR1 , P#10.0]	//将MW16装载到累加器1，跨区域的间接寻址		16#8320	P#M16.0

图 4-35　寄存器间接寻址程序的程序状态监控

（2）寄存器区域间的间接寻址

第 4、5 条指令将指针值 P#M6.0 传送到 AR1，因为地址指针 P#M6.0 已经包含有区域信息"M"，间接寻址的指令"L　W[AR1, P#10.0]"省略了地址标识符 M。W[AR1, P#10.0]方括号中 AR1 的指针值 P#M6.0 加上偏移量 P#10.0，得到地址指针值 P#M16.0，其字节地址为 16，因此 W[AR1, P#10.0]的地址为 MW16。在监控表中将 16#8320 写入 MW16（见图 4-32），第 6 条指令将 MW16 中的 16#8320 装载到累加器 1，说明 W[AR1, P#10.0]的地址的确是 MW16。第 6 行的"额外"列中的 P#M16.0 是 AR1 中的指针值加上偏移量得到的地址指针值。

4.3　中断事件与中断组织块

4.3.1　事件与组织块

1. 启动组织块的事件

组织块（OB）是操作系统与用户程序的接口，出现启动组织块的事件时，由操作系统调用对应的组织块。如果当前不能调用该 OB，则按照事件的优先级将其保存到队列。如果没有为该事件分配 OB，则会触发默认的系统响应。S7-1200 和 S7-1500 启动组织块的事件的属性见表 4-1 和表 4-2，为 1 的优先级最低。

下面是不会触发 OB 启动的事件。如果拔出/插入中央模块或超出最大循环时间的两倍，CPU 将切换到 STOP 模式。系统忽略过程映像更新期间出现的 I/O 访问错误。块中有编程错误或 I/O 访问错误时，保持 RUN 模式不变。

启动事件与程序循环事件不会同时发生，在启动期间，只有诊断错误事件能中断启动事件，其他事件将进入中断队列，在启动事件结束后处理它们。OB 用局部变量提供启动信息。

2. 事件执行的优先级与中断队列

优先级、优先级组和队列用来决定事件服务程序的处理顺序。每个 CPU 事件都有它的优先级，表 4-1 和表 4-2 给出了各类事件的优先级。优先级的编号越大，优先级越高。

表 4-1　S7-1200 启动 OB 的事件

事件类型	OB 编号	OB 个数	启 动 事 件	优先级
程序循环	1 或≥123	≥1	启动或结束前一个程序循环 OB	1
启动	100 或≥123	≥0	从 STOP 切换到 RUN 模式	1
时间中断	≥10	最多 2 个	已达到启动时间	2
延时中断	≥20	最多 4 个	延时时间结束	3
循环中断	≥30		等长总线循环时间结束	8
硬件中断	40~47 或 ≥123	≤50	上升沿（≤16 个）、下降沿（≤16 个）	18
			HSC 计数值 = 设定值，计数方向变化，外部复位，最多各 6 次	18
状态中断	55	0 或 1	CPU 接收到状态中断，例如从站中的模块更改了操作模式	4
更新中断	56	0 或 1	CPU 接收到更新中断，例如更改了从站或设备的插槽参数	4
制造商中断	57	0 或 1	CPU 接收到制造商或配置文件特定的中断	4
诊断错误中断	82	0 或 1	模块检测到错误	5
拔出/插入中断	83	0 或 1	拔出/插入分布式 I/O 模块	6
机架错误	86	0 或 1	分布式 I/O 的 I/O 系统错误	6
时间错误	80	0 或 1	超过最大循环时间，调用的 OB 仍在执行，错过时间中断，STOP 期间将丢失时间中断，中断队列溢出，因为中断负荷过大丢失中断	22

事件一般按优先级的高低来处理，先处理高优先级的事件。优先级相同的事件按"先来先服务"的原则来处理。

表 4-2　S7-1500 启动 OB 的事件

事件源的类型	优先级（默认优先级）	可能的 OB 编号	默认的系统响应	支持的 OB 个数
启动	1	100 或≥123	忽略	100
程序循环	1	1 或≥123	忽略	100
时间中断	2～24 (2)	10 到 17 或≥123	不适用	20
状态中断	2～24 (4)	55	忽略	1
更新中断	2～24 (4)	56	忽略	1
制造商或配置文件特定的中断	2～24 (4)	57	忽略	1
延时中断	2～24 (3)	20～23 或≥123	不适用	20
循环中断	2～24 (8～17)	30～38 或≥123	不适用	20
硬件中断	2～26 (16)	40～47 或≥123	忽略	50
等时同步模式中断	16～26 (21)	61～64 或≥123	忽略	20
MC 伺服中断	17～31 (25)	91	不适用	1
MC 插补器中断	16～30 (24)	92	不适用	1
时间错误	22	80	忽略	1
超出循环监视时间一次			STOP	
诊断中断	2～26 (5)	82	忽略	1
拔出/插入模块	2～26 (6)	83	忽略	1
机架错误	2～26 (6)	86	忽略	1
编程错误（仅限全局错误处理）	2～26 (7)	121	STOP	1
I/O 访问错误（仅限全局错误处理）	2～26 (7)	122	忽略	1

S7-1200 从固件版本 V4.0 开始，可以用 CPU 的"启动"属性中的复选框"OB 应该可中断"（见图 1-26）设置 OB 是否可以被中断。优先级大于等于 2 的 OB 将中断循环程序的执行。如果设置为"OB 应该被中断"，正在运行的 OB 可被优先级高于当前运行的 OB 的任何事件中断，改为处理与该事件相关的 OB。如果未设置"OB 应该被中断"，优先级大于等于 2 的 OB 不能被任何事件中断。

如果执行可中断 OB 时发生多个事件，CPU 将按照优先级顺序处理这些事件。

S7-1500 只按优先级执行 OB，同时发出多个 OB 请求时，将首先执行优先级最高的 OB。如果事件的优先级高于当前执行的 OB，则中断此 OB 的执行。优先级相同的事件按发生的时间顺序进行处理。

3. 延时执行较高优先级中断和异步错误事件

使用指令 DIS_AIRT，将延时执行优先级高于当前组织块的中断 OB。输出参数 RET_VAL 返回调用 DIS_AIRT 的次数。

发生中断时，调用指令 EN_AIRT，可以启用以前被 DIS_AIRT 指令延时执行的组织块。要取消所有的延时，EN_AIRT 的执行次数必须与 DIS_AIRT 的调用次数相同。

4. 用 DIS_IRT 与 EN_IRT 指令禁止与激活中断

S7-1500 的指令 DIS_IRT 用于禁用新中断和异步错误事件的处理过程。"启用中断事件"

指令 EN_IRT 用于启用已被指令 DIS_IRT 禁用的中断和异步错误事件的处理过程。激活中断是指允许处理中断，做好了在中断事件出现时执行对应的组织块的准备。

指令 EN_IRT 的参数 MODE 为 0 表示启用所有新发生的中断和异步错误事件；为 1 启用属于指定的中断类别的新发生事件；为 2 启用使用 OB 编号来指定的中断的所有新发生事件。

4.3.2　初始化组织块与循环中断组织块

1. 程序循环组织块

主程序 OB1 属于程序循环 OB，CPU 在 RUN 模式时循环执行 OB1，可以在 OB1 中调用 FC 和 FB。其他程序循环 OB 的编号应大于等于 123，CPU 按程序循环 OB 编号的顺序执行它们。一般只需要一个程序循环 OB（即 OB1）。程序循环 OB 的优先级最低，其他事件都可以中断它们。

打开 STEP 7 的项目视图，生成一个名为"启动组织块与循环中断组织块"的新项目（见配套资源中的同名例程），CPU 的型号为 CPU 1214C。

打开项目视图中的文件夹"\PLC_1\程序块"，双击其中的"添加新块"，单击打开的对话框中的"组织块"按钮（见图 4-36），选中列表中的"Program cycle"，生成一个程序循环组织块。OB 默认的编号为 123，语言为 LAD（梯形图），默认的名称为 Main_1。单击"确定"按钮，生成 OB123，可以在项目树的文件夹"\PLC_1\程序块"中看到新生成的 OB123。

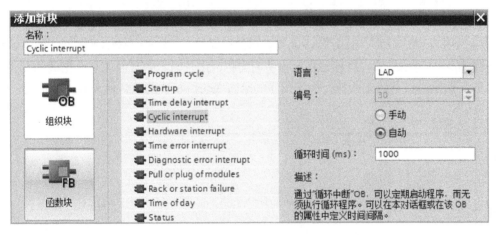

图 4-36　生成循环中断组织块

分别在 OB1 和 OB123 中生成简单的程序（见图 4-37 的左图和右图），将它们下载到 CPU，CPU 切换到 RUN 模式后，可以用 I0.4 和 I0.5 分别控制 Q1.0 和 Q1.1，说明 OB1 和 OB123 均被循环执行。

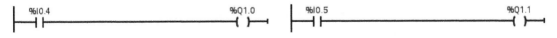

图 4-37　OB1 和 OB123 中的程序

2. 启动组织块

启动组织块用于系统初始化，CPU 从 STOP 切换到 RUN 时，执行一次启动 OB。执行完后，将外设输入状态复制到过程映像输入区，将过程映像输出区的值写到外设输出，然后开始执行 OB1。允许生成多个启动 OB，默认的是 OB100，其他启动 OB 的编号应大于等于 123。一般只需要一个启动组织块。

用前述方法生成启动（Startup）组织块 OB100。OB100 中的初始化程序见图 4-38。将它下载到 CPU，将 CPU 切换到 RUN 模式后，可以看到 QB0 的值被 OB100 初始化为 7，其最低 3 位为 1。

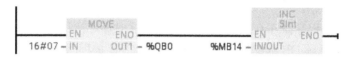

图 4-38　OB100 的程序

该项目的 M 区没有设置保持功能，暖启动时 M 区的存储单元的值均为 0。在监控时看到 MB14 的值为 1，说明只执行了一次 OB100，是 OB100 中的 INC 指令使 MB14 的值加 1。

3. S7-1200 的循环中断组织块

循环中断组织块以设定的循环时间（1～60000ms）周期性地执行，而与程序循环 OB 的执行无关。循环中断和延时中断组织块的个数之和最多允许 4 个，循环中断 OB 的编号应为 OB30～OB38，或大于等于 123。

双击项目树中的"添加新块"，选中出现的对话框中的"Syclic interrupt"，默认的编号为 OB30。将循环中断的时间间隔（循环时间）由默认值 100ms 修改为 1000ms（见图 4-36）。

双击打开项目树中的 OB30，选中巡视窗口的"属性 > 常规 > 循环中断"（见图 4-39），可以设置循环时间和相移。相移是相位偏移的简称，用于防止循环时间有公倍数的几个循环中断 OB 同时启动，导致连续执行中断程序的时间太长，相移的默认值为 0。

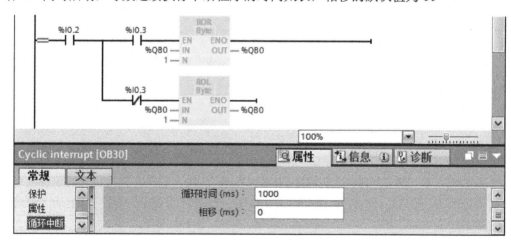

图 4-39　循环中断组织块 OB30

如果循环中断 OB 的执行时间大于循环时间，将会启动时间错误 OB。

图 4-39 中的程序用于控制 8 位彩灯循环移位，I0.2 控制彩灯是否移位，I0.3 控制移位的方向。在 CPU 运行期间，可以使用 OB1 中的 SET_CINT 指令重新设置循环中断的循环时间 CYCLE 和相移 PHASE（见图 4-40），时间的单位为 μs；使用 QRY_CINT 指令可以查询循环

中断的状态。这两条指令在指令列表的"扩展指令"窗格的"中断"文件夹中。

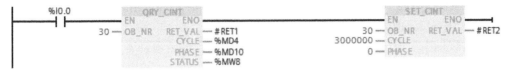

图 4-40　查询与设置循环中断

单击工具栏上的"启动仿真"按钮，打开 S7-PLCSIM。将程序下载到仿真 PLC，后者进入 RUN 模式。在 S7-PLCSIM 的项目视图中生成一个新的项目，在 SIM1 表格_1 生成 IB0 和 QB0 的 SIM 表条目，由于 OB100 的作用，QB0 的初始值为 7，其低 3 位为 1。单击 I0.2 对应的小方框，使它变为 1 状态，彩灯循环左移。令 I0.3 为 1 状态，彩灯循环右移。

令 I0.0 为 1 状态，执行 QRY_CINT 指令和 SET_CINT 指令，将循环时间由 1s 修改为 3s。图 4-41 中的 MD4 是 QRY_CINT 指令读取的循环时间（单位为 μs），MB9 是读取的状态字 MW8 的低位字节，M9.4 为 1 表示已下载 OB30，M9.2 为 1 表示已启用循环中断。

视频"启动组织块与循环中断组织块"可通过扫描二维码 4-5 播放。

二维码 4-5

名称	地址	显示格式	监视/修改值	位	一致修改	
▶ -...	%IB0	十六进制	16#04	☐☐☐☐☐✓☐☐	16#00	☐
▶ "...	%QB0	十六进制	16#07	☐☐☐☐☐✓✓✓	16#00	☐
"...	%MD4	DEC	3000000		0	☐
▶ -...	%MB9	十六进制	16#14	☐☐☐✓☐✓☐☐	16#00	☐

图 4-41　S7-PLCSIM 的 SIM 表格_1

4. S7-1500 的循环中断组织块

生成项目"禁止与激活循环中断"（见配套资源中的同名例程），CPU 为 CPU 1511-1 PN。

生成循环中断组织块 OB30，其时间间隔为默认值 100000μs，相移为 0μs。在 OB30 中用 INC 指令将 MW10 加 1。

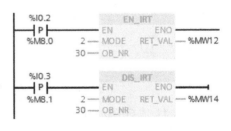

在 OB1 中编写图 4-42 所示的程序，在 I0.2 的上升沿调用扩展指令窗格的"中断"文件夹中的"EN_IRT"指令，来激活 OB30 对应的循环中断。在 I0.3 的上升沿调用指令"DIS_IRT"，来禁止 OB30 对应的循环中断。

图 4-42　OB1 的程序

将程序和硬件组态数据下载到仿真 PLC。进入 RUN 模式后，在 S7-PLCSIM 的 SIM 表 1 中生成 IB0 和 MW10 的 SIM 表条目。可以看到 OB30 被自动激活，每 100ms 调用一次 OB30，将 MW10 加 1。两次单击 I0.3 对应的小方框，在 I0.3 的上升沿，循环中断被禁止，MW10 停止加 1。两次单击 I0.2 对应的小方框，在 I0.2 的上升沿，循环中断被激活，MW10 又开始加 1。

4.3.3　时间中断组织块

1. 时间中断的功能

时间中断又称为"日时钟中断"，它用于在设置的日期和时间产生一次中断，或者从设置的日期和时间开始，周期性地重复产生中断，例如每分钟、每小时、每天、每周、每月、月末、每年产生一次时间中断。可以用专用的指令来设置、激活和取消时间中断。时间中断 OB 的编号应为 10～17，或大于等于 123。

在项目视图中生成一个名为"1200 时间中断例程"的新项目（见配套资源中的同名例程），CPU 为 CPU 1214C。

打开项目视图中的文件夹"\PLC_1\程序块"，添加一个名为"Time of day"（日时钟）的组织块，它又称为时间中断组织块，默认的编号为 10，默认的语言为 LAD（梯形图）。

2. 程序设计

时间中断有关的指令在指令列表的"扩展指令"窗格的"中断"文件夹中。在 OB1 中调用指令 QRY_TINT 来查询时间中断的状态（见图 4-43），读取的状态字用 MW8 保存。

在 I0.0 的上升沿，调用指令 SET_TINTL 和 ACT_TINT 来分别设置和激活时间中断 OB10。在 I0.1 的上升沿，调用指令 CAN_TINT 来取消时间中断。

上述指令的参数 OB_NR 是组织块的编号，SET_TINT 用来设置时间中断，它的参数 SDT 是开始产生中断的日期和时间。参数 LOCAL 为 TRUE（1）和 FALSE（0）分别表示使用本地时间和系统时间。参数 PERIOD 用来设置执行的方式，16#0201 表示每分钟产生一次时间中断。参数 ACTIVATE 为 1 时，该指令设置并激活时间中断；为 0 时仅设置时间中断，需要调用指令 ACT_TINT 来激活时间中断。RET_VAL 是执行时可能出现的错误代码，为 0 时无错误。图 4-43 中的程序用 ACT_TINT 来激活时间中断。

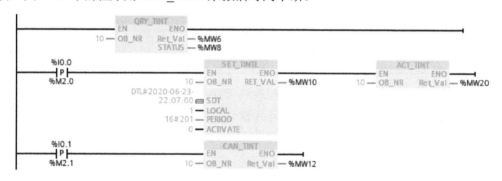

图 4-43　OB1 的程序

图 4-44 是 OB10 中的程序，每调用一次 OB10，将 MB4 加 1。

3. 仿真实验

打开仿真软件 S7-PLCSIM，生成一个新的仿真项目。打开 SIM 表格_1，生成 IB0、MB4 和 MB9 的 SIM 表条目（见图 4-45），MB9 是 QRY_TINT 读取的状态字 MW8 的低位字节。下载所有的块后，仿真 PLC 切换到 RUN 模式，M9.4 为 1 状态，表示已经下载了 OB10。两次单击 I0.0，设置和激活时间中断。M9.2 变为 1 状态，表示时间中断已被激活。如果设置的是已经过去的日期和时间，CPU 将会在 0 秒时每分钟调用一次 OB10，将 MB4 加 1。两次单击 I0.1 对应的小方框，在 I0.1 的上升沿，时间中断被禁止，M9.2 变为 0 状态，MB4 停止加 1。两次单击 I0.0 对应的小方框，在 I0.0 的上升沿，时间中断被重新激活，M9.2 变为 1 状态，MB4 每分钟又被加 1。

视频"时间中断组织块应用"可通过扫描二维码 4-6 播放。

二维码 4-6

名称	地址	显示格式	监视/修改值	位
▶ -...	%IB0	十六进制	16#00	☐☐☐☐☐☐☐☐
▶ "...	%MB4	DEC+/-	7	☐☐☐☐☐✔✔✔
▶ -...	%MB9	十六进制	16#14	☐☐☐✔☐✔☐☐

图 4-44　OB10 的程序　　　　　　　图 4-45　S7-PLCSIM 的 SIM 表 1

4. S7-1500 的时间中断例程

配套资源中的项目"1500 时间中断例程"的 PLC_1 为 CPU 1511-1 PN，该项目与"1200 时间中断例程"的程序基本上相同，其区别仅在于 OB1 未使用指令 ACT_TINT，指令 SET_TINTL 的输入参数 ACTIVATE 为 1，用该指令设置并激活时间中断。两个项目的仿真调试方法相同。

4.3.4　硬件中断组织块

1. 硬件中断事件与硬件中断组织块

硬件中断组织块用于处理需要快速响应的过程事件。出现硬件中断事件时，立即中止当前正在执行的程序，改为执行对应的硬件中断 OB。

S7-1200 最多可以生成 50 个硬件中断 OB，在硬件组态时定义中断事件，硬件中断 OB 的编号应为 40~47，或大于等于 123。

S7-1200 支持下列硬件中断事件：

1）CPU 某些内置的或信号板的数字量输入的上升沿事件和下降沿事件。

2）高速计数器（HSC）的当前计数器值等于设定值。

3）HSC 的方向改变，即计数值由增大变为减小，或由减小变为增大。

4）HSC 的数字量外部复位输入的上升沿，计数值被复位为 0。

S7-1500 支持下列硬件中断事件：

1）CPU 内置的数字量输入和高性能数字量输入模块的上升沿事件和下降沿事件。

2）模拟量输入模块超上限和超下限中断。

3）工艺模块产生的各种硬件中断。

如果在执行硬件中断 OB 期间，同一个中断事件再次发生，则新发生的中断事件丢失。如果该事件发生在 S7-1500 同一模块或子模块的另一个通道中，将触发硬件中断。

S7-300/400 可能有多个中断源共用一个或几个硬件中断 OB，因此需要在硬件中断程序中判断是哪个中断源产生的中断。S7-1200/1500 可以为触发硬件中断的每个事件指定一个硬件中断 OB，因此一般不需要做上述的判断。

2. 硬件中断事件的处理方法

1）给一个事件指定一个硬件中断 OB，这种方法最为简单方便，应优先采用。

2）多个硬件中断 OB 分时处理一个硬件中断事件（见 4.3.5 节），需要用 DETACH 指令取消原有的 OB 与事件的连接，用 ATTACH 指令将一个新的硬件中断 OB 分配给中断事件。

3. 生成硬件中断组织块

打开项目视图，生成一个名为"硬件中断例程 1"的新项目（见配套资源中的同名例程）。CPU 的型号为 CPU 1214C。

打开项目视图中的文件夹"\PLC_1\程序块"，双击其中的"添加新块"，单击打开的对话框中的"组织块"按钮（见图 4-36），选中"Hardware interrupt"（硬件中断），生成一个硬件中断组织块，OB 的编号为 40，语言为 LAD（梯形图）。将块的名称修改为"硬件中断 1"。单击"确定"按钮，OB 块被自动生成和打开，用同样的方法生成名为"硬件中断 2"的 OB41。

4. 组态硬件中断事件

双击项目树的文件夹"PLC_1"中的"设备组态"，打开设备视图，首先选中 CPU，再选中巡视窗口的"属性 > 常规"选项卡左边的"数字量输入"的通道 0（即 I0.0，见图 4-46），用复选框启用上升沿检测功能。单击下拉式列表"硬件中断"右边的...按钮，用下拉式列表将 OB40（硬件中断 1）指定给 I0.0 的上升沿中断事件，出现该中断事件时将调用 OB40。

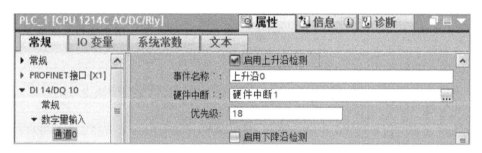

图 4-46   组态硬件中断事件

用同样的方法，用复选框启用通道 1 的下降沿中断，并将 OB41 指定给该中断事件。如果选中"硬件中断"下拉式列表中的"—"，没有 OB 连接到中断事件。

选中巡视窗口的"属性 > 常规 > 系统和时钟存储器"，启用系统存储器字节 MB1。

5. 编写 OB 的程序

在 OB40 和 OB41 中，分别用 M1.2 一直闭合的常开触点将 Q0.0:P 立即置位和立即复位（见图 4-47 和图 4-48）。

硬件中断组织块的块接口中的局部变量（启动信息）内的 LADDR 是触发硬件中断的模块的硬件标识符，USI 与用户无关，IChannel 是触发硬件中断的通道的编号；EventType 是触发中断的事件所属事件类型的标识（例如上升沿），可以在相应模块的说明中找到该标识。

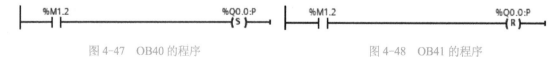

图 4-47   OB40 的程序   图 4-48   OB41 的程序

6. 仿真实验

打开仿真软件 S7-PLCSIM，下载所有的块，仿真 PLC 切换到 RUN 模式。生成一个新的仿真项目，打开 SIM 表格_1，生成 IB0 和 QB0 的 SIM 表条目（见图 4-49）。

两次单击 I0.0 对应的小方框，方框中出现勾以后消失。在 I0.0 的上升沿，CPU 调用 OB40，将 Q0.0 置位为 1。两次单击 I0.1 对应的小方框，在方框中的勾消失时（I0.1 的下降沿），CPU 调用 OB41，将 Q0.0 复位为 0。

视频"硬件中断组织块应用（A）"可通过扫描二维码 4-7 播放。

二维码 4-7

名称	地址	显示格式	监视/修改值	位		一致修改	
▶ -...	%IB0	十六进制	16#01	□□□□□□□☑		16#00	□
▶ -...	%QB0	十六进制	16#01	□□□□□□□☑		16#00	□

图 4-49　S7-PLCSIM 的 SIM 表格_1

4.3.5　中断连接指令与中断分离指令

1. ATTACH 指令与 DETACH 指令

"将 OB 附加到中断事件"指令 ATTACH 和"将 OB 与中断事件分离"指令 DETACH 分别用于在 PLC 运行时，建立和断开指定的硬件中断事件与中断 OB 的连接。

2. 组态硬件中断事件

打开项目视图，生成一个名为"硬件中断例程 2"的新项目（见配套资源中的同名例程），CPU 的型号为 CPU 1214C。打开项目视图中的文件夹"\PLC_1\程序块"，双击其中的"添加新块"，生成名为"硬件中断 1"和"硬件中断 2"的硬件中断组织块 OB40 和 OB41。

选中设备视图中的 CPU，再选中巡视窗口的"属性 > 常规"选项卡左边的"数字量输入"文件夹中的通道 0（即 I0.0，见图 4-46），用复选框启用上升沿中断功能。单击下拉式列表"硬件中断"右边的...按钮，将 OB40（硬件中断 1）指定给 I0.0 的上升沿中断事件。出现该中断事件时调用 OB40。

3. 程序设计

要求使用指令 ATTACH 和 DETACH，在出现 I0.0 上升沿事件时，交替调用硬件中断组织块 OB40 和 OB41，分别将不同的数值写入 QB0。

在 OB40 中，用 DETACH 指令断开 I0.0 上升沿事件与 OB40 的连接（见图 4-50），用 ATTACH 指令建立 I0.0 上升沿事件与 OB41 的连接。用 MOVE 指令给 QB0 赋值为 16#F。

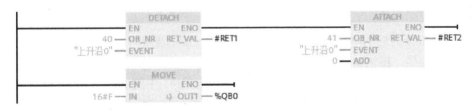

图 4-50　OB40 的程序

打开 OB40，在程序编辑器上面的接口区生成两个临时局部变量 RET1 和 RET2，用来作指令 ATTACH 和 DETACH 的返回值 RET_VAL 的实参。返回值是指令的状态代码。

打开指令列表中的"扩展指令"窗格的"中断"文件夹，将其中的指令 DETACH 拖放到程序编辑器，设置参数 OB_NR（组织块的编号）为 40。

双击中断事件 EVENT 左边的红色问号，然后单击出现的▦按钮（见图 4-51），选中出现的下拉式列表中的中断事件"上升沿 0"（I0.0 的上升沿事件），其硬件标识符值为 16#C0000108。在 PLC 默认的变量表的"系统常量"选项卡中，

图 4-51　设置指令的参数

也能找到"上升沿 0"的硬件标识符值。DETACH 指令用来断开 I0.0 的上升沿中断事件与 OB40 的连接。

图 4-50 中的 ATTACH 指令将参数 OB_NR 指定的 OB41 连接到 EVENT 指定的事件"上升沿 0"。在该事件发生时,将调用 OB41。参数 ADD 为默认值 0 时,指定的事件取代连接到原来分配给这个 OB 的所有事件。

下一次出现 I0.0 上升沿事件时,调用 OB41(见图 4-52)。在 OB41 的接口区生成两个临时局部变量 RET1 和 RET2,用 DETACH 指令断开 I0.0 上升沿事件与 OB41 的连接,用 ATTACH 指令建立 I0.0 上升沿事件与 OB40 的连接。用 MOVE 指令给 QB0 赋值为 16#F0。

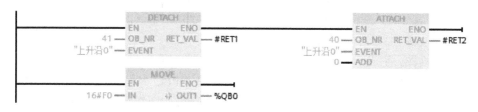

图 4-52   OB41 的程序

4.仿真实验

打开仿真软件 S7-PLCSIM,下载所有的块,仿真 PLC 切换到 RUN 模式。生成一个新的仿真项目,打开 SIM 表格_1,生成 I0.0 和 QB0 的 SIM 表条目(见图 4-53)。

两次单击 I0.0 对应的小方框,在 I0.0 的上升沿,CPU 调用 OB40,断开 I0.0 的上升沿事件与 OB40 的连接,将该事件与 OB41 连接。将 16#0F 写入 QB0,后者的低 4 位为 1。

图 4-53   S7-PLCSIM 的 SIM 表 1

两次单击 I0.0 对应的小方框,在 I0.0 的上升沿,CPU 调用 OB41,断开 I0.0 的上升沿事件与 OB41 的连接,将该事件与 OB40 连接。将 16#F0 写入 QB0,后者的高 4 位为 1。

连续多次单击 I0.0 对应的小方框,由于 OB40 和 OB41 中的 ATTACH 和 DETACH 指令的作用,在 I0.0 奇数次的上升沿调用 OB40,QB0 被写入 16#0F(低 4 位为 1),在 I0.0 偶数次的上升沿调用 OB41,QB0 被写入 16#F0(高 4 位为 1)。

视频"硬件中断组织块应用(B)"可通过扫描二维码 4-8 播放。

二维码 4-8

4.3.6   延时中断组织块

PLC 的普通定时器的工作过程与扫描工作方式有关,其定时精度较差。如果需要高精度的延时,应使用延时中断。在指令 SRT_DINT 的 EN 使能输入的上升沿,启动延时过程(见图 4-54)。该指令的延时时间为 1~60000ms,精度为 1ms。延时时间到时触发延时中断,调用指定的延时中断组织块。

1.硬件组态

生成一个名为"延时中断例程"的新项目(见配套资源中的同名例程),CPU 的型号为 CPU 1214C。打开项目视图中的文件夹"\PLC_1\程序块",双击其中的"添加新块",生成名为"硬件中断"的组织块 OB40、名为"延时中断"的组织块 OB20,以及全局数据块 DB1。

选中设备视图中的 CPU,再选中巡视窗口的"属性 > 常规"选项卡左边的"数字量输入"文件夹中的通道 0(即 I0.0,见图 4-46),用复选框启用上升沿中断功能。单击下拉式列表"硬件中断"右边的...按钮,用下拉式列表将 OB40 指定给 I0.0 的上升沿中断事件。出现该中断事件时调用 OB40。

2. 硬件中断组织块程序设计

在 I0.0 的上升沿触发硬件中断,CPU 调用 OB40,在 OB40 中调用指令 SRT_DINT 启动延时中断的延时(见图 4-54),延时时间为 10s。延时时间到时调用参数 OB_RN 指定的延时中断组织块 OB20。参数 SIGN 是调用延时中断 OB 时 OB 的启动事件信息中的标识符。RET_VAL 是指令执行的状态代码。RET1 和 RET2 是数据类型为 Int 的 OB40 的临时局部变量。

图 4-54 OB40 的程序

为了保存读取的定时开始和定时结束时的日期和时间值,在 DB1 中生成数据类型为 DTL 的变量 DT1 和 DT2。在 OB40 中调用"读取本地时间"指令 RD_LOC_T,读取启动 10s 延时的实时时间,用 DB1 中的变量 DT1 保存。

3. 时间延迟中断组织块程序设计

在 I0.0 上升沿调用的 OB40 中启动时间延迟,延时时间到时调用时间延迟组织块 OB20。在 OB20 中调用 RD_LOC_T 指令(见图 4-55),读取 10s 延时结束的实时时间,用 DB1 中的变量 DT2 保存。同时将 Q0.4:P 立即置位。

4. OB1 的程序设计

在 OB1 中调用指令 QRY_DINT 来查询延时中断的状态字 STATUS(见图 4-56),查询的结果用 MW8 保存,其低字节为 MB9。OB_NR 的实参是 OB20 的编号。

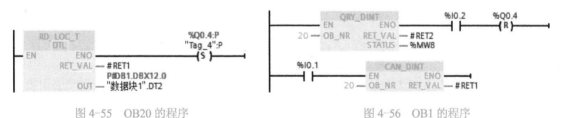

图 4-55 OB20 的程序　　　　　　　　　　图 4-56 OB1 的程序

在延时过程中,在 I0.1 为 1 状态时调用指令 CAN_DINT 来取消延时中断过程。在 I0.2 为 1 状态时复位 Q0.4。

5. 仿真实验

打开仿真软件 S7-PLCSIM,下载所有的块。生成一个新的仿真项目,打开 SIM 表格_1,生成 IB0、QB0 和 MB9 的 SIM 表条目(见图 4-57)。仿真 PLC 切换到 RUN 模式时,M9.4 马上变为 1 状态,表示 OB20 已经下载到 CPU。

名称	地址	显示格式	监视/修改值	位	一致修改	
▸	%IB0	十...	16#01	☐☐☐☐☐☐☐☑	16#00	☐
▸ "...	%QB0	十六进制	16#00	☐☐☐☐☐☐☐☐	16#00	☐
▸ -...	%MB9	十六进制	16#14	☐☐☐☑☐☑☐☐	16#00	☐

图 4-57　S7-PLCSIM 的 SIM 表格_1

打开 DB1，单击工具栏上的按钮，启动监视功能（见图 4-58）。单击 SIM 表中 I0.0 对应的小方框，在 I0.0 的上升沿，CPU 调用 OB40，M9.2 变为 1 状态，表示正在执行 SRT_DINT 启动的时间延时。DB1 中的 DT1 显示出在 OB40 中读取的 DTL 格式的时间值。

	名称	数据类型	偏移量	监视值
1	▼ Static			
2	▸ DT1	DTL	0.0	DTL#2020-06-29-12:34:51.443150
3	▸ DT2	DTL	12.0	DTL#2020-06-29-12:35:01.443340

图 4-58　数据块中的日期时间值

定时时间到时，M9.2 变为 0 状态，表示定时结束。CPU 调用 OB20，DB1 中的 DT2 显示出在 OB20 中读取的 DTL 格式的时间值，Q0.4 被置位。DT1 和 DT2 分别为启动延时和延时结束的实时时间。多次试验发现，DT2 和 DT1 之差与延时的设定值 10s 的定时误差小于 0.2ms，说明定时精度是相当高的。

令 I0.2 为 1，可以将 Q0.4 复位（见图 4-56）。令 I0.0 变为 1 状态，CPU 调用硬件中断组织块 OB40，再次启动时间延迟中断的定时。在定时期间令 I0.1 为 1 状态，执行指令 CAN_DINT（见图 4-56），时间延迟被取消，M9.2 变为 0 状态。10s 的延迟时间到的时候，不会调用 OB20。Q0.4 不会变为 1 状态，DB1 中的 DT2 也不会显示出新读取的时间值。

视频“延时中断组织块应用”可通过扫描二维码 4-9 播放。

二维码 4-9

4.4　交叉引用表与程序信息

4.4.1　交叉引用表

1．交叉引用表

交叉引用表提供所有对象、报警、配方、变量和画面的全面概述。可以从交叉引用表直接跳转到使用指定的操作数和变量的地方。

在调试时可以从交叉引用表获取下列消息：某个操作数在哪些块的哪个程序段使用；某个变量被用于 HMI 哪个画面中的哪个元件；在特定报警或对象中使用的变量等等。

2．生成和显示交叉引用表

在项目视图中，可以生成下列对象的交叉引用：PLC 文件夹、程序块文件夹、单独的块和 PLC 变量表。生成和显示交叉引用表最简单的方法是用右键单击项目树中的上述对象，执行快捷菜单中的命令“交叉引用”。

3．PLC 默认变量表的交叉引用表

选中项目“PLC_HMI”的项目树的“默认变量表”，单击工具栏上的交叉引用按钮，生成

该变量表的交叉引用表。从图 4-59 可以看出，默认变量表中的变量"电动机"在主程序 Main 的程序段 1（NW1）中被两次使用，在 HMI 的根画面的"圆_1"（指示灯）的动画外观中也被使用。

对象	引用位置	引用类型	作为	访问	地址	类型	设备	路径
▶ 当前值					%MD4	Time	PLC_1	PLC_1\PLC 变量\默认变量表
▼ 电动机					%Q0.0	Bool	PLC_1	PLC_1\PLC 变量\默认变量表
▼ Main					%OB1	LAD-组织块	PLC_1	PLC_1\程序块
	@Main ▶ NW1	使用者		只读				
	@Main ▶ NW1	使用者		写入				
▼ 根画面						画面	HMI_1	HMI_1\画面
● 圆_1	@根画面\圆_1 ▶ 动画.外观	使用者	电动机			圆		
▼ 电动机					PLC_1\电动机 [%Q0.0]	HMI_Tag	HMI_1	HMI_1\HMI 变量\默认变量表
	@电动机 ▶ 属性.PLC 变量	使用者						
▼ HMI_连接_1						Connection	HMI_1	HMI_1\连接
	@电动机 ▶ 属性.连接	使用	电动机					
▼ 100 ms						Cycle	HMI_1	HMI_1\周期
	@电动机 ▶ 属性.采集周期	使用	电动机					

图 4-59　PLC 默认变量表的交叉引用表

"引用类型"列的"使用者"表示源对象"电动机"被对象 Main 和"圆_1"使用。该列中的"使用"表示源对象"电动机"使用其连接属性中的对象"HMI_连接_1"。

"作为"列是被引用对象更多的信息，"访问"列是访问的读、写类型，"地址"列是操作数的绝对地址，"类型"列是创建对象时使用的类型和语言，"路径"列是项目树中该对象的路径以及文件夹和组的说明。

"引用位置"列中的字符为蓝色，表示有链接。单击图 4-59 中访问方式为"写入"的"@Main ▶ NW1"，将会打开主程序 Main 的程序段 1，光标在变量"电动机"Q0.0 的线圈处。单击"引用位置"列的"@根画面\圆_1 ▶ 动画.外观"，将会打开 HMI 的根画面，连接了变量"电动机"的圆（即指示灯）被选中。

工具栏上的按钮用来更新交叉引用表，按钮用来关闭下一层的对象，按钮用来展开下一层的对象。

4．在巡视窗口显示单个变量的交叉引用信息

选中 OB1 中的变量"电动机"（Q0.0），在下面的巡视窗口的"信息 > 交叉引用"选项卡中（见图 4-60），可以看到变量"电动机"的交叉引用信息，与图 4-59 中的基本上相同。

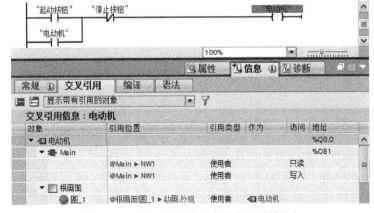

图 4-60　变量的巡视窗口中的交叉引用信息

5. 程序块的交叉引用表

选中项目树中的主程序 Main，单击工具栏上的交叉引用按钮⊠，生成 Main 的交叉引用表（见图 4-61）。由交叉引用表可以看到各对象在程序中的引用位置。单击"引用位置"列有链接的"@Main ▶ NW1"，将会打开 OB1 的程序段 1，光标在对应的对象处。

对象	引用位置	引用类型	作为	访问	地址	类型	设备	路径
▼ ▦ Main					%OB1	LAD 组织块	PLC_1	PLC_1\程序块
▼ ▦ T1					%DB1	源自 IEC_TIMER 的数据块	PLC_1	PLC_1\程序块\系统块\程序资源
▦ T1	@Main ▶ NW1	使用		单实例	%DB1	源自 IEC_TIMER 的数据块		
◁□ "T1".Q	@Main ▶ NW1	使用		只读		Bool		
▼ ▦ TON [V1.0]						指令	PLC_1	
	@Main ▶ NW1	使用		调用				
▼ ◁□ FirstScan					%M1.0	Bool	PLC_1	PLC_1\PLC 变量\默认变量表
	@Main ▶ NW1	使用		只读				
▼ ◁□ 当前值					%MD4	Time	PLC_1	PLC_1\PLC 变量\默认变量表
	@Main ▶ NW1	使用		写入				

图 4-61　主程序 Main 的交叉引用表

4.4.2　分配列表

用户程序的程序信息包括分配列表、调用结构、从属性结构和资源。

1. 显示分配列表

S7-1200/1500 的分配列表提供 I、Q、M 存储区的字节中各个位的使用情况，S7-1500 的分配列表还提供 T、C 存储区的信息，显示地址是否分配给用户程序（被程序访问），或者地址是否被分配给 S7 模块。它是检查和修改用户程序的重要工具。

选中项目"数据处理指令应用"的项目树中的"程序块"文件夹，或选中其中的某个块，执行菜单命令"工具"→"分配列表"，将显示选中的设备的分配列表（见图 4-62）。

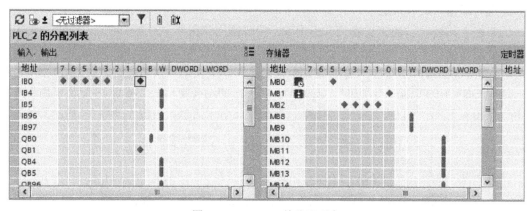

图 4-62　S7-1500 的分配列表

2. 分配列表中的图形符号

分配列表的每一行对应于一个字节，每个字节由第 0～7 位组成。单击表格上面的▦按钮，将显示分配列表中的图形符号列表（见图 4-63）。

B、W、DWORD 和 LWORD 列的竖条用来表示程序使用了对应的字节、字、双字和 64 位位字符串来访问地址，组成它们的位用浅色的小正方形表示。例如 MB10～MB13 的 DWORD 列的竖条表示程序使用了这 4 个字节组成的双字 MD10。

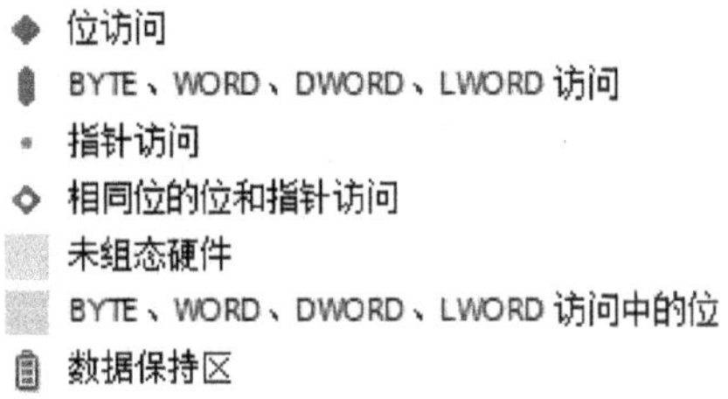

◆　位访问

▮　BYTE、WORD、DWORD、LWORD 访问

·　指针访问

◇　相同位的位和指针访问

▢　未组态硬件

▢　BYTE、WORD、DWORD、LWORD 访问中的位

▮　数据保持区

图 4-63　分配列表中的图形符号

图 4-62 的 ▮ 表示 MB0 被设置为时钟存储器字节，用户使用了其中的 M0.5。▮ 表示 MB1 被设置为系统存储器字节，用户使用了其中的 M1.0。

3. 显示和设置 M 区的保持功能

单击分配列表工具栏上的 ▮ 按钮，可以用打开的对话框（见图 2-30）设置 M 区从 MB0 开始的具有断电保持功能的字节数，S7-1500 还可以设置从 T0 和 C0 开始的有保持功能的 SIMATIC 定时器和计数器的个数。单击工具栏上的按钮 ▮，可以隐藏或显示 M 区地址的保持功能符号。有保持功能的 M 区的地址用地址列的符号 ▮ 表示。

4. 分配列表的附加功能

1）选中分配列表中的某个地址（图 4-62 选中了 I0.0），在下面的巡视窗口的"信息 > 交叉引用"选项卡中显示出选中的地址的交叉引用信息。

2）右键单击分配列表中的某个地址（包括位地址），执行快捷菜单中的"打开编辑器"命令，将会打开 PLC 默认变量表，可以编辑指定的变量的属性。

3）单击工具栏上的 ▮ 按钮，出现的下拉式列表中有两个复选框。"已使用的地址"复选框用于激活或禁止显示已使用的地址；"空闲的硬件地址"复选框用于激活或禁止显示未使用的硬件地址，图 4-62 禁止了此选项。

5. 过滤器

可以使用预定义的过滤器（Filter）或生成自己的过滤器来"过滤"分配列表显示的内容。

单击工具栏上的 ▽ 按钮，打开图 4-64 中的"过滤分配表"对话框，用它来生成自己的过滤器。可以生成和编辑几个不同用途的过滤器，单击该对话框工具栏上的 ▮ 按钮，生成一个新的过滤器。单击 ✕ 按钮，将删除当前的过滤器。

图 4-64　分配列表的过滤器

单击图 4-64 的工具栏上下拉式列表右边的 ▼ 按钮，选中出现的下拉式列表中的某个过滤器，分配列表按选中的过滤器的要求显示过滤后的地址。

如果未选中图中的某个复选框，分配列表不显示对应的地址区。

可以在"过滤区域"文本框中输入要显示的唯一的地址或部分地址，例如在"存储器"
（M）区的文本框中输入 12 表示只显示 MB12；输入"0;12;18"表示只显示 MB0、MB12 和
MB18；输入"10-19"表示只显示 MB10～MB19 范围内已分配的地址；输入"*"表示显示
该地址区所有已分配的地址。注意上述表达式应使用英语的标点符号。最后单击"确定"按
钮，确认对过滤器的编辑。

4.4.3 调用结构、从属性结构与资源

1. 显示调用结构

调用结构描述了用户程序中块与块之间调用与被调用关系的体系结构。定时器、计数器
指令实际上是函数块，但是在调用结构中不会显示它们。

调用结构提供使用的块、块与块之间的关系、块需要的局部数据和块的状态的概览，可
以通过链接跳转到程序中调用块或访问块的地方。

打开项目"1200_1200ISO_C"，选中项目树中的"PLC_1"文件夹，执行菜单命令"工
具＞调用结构"，将显示 PLC_1 的程序块之间的调用结构。

2. 调用结构的显示内容

在图 4-65 的调用结构表中，"调用结构"列显示被调用块的总览，"地址"列显示块的
绝对地址（即块的编号），函数块还显示它的背景数据块的绝对地址。

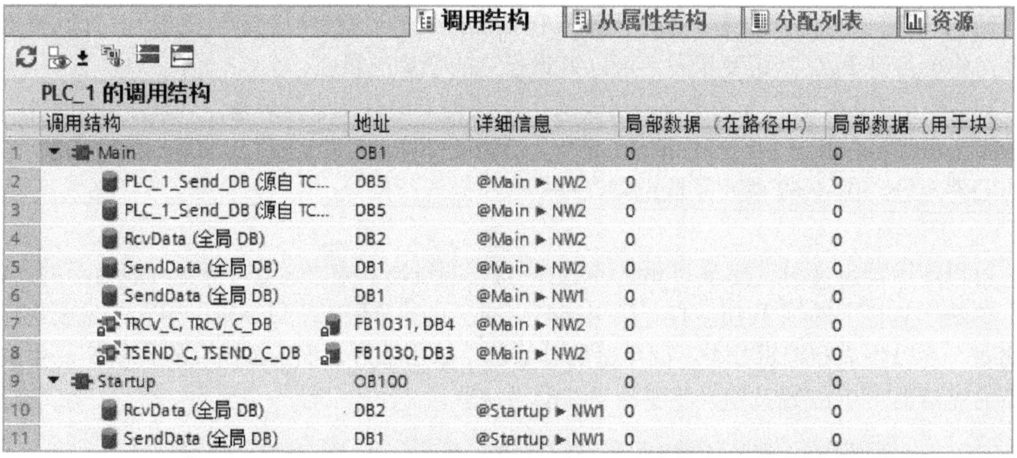

图 4-65　调用结构

单击调用结构表第 2 行的"详细信息"列中蓝色的有链接的"@Main ▶ NW2"，自动打
开主程序 Main，光标在功能块 TSEND_C 的参数 CONNECT 的实参 DB5（PLC_1_Send_DB）
上（见图 6-5）。单击第 7 行的"详细信息"列，打开主程序 Main，光标在功能块 TRCV_C
的背景数据块 DB4（TRCV_C_DB）上。

被优化访问的块的符号寻址的信息和块存储在一起，因此需要较多的局部数据。"局部数据
（在路径中）"列显示完整的路径需要的局部变量。"局部数据（用于块）"列显示块需要的局
部数据。只有在完成块的编译之后，才能显示或更新当前所有的局部数据。

调用结构的第一层是组织块，它们不会被程序中的其他块调用。在"调用结构"列中，
下一层的块是被调用的块，它比上一层的块（调用它的块）后退若干个字符。程序中可能有

多级调用。从图 4-65 可以看到，主程序 Main 调用了函数块 TRCV_C 和 TSEND_C。

选中调用结构中的某个块，在下面的巡视窗口的"信息 > 交叉引用"选项卡中，可以看到它的交叉引用信息。右键单击调用结构中的某个块，执行快捷菜单中的"打开编辑器"命令，将会用对应的编辑器打开选中的块。

3. 工具栏上按钮的功能

单击工具栏上的 ⬚ ⬚ 按钮，出现的下拉式列表中有两个复选框。

1）如果勾选了复选框"仅显示冲突"，仅显示被调用的有冲突的块，例如有时间标记冲突的块、使用修改了地址或数据类型的变量的块、调用了接口已更改的块、没有被 OB 调用的块。

2）如果勾选了"组合多次调用"复选框，对同一个块的多次调用或对同一个数据块的多次访问被组合到一行显示。块被调用的次数在"调用频率"列显示。如果没有选中该复选框，将用多行来分别显示每次调用或访问同一个块时的"详细信息"。

工具栏上的 ⬚ 按钮用于检查块的一致性。

4. 显示从属性结构

从属性结构显示用户程序中每个块与其他块的从属关系，图 4-66 是例程"函数与函数块"的从属性结构。块在第一级显示，调用或使用它的块在它的下面向右后退若干个字符。与调用结构相比，背景数据块被单独列出。

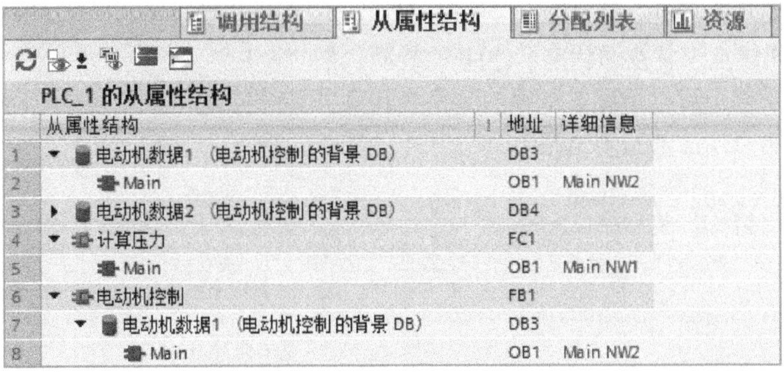

图 4-66　从属性结构

选中程序块文件夹或选中其中的某个块，执行菜单命令"工具"→"从属性结构"，将显示选中的 PLC 的从属性结构。也可以用图 4-65 中的选项卡打开从属性结构。在项目"函数与函数块"中，FC1 和 FB1 被主程序 Main 调用，FB1 的背景数据块为 DB3 和 DB4。

单击图 4-66 第 2 行的"详细信息"列，将会打开 Main 中的网络 2，光标在 FB1 的背景数据块 DB3 上。单击第 5 行的"详细信息"列，将会打开 Main 中的网络 1，光标在 FC1 上。

5. 资源

选中指令树中的"PLC_1"文件夹，执行"工具"菜单中的"资源"命令，将显示 CPU 的资源。

"资源"选项卡显示已组态的 CPU 的硬件资源，例如 CPU 的装载存储器、工作存储器和保持性存储器的最大存储空间和已使用的字节数；CPU 的编程对象（例如 OB、FC、FB、DB、运动工艺对象、数据类型和 PLC 变量）占用的存储器的详细情况；以及已组态和已使用的 DI、DO、AI、AO 的点数。

第5章　顺序控制编程方法与 SCL 编程语言

5.1　梯形图的经验设计法

开关量控制系统（例如继电器控制系统）又称为数字量控制系统。下面首先介绍数字量控制系统的经验设计法常用的一些基本电路。

1. 起保停电路与置位复位电路

第 2 章和第 3 章已经介绍过起动-保持-停止电路（简称为起保停电路），由于该电路在梯形图中的应用很广，现在将它重画在图 5-1 中。左图中的起动信号 I0.0 和停止信号 I0.1（例如按钮提供的信号）持续为 1 状态的时间一般都很短。起保停电路最主要的特点是具有"记忆"功能，按下起动按钮，I0.0 的常开触点接通，Q0.0 的线圈"通电"，它的常开触点同时接通。放开起动按钮，I0.0 的常开触点断开，"能流"经 Q0.0 的常开触点和 I0.1 的常闭触点流过 Q0.0 的线圈，Q0.0 仍然为 1 状态，这就是所谓的"自锁"或"自保持"功能。按下停止按钮，I0.1 的常闭触点断开，使 Q0.0 的线圈"断电"，其常开触点断开。以后即使放开停止按钮，I0.1 的常闭触点恢复接通状态，Q0.0 的线圈仍然"断电"。

这种记忆功能也可以用图 5-1 中的 S 指令和 R 指令来实现。置位复位电路是后面要重点介绍的顺序控制设计法的基本电路。

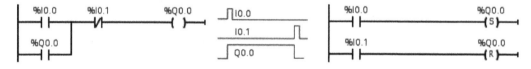

图 5-1　起保停电路与置位复位电路

在实际电路中，起动信号和停止信号可能由多个触点组成的串、并联电路提供。

2. 三相异步电动机的正反转控制电路

图 5-2 是三相异步电动机正反转控制的主电路和继电器控制电路图，KM1 和 KM2 分别是控制正转运行和反转运行的交流接触器。用 KM1 和 KM2 的主触点改变进入电动机的三相电源的相序，就可以改变电动机的旋转方向。图中的 FR 是热继电器，在电动机过载时，经过一定的时间之后，它的常闭触点断开，使 KM1 或 KM2 的线圈断电，电动机停转。

图 5-2 中的控制电路由两个起保停电路组成，为了节省触点，FR 和 SB1 的常闭触点供两个起保停电路公用。

按下正转起动按钮 SB2，KM1 的线圈通电并自保持，电动机正转运行。按下反转起动按钮 SB3，KM2 的线圈通电并自保持，电动机反转运行。按下停止按钮 SB1，KM1 或 KM2 的线圈断电，电动机停止运行。

为了方便操作和保证 KM1 和 KM2 不会同时动作，在图 5-2 中设置了"按钮联锁"，将正转起动按钮 SB2 的常闭触点与控制反转的 KM2 的线圈串联，将反转起动按钮 SB3 的常闭触点与控制正转的 KM1 的线圈串联。设 KM1 的线圈通电，电动机正转，这时如果想改为反转，可以不按停止按钮 SB1，直接按反转起动按钮 SB3，它的常闭触点断开，使 KM1 的线圈断电，同时 SB3 的常开触点接通，使 KM2 的线圈得电，电动机由正转变为反转。

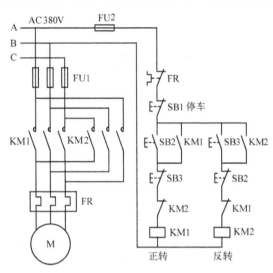

图 5-2　异步电动机正反转继电器控制电路

由主电路可知，如果 KM1 和 KM2 的主触点同时闭合，将会造成三相电源相间短路的故障。在控制电路中，KM1 的线圈串联了 KM2 的辅助常闭触点，KM2 的线圈串联了 KM1 的辅助常闭触点，它们组成了硬件互锁电路。

假设 KM1 的线圈通电，其主触点闭合，电动机正转。因为 KM1 的辅助常闭触点与主触点是联动的，此时与 KM2 的线圈串联的 KM1 的常闭触点断开，因此按反转起动按钮 SB3 之后，要等到 KM1 的线圈断电，它在主电路的常开触点断开，辅助常闭触点闭合，KM2 的线圈才会通电，因此这种互锁电路可以有效地防止电源短路故障。

图 5-3 和图 5-4 是实现上述功能的 PLC 的外部接线图和梯形图。将继电器电路图转换为梯形图时，首先应确定 PLC 的输入信号和输出信号。3 个按钮提供操作人员发出的指令信号，按钮信号必须输入到 PLC 中去，热继电器的常开触点提供了 PLC 的另一个输入信号。两个交流接触器的线圈是 PLC 输出端的负载。

画出 PLC 的外部接线图后，同时也确定了外部输入/输出信号与 PLC 内的过程映像输入/输出位的地址之间的关系。可以将继电器电路图"翻译"为梯形图，即采用与图 5-2 中的继电器电路完全相同的结构来画梯形图。各触点的常开、常闭的性质不变，根据 PLC 外部接线图给出的关系，来确定梯形图中各触点的地址。图 5-2 中 SB1 和 FR 的常闭触点串联电路对应于图 5-4 中 I0.2 的常闭触点。

图 5-4 中的梯形图将控制 Q0.0 和 Q0.1 的两个起保停电路分离开来，电路的逻辑关系比较清晰。虽然多用了一个 I0.2 的常闭触点，但是并不会增加硬件成本。

图 5-4 使用了 Q0.0 和 Q0.1 的常闭触点组成的软件互锁电路。如果没有图 5-3 输出回路的硬件互锁电路，从正转马上切换到反转时，由于切换过程中电感的延时作用，可能会出现

原来接通的接触器的主触点还未断弧，另一个接触器的主触点已经合上的现象，从而造成交流电源瞬间短路的故障。

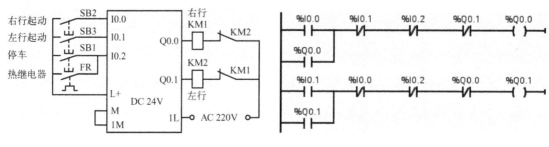

图 5-3　PLC 的外部接线图　　　　　　　　　　　图 5-4　梯形图

此外，如果没有图 5-3 的硬件互锁电路，并且因为主电路电流过大或接触器质量不好，某一接触器的主触点被断电时产生的电弧熔焊而被黏结，其线圈断电后主触点仍然是接通的。这时如果另一个接触器的线圈通电，也会造成三相电源短路事故。为了防止出现这种情况，应在 PLC 外部设置由 KM1 和 KM2 的辅助常闭触点组成的硬件互锁电路（见图 5-3）。这种互锁与图 5-2 的继电器电路的互锁原理相同，假设 KM1 的主触点被电弧熔焊，这时它与 KM2 线圈串联的辅助常闭触点处于断开状态，因此 KM2 的线圈不可能得电。

3．小车自动往返控制程序的设计

可以用设计继电器电路图的方法来设计比较简单的数字量控制系统的梯形图，即在一些典型电路的基础上，根据被控对象对控制系统的具体要求，不断地修改和完善梯形图。有时需要多次反复地调试和修改梯形图，增加一些中间编程元件和触点，最后才能得到一个较为满意的结果。

这种方法没有普遍的规律可以遵循，具有很大的试探性和随意性，最后的结果不是唯一的，设计所用的时间、设计的质量与设计者的经验有很大的关系，所以有人把这种设计方法叫作经验设计法，它可以用于较简单的梯形图（例如手动程序）的设计。

异步电动机的主回路与图 5-2 中的相同。在图 5-3 的基础上，增加了接在 I0.3 和 I0.4 输入端子的左限位开关 SQ1 和右限位开关 SQ2 的常开触点（见图 5-5 的左图）。

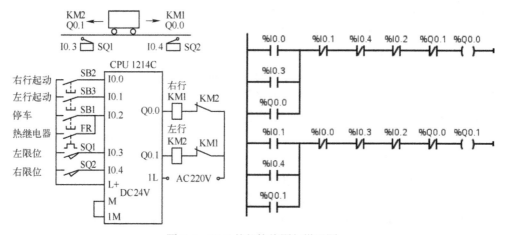

图 5-5　PLC 外部接线图与梯形图

按下右行起动按钮 SB2 或左行起动按钮 SB3 后，要求小车在两个限位开关之间不停地循环往返，按下停止按钮 SB1 后，电动机断电，小车停止运动。可以在三相异步电动机正反转继电器控制电路的基础上，设计出满足要求的梯形图（见图 5-5 的右图）。

为了使小车的运动在极限位置自动停止，将右限位开关 I0.4 的常闭触点与控制右行的 Q0.0 的线圈串联，将左限位开关 I0.3 的常闭触点与控制左行的 Q0.1 的线圈串联。为了使小车自动改变运动方向，将左限位开关 I0.3 的常开触点与手动起动右行的 I0.0 的常开触点并联，将右限位开关 I0.4 的常开触点与手动起动左行的 I0.1 的常开触点并联。

假设按下左行起动按钮 I0.1，Q0.1 变为 1 状态，小车开始左行，碰到左限位开关时，I0.3 的常闭触点断开，使 Q0.1 的线圈"断电"，小车停止左行。I0.3 的常开触点接通，使 Q0.0 的线圈"通电"，开始右行。碰到右限位开关时，I0.4 的常闭触点断开，使 Q0.0 的线圈"断电"，小车停止右行。I0.4 的常开触点接通，使 Q0.1 的线圈"通电"，又开始左行。以后将这样不断地往返运动下去，直到按下停车按钮，I0.2 的常闭触点使 Q0.0 或 Q0.1 的线圈断电。

这种控制方式适用于小容量的异步电动机，往返不能太频繁，否则电动机将会过热。

4. 较复杂的小车自动运行控制程序的设计

打开配套资源中的例程"经验设计法小车控制"，PLC 的外部接线图与图 5-5 相同。小车开始时停在左边，左限位开关 SQ1 的常开触点闭合。要求按下列顺序控制小车：

1）按下右行起动按钮，小车开始右行。

2）走到右限位开关处，小车停止运动，延时 8s 后开始左行。

3）回到左限位开关处，小车停止运动。

在异步电动机正反转控制电路的基础上设计的满足上述要求的梯形图如图 5-6 所示。

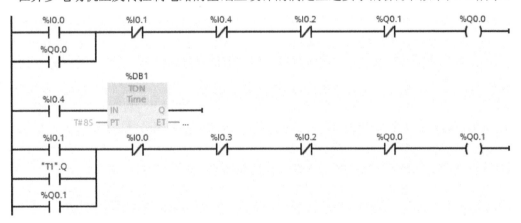

图 5-6　小车自动运行的梯形图

在控制右行的 Q0.0 的线圈回路中串联了 I0.4 的常闭触点，小车走到右限位开关 SQ2 处时，I0.4 的常闭触点断开，使 Q0.0 的线圈断电，小车停止右行。同时 I0.4 的常开触点闭合，定时器 TON 的 IN 输入为 1 状态，开始定时。8s 后定时时间到，定时器的 Q 输出信号"T1".Q 的常开触点闭合，使 Q0.1 的线圈通电并自保持，小车开始左行。离开限位开关 SQ2 后，I0.4 的常开触点断开，定时器因为其 IN 输入变为 0 状态而被复位。小车运行到左边的起始点时，左限位开关 SQ1 的常开触点闭合，I0.3 的常闭触点断开，使 Q0.1 的线圈断电，小车停止运动。

在梯形图中，保留了左行起动按钮 I0.1 和停止按钮 I0.2 的触点，使系统有手动操作的功能。串联在起保停电路中的限位开关 I0.3 和 I0.4 的常闭触点可以防止小车的运动超限。

下面介绍用仿真调试程序的方法。选中项目树中的 PLC_1，单击工具栏上的"启动仿真"按钮 ，打开 S7-PLCSIM 的精简视图。将程序下载到仿真 PLC，使后者进入 RUN 模式。单击精简视图右上角的 按钮，切换到项目视图，创建一个 S7-PLCSIM 的新项目。双击项目树中的"SIM 表格_1"，打开仿真表，在表格中生成图 5-7 中的条目。

图 5-7　仿真软件的 SIM 表格_1

勾选 I0.3 对应的小方框，模拟左限位开关动作。两次单击 I0.0 对应的小方框，模拟按下右行起动按钮后马上松开。Q0.0 对应的小方框中出现勾，小车开始右行。小车离开左限位开关后，应及时将 I0.3 复位为 0 状态，否则在后面的调试中将会出错。

勾选 I0.4 对应的小方框，模拟右限位开关动作。Q0.0 变为 0 状态，小车停止右行，T1 的当前时间值"T1".ET 不断增大。到达 8s 时，Q0.1 变为 1 状态，小车开始左行，离开右限位开关，此时应将 I0.4 复位为 0 状态。勾选 I0.3 对应的小方框，模拟左限位开关动作，Q0.1 变为 0 状态，小车停止左行。

5.2　顺序控制设计法与顺序功能图

用经验设计法设计梯形图时，没有一套固定的方法和步骤可以遵循，具有很大的试探性和随意性，对于不同的控制系统，没有一种通用的容易掌握的设计方法。在设计复杂系统的梯形图时，用大量的中间单元来完成记忆、联锁和和互锁等功能，由于需要考虑的因素很多，它们往往又交织在一起，分析起来非常困难，并且很容易遗漏掉一些应该考虑的问题。修改某一局部电路时，很可能会"牵一发而动全身"，对系统的其他部分产生意想不到的影响，因此梯形图的修改也很麻烦，往往花了很长的时间还得不到一个满意的结果。用经验法设计出的复杂的梯形图很难阅读，给系统的维修和改进带来了很大的困难。

所谓顺序控制，就是按照生产工艺预先规定的顺序，在各个输入信号的作用下，根据内部状态和时间的顺序，在生产过程中各个执行机构自动地有秩序地进行操作。

使用顺序控制设计法时，首先根据系统的工艺过程，画出顺序功能图（Sequential function chart，SFC），然后根据顺序功能图画出梯形图。

顺序功能图是描述控制系统的控制过程、功能和特性的一种图形，也是设计 PLC 的顺序控制程序的有力工具。顺序功能图并不涉及所描述的控制功能的具体技术，它是一种通用的技术语言，可以供进一步设计和不同专业的人员之间进行技术交流时使用。

顺序控制设计法是一种先进的设计方法，很容易被初学者接受，对于有经验的工程师，也会提高设计的效率，程序的调试、修改和阅读也很方便。

顺序功能图是 PLC 的国际标准 IEC 61131-3 中位居首位的编程语言，有的 PLC 为用户提供了顺序功能图语言，例如 S7-300/400/1500 的 S7-Graph 语言，在编程软件中生成顺序功能图后便完成了编程工作。

现在还有相当多的 PLC（包括 S7-1200）没有配备顺序功能图语言。但是可以用顺序功能图来描述系统的功能，根据它来设计梯形图程序。

5.2.1　顺序功能图的基本元件

1. 步的基本概念

顺序控制设计法最基本的思想是将系统的一个工作周期划分为若干个顺序相连的阶段，这些阶段称为步（Step），并用编程元件（例如位存储器 M）来代表各步。步是根据输出量的状态变化来划分的，在任何一步之内，各输出量的 1、0 状态不变，但是相邻两步输出量总的状态是不同的，步的这种划分方法使代表各步的编程元件的状态与各输出量的状态之间有着极为简单的逻辑关系。

顺序控制设计法用转换条件控制代表各步的编程元件，让它们的状态按一定的顺序变化，然后用代表各步的编程元件去控制 PLC 的各输出位。

下面用一个简单的例子来介绍顺序功能图的画法。图 5-8 中的小车开始时停在最左边，限位开关 I0.2 为 1 状态。按下起动按钮 I0.0，Q0.0 变为 1 状态，小车右行。碰到右限位开关 I0.1 时，Q0.0 变为 0 状态，Q0.1 变为 1 状态，小车改为左行。返回起始位置时，Q0.1 变为 0 状态，小车停止运行，同时 Q0.2 变为 1 状态，使制动电磁铁线圈通电，接通延时定时器 T1 开始定时。定时时间到，制动电磁铁线圈断电，系统返回初始状态。

根据 Q0.0～Q0.2 的 0、1 状态的变化，显然可以将上述工作过程划分为 3 步，分别用 M4.1～M4.3 来代表这 3 步，另外还设置了一个等待起动的初始步。图 5-9 是描述该系统的顺序功能图，图中用矩形方框表示步。为了便于将顺序功能图转换为梯形图，用代表各步的编程元件的地址作为步的代号，并用编程元件的地址来标注转换条件和各步的动作或命令。

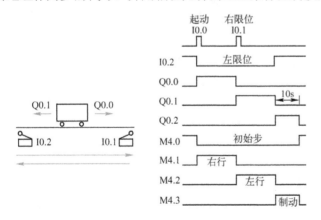

图 5-8　系统示意图与波形图

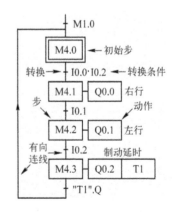

图 5-9　顺序功能图

2. 初始步与活动步

与系统的初始状态相对应的步称为初始步，初始状态一般是系统等待起动命令的相对静止的状态。初始步用双线方框表示，每一个顺序功能图至少应该有一个初始步。

当系统正处于某一步所在的阶段时，该步处于活动状态，称该步为"活动步"。步处于活动状态时，执行相应的非存储型动作；处于不活动状态时，停止执行相应的非存储型动作。

3. 与步对应的动作或命令

可以将一个控制系统划分为被控系统和施控系统，例如在数控车床系统中，数控装置是施控系统，而车床是被控系统。对于被控系统，在某一步中要完成某些"动作"（Action），对于施控系统，在某一步中则要向被控系统发出某些"命令"（Command）。为了叙述方便，下面将命令或动作统称为动作，并用矩形框中的文字或变量表示动作，该矩形框应与它所在的步对应的方框相连。

如果某一步有几个动作，可以用图 5-10 中的两种画法来表示，但是并不隐含这些动作之间的任何顺序。应清楚地表明动作是存储型的还是非存储型的。图 5-9 中的 Q0.0~Q0.2 均为非存储型动作，例如在步 M4.1 为活动步时，动作 Q0.0 为 1 状态，步 M4.1 为不活动步时，动作 Q0.0 为 0 状态。步与它的非存储性动作的波形完全相同。

图 5-10　动作的两种画法

某些动作在连续的若干步都应为 1 状态，可以在顺序功能图中，用动作的限定符"S"（见图 5-31）将它在应为 1 状态的第一步置位，用动作的限定符"R"将它在应为 1 状态的最后一步的下一步复位为 0 状态。这种动作是存储性动作，在程序中用置位、复位指令来实现。在图 5-9 中，定时器线圈 T1 在步 M4.3 为活动步时通电，步 M4.3 为不活动步时断电，从这个意义上来说，定时器 T1 相当于步 M4.3 的一个非存储型动作，所以将 T1 放在步 M4.3 的动作框内。

4. 有向连线

在顺序功能图中，随着时间的推移和转换条件的实现，将会发生步的活动状态的进展，这种进展按有向连线规定的路线和方向进行。在画顺序功能图时，将代表各步的方框按它们成为活动步的先后次序顺序排列，并用有向连线将它们连接起来。步的活动状态习惯的进展方向是从上到下或从左至右，在这两个方向有向连线上的箭头可以省略。如果不是上述的方向，则应在有向连线上用箭头注明进展方向。为了更易于理解，在可以省略箭头的有向连线上也可以加箭头。

如果在画图时有向连线必须中断（例如在复杂的图中，或者用几个图来表示一个顺序功能图时），应在有向连线中断之处标明下一步的标号。

5. 转换与转换条件

转换用有向连线上与有向连线垂直的短画线来表示，转换将相邻两步分隔开。步的活动状态的进展是由转换的实现来完成的，并与控制过程的发展相对应。

使系统由当前步进入下一步的信号称为转换条件，转换条件可以是外部的输入信号，例如按钮、指令开关、限位开关的接通或断开等；也可以是 PLC 内部产生的信号，例如定时器、计数器输出位的常开触点的接通等，转换条件还可以是若干个信号的与、或、非逻辑组合。

转换条件可以用文字语言、布尔代数表达式或图形符号标注在表示转换的短线的旁边，使用得最多的是布尔代数表达式（见图 5-11）。

转换条件 I0.0 和 $\overline{I0.0}$ 分别表示当输入信号 I0.0 为 1 状态和 0 状态时转换实现。转换条件"↑I0.0"和"↓I0.0"分别表示当 I0.0 从 0 状态到 1 状态（上升沿）和从 1 状态到 0 状态（下降沿）时转换实现。实际上即使不加符号"↑"，转换一般也是在信号的上升沿实现的，因此一般不加"↑"。

图 5-11 中的波形图用高电平表示步 M2.1 为活动步，反之则用低电平表示。转换条件 $I0.0 \cdot \overline{I2.1}$ 表示 I0.0 的常开触点与 I2.1 的常闭触点同时闭合，在梯形图中则用两个触点的串联来表示这样一个"与"逻辑关系。

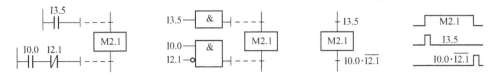

图 5-11　转换与转换条件

图 5-9 中步 M4.3 下面的转换条件"T1".Q 是定时器 T1 的 Q 输出信号，T1 的定时时间到时，该转换条件满足。

在顺序功能图中，只有当某一步的前级步是活动步，该步才有可能变成活动步。如果用没有断电保持功能的编程元件来代表各步，进入 RUN 模式时，它们均处于 0 状态。

在对 CPU 组态时设置默认的 MB1 为系统存储器字节（见图 1-28），用开机时接通一个扫描周期的 M1.0（FirstScan）的常开触点作为转换条件，将初始步预置为活动步（见图 5-9），否则因为顺序功能图中没有活动步，系统将无法工作。如果系统有自动、手动两种工作方式，顺序功能图是用来描述自动工作过程的，这时还应在系统由手动工作方式进入自动工作方式时，用一个适当的信号将初始步置为活动步。

5.2.2　顺序功能图的基本结构

1. 单序列

单序列由一系列相继激活的步组成，每一步的后面仅有一个转换，每一个转换的后面仅有一个步（见图 5-12a），单序列的特点是没有下述的分支与合并。

2. 选择序列

选择序列的开始称为分支（见图 5-12b），转换符号只能标在水平连线之下。如果步 4 是活动步，并且转换条件 h 为 1 状态，则发生由步 4→步 5 的进展。如果步 4 是活动步，并且 k 为 1 状态，则发生由步 4→步 7 的进展。如果将选择条件 k 改为 $k \cdot \overline{h}$，则当 k 和 h 同时为 1 状态时，将优先选择 h 对应的序列，只允许同时选择一个序列。

选择序列的结束称为合并（见图 5-12b），几个选择序列合并到一个公共序列时，用需要重新组合的序列相同数量的转换符号和水平连线来表示，转换符号只允许标在水平连线之上。

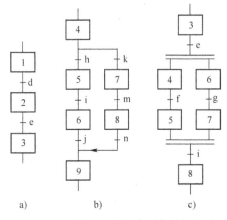

图 5-12　单序列、选择序列与并行序列

如果步 6 是活动步，并且转换条件 j 为 1 状态，则发生由步 6→步 9 的进展。如果步 8 是活动步，并且 n 为 1 状态，则发生由步 8→步 9 的进展。

3. 并行序列

并行序列用来表示系统的几个独立部分同时工作的情况。并行序列的开始称为分支（见图 5-12c），当转换的实现导致几个序列同时激活时，这些序列称为并行序列。当步 3 是活动步，并且转换条件 e 为 1 状态时，步 4 和步 6 同时变为活动步，同时步 3 变为不活动步。为了强调转换的同步实现，水平连线用双线表示。步 4 和步 6 被同时激活后，每个序列中活动步的进展将是独立的。在表示同步的水平双线之上，只允许有一个转换符号。

并行序列的结束称为合并（见图 5-12c），在表示同步的水平双线之下，只允许有一个转换符号。当直接连在双线上的所有前级步（步 5 和步 7）都处于活动状态，并且转换条件 i 为 1 状态时，才会发生步 5 和步 7 到步 8 的进展，即步 5 和步 7 同时变为不活动步，而步 8 变为活动步。

4. 复杂的顺序功能图举例

某专用钻床用来加工圆盘状零件上均匀分布的 6 个孔（见图 5-13 的左图），上面是侧视图，下面是工件的俯视图。在进入自动运行之前，两个钻头应在最上面，上限位开关 I0.3 和 I0.5 为 1 状态，系统处于初始步，加计数器 C1 被复位，当前计数值 CV 被清零。

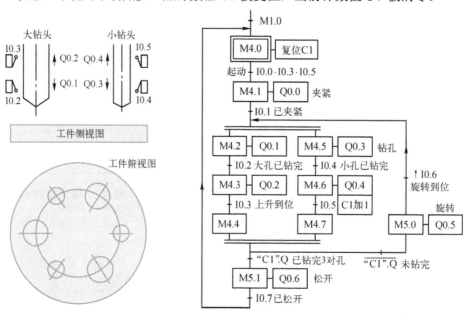

图 5-13　专用钻床控制系统的示意图与顺序功能图

用位存储器 M 来代表各步，因为要求两个钻头向下钻孔和钻头提升的过程同时进行，故采用并行序列来描述上述的过程。顺序功能图中还包含了选择序列。

操作人员放好工件后，按下起动按钮 I0.0，转换条件 I0.0·I0.3·I0.5 满足，由初始步 M4.0 转换到步 M4.1，Q0.0 变为 1 状态，工件被夹紧。夹紧后压力继电器 I0.1 为 1 状态，由步 M4.1 转换到步 M4.2 和 M4.5，Q0.1 和 Q0.3 使两只钻头同时开始向下钻孔。大钻头钻到由限位开关 I0.2 设定的深度时，进入步 M4.3，Q0.2 使大钻头上升，升到由限位开关 I0.3 设定的起始位置时停止上升，进入等待步 M4.4。小钻头钻到由限位开关 I0.4 设定的深度时，进入步 M4.6，Q0.4 使小钻头上升，设定值为 3 的加计数器 C1 的当前计数器值加 1。升到由限位开关 I0.5 设定的起始位置时停止上升，进入等待步 M4.7。

C1 加 1 后的当前计数器值为 1，小于预设值 3。C1 的 Q 输出"C1".Q 的常闭触点闭合，转换条件$\overline{\text{"C1".Q}}$满足。两个钻头都上升到位后，将转换到步 M5.0。Q0.5 使工件旋转 120°，旋转后"旋转到位"限位开关 I0.6 变为 0 状态。旋转到位时 I0.6 变为 1 状态，返回步 M4.2 和 M4.5，开始钻第二对孔。转换条件"↑I0.6"中的"↑"表示转换条件仅在 I0.6 的上升沿时有效。如果将转换条件改为 I0.6，因为在转换到步 M5.0 之前 I0.6 就为 1 状态，进入步 M5.0 之后将会马上离开步 M5.0，不能使工件旋转。转换条件改为"↑I0.6"后，解决了这个问题。3 对孔都钻完后，当前计数器值为 3，转换条件"C1".Q 变为 1 状态，转换到步 M5.1，Q0.6 使工件松开。松开到位时，限位开关 I0.7 为 1 状态，系统返回初始步 M4.0。

由步 M4.2～M4.4 和步 M4.5～M4.7 组成的两个单序列分别用来描述大钻头和小钻头的工作过程。在步 M4.1 之后，有一个并行序列的分支。当步 M4.1 为活动步，并且转换条件 I0.1 得到满足（I0.1 为 1 状态）时，并行序列的两个单序列中的第 1 步（步 M4.2 和步 M4.5）同时变为活动步。此后两个单序列内部各步的活动状态的转换是相互独立的，例如大孔或小孔钻完时的转换一般不是同步的。

两个单序列的最后 1 步（步 M4.4 和步 M4.7）应同时变为不活动步。但是两个钻头一般不会同时上升到位，不可能同时结束运动，所以设置了等待步 M4.4 和步 M4.7，它们用来同时结束两个并行序列。当两个钻头均上升到位，限位开关 I0.3 和 I0.5 分别为 1 状态，大、小钻头两个子系统分别进入两个等待步，并行序列将会立即结束。

在步 M4.4 和步 M4.7 之后，有一个选择序列的分支。没有钻完 3 对孔时，"C1".Q 的常闭触点闭合，转换条件$\overline{\text{"C1".Q}}$满足，如果两个钻头都上升到位，将从步 M4.4 和步 M4.7 转换到步 M5.0。如果已经钻完了 3 对孔，"C1".Q 的常开触点闭合，转换条件"C1".Q 满足，将从步 M4.4 和步 M4.7 转换到步 M5.1。

在步 M4.1 之后，有一个选择序列的合并。当步 M4.1 为活动步，并且转换条件 I0.1 得到满足（I0.1 为 1 状态），将转换到步 M4.2 和步 M4.5。当步 M5.0 为活动步，并且转换条件 ↑I0.6 得到满足，也会转换到步 M4.2 和步 M4.5。

5.2.3　顺序功能图中转换实现的基本规则

1. 转换实现的条件

在顺序功能图中，步的活动状态的进展是由转换的实现来完成的。转换实现必须同时满足两个条件：

1）该转换所有的前级步都是活动步。

2）相应的转换条件得到满足。

这两个条件是缺一不可的，如果取消了第一个条件，假设因为误操作按了起动按钮，在任何情况下都将使以起动按钮作为转换条件的后续步变为活动步，造成设备的误动作，甚至会出现重大的事故。

2. 转换实现应完成的操作

转换实现时应完成以下两个操作：

1）使所有由有向连线与相应转换符号相连的后续步都变为活动步。

2）使所有由有向连线与相应转换符号相连的前级步都变为不活动步。

以上规则可以用于任意结构中的转换，其区别如下：在单序列和选择序列中，一个转换仅有一个前级步和一个后续步。在并行序列的分支处，转换有几个后续步（见图 5-12c），在转换实现时应同时将它们对应的编程元件置位。在并行序列的合并处，转换有几个前级步，它们均为活动步时才有可能实现转换，在转换实现时应将它们对应的编程元件全部复位。

转换实现的基本规则是根据顺序功能图设计梯形图的基础，它适用于顺序功能图中的各种基本结构，以及 5.3 节将要介绍的顺序控制梯形图的编程方法。

3. 绘制顺序功能图的注意事项

下面是针对绘制顺序功能图时常见的错误提出的注意事项：

1）两个步绝对不能直接相连，必须用一个转换将它们分隔开。

2）两个转换也不能直接相连，必须用一个步将它们分隔开。这两条可以作为判断顺序功能图是否正确的必要条件。

3）顺序功能图中的初始步一般对应于系统等待起动的初始状态，这一步可能没有什么输出为 1 状态，因此有的初学者在画顺序功能图时很容易遗漏这一步。初始步是必不可少的，一方面因为该步与它的相邻步相比，从总体上来说输出变量的状态各不相同；另一方面如果没有该步，无法表示初始状态，系统也无法返回等待起动的停止状态。

4）自动控制系统应能多次重复执行同一工艺过程，因此在顺序功能图中一般应有由步和有向连线组成的闭环，即在完成一次工艺过程的全部操作之后，应从最后一步返回初始步，系统停留在初始状态（单周期操作，见图 5-9），在连续循环工作方式时，应从最后一步返回下一工作周期开始运行的第一步（见图 5-13）。

4. 顺序控制设计法的本质

经验设计法实际上是试图用输入信号 I 直接控制输出信号 Q（见图 5-14a），如果无法直接控制，或者为了实现记忆和互锁等功能，只好被动地增加一些辅助元件和辅助触点。由于不同的系统的输出量 Q 与输入量 I 之间的关系各不相同，以及它们对联锁、互锁的要求千变万化，不可能找出一种简单通用的设计方法。

顺序控制设计法则是用输入量 I 控制代表各步的编程元件（例如位存储器 M），再用它们控制输出量 Q（见图 5-14b）。步是根据

图 5-14　信号关系图

输出量 Q 的状态划分的，M 与 Q 之间具有很简单的"或"或者相等的逻辑关系，输出电路的设计极为简单。任何复杂系统的代表步的位存储器 M 的控制电路，其设计方法都是通用的，并且很容易掌握，所以顺序控制设计法具有简单、规范、通用的优点。由于代表步的 M 是依次变为 1、0 状态的，实际上已经基本上解决了经验设计法中的记忆和联锁等问题。

5.3　使用置位复位指令的顺序控制梯形图设计方法

5.3.1　单序列的编程方法

1. 设计顺序控制梯形图的基本问题

本节介绍根据顺序功能图设计梯形图的方法，这种编程方法很容易掌握，用它们可以迅

速地、得心应手地设计出复杂的数字量控制系统的梯形图。

控制程序一般采用图 5-15 所示的典型结构。系统有自动和手动两种工作方式，每次扫描都会执行公用程序，自动方式和手动方式都需要执行的操作放在公用程序中，公用程序还用于自动程序和手动程序相互切换的处理。Bool 变量"自动开关"为 1 状态时调用自动程序，为 0 状态时调用手动程序。

开始执行自动程序时，要求系统处于与自动程序的顺序功能图的初始步对应的初始状态。如果开机时系统没有处于初始状态，则应进入手动工作方式，用手动操作使系统进入初始状态后，再切换到自动工作方式,也可以设置使系统自动进入要求的初始状态的工作方式。在本节中，假设刚开始执行用户程序时，系统的机械部分已经处于要求的初始状态。在 OB1 中用仅在首次扫描循环时为 1 状态的 M1.0（FirstScan）将各步对应的编程元件（例如图 5-16 中的 MB4）均复位为 0 状态，然后将初始步对应的编程元件（例如图 5-16 中的 M4.0）置位为 1 状态，为转换的实现做好准备。如果 MB4 没有设置保持功能，起动时它被自动清零，可以删除图 5-16 中的 MOVE 指令，也可以用复位位域指令来复位非初始步（见图 5-24）。

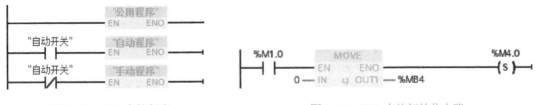

图 5-15 OB1 中的程序   图 5-16 OB1 中的初始化电路

2. 编程的基本方法

图 5-17 中转换的上面是并行序列的合并，转换的下面是并行序列的分支。如果转换的前级步或后续步不止一个，转换的实现称为同步实现。为了强调同步实现，有向连线的水平部分用双线表示。

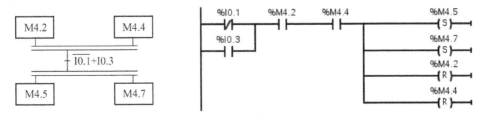

图 5-17 转换的同步实现

在梯形图中，用编程元件（例如 M）代表步，当某一步为活动步时，该步对应的编程元件为 1 状态。当该步之后的转换条件满足时，转换条件对应的触点或电路接通。因此可以将该触点或电路与代表所有前级步的编程元件的常开触点串联，作为与转换实现的两个条件同时满足对应的电路。

以图 5-17 为例,转换条件的布尔代数表达式为 $\overline{I0.1}+I0.3$，它的两个前级步对应于 M4.2 和 M4.4，应将 M4.2、M4.4 的常开触点组成的串联电路与 I0.3 和 I0.1 的触点组成的并联电路串联，作为转换实现的两个条件同时满足对应的电路。在梯形图中，该电路接通时，应使所有的后续步变为活动步，使所有的前级步变为不活动步。

因此将 M4.2、M4.4、I0.3 的常开触点与 I0.1 的常闭触点组成的串并联电路，作为使代表后续步的 M4.5 和 M4.7 置位和使代表前级步的 M4.2 和 M4.4 复位的条件。

在任何情况下，代表步的位存储器的控制电路都可以用这一原则来设计，每一个转换对应一个这样的控制置位和复位的电路块，有多少个转换就有多少个这样的电路块。这种设计方法特别有规律，梯形图与转换实现的基本规则之间有着严格的对应关系，在设计复杂的顺序功能图的梯形图时既容易掌握，又不容易出错。

3. 编程方法应用举例

生成一个名为"小车顺序控制"的项目（见配套资源中的同名例程），CPU 的型号为 CPU 1214C。

将图 5-9 的小车控制系统的顺序功能图重新画在图 5-18 中。图 5-19 是根据顺序功能图编写的 OB1 中的梯形图程序。左边第一行与图 5-16 中的初始化程序相同。

实现图 5-18 中 I0.1 对应的转换需要同时满足两个条件，即该转换的前级步是活动步（M4.1 为 1 状态）和转换条件满足（I0.1 为 1 状态）。在梯形图中，用 M4.1 和 I0.1 的常开触点组成的串联电路来表示上述条件。该电路接通时，两个条件同时满足。此时应将该转换的后续步变为活动步，即用置位指令（S 指令）将 M4.2 置位。还应将该转换的前级步变为不活动步，即用复位指令（R 指令）将 M4.1 复位。

用上述的方法编写控制代表步的 M4.0～M4.3 的电路，每一个转换对应一个这样的电路（见图 5-19）。初始步下面的转换条件为 I0.0·I0.2，对应于 I0.0 和 I0.2 的常开触点组成的串联电路。该转换的前级步为 M4.0，所以用这 3 个 Bool 变量的常开触点的串联电路，作为使代表后续步的 M4.1 置位和使代表前级步的 M4.0 复位的条件。

二维码 5-1

视频"顺序控制程序的编程与调试（A）"可通过扫描二维码 5-1 播放。

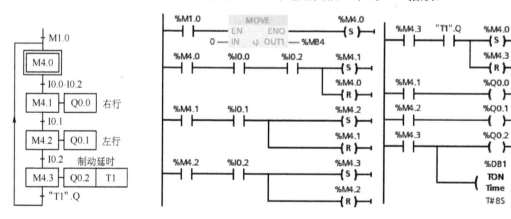

图 5-18 顺序功能图　　　　　　　　图 5-19 梯形图

4. 输出电路的处理

在顺序功能图中，Q0.0～Q0.2 都只是在某一步中为 1 状态，在输出电路中，用它们所在步的位存储器的常开触点分别控制它们的线圈。例如用 M4.1 的常开触点控制 Q0.0 的线圈。如果某个输出位在几步中都为 1 状态，应使用这些步对应的位存储器的常开触点的并联电路，来控制该输出位的线圈。

在制动延时步，M4.3 为 1 状态，它的常开触点接通，使 TON 定时器线圈开始定时。定时时间到时，定时器 T1 的 Q 输出"T1".Q 变为 1 状态，转换条件满足，将从步 M4.3 转换到初始步 M4.0。

使用这种编程方法时，不能将输出位的线圈与置位指令和复位指令并联，这是因为图 5-19 中控制置位、复位的串联电路接通的时间是相当短的，只有一个扫描周期。转换条件 I0.1 满足后，前级步 M4.1 被复位，下一个扫描循环周期 M4.1 和 I0.1 的常开触点组成的串联电路断开。而输出位 Q 的线圈至少应该在某一步对应的全部时间内被接通。所以应根据顺序功能图，用代表步的位存储器的常开触点或它们的并联电路来驱动输出位的线圈。

5. 程序的调试

顺序功能图是用来描述控制系统的外部性能的，因此应根据顺序功能图而不是梯形图来调试顺序控制程序。

可以通过仿真来调试程序。选中项目树中的 PLC_1，单击工具栏上的"启动仿真"按钮，将程序下载到仿真 PLC，将后者切换到 RUN 模式。单击 PLCSIM 精简视图右上角的按钮，切换到项目视图。生成一个新的项目，双击打开项目树中的"SIM 表格_1"。在表格中生成图 5-20 中的条目。

	名称	地址	显示格式	监视/修改值	位	一致修改	
	▶ ----	%IB0	十六...	16#04		16#00	
	▶ ----	%QB0	十六进制	16#04		16#00	
	▶ "Tag_15"	%MB4	十六进制	16#08		16#00	
	"T1".ET	时间		T#3S_797MS		T#0MS	

图 5-20　仿真软件的 SIM 表格_1

进入 RUN 模式后初始步 M4.0 为活动步（小方框中有勾）。勾选 I0.2 对应的小方框，模拟左限位开关动作。两次单击 I0.0 对应的小方框，模拟按下起动按钮接通后马上松开。M4.0 对应的小方框中的勾消失，控制右行的 Q0.0 和步 M4.1 对应的小方框出现勾，转换到了步 M4.1。小车离开左限位开关后，应及时将 I0.2 复位为 0 状态，否则在后面的调试中将会出错。

两次单击 I0.1 对应的小方框，模拟右限位开关接通后又断开。Q0.0 变为 0 状态，Q0.1 变为 1 状态，转换到了步 M4.2，小车左行。

最后勾选 I0.2 对应的小方框，模拟左限位开关动作。Q0.1 变为 0 状态，停止左行。Q0.2 变为 1 状态，开始制动，T1 的当前时间值"T1".ET 不断增大。到达 8s 时，从步 M4.3 返回初始步，M4.3 变为 0 状态，M4.0 变为 1 状态。Q0.2 变为 0 状态，停止制动。

也可以用硬件 PLC 和数字量输入端外接的小开关来调试程序，用监控表监视图 5-20 中的 IB0、QB1、MB4 和"T1".ET。

视频"顺序控制程序的编程与调试（B）"可通过扫描二维码 5-2 播放。

二维码 5-2

5.3.2　选择序列与并行序列的编程方法

生成一个名为"复杂的顺序功能图的顺控程序"的项目（见配套资源中的同名例程），CPU 的型号为 CPU 1214C。

1. 选择序列的编程方法

如果某一转换与并行序列的分支、合并无关，则它的前级步和后续步都只有一个，需要复位、置位的位存储器也只有一个，因此选择序列的分支与合并的编程方法实际上与单序列的编程方法完全相同。

图 5-21 所示的顺序功能图中，除了 I0.3 与 I0.6 对应的转换以外，其余的转换均与并行序列的分支、合并无关，I0.0～I0.2 对应的转换与选择序列的分支、合并有关，它们都只有一个前级步和一个后续步。与并行序列的分支、合并无关的转换对应的梯形图是非常标准的，每一个控制置位、复位的电路块都由前级步对应的一个位存储器的常开触点和转换条件对应的触点组成的串联电路、一条置位指令和一条复位指令组成。

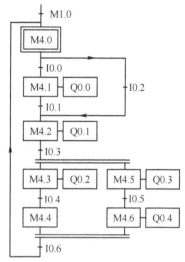

2. 并行序列的编程方法

图 5-21 中步 M4.2 之后有一个并行序列的分支，当 M4.2 是活动步，并且转换条件 I0.3 满足时，步 M4.3 与步 M4.5 应同时变为活动步，这是用 M4.2 和 I0.3 的常开触点组成的串联电路使 M4.3 和 M4.5 同时置位来实现的（见图 5-22）。与此同时，步 M4.2 应变为不活动步，这是用复位指令来实现的。

图 5-21　选择序列与并行序列

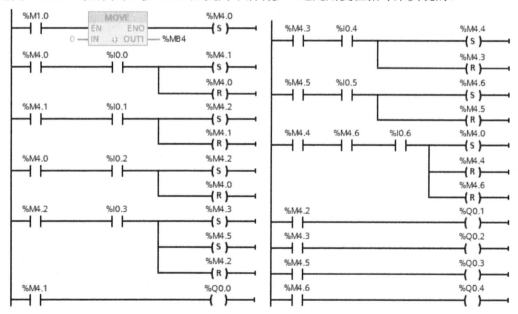

图 5-22　选择序列与并行序列的梯形图

I0.6 对应的转换之前有一个并行序列的合并，该转换实现的条件是所有的前级步（即步 M4.4 和 M4.6）都是活动步，同时转换条件 I0.6 满足。由此可知，应将 M4.4、M4.6 和 I0.6 的常开触点串联，作为控制后续步对应的 M4.0 置位和前级步对应的 M4.4、M4.6 复位的电路。

3. 复杂的顺序功能图的调试方法

调试复杂的顺序功能图对应的程序时，应充分考虑各种可能的情况，对系统的各种工作方式、顺序功能图中的每一条支路、各种可能的进展路线，都应逐一检查，不能遗漏。特别要注意并行序列中各子序列的第 1 步（图 5-21 中的步 M4.3 和步 M4.5）是否同时变为活动步，最后一步（步 M4.4 和步 M4.6）是否同时变为不活动步。发现问题后应及时修改程序，直到每一条进展路线上步的活动状态的顺序变化和输出点的变化都符合顺序功能图的规定。

选中项目树中的 PLC_1，单击工具栏上的"启动仿真"按钮，程序被下载到仿真 PLC，将后者切换到 RUN 模式。在 PLCSIM 的项目视图中生成一个新的项目，在 SIM 表格_1 中生成图 5-23 中的条目。

图 5-23　仿真软件的 SIM 表格_1

第一次调试时从初始步转换到步 M4.1，经过并行序列，最后返回初始步。第二次调试时从初始步开始，跳过步 M4.1，进入步 M4.2。经过并行序列，最后返回初始步。

视频"复杂的顺序功能图的顺控程序调试"可通过扫描二维码 5-3 播放。

二维码 5-3

5.3.3　专用钻床的顺序控制程序设计

1. 程序结构

下面介绍 5.2.2 节中的专用钻床控制系统的程序（见配套资源中的例程"专用钻床控制"），CPU 为 CPU 1214C。

图 5-24 是 OB1 中的程序，符号名为"自动开关"的 I2.0 为 1 状态时调用名为"自动程序"的 FC1，为 0 状态时调用名为"手动程序"的 FC2。

在开机时（M1.0 即 FirstScan 为 1 状态）和手动方式时（"自动开关" I2.0 为 0 状态），将初始步对应的 M4.0 置位（见图 5-24），将非初始步对应的 M4.1～M5.1 复位。上述操作主要是防止由自动方式切换到手动方式，然后又返回自动方式时，可能会出现同时有两个或 3 个活动步的异常情况。PLC 的默认变量表见图 5-25。

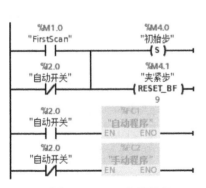

图 5-24　OB1 中的程序

	名称	数据类型	地址
1	起动按钮	Bool	%I0.0
2	已夹紧	Bool	%I0.1
3	大孔钻完	Bool	%I0.2
4	大钻升到位	Bool	%I0.3
5	小孔钻完	Bool	%I0.4
6	小钻升到位	Bool	%I0.5
7	旋转到位	Bool	%I0.6
8	已松开	Bool	%I0.7
9	大钻升按钮	Bool	%I1.0
10	大钻降按钮	Bool	%I1.1
11	小钻升按钮	Bool	%I1.2
12	小钻降按钮	Bool	%I1.3
13	正转按钮	Bool	%I1.4
14	反转按钮	Bool	%I1.5
15	夹紧按钮	Bool	%I1.6
16	松开按钮	Bool	%I1.7
17	自动开关	Bool	%I2.0
18	夹紧阀	Bool	%Q0.0
19	大钻头降	Bool	%Q0.1
20	大钻头升	Bool	%Q0.2
21	小钻头降	Bool	%Q0.3
22	小钻头升	Bool	%Q0.4
23	工件正转	Bool	%Q0.5
24	松开阀	Bool	%Q0.6
25	工件反转	Bool	%Q0.7

图 5-25　PLC 的默认变量表

2. 手动程序

图 5-26 是手动程序 FC2。在手动方式，用 8 个手动按钮分别独立操作大、小钻头的升降，以及工件的旋转和夹紧、松开。每对相反操作的输出点用对方的常闭触点实现互锁，用限位开关对钻头的升降限位。

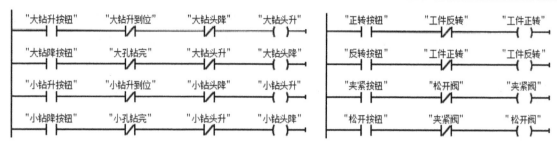

图 5-26　手动程序

3．自动程序

钻床控制的顺序功能图重画在图 5-27 中，图 5-28 是用置位复位指令编写的自动程序。

图 5-27 中分别由 M4.2～M4.4 和 M4.5～M4.7 组成的两个单序列是并行工作的，设计梯形图时应保证这两个序列同时开始工作和同时结束，即两个序列的第一步 M4.2 和 M4.5 应同时变为活动步，两个序列的最后一步 M4.4 和 M4.7 应同时变为不活动步。

并行序列的分支的处理是很简单的，在图 5-27 中，当步 M4.1 是活动步，并且转换条件 I0.1 为 1 状态时，步 M4.2 和 M4.5 同时变为活动步，两个序列开始同时工作。在图 5-28 的梯形图中，用 M4.1 和 I0.1 的常开触点组成的串联电路来控制对 M4.2 和 M4.5 的置位，以及对前级步 M4.1 的复位。

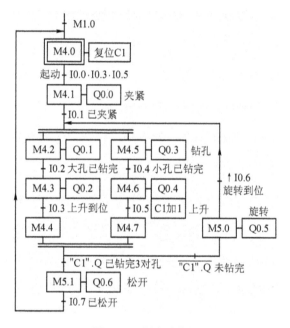

图 5-27　顺序功能图

另一种情况是当步 M5.0 为活动步，并且在转换条件 I0.6 的上升沿时，步 M4.2 和 M4.5 也应同时变为活动步。在梯形图中用 M5.0 的常开触点和 I0.6 的扫描操作数的信号上升沿触点组成的串联电路，来控制对 M4.2 和 M4.5 的置位，和对前级步 M5.0 的复位。图 5-27 的并行序列合并处的转换有两个前级步 M4.4 和 M4.7，当它们均为活动步并且转换条件满足时，将实现并行序列的合并。未钻完 3 对孔时，计数器 C1 输出位的常闭触点闭合，转换条件 $\overline{"C1".Q}$ 满足，将转换到步 M5.0。在梯形图中，用 M4.4、M4.7 的常开触点和 "C1".Q 的常闭触点组成的串联电路将 M5.0 置位，使后续步 M5.0 变为活动步；同时用 R 指令将 M4.4 和 M4.7 复位，使前级步 M4.4 和 M4.7 变为不活动步。

钻完 3 对孔时，C1 的当前值等于设定值，"C1".Q 的常开触点闭合，转换条件 "C1".Q 满足，将转换到步 M5.1。在梯形图中，用 M4.4、M4.7 和 "C1".Q 的常开触点组成的串联电路将 M5.1 置位，使后续步 M5.1 变为活动步；同时用 R 指令将 M4.4 和 M4.7 复位，使前级步 M4.4 和 M4.7 变为不活动步。STEP 7 用 "C1".QU 表示 "C1".Q。

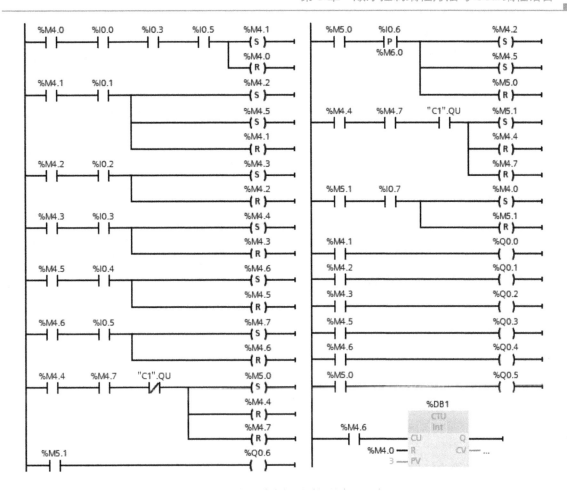

图 5-28　专用钻床控制系统的自动程序

　　调试程序时，应注意并行序列中各子序列的第 1 步（图 5-27 中的步 M4.2 和步 M4.5）是否同时变为活动步，最后一步（步 M4.4 和步 M4.7）是否同时变为不活动步。经过 3 次循环后，是否能进入步 M5.1，最后返回初始步。

　　仿真时 SIM 表格_1 中的条目见图 5-29，自动运行的初始状态时自动开关 I2.0 为 1 状态（自动模式），M4.0 为 1 状态（初始步为活动步），"C1".CV（C1 的当前值）为 0。令 I0.3 和 I0.5 为 1 状态（钻头在上面），I0.6 和 I0.7 为 1 状态（旋转到位、夹紧装置松开）。

	名称	地址	显示格式	监视/修改值	位		一致修改		注释
	▶ ----	%IB0	十六进制	16#C2	☑☑☐☐☐☐☐☑		16#00	☐	
	▶ ----	%IB1	十六进制	16#00	☐☐☐☐☐☐☐☐		16#00	☐	
▣	"自动开关"	%I2.0	布尔型	TRUE		☑	FALSE	☐	
	▶ ----	%QB0	十六进制	16#14	☐☐☐☑☐☑☐☐		16#00	☐	
	▶ ----	%MB4	十六进制	16#48	☐☑☐☐☑☐☐☐		16#00	☐	
	▶ ----	%MB5	十六进制	16#00	☐☐☐☐☐☐☐☐		16#00	☐	
▣	"C1".CV		DEC+/-	1			0	☐	

图 5-29　PLCSIM 的 SIM 表格_1

两次单击起动按钮 I0.0，转换到夹紧步 M4.1，Q0.0 变为 1 状态并保持，工件被夹紧。令 I0.1 为 1 状态（已夹紧）和 I0.7 为 0 状态（未松开），转换到步 M4.2 和步 M4.5，开始钻孔。因为两个钻头已下行，此时一定要令 I0.3 和 I0.5 为 0 状态，将上限位开关断开，否则后面的调试将会出现问题。

分别两次单击 I0.2 和 I0.4 对应的小方框（孔已钻完），转换到步 M4.3 和步 M4.6，钻头上升，C1 当前值加 1 变为 1。单击勾选 I0.3 和 I0.5，令两个钻头均上升到位，进入各自的等待步。因为"C1".Q 为 0 状态，转换到步 M5.0，Q0.5 变为 1 状态，开始旋转。旋转后"旋转到位"开关断开，因此令 I0.6 为 0 状态。再令 I0.6 为 1 状态，模拟工件旋转到位，返回到步 M4.2 和步 M4.5。

重复上述钻孔的过程，钻完 3 对孔且两个钻头都上升到位时，"C1".Q 为 1 状态，转换到步 M5.1。令 I0.7 为 1 状态（夹紧装置松开），I0.1 为 0 状态（未夹紧），返回初始步 M4.0。

在自动方式运行时将"自动开关"I2.0 复位，然后置位，返回自动方式的初始状态。各输出位和非初始步对应的位存储器被复位，C1 的当前值被清零，初始步变为活动步。

5.4 顺序功能图语言 S7-Graph

5.4.1 S7-Graph 语言概述

S7-Graph 语言是 S7-300/400/1500 用于顺序控制程序编程的顺序功能图语言，遵从 IEC 61131-3 标准中的顺序功能图语言"Sequential Function Chart"的规定。

在这种语言中，工艺过程被划分为若干个顺序出现的步，步包含控制输出的动作，从一步到另一步的转换由转换条件控制。用 S7-Graph 表示复杂的顺序控制过程非常清晰，用于编程及故障诊断更为有效，它特别适合于生产制造过程。

1. 顺序控制程序的结构

用 S7-Graph 编写的顺序控制程序以函数块（FB）的形式被主程序 OB1 调用。

一个顺序控制项目至少需要 3 个块：

1）一个调用 S7-Graph FB 的块，它可以是组织块（OB）、函数（FC）或函数块（FB）。

2）一个用来描述顺序控制系统各子任务（步）和相互关系（转换）的 S7-Graph FB，它由一个或多个顺控器（Sequencer）和可选的固定指令组成。

3）一个指定给 S7-Graph FB 的背景数据块（DB），它包含了顺序控制系统的参数。

调用 S7-Graph FB 时，顺控器从第 1 步或从初始步开始启动。

2. 创建使用 S7-Graph 的函数块

用新建项目向导生成名为"运输带顺控 SFC"的项目（见配套资源中的同名例程），CPU 为 CPU 1511-1 PN。执行菜单命令"选项"→"设置"，打开"设置"视图，选中左边窗口的"PLC 编程"文件夹中的 GRAPH。右边窗口的"接口"域的单选框用于设置默认的参数集。可选"接口参数的最小数目"（仅有一个输入参数 INIT_SQ）、"默认接口参数"和"接口参数的最大数目"。

双击项目树的"程序块"文件夹中的"添加新块"，生成一个名为"运输带顺控"的 FB1。用下拉式列表设置"创建语言"为 GRAPH（即 S7-Graph）。打开 FB1 以后，执行菜单命令"编辑”→“接口参数”，选中“接口参数的最小数目”。

3. S7-Graph 编辑器

打开 FB1 后，S7-Graph 的程序编辑器界面见图 5-30，左边是导航视图。在导航视图中可以打开下列视图：前固定指令、顺控器视图、后固定指令和报警视图。此外，导航视图还显示固定指令和顺控程序的图形概览，并通过快捷菜单提供基本处理选项。可以双击导航视图或顺控器视图中的步，打开单步视图。也可以用程序编辑器工具栏最左边的 5 个按钮选择前固定指令、顺控器视图、单步视图、后固定指令和报警视图。和按钮分别用于插入新顺控器和删除选中的顺控器。

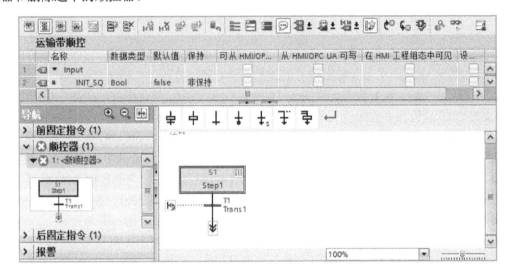

图 5-30　S7-Graph 的界面

在“前固定指令”和“后固定指令”视图中编写处理顺控程序之前和处理之后执行的指令。每个程序循环中都要执行一次固定指令，而与顺控器各步的状态无关。

固定指令默认的编程语言为梯形图，打开“设置”视图，选中左边窗口的“PLC 编程”文件夹中的 GRAPH。用右边窗口的“编辑器”域的“程序段中所用语言”下拉式列表，设置使用的编程语言为 LAD。

程序编辑器的右边是工作区，打开新建的 GRAPH 函数块时，工作区有自动生成的步 S1 和转换 T1（见图 5-30）。在工作区内可以用不同的视图对顺控程序的各组成部分进行编程。可以使用缩放功能缩放这些视图。单击工具栏中的按钮，可以打开或关闭工作区上面的收藏夹。

将鼠标的光标放在程序区最上面的水平分隔条上，按住鼠标左键，往下拉动分隔条，分隔条上面是接口区。可以看到自动生成的输入参数 INIT_SQ。

5.4.2　使用 S7-Graph 编程的例子

1. 系统简介

图 5-31 中的两条运输带顺序相连，为了避免运送的物料在 1 号运输带上堆积，按了起动按钮 I0.0，应先起动 1 号运输带，延时 8s 后自动起动 2 号运输带。

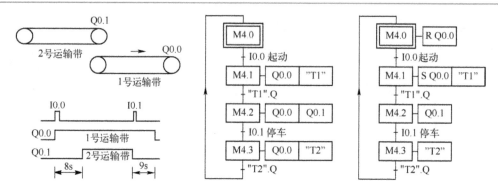

图 5-31　运输带控制系统示意图与顺序功能图

停机的顺序与起动的顺序相反，即按了停止按钮 I0.1 后，先停 2 号运输带，9s 后再停 1 号运输带。图 5-31 给出了输入输出信号的波形图和顺序功能图。控制 1 号运输带的 Q0.0 在步 M4.1～M4.3 中都应为 1 状态（见图 5-31 中间的图）。为了简化顺序功能图和梯形图，在步 M4.1 将 Q0.0 置位为 1 状态（见图 5-31 右边的图），在初始步将 Q0.0 复位为 0 状态。

2. 生成步和转换

选中图 5-30 中的转换 T1，它的周围出现虚线框。单击 3 次收藏夹中的"步和转换条件"按钮 ╪，在 T1 的下面生成步 S2～S4 和转换 T2～T4（见图 5-32a 中的顺控器），此时 T4 被自动选中。单击收藏夹中的跳转按钮 ╪ₛ，再单击出现的列表中的 Step1，在 T4 的下面出现一个箭头，箭头的右边是跳转的目标步 S1（见图 5-32b）。在步 S1 上面的有向连线上，自动出现一个水平的箭头，它的右边标有转换 T4，相当于生成了一条起于 T4，止于步 S1 的有向连线。至此步 S1～S4 形成了一个闭环。

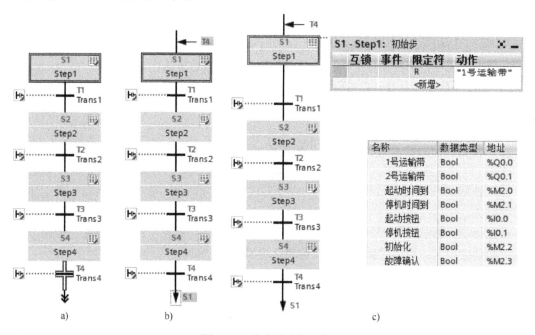

图 5-32　生成跳步与动作

代表步的方框内有步的编号（例如 S2）和名称（例如 Step2），两次单击选中它们以后，可以修改它们。用同样的方法，可以修改转换的编号（例如 T2）和名称（例如 Trans2）。单击步方框中步的编号和名称之外的其他部分，表示步的方框整体变为深色，称为选中了该步，可以删除或复制它。

3. 生成动作

单击步方框右上角的"打开动作表"按钮▦，该步的右边出现用虚线连接的动作表方框。右键单击动作表，去掉快捷菜单中的复选框"显示事件的描述信息"和"显示限定符描述"中的勾，不显示它们。图 5-32 右下角是 PLC 变量表中定义的变量。在初始步的动作表的"限定符"列输入 R，在"动作"列输入"1 号运输带"或 Q0.0，表示在初始步将 Q0.0 复位为 0 状态。单击工具栏上的▤按钮，设置为只显示符号地址。

动作表中的互锁（Interlock）和事件是可选的，将在后面介绍。

将鼠标的光标放在动作表方框的右下角，光标变为 45°的双向箭头，按住左键并移动鼠标，可以同时改变方框的长度和宽度。将鼠标的光标放在方框的右边沿或下边沿，光标变为水平或垂直的双向箭头，按住左键并移动鼠标，可以沿水平方向或垂直方向放大或缩小动作表方框。可以用同样的方法调节图 5-33 中的转换条件方框。双击动作表右上角的最小化按钮━，可以将动作表最小化。

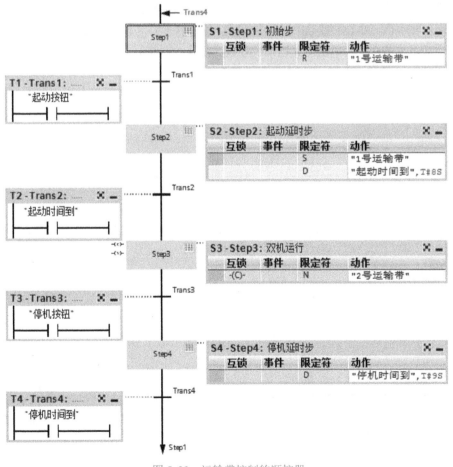

图 5-33　运输带控制的顺控器

用同样的方法，在步 Step2 用限定符 S 将"1 号运输带"（Q0.0）置位为 1 状态并保持（见图 5-33）。在步 Step2 的"限定符"列中输入"D"以后，在"动作"列输入地址 M2.0（起动时间到）和"T#8S"（延时时间为 8s）。延时时间到时，M2.0 变为 1 状态，步 Step2 之后的转换条件满足。用上述的方法，生成其余各步的动作。

步 Step3 的动作的限定符"N"表示 Q0.1（2 号运输带）为非存储型动作，步 Step3 为活动步时 Q0.1 为 1 状态，为不活动步时 Q0.1 为 0 状态。

视频"S7-Graph 编程实验（A）"可通过扫描二维码 5-4 播放。

二维码 5-4

4．生成转换条件

转换条件一般采用默认的梯形图语言。单击转换左边用虚线连接的"打开转换条件"按钮 ⊦⊦（见图 5-32），打开转换条件方框。梯形图中的水平导线被自动选中。单击收藏夹中的常开触点按钮，转换条件方框中出现常开触点，单击触点上面红色的<??.?>，输入转换条件 I0.0（起动按钮，见图 5-33）。用同样的方法输入其他转换条件。

生成转换条件时，还可以使用指令列表的"基本指令"窗格中的某些指令。

图 5-33 是编写完动作和转换条件的顺控器。

5．对互锁条件的编程

双击步 Step3，切换到单步视图（见图 5-34），在单步视图中设置互锁条件和监控条件。打开某一步的单步视图后，在导航视图中选中它，按计算机键盘的〈↑〉键或〈↓〉键，可以显示上一步或下一步的单步视图。单击工具栏中的顺控器视图按钮 图，可以返回顺控器视图。

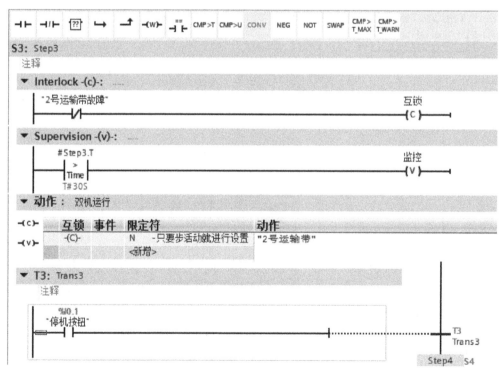

图 5-34 单步显示模式

Interlock（互锁）是对被显示的步互锁的条件。可以使用互锁对执行各个动作的条件进行编程。单击单步视图中 Interlock 左边的 ▶ 按钮，它变为 ▼，此时仅有一个互锁线圈。选中线圈左边的水平线，单击收藏夹中的常闭触点按钮。在"2 号运输带故障"I0.2 为 0 状态（没有故障），互锁线圈通电时，互锁条件满足，才执行该步中的动作。如果不满足互锁条件，则发生错误，可以设置互锁报警和监控报警的属性（见图 5-35）。但是该错误不会影响切换到下一步。当步变为不活动状态时，互锁条件将自动取消。

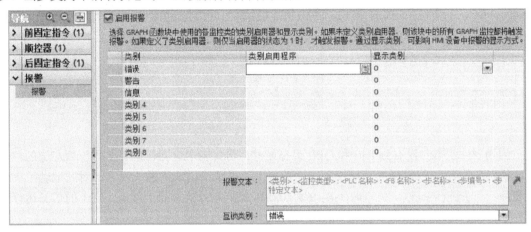

图 5-35　设置报警

对步 Step3 的互锁编程后，在步 Step3 方框的左边出现中间有"C"的小线圈。用步 Step3 的动作表"互锁"列的下拉式列表将该列设置为-(C)-，表示动作"2 号运输带"被互锁（见图 5-33）。

6. 对监控条件的编程

如果监控（Supervision）条件的逻辑运算满足（监控线圈通电），表示有监控错误事件 V1 发生，顺控器不会转换到下一步，当前步保持为活动步。监控条件满足时立即停止对步无故障的活动时间值 Si.U 的定时。

如果监控条件的逻辑运算不满足，表示没有监控错误。如果该步之后的转换条件满足，顺控器转换到下一步。每一步都可以设置监控条件，但是只有活动步被监控。

选中图 5-34 监控线圈左边的水平线，单击收藏夹中的"CMP>T"按钮，生成一个比较器，可以修改比较器的比较符号。比较器触点上面的"Step3.T"是步 Step3 为活动步的时间，在触点下面输入时间预设值"T#30S"，设置的监视时间为 30s。如果该步的执行时间超过 30s，该步被认为出错，监控时出错的步的方框用红色显示。对步 Step3 的监控编程后，在步 Step3 方框的左边出现中间有"V"的小线圈（见图 5-33）。

可以在单步模式编辑该步的动作和转换条件（见图 5-34）。

7. 设置报警

单击浏览视图中的"报警"，在右边的报警视图启用报警（见图 5-35），可选择 GRAPH 函数块中使用的各监控类的类别启用器和显示类别，选择互锁、监控条件和 GRAPH 警告的类别和子类别。

8. 调用 S7-Graph 函数块

双击打开 OB1，将项目树的"程序块"文件夹中的"运输带顺控"（FB1）拖放到程序段 1 的"电源线"上（见图 5-36）。在自动出现的"调用选项"对话框中，采用自动生成的背景数据块的名称"运输带顺控_DB"，单击"确定"按钮确认。FB1 采用的是最小接口参数集，INIT_SQ 为 1 状态时，顺控器被初始化，仅初始步为活动步。

视频"S7-Graph 编程实验（B）"可通过扫描二维码 5-5 播放。

二维码 5-5

9. 仿真实验

选中项目树中的 PLC_1，单击工具栏上的"启动仿真"按钮⊞，将程序下载到仿真 PLC，后者进入 RUN 模式。单击精简视图右上角的⊞按钮，切换到项目视图。生成一个新的项目，双击打开项目树中的"SIM 表格_1"，生成图 5-37 中的条目。

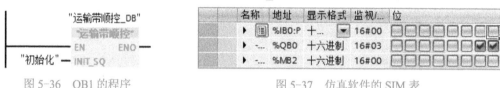

图 5-36　OB1 的程序　　　　　　　　图 5-37　仿真软件的 SIM 表

因为硬件组态时没有为 IB0 和 QB0 组态硬件，仿真表中这两行的"名称"列左边的单元出现错误图标⊡。将鼠标的光标放到这个图标上，显示出错误信息"没有针对此地址组态任何硬件，无法进行修改"。仿真时不能改变 I0.0 和 I0.1 此时默认的 1 状态，FB1 的仿真运行出现异常情况。

返回离线状态，将 16 DI/16DQ 模块插入设备视图的插槽 2 中，它们的地址为默认的 IW0 和 QW0。下载组态数据后，仿真表中的上述错误图标消失。

打开 FB1，单击程序编辑器工具栏上的⊡按钮，启动程序状态监控（见图 5-38）。进入 RUN 模式后初始步 Step1 方框为绿色，表示该步为活动步。

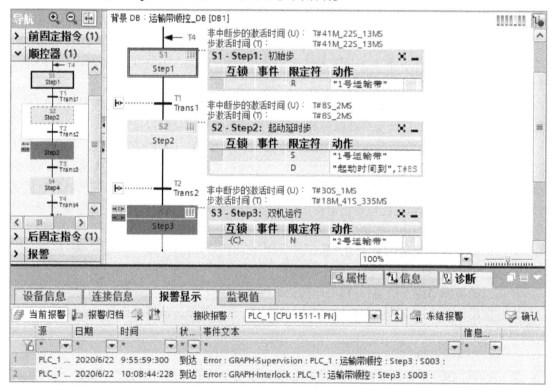

图 5-38　S7-Graph 的程序状态监控

该步的动作框上面的两个监控定时器开始定时，它们用来记录当前步被激活的时间。其中定时器 U 用来记录没有干扰的激活时间，定时器 T 用来记录步的激活时间。

单击两次仿真表中 I0.0 对应的小方框，模拟按下和放开起动按钮。可以看到步 Step1 变为灰色，步 Step2 变为绿色，表示由步 Step1 转换到了步 Step2。

步 Step2 的动作方框上面的监控定时器的当前时间值达到预设值 8s 时，M2.0（起动时间到）变为 1 状态，步 Step2 下面的转换条件满足，将自动转换到步 Step3。令 I0.2（2 号运输带故障）为 1 状态，Step3 的互锁线圈断电，互锁条件不满足，步 Step3 方框变为橙色，2 号运输带 Q0.1 变为 0 状态。

单击两次 I0.1 对应的小方框，模拟对停止按钮的操作，将会从步 Step3 转换到步 Step4，延时 9s 后自动返回初始步。

Step3 为活动步的时间如果超过预设值 30s，该步的监控线圈接通，步的方框变为红色，表示该步出现监控错误。此时即使步 Step3 后面的转换条件满足（按下停机按钮），也不能转换到下一步，但是该步仍然处于活动状态。

单击 SIM 表工具栏的"启动/禁用非输入修改"按钮 ，再两次单击仿真表中变量"初始化"（M2.2）对应的小方框，给 OB1 中 FB1 的输入参数"INIT_SQ"提供一个脉冲。在脉冲的上升沿，顺控器被初始化，初始步 Step1 变为活动步，其余各步为非活动步，步 Step3 方框的红色消失。

在线条件下 Step3 同时出现互锁错误和监控错误时，步 Step3 的方框为红色，该步左边有"C"的小线圈为橙色。右键单击项目树中的 PLC_1，勾选快捷菜单中的复选框"接收报警"。在巡视窗口的"诊断 > 报警显示"选项卡（见图 5-38），可以看到 Step3 出现的监控故障（GRAPH-Supervision）和互锁故障（GRAPH-Interlock）的报警信息。

视频"S7-Graph 仿真实验"可通过扫描二维码 5-6 播放。

二维码 5-6

10．生成选择序列

打开 FB1，单击工具栏上的"插入新顺控器"按钮 ，生成一个新顺控器，自动生成了步 Step5 和转换 Trans5（见图 5-39）。右键单击 Step5，勾选快捷菜单中的"初始步"复选框，步 Step5 被设置为初始步，其方框变为双线框。选中步 Step5，单击收藏夹中的"打开选择分支"按钮 ，生成一个选择序列的分支。分别选中 Trans5 和 Trans6，单击收藏夹中的"步和转换器"按钮 ，在 Trans5 的下面生成步 Step6 和转换 Trans7，在 Trans6 的下面生成步 Step7 和转换 Trans8。

选中 T8 下面的双箭头，单击收藏夹中的结束分支按钮 ，Trans7 和 Trans8 被连接到一起，生成了一个选择序列的合并。

11．生成并行序列

打开 FB1，单击工具栏上的"插入新顺控器"按钮 ，生成一个新顺控器，自动生成了步 Step8 和转换 Trans9（见图 5-40）。

右键单击 Step8，勾选快捷菜单中的"初始步"复选框，步 Step8 被设置为初始步，其方框变为双线框。选中转换 Trans9，单击收藏夹中的"打开并行分支"按钮 ，生成一个并行序列的分支和右边的 Step9。选中 Trans9 下面的双箭头，单击收藏夹中的"步"按钮 ，在 Trans9 的下面生成步 Step10。

选中 Step9 下面的双箭头，单击收藏夹中的结束分支按钮 ，步 Step10 和 Step9 被水平双线连接到一起，生成了一个并行序列的合并。转换 Trans10 是后来生成的。

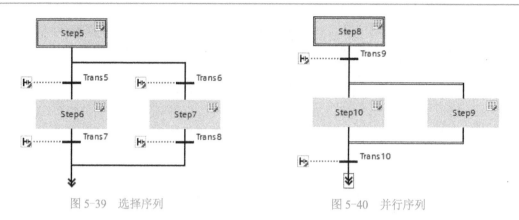

图 5-39 选择序列   图 5-40 并行序列

5.4.3 顺控器中的动作与条件

1. 标准动作

可以将动作分为标准动作和事件型动作。激活一个步以后,将执行该步的标准动作。标准动作的限定符(又称为标识符)包括 N、S、R、D(见图 5-33)和 L。标准动作可以与互锁组合使用,仅在满足互锁条件时才执行该动作。

限定符为 N 时,只要它所在的步为活动步,Bool 操作数(即动作)的信号状态就为 1。操作数为 FB 和 FC 时,将立即调用指定的块。

限定符 D 为接通延时(见图 5-38)。步变为活动步后,经过设定的时间,如果步仍然是活动的,动作中的 Bool 地址被置为 1 状态。如果在设定的时间内,该步变为不活动步,动作中的地址仍然为 0 状态。

限定符 L 用来使操作数在设定的时间内置位(产生宽度受限的脉冲)。激活该步时,操作数将被置位为 1 状态。设定的时间到时,将复位该操作数。如果步激活的持续时间小于设定值,时间到时操作数也会被复位。

2. 块调用

在动作中,可以调用执行某些子任务的其他语言编写的函数块和函数。在调用函数块 FB 时,动作"CALL"将始终连接限定符"N"(见图 5-41)。被调用块的名称后面跟随的是它的背景数据块的名称。在参数列表中,将实参分配给各形参。调用函数时,函数没有背景数据块。

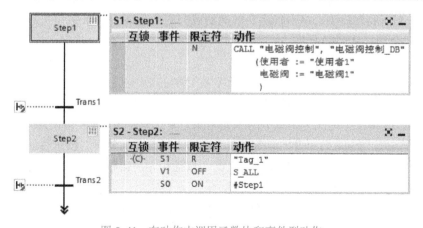

图 5-41 在动作中调用函数块和事件型动作

3. 事件型动作

可以选择将动作与事件相关联（见图 5-41），根据一定的条件执行动作，控制动作的事件见表 5-1。带有限定符 "D" "L" 和 "TF"（关断延时定时器）的动作不能与事件相关联。如果将动作与事件相关联，则会通过边沿检测功能检测事件的信号状态。

表 5-1　控制动作的事件

事件	信号检测	事 件 意 义	事件	信号检测	事 件 意 义
S1	上升沿	步变为活动步（1 状态）	L1	下降沿	不满足互锁条件，发生错误（0 状态）
S0	下降沿	步变为不活动步（0 状态）	L0	上升沿	满足互锁条件，错误已解除（1 状态）
V1	上升沿	发生监控错误（1 状态）	A1	上升沿	报警已确认
V0	下降沿	监控错误消失（0 状态）	R1	上升沿	到达的注册

可以使用事件的信号状态编写其他动作。这样不但可以监控和影响各个步，也可以监控和影响整个顺序控制系统。

使用限定符 "ON"（激活步）和 "OFF"（取消激活步）的动作必须始终与事件相关联。事件将确定步的激活或取消激活时间。如果在同一个周期内既有激活步也有取消激活步的事件，则取消激活操作的优先级更高。

可以将使用 "S1" "V1" "A1" 或 "R1" 事件的动作与互锁条件相关联，只有在满足互锁条件时，才执行这些动作。

图 5-41 中的步 Step2 变为活动步后，各动作按下述方式执行。

1）一旦 Step2 变为活动步（出现事件 S1）和互锁条件满足，限定符 R 将 Tag_1 复位为 0 状态。

2）一旦监控错误发生（出现事件 V1），除了动作中的限定符 "OFF" 所在的步 Step2，其他的活动步变为不活动步。S _ALL 为地址标识符。

3）Step2 变为不活动步时（出现事件 S0），步 Step1 变为活动步。

注册是在块外触发的事件。可通过块的输入参数 "REG_S" 或 "REG_EF" 的信号上升沿查询注册。如果由输入参数 "REG_S" 触发注册，只会将该事件传送到输出参数 "S_NO" 指示的活动步。如果由 "REG_EF" 触发注册，则会将该事件传送到所有当前活动的步。

4. 定时器

可以在动作中使用定时器，定时器仅在事件发生时被激活。定时器限定符 TL、TD、TR 应与表 5-1 中的事件组合使用。除了关断延时定时器 TF，所有定时器都与确定定时器激活时间的事件有关。TF 定时器由步本身激活。使用 "TD" "TL" 和 "TF" 定时器时，必须指定持续时间。

TL 为扩展脉冲定时器，一旦发生定义的事件，立即启动定时器。在指定的持续时间内，定时器的信号状态为 1。超出该时间后，定时器的信号状态将变为 0。

TD 为保持型接通延时定时器，一旦发生定义的事件，立即启动定时器。在指定的持续时间内，定时器的信号状态为 0。超出该时间后，定时器的信号状态变为 1。

TF 为关断延时定时器，一旦激活该步，定时器信号状态立即变为 1。在该步变为不活动步时，定时器开始运行，超出指定的时间后，定时器状态将复位为 0。

TR 是复位定时器限定符，事件发生时立即停止定时，定时器的状态和时间值被复位为 0。

图 5-42 中的步 Step3 变为活动步时（出现事件 S1），SIMATIC 定时器 T3（%T3）开始定时，T3 的定时器状态为 0。10s 后其状态变为 1。

图 5-42 动作中的定时器和计数器

5.计数器

可以在动作中使用计数器，用表 5-1 中的事件来激活计数器。也可以将使用事件"S1""V1""A1"或"R1"的动作与互锁条件关联，只有在满足互锁条件时，才执行这些动作。

限定符 CS 将初始值装载到计数器，可以将 SIMATIC 计数器值指定为数据类型为 Word（C#0~C#999）的变量或常量。

一旦发生定义的事件，加计数器 CU 的计数器值将立即加 1。计数器值达到上限 999 时，即使出现信号上升沿，计数值也不再递增。

一旦发生定义的事件，减计数器 CD 的计数器值将立即减 1。计数器值达到下限 0 时，即使出现信号上升沿，计数值也不再递减。

CR 是复位计数器限定符，一旦发生定义的事件，计数器值将立即复位为 0。

图 5-42 中的步 Step3 变为活动步时，事件 S1 使 SIMATIC 计数器 C4 的计数值加 1。C4 可以用来计步 Step3 变为活动步的次数。

6.S7-Graph 地址在条件中的应用

可以在转换、监控、互锁、动作和永久性指令中，以地址的方式使用关于步的系统信息（见表 5-2）。

表 5-2 S7-Graph 特有的地址

地 址	意 义	使 用 方 式
Si.T	步 i 当前或上一次激活的时间	比较器，赋值
Si.U	步 i 没有干扰的总的激活时间	比较器，赋值
Si.X	显示步 i 是否被激活	常开/常闭触点
Transi.TT	显示转换条件 i 是否满足	常开/常闭触点

5.5 SCL 编程语言

5.5.1 SCL 程序编辑器

1.S7-SCL 简介

SCL（Structured Control Language，结构化控制语言）是一种基于 PASCAL 的高级编程语言。SCL 基于国际标准 IEC 61131-3，实现了该标准中定义的 ST 语言（结构化文本）的 PLCopen 初级水平。S7-300/400/1200/1500 都可以使用 SCL 语言。

S7-SCL 除了包含 PLC 的典型元素（例如输入、输出、定时器、计数器和位存储器），还具有高级语言的特性，例如表达式、赋值运算、运算符、程序分支、循环和跳转等。

S7-SCL 尤其适合于复杂的数学计算、数据管理、过程优化、配方管理和统计任务等。

在 S7 程序中，S7-SCL 块可以与其他 STEP 7 编程语言生成的块互相调用。S7-SCL 生成的块也可以作为库文件被其他编程语言生成的块调用。

2. 生成 SCL 的代码块

生成名为"SCL 应用"的项目（见配套资源中的同名例程），CPU 为 CPU 1511-1。

双击项目树的"程序块"文件夹中的"添加新块"，生成一个名为"SCL_FC1"的函数 FC1。用下拉式列表设置"创建语言"为 SCL。

3. SCL 的编程窗口

双击函数 SCL_FC1，打开 SCL 程序编辑器窗口。图 5-43 中标有①的是接口参数区，标有②的是编辑器中的收藏夹。在标有③的侧栏可以设置书签和断点。标有④的代码区用于对 SCL 程序进行编辑，标有⑤的是程序运行时指令的输入、输出参数的监控区。

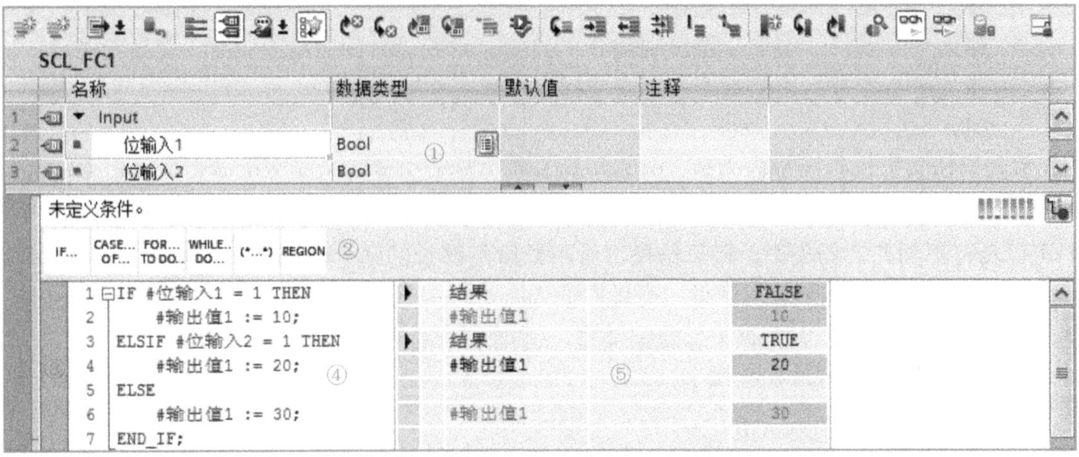

图 5-43　SCL 程序编辑器窗口

离线时单击程序编辑器工具栏上的![]按钮，可以在工作区的右边显示或隐藏操作数绝对地址显示区。可以用拖拽的方法改变代码区和右边监控区边界的位置。

按钮![]用于导航到特定行，按钮![]和![]分别用于缩进文本和减少缩进文本，按钮![]用于自动格式化所选文本。

4. 脚本/文本编辑器的设置

执行菜单命令"选项"→"设置"，在工作区显示"设置"视图，选中左边导航区的"常规"文件夹中的"脚本/文本编辑器"，可以定制编程窗口的外观和程序代码的格式。下面是可以设置的对象：

1）字体、字体的大小和各种对象的字体颜色。

2）编辑器中 Tab 键生成的制表符的宽度（空格数），可选使用制表符或空格。

3）缩进的方式，可选"无""段落"和"智能"。

5. 对 SCL 语言的设置

选中"设置"视图左边导航区的"PLC 编程"文件夹中的 SCL，可以设置下列参数：

1）可以用"视图"区的"高亮显示关键字"下拉式列表设置显示关键字的方式。可选"大写""小写"和"像 Pascal 中定义的一样"。

2）在"新块的默认设置"区，可以设置是否创建扩展状态信息、检查数组下标是否在声明的范围之内，和是否自动置位块的使能输出 ENO。

5.5.2 SCL 基础知识

1. 表达式

表达式在程序运行期间进行运算，然后返回一个值。一个表达式由操作数（例如常数、变量或函数调用）和与之搭配的运算符（例如*、/、+ 或-）组成。通过运算符可以将表达式连接在一起或相互嵌套。

表达式将按相关运算符的优先级和从左到右的顺序进行运算，括号中的运算优先。

表达式分为算术表达式、关系表达式和逻辑表达式。

表达式的运算结果有以下几种不同的用法：

1）作为一个值，赋给一个变量。

2）作为一个条件，用于一条控制指令。

3）作为一个参数，用于一个调用块或指令。

2. 算术表达式

算术表达式可以是一个数字值，也可以是由带有算术运算符的两个值或表达式组合而成。

算术运算符可以处理当前 CPU 支持的各种数据类型。如果在该运算中有两个操作数，它们可以具有不同的数据类型，运算结果将采用长度足够长的那个数据类型。例如 Int + Real = Real，Real + LReal = LReal。如果一个操作数为有符号整数，另一个为无符号整数，那么结果将采用另一个长度较大的有符号数据类型，例如 SInt + USInt = Int。

下面是一个算术表达式的例子：

```
"MyTag1" := "MyTag2" * "MyTag3";
```

3. 关系表达式

关系表达式对两个操作数的值进行比较，得到一个布尔值。满足比较条件时比较结果为 TRUE，否则为 FALSE。

关系运算符可以处理当前 CPU 支持的各种数据类型，结果的数据类型始终为 Bool。

编写关系表达式时，应注意以下规则：

1）整数、浮点数、二进制数和字符串这些数据类型中的所有变量都可以进行比较。Time、LTime、日期和时间、PLC 数据类型、数组、结构、Any 和 Variant 指向的变量只能比较相同类型的变量。

2）字符串的比较基于 ASCII 字符集，将比较变量的长度和各 ASCII 字符对应的数值。

3）需要将 S5Time 变量转换为 Time 数据类型后再进行比较。

下面是关系表达式的例子：

```
IF a > b THEN c := 10;
IF A > 20 AND B < 20 THEN C := TRUE;
IF A <> (B AND C) THEN D := FALSE;
```

4. 逻辑表达式

逻辑表达式由两个操作数以及逻辑运算符（AND、OR 或 XOR）或取反操作数（NOT）组成。逻辑运算符可以处理当前 CPU 支持的各种数据类型。

如果两个操作数都是 Bool 型，逻辑表达式的结果也是 Bool 型。如果两个操作数中至少有一个是位字符串，结果也是位字符串，且结果是由位数最高的操作数的类型决定。例如逻辑表达式的两个操作数分别是 Byte 类型和 Word 类型时，结果为 Word 类型。

逻辑表达式中一个操作数为 Bool 类型而另一个为位字符串时，必须先将 Bool 类型的操作数显式转换为位字符串类型。

下面是逻辑表达式的例子：

IF "MyTag1" AND NOT "MyTag2" THEN
C := a;
MyTag := ALPHA OR BETA;

5. 运算符和运算符的优先级

通过运算符可以将表达式连接在一起或相互嵌套，表达式的运算顺序取决于运算符的优先级和括号。基本规则如下：算术运算符优先于关系运算符，关系运算符优先于逻辑运算符；同等优先级运算符的运算顺序则按照从左到右的顺序进行；括号中的运算的优先级最高。

表 5-3 给出了运算符的优先级，括号的优先级为 1（最高）。

表 5-3　运算符及其优先级

运算符	运算	优先级	运算符	运算	优先级	运算符	运算	优先级
算术表达式			关系表达式			逻辑表达式		
+	一元加	2	<	小于	6	NOT	取反	3
-	一元减	2	>	大于	6	AND 或 &	"与"运算	8
**	幂运算	3	<=	小于等于	6	XOR	"异或"运算	9
*	乘法	4	>=	大于等于	6	OR	"或"运算	10
/	除法	4	=	等于	7	其他运算		
MOD	模运算	4	<>	不等于	7	( )	括号	1
+	加法	5				:=	赋值	11
-	减法	5						

大多数 S7-SCL 运算由两个地址组成，称为二元操作，例如"A + B"。有的运算仅包含一个地址，称为一元操作。一元运算符在地址的前面，例如"-#AA"。可以将一元加、一元减理解为加、减号。在赋值指令"#BB := -#AA;"中，"一元减"运算符（减号）用来改变变量#AA 的符号。

6. 赋值运算

可以通过赋值运算，将一个表达式的值分配给变量。赋值表达式的左侧为变量，右侧为表达式的值。

函数名称也可以作为表达式。赋值运算将调用该函数，并将函数的返回值赋值给左侧的变量。赋值运算的数据类型取决于左边变量的数据类型。右边表达式的数据类型必须与该数据类型一致。

1）如果两个结构（Struct）相同而且结构中成员的数据类型和名称也相同，则可以将整个结构分配给另一个结构。可以为单个结构元素分配一个变量、一个表达式或另一个结构元素。

2）如果两个数组（Array）的元素数据类型和数组下标的上、下限值都相同，则可以将整个数组分配给另一个数组。可以为单个数组元素分配一个变量、一个表达式或另一个数组元素。

3）可以将数据类型为 String 或 WString 的整个字符串赋值给数据类型相同的另一个字符串。可以为单个字符元素分配另一个字符元素。

4）只能将 Any 数据类型的变量赋值给同样为 Any 数据类型的 FB 的输入参数，或 FB 和 FC 的临时局部数据。使用 Any 指针时，只能指向"标准"访问模式的存储区。

在 SCL 的赋值运算中不能使用 Pointer 数据类型。

下面是赋值运算的例子：

```
"MyTag1" := "MyTag2";                    (* 通过变量进行赋值 *)
"MyTag1" := "MyTag2" *"MyTag3";          (* 通过表达式进行赋值 *)
"MyTag" := "MyFC"();                      (* 调用一个函数，并将函数的返回值赋值给变量 *)
#MyStruct.MyStructElement := "MyTag";    (* 将一个变量赋值给一个结构元素 *)
#MyArray[2] := "MyTag";                   (* 将一个变量赋值给一个 Array 元素 *)
"MyTag" := #MyArray[1,4];                 (* 将一个 Array 元素赋值给一个变量 *)
#MyString[2] := #MyOtherString[5];        (* 将一个 String 元素赋给另一个 String 元素 *)
```

5.5.3 SCL 程序控制指令

下面重点介绍打开 SCL 程序后，"基本指令"窗格的"程序控制指令"文件夹中 SCL 特有的指令。

在项目"SCL 应用"的 FC1 的接口区生成数据类型为 Bool 的输入参数"位输入 1"和"位输入 2"，数据类型为 Int 的输入参数"输入值 1"和"输入值 2"，数据类型为 Bool 的输出参数"位输出 1"～"位输出 4"，以及数据类型为 Int 的输出参数"输出值 1""输出值 2"。在 OB1 中调用 FC1。生成名为"数据块_1"的 DB1，在其中生成数据类型为 Array[1..10] of Int 的数组 1～数组 4。

1. IF 指令

"条件执行"指令 IF 根据条件，控制程序流的分支。该条件是结果为布尔值的表达式。可以将逻辑表达式或比较表达式作为条件。

执行 IF 指令时，将对<条件>指定的表达式进行运算。如果表达式的 Bool 值为 TRUE，则表示满足该条件；如果其值为 FALSE，则表示不满足该条件。根据分支的类型，可以对以下形式的指令进行编程。

（1）IF 分支

```
IF <条件> THEN <指令>
END_IF;
```

如果满足指令中的条件，将执行 THEN 后面的指令；如果不满足该条件，程序将从 END_IF 的下一条指令开始继续执行。

（2）IF 和 ELSE 分支

```
IF <条件> THEN <指令 1>
ELSE <指令 0>
END_IF;
```

如果满足指令中的条件，将执行 THEN 后编写的指令 1。如果不满足该条件，则执行 ELSE 后编写的指令 0。然后程序从 END_IF 的下一条指令开始继续执行。

（3）IF、ELSIF 和 ELSE 分支

```
IF <条件 1> THEN <指令 1>
ELSIF <条件 2> THEN <指令 2>
ELSE <指令 0>
END_IF;
```

如果满足条件 1，将执行 THEN 后的指令 1。执行该指令后，程序将从 END_IF 后继续执行。如果不满足条件 1，将检查条件 2。如果满足条件 2，则将执行 THEN 后的指令 2。执行该指令后，程序将从 END_IF 后继续执行。

如果不满足任何条件，则执行 ELSE 后的指令 0，再执行 END_IF 后的程序。

在 IF 指令内可以嵌套任意多个 ELSIF 和 THEN 组合。可以选择对 ELSE 分支进行编程。

下面给出了应用 IF 指令的例子：

```
IF #位输入 1 = 1 THEN
    #输出值 1 := 10;
ELSIF #位输入 2 = 1 THEN
    #输出值 1 := 20;
ELSE
    #输出值 1 := 30;
END_IF;
```

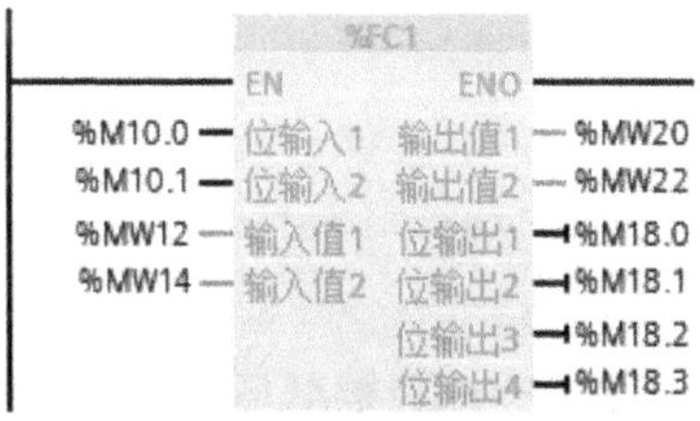

图 5-44　主程序调用 FC1 的程序

如果"#位输入 1"的值为 1，"输出值 1"为 10；如果"#位输入 1"的值为 0，"#位输入 2"的值为 1，"输出值 1"为 20；如果两个条件的值均为 0，"输出值 1"为 30。

图 5-44 是主程序调用 FC1 的程序。仿真时启动 OB1 的程序状态监控功能，右键单击 M10.1，用快捷菜单中的命令将它的值修改为 1，M10.0 的值为默认的 0。执行上述的程序后，变量"输出值 1"被赋值为 20。图 5-43 中给出 FC1 程序运行的监控结果。

2. CASE 指令

"创建多路分支"指令 CASE 根据数字表达式的值执行多个指令序列中的一个，表达式的值必须为整数。执行该指令时，将表达式的值与多个常数的值进行比较。常数可以是整数（例如 5）、整数的范围（例如 15..20）或由整数和范围组成的枚举（例如 10、11、15..20）。下面是"创建多路分支"指令的语法：

```
CASE <表达式> OF
    <常数 1>: <指令 1>
    <常数 2>: <指令 2>
    <常数 X>: <指令 X>            (* X >=3 *)
```

ELSE <指令 0>
END_CASE;

如果表达式的值等于常数 1 的值，将会执行紧跟在该常数后编写的指令 1。然后程序将从 END_CASE 之后继续执行。

如果表达式的值不等于常数 1 的值，将该值与下一个设定的常数值进行比较，直至比较的值相等为止。如果表达式的值与所有设定的常数值均不相等，将执行 ELSE 后编写的指令 0。ELSE 是一个可选的语法部分，可以省略。

此外，CASE 指令也可通过使用 CASE 替换一个指令块来进行嵌套。END_CASE 表示 CASE 指令结束。

启动 OB1 的程序状态监控，令 FC1 的输入参数"输入值 1"为 16，FC1 执行图 5-45 中的 CASE 指令后，仅"位输出 3"为 TRUE。

```
9  ⊟CASE #输入值1 OF                                                        #输入值1        16
10     0:
11        #位输出1 := 1;  (*#输入值1的值等于0时, #位输出1为1*)              #位输出1
12     2, 4, 6:
13        #位输出2 := 1;  (*#输入值1的值等于2、4或6时, #位输出2为1*)        #位输出2
14     7, 10..16:
15        #位输出3 := 1;  (*#输入值1的值等于7、10~16时, #位输出3为1*)       #位输出3       TRUE
16     ELSE
17        #位输出4 := 1;  (*#输入值1的值不等于上述常数值时, #位输出4为1*)   #位输出4
18  END_CASE;
```

图 5-45 FC1 中 CASE 指令的例程

视频"SCL 应用例程（A）"可通过扫描二维码 5-7 播放。

3. FOR 指令

二维码 5-7

使用"在计数循环中执行"指令 FOR，程序被重复循环执行，直至运行变量（S7-1200 的手册称为控制变量）不在指定的取值范围内。程序循环可以嵌套，即在程序循环内，可以编写包含其他运行变量的其他程序循环。

可通过"核对循环条件"指令 CONTINUE，终止当前连续运行的程序循环。或通过"立即退出循环"指令 EXIT，终止整个循环的执行。

（1）"在按步宽计数循环中执行"指令

下面是指令的语法：

FOR <运行变量> := <起始值> TO <结束值> BY <增量> DO <指令>
END_FOR;

FOR 指令的运行变量、起始值、结束值和增量的数据类型可选有符号整数 SInt、Int 和 DInt，S7-1500 还可选 LInt。

循环开始时，将起始值赋值给运行变量。每次循环后运行变量都会递增（正增量）或递减（负增量）增量的绝对值。每次运行循环后，将检查运行变量是否已达到结束值。如果未达到结束值，则将执行 DO 之后编写的指令。如果达到结束值，最后执行一次 FOR 循环。如果超出结束值，程序将从 END_FOR 之后继续执行。执行该指令期间，不允许更改结束值。

（2）"在计数循环中执行"指令

下面是指令的语法：

```
FOR <运行变量> := <起始值> TO <结束值> DO <指令>
END_FOR;
```

指令未指定增量，每次循环后运行变量的值加 1，即增量为默认值 1。

（3）FOR 指令应用的例子

在 FC1 的接口区定义数据类型为 Int 的临时变量 i，生成全局数据块"数据块_1"，去掉它的"优化的块访问"属性。在其中生成数组"数组 1"和"数组 2"，其数据类型为 Array[1..10] of Int。下面是程序：

```
FOR #i := 2 TO 6 BY 2 DO
    "数据块_1".数组 2[#i] := #输入值 2* "数据块_1".数组 1[#i];
END_FOR;
```

在各次循环中，#输入值 2 分别乘以"数据块_1".数组 1 的下标为 2、4、6 的元素，并将运算结果分别送给"数据块_1".数组 2 的下标为 2、4、6 的元素。

在主程序中调用 FC1，启动主程序的程序状态监控功能，将"输入值 2"的值修改为 3。在项目树的"监控与强制表"文件夹生成监控表_1，在其中生成"数据块_1".数组 1 的下标为 2、4、6 的元素。启动监控功能，将 1、2、3 分别写入"数据块_1".数组 1 的下标为 2、4、6 的元素。打开数据块_1，启动监控功能，可以看到由于循环程序的执行，数组 2 的下标为 2、4、6 的元素的值分别为 3、6 和 9。

4. WHILE 指令

"满足条件时执行"指令 WHILE 用来重复执行程序循环，直到不满足执行条件为止。

下面是 WHILE 指令的语法：

```
WHILE <条件> DO <指令>
END_WHILE;
```

执行该指令时，将对<条件>指定的逻辑表达式或比较表达式进行运算。如果表达式的布尔值结果为 TRUE，则表示条件满足，将执行 DO 后面的指令；如果结果为 FALSE，表示条件不满足，程序将从 END_WHILE 后继续执行。

下面是应用 WHILE 指令的例子：

```
WHILE #输入值 1 <> #输入值 2 DO
    #输出值 2 := 20;
END_WHILE;
```

只要操作数"#输入值 1"和"#输入值 2"的值不相等，就会执行 DO 后面的指令。二者相等时，程序将从 END_WHILE 后继续执行。

5. REPEAT 指令

"不满足条件时执行"指令 REPEAT 可以重复执行程序循环，直到不满足执行条件为止。

下面是 REPEAT 指令的语法：

REPEAT <指令>
UNTIL <条件> END_REPEAT

每次执行循环之后，都要对<条件>指定的逻辑表达式或比较表达式进行运算。如果条件的结果为 FALSE，则表示条件不满足，将再次执行程序循环。

如果表达式的值为 TRUE，则表示条件满足，将跳出程序循环，从 END_REPEAT 之后继续执行。下面是应用 REPEAT 指令的例子：

REPEAT
    #输出值 1 := #输入值 2;
UNTIL #位输入 1   END_REPEAT;

只要操作数 "#位输入 1" 的信号状态为 "0"，就会反复地将操作数 "#输入值 2" 的值赋值给操作数 "#输出值 1"。

WHILE 指令是先评估条件，条件满足才执行指令。而 REPEAT 指令是先执行其中的指令，然后才评估条件，因此即使满足终止条件，循环体中的指令也会执行一次。

WHILE 和 REPEAT 指令的循环是在一个扫描循环内完成的。如果在程序中使用 WHILE 和 REPEAT 指令，可能导致 PLC 的扫描循环时间超时，系统异常。

6. CONTINUE 指令

"核对循环条件" 指令 CONTINUE 用于结束 FOR、WHILE 或 REPEAT 循环的当前程序运行。执行该指令后，将再次计算继续执行程序循环的条件。

下面是应用 CONTINUE 指令的例子：

FOR #i := 1 TO 10 DO
    IF #i < 5 THEN
        CONTINUE;
    END_IF;
    "数据块_1".数组 3[#i] := 5;
END_FOR;

如果满足条件#i < 5，则不执行 END_IF 后续的指令（"数据块_1".数组 3[#i] :=5）。FOR 指令的运行变量 i 以增量 1 递增，然后检查 i 的当前值是否在设定的取值范围内。如果运行变量在取值范围内，将再次计算 IF 的条件。

如果不满足条件#i < 5，则执行 END_IF 后续的指令，并开始一次新的循环。在这种情况下，运行变量也会以增量 1 进行递增并接受检查。

上面的程序的执行结果是"数据块_1".数组 3 中的数组元素 "数组 3[5]" ~ "数组 3[10]" 被赋值为 5。

7. EXIT 指令

"立即退出循环" 指令 EXIT 可以随时取消 FOR、WHILE 或 REPEAT 循环的执行，而无须考虑是否满足条件。在循环结束（END_FOR、END_WHILE 或 END_REPEAT）后继续执行程序。下面是应用 EXIT 指令的例子：

FOR #i := 10 TO 1 BY -2 DO
    IF #i < 5 THEN

```
        EXIT;
    END_IF;
      "数据块_1".数组 4[#i] := 2;
END_FOR;
```

FOR 指令使运行变量#i 以 2 为增量进行递减，并检查该变量的当前值是否在程序中设定的取值范围之内。如果变量#i 在取值范围之内，则计算 IF 的条件。如果不满足条件#i < 5，则执行 END_IF 后续的指令（"数据块_1".数组 4[#i] :=2)，并开始一次新的循环。

如果满足 IF 指令的条件#i < 5，则取消循环的执行，程序将从 END_FOR 之后继续执行。上面的程序的执行结果是数组元素数组 4[10]、数组 4[8]和数组 4[6]被赋值为 2。

二维码 5-8

视频"SCL 应用例程（B）"可通过扫描二维码 5-8 播放。

8. GOTO 指令

执行"跳转"指令 GOTO 后，将跳转到指定的跳转标签处，开始继续执行程序。

GOTO 指令和它指定的跳转标签必须在同一个块内。在一个块内，跳转标签的名称只能指定一次。多个跳转指令可以跳转到同一个跳转标签处。

不允许从外部跳转到程序循环内，但是允许从循环内跳转到外部。

下面是 GOTO（跳转）指令的例子，根据变量"#输入值 1"的值，程序将从对应的跳转标签标识点开始继续执行。例如，如果"#输入值 1"的值为 2，程序将从跳转标签"MyLABEL2"开始继续执行。在这种情况下，将跳过"MyLABEL1"跳转标签所标识的程序行。

```
CASE #输入值 1 OF
    1: GOTO MyLABEL1;
    2: GOTO MyLABEL2;
    ELSE GOTO MyLABEL3;
END_CASE;
MyLABEL1:
#输出值 2 := 10;
GOTO Lab_end;
MyLABEL2:
#输出值 2 := 20;
GOTO Lab_end;
MyLABEL3:
#输出值 2 := 30;
Lab_end: RETURN;
```

标签"Lab_end:"之后可以更换为其他指令。

启动 OB1 的程序状态监控，分别令 FC1 的输入参数"输入值 1"为 1、2 和其他值，可以看到"输出值 2"的值分别为 10、20 和 30。

9. RETURN 指令

使用"退出块"指令 RETURN，可以终止当前被处理的块中的程序执行，返回调用它的块继续执行。如果该指令出现在块结尾处，则被忽略。下面是使用 RETURN 指令的例子：

IF #错误标志 <> 0 THEN RETURN;
END_IF;

如果 Bool 操作数"错误标志"的信号状态不为 0,则将终止当前处理的代码块中的程序执行。

5.5.4 SCL 的间接寻址

生成一个名为"SCL 间接寻址"的项目(见配套资源中的同名例程),CPU 为 CPU 1214C。

SCL 用于间接寻址的指令在 SCL 编辑器的指令列表的"基本指令"窗格的文件夹"\移动操作\读写存储器"中。它们访问的数据块不能使用"优化的块访问"属性,即该指令仅用于访问"标准"存储区。

1. PEEK_BOOL 指令

"读取存储位"指令 PEEK_BOOL 用于在不指定数据类型的情况下,从标准存储区读取存储位。生成一个使用 SCL 语言、名为"PEEK_BOOL"的 FC1。在 FC1 中调用指令 PEEK_BOOL,其 Byte 输入参数 area 为地址区,其值为 16#81~16#84 时分别为输入、输出、位存储区和 DB,area 为 16#1 时为外设输入(仅 S7-1500)。DInt 输入参数 dbNumber 是数据块的编号,不是数据块中的地址则为 0。DInt 输入参数 byteOffset 为地址的字节编号,Int 输入参数 bitOffset 是地址的位编号。返回的函数值为 Bool 变量。将上述输入参数设置为变量,可以很方便地实现间接寻址。

在 FC1 的接口区生成输入参数"地址区""数据块号""字节偏移"和"位偏移",以及输出参数"位地址值",下面是 FC1 中的程序:

```
#位地址值:=PEEK_BOOL(area:=#地址区,
           dbNumber:=#数据块号, byteOffset:=#字节偏移, bitOffset:=#位偏移);
```

生成名为"数据块_1"的 DB1,去掉它的"优化的块访问"属性。在其中生成数据类型为 Array[1..10] of Byte 的数组。

在 OB1 中调用 FC1,读取 DB1.DBX1.3 的值,用 M2.0 保存(见图 5-46)。启动仿真软件 S7-PLCSIM,将程序下载到仿真 PLC。生成监控表 1,在其中监控 DB1.DBX1.3,修改它的值为 TRUE 或 FALSE,可以看到程序状态中 M2.0 的值随之而变。

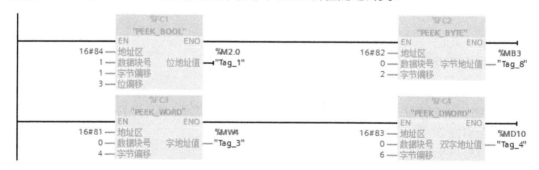

图 5-46　读取存储地址

2. PEEK 指令

"读取存储地址"指令 PEEK 用于在不指定数据类型的情况下,从存储区读取存储地址,可以读取字节、字和双字。S7-1500 还可以读取 64 位位字符串（LWord）。

生成使用 SCL 语言、名为 "PEEK_BYTE" 的 FC2，在其中调用 PEEK 指令。在程序中将 PEEK 指令的名称改为 "PEEK_"，单击出现的指令列表中的 "PEEK_BYTE"（见图 5-47），指令名称变为 PEEK_BYTE。下面是 FC2 中的程序：

#字节地址值:=PEEK_BYTE(area:=#地址区, dbNumber:=#数据块号, byteOffset:=#字节偏移);

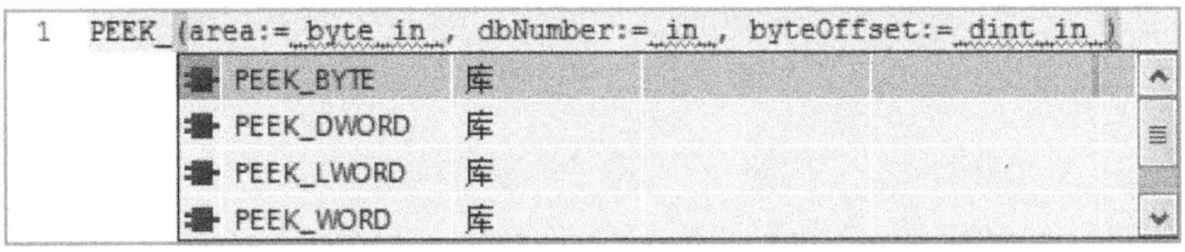

图 5-47　调用 PEEK_BYTE 指令

PEEK_BYTE 指令比 PEEK_BOOL 指令少一个输入参数 bitOffset。FC2 比 FC1 少一个输入参数 "位偏移"，唯一的输出参数 "字节地址值" 的数据类型为 Byte。

在 OB1 中调用 FC2（见图 5-46），读取 QB2 的值，用 MB3 保存。仿真时在监控表中修改 QB2 的值，可以看到程序状态中 MB3 的值随之而变。

3. PEEK_WORD 与 PEEK_DWORD 指令

PEEK_WORD 和 PEEK_DWORD 指令与 PEEK_BYTE 指令差不多，只是输出参数的数据类型不同。图 5-46 中 OB1 调用 FC3 读取 IW4 的值，用 MW4 保存。OB1 调用 FC4 读取 MD6 的值，用 MD10 保存。

4. POKE_BOOL 指令

"写入存储位" 指令 POKE_BOOL 用于在不指定数据类型的情况下，将存储位写入标准存储区。其 Byte 输入参数 area 为地址区，其值为 16#81～16#84 时分别为输入、输出、位存储区和 DB，area 为 16#2 时为外设输出（仅 S7-1500）。输入参数 dbNumber、byteOffset 和 bitOffset 的数据类型和意义与指令 PEEK_BOOL 的相同。Bool 输入参数 Value 为待写入的值。

在项目 "SCL 间接寻址" 中生成使用 SCL 语言、名为 "POKE_BOOL" 的 FC5，在 FC5 的接口区生成输入参数 "地址区" "数据块号" "字节偏移" 和 "位偏移"，以及 Bool 输入参数 "数据值"，下面是 FC5 中的程序：

```
POKE_BOOL(area:=#地址区,
          dbNumber:=#数据块号,
          byteOffset:=#字节偏移,
          bitOffset:=#位偏移,
          value:=#数据值);
```

在 OB1 中调用 FC5（见图 5-48），将 M2.1 的值写入 DB1.DBX1.4。启动仿真软件 S7-PLCSIM，将程序下载到仿真 PLC。用监控表 1 监控 DB1.DBX1.4，启动 OB1 的程序状态，修改 M2.1 的值，可以看到 DB1.DBX1.4 的值随之而变。

5. POKE 指令

"写入存储地址" 指令 POKE 用于在不指定数据类型的情况下，将存储地址写入标准存储区。可以将数值写入字节、字和双字。S7-1500 还可以写入 64 位位字符串（LWord）。

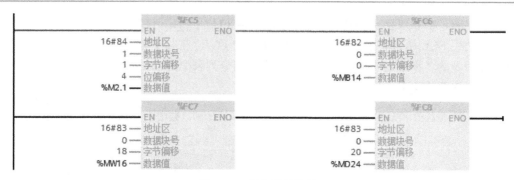

图 5-48   写入存储地址

POKE 指令的输入参数 area、dbNumber、byteOffset 和 Value 的意义与指令 POKE_BOOL
的相同。

将 FC5 复制为名为 "POKE_BYTE" 的 FC6。删除输入参数 "位偏移"，将输入参数 "数
据值" 的数据类型修改为 Byte。删除指令 POKE_BOOL，下面是 FC6 中的程序：

```
POKE (area:=#地址区,
      dbNumber:=#数据块号,
      byteOffset:=#字节偏移,
      value:=#数据值);
```

在 OB1 中调用 FC6（见图 5-48），将 MB14 的值写入 QB0。

POKE_WORD 和 PEEK_DWORD 指令与 POKE_BYTE 指令差不多，只是输入参数 "数
据值" 的数据类型不同。图 5-48 中 OB1 调用 FC7，将 MW16 的值写入 MW18。OB1 调用
FC8，将 MD24 的值写入 MD20。

6. POKE_BLK 指令

"写入存储区" 指令 POKE_BLK 用于在不指定数据类型的情况下，将存储区写入另一个
标准存储区。输入参数 area_src 和 area_dest 分别为源存储区和目的存储区。它们为 16#81～
16#84 时，分别为输入、输出、位存储区和 DB。它们的数据类型为 Byte，其他参数的数据类
型为 DInt。参数 dbNumber_src 和 dbNumber_dest 分别是源和目的存储区中的数据块编号，不
是数据块则为 0。参数 byteOffset_src 和 byteOffset_dest 分别是源和目的存储区的字节编号，
参数 count 为要复制的字节数。

生成 FC9，在其中调用 POKE_BLK 指令（见图 5-49），它的实参 "源地址区" 等是 FC9
的输入参数。在 OB1 中调用 FC9（见图 5-50），将 DB1.DBB2～DB1.DBB4 传送到 MB28～
MB30。下载到仿真 PLC 后，在监控表中用十六进制格式监视 DB1.DBD2 和 MD28。修改
DB1.DBD2 的值，可以看到 MD28 的前 3 个字节（MB28～MB30）的值随之而变。

图 5-49   FC9 中的程序   图 5-50   在 OB1 中调用 FC9

5.5.5　SCL 应用举例

1．累加数组元素

配套资源中的项目"SCL 求累加值"的 DB1 中有一个数据类型为 Array[1..10] of Int 的数组，名为"数组1"。要求累加数组 1 前面若干个元素的值。

FC1 的块接口如图 5-51 所示。在 FC1 的程序中（见图 5-52），首先将累加值清零。用 FOR 指令累加数组 1 前面若干个元素的值，用 FOR 指令中的运行变量 i 作为数组 1 元素的下标，通过间接寻址读取数组元素的值。整数相加的结果可能超过整数的最大值，为此将读取的整数值转换为双整数值，再进行累加。输入完图 5-52 的程序后，自动出现连接 FOR 和 END_FOR 这两行的垂直线。在 OB1 中调用 FC1，累加数组 1 前 4 个元素的值（见图 5-54）。

图 5-51　FC1 的块接口

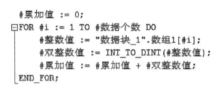

图 5-52　FC1 中的程序

在生成程序中的指令 INT_TO_DINT 时，将指令列表的基本指令窗格的"转换操作"文件夹中的 CONVERT 指令拖拽到程序区指定的位置。在图 5-53 所示的对话框中输入源操作数和目标操作数的数据类型。单击"确定"按钮，*INT_TO_DINT (_int_in_)* 出现在指定的位置。输入完该行后，斜体自动变为正体。也可以直接输入"INT_TO_DINT（#整数值）"。

仿真时设置数组 1 的 1～4 号元素的值分别为 1、2、3、4，启动 OB1 的程序监控功能（见图 5-54），计算出前 4 个元素的累加值为 10。

图 5-53　数据转换指令

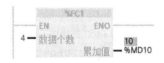

图 5-54　在 OB1 中调用 FC1

配套资源中的项目"SCL 求累加值 2"与项目"SCL 求累加值"的程序基本上相同，前者的输入参数为"元素个数"和"起始元素下标"，用于计算数组 1 从指定的下标开始、指定的元素个数的累加和。

2．求函数的一阶导数和二阶导数

函数 $f(t)$ 的一阶导数是函数曲线在某一点的切线与 t 轴正方向的夹角的正切值。设采样周

期为 T_S，第 n 次采样的一阶导数的近似值为 $[f(n) - f(n-1)] / T_S$（见图 5-55）。用类似的方法可以求出 $f(t)$ 的二阶导数（即一阶导数的导数）。

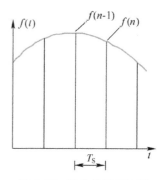

假设某转轴每转发出一个脉冲，送给 OB1 中的加计数器 CTU 计数。计数值的一阶导数等于前后两次计数值之差除以以秒为单位的采样周期。配套资源中的项目"SCL 求微分值"用 SCL 语言编写 FB1"微分计算"，图 5-56 和图 5-57 分别是 FB1 的块接口和程序。Bool 变量"运算开关"为 1 状态时计算导数值，为 0 状态时将变量"上次计数值"和一阶、二阶导数值清零。

图 5-55　微分的近似计算

		名称	数据类型	默认值
1	◀▼	Input		
2	◀■	运算开关	Bool	false
3	◀■	采样时间ms	Int	0
4	◀■	当前计数值	Int	0
5	◀▶	Output		
6	◀▼	InOut		
7	◀■	一阶导数	Real	0.0
8	◀■	二阶导数	Real	0.0
9	◀▼	Static		
10	◀■	上次一阶导数	Real	0.0
11	◀■	差值	Real	0.0
12	◀■	上次计数值	Real	0.0
13	◀■	计数值Real	Real	0.0
14	◀■	采样时间Sec	Real	0.0
15	◀▶	Temp		
16	◀▶	Constant		

微分计算

图 5-56　FB1 的块接口

```
1
2  ⊟IF #运算开关 = true
3    THEN
4        //将采样时间转换为秒为单位的实数
5        #采样时间Sec := INT_TO_REAL(#采样时间ms);
6        #采样时间Sec := #采样时间Sec / 1000.0;
7        //计算一阶导数值
8        #计数值Real := INT_TO_REAL(#当前计数值);
9        #差值 := #计数值Real - #上次计数值;
10       #一阶导数 := #差值 / #采样时间Sec;
11       #上次计数值 := #计数值Real;
12       //计算二阶导数值
13       #差值 := #一阶导数 - #上次一阶导数;
14       #二阶导数 := #差值 / #采样时间Sec;
15       //保存本次计算的一阶导数值
16       #上次一阶导数 := #一阶导数;
17   ELSE
18       //变量"运算开关"为0状态时将一阶导数和二阶导数清零
19       #上次计数值 := 0.0;
20       #一阶导数 := 0.0;
21       #二阶导数 := 0.0;
22  END_IF;
```

图 5-57　FB1 的程序

计算导数时首先将以 ms 为单位的"采样时间 ms"转换为以秒为单位的实数"采样时间 Sec"。计算出的一阶导数和二阶导数的单位为 r/s 和 r/s^2。如果乘以以 m 为单位的轴的周长，可以计算出以 m/s 和 m/s^2 为单位的当前的线速度和线加速度。

循环中断组织块 OB30 的循环时间与 FB1 的输入参数"采样时间 ms"相同（本例为 1200ms）。在 OB30 中调用 FB1（见图 5-58）。

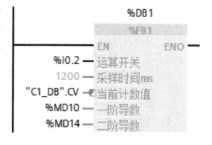

图 5-58　OB30 调用 FB1 的程序

第6章 S7-1200/1500 的通信功能

6.1 网络通信基础

6.1.1 计算机通信的国际标准

1. 开放系统互连模型

国际标准化组织（ISO）提出了开放系统互连模型（OSI），作为通信网络国际标准化的参考模型，它详细描述了通信功能的 7 个层次（见图 6-1）。

发送方传送给接收方的数据，实际上是经过发送方各层从上到下传递到物理层，通过物理媒体（媒体又称为介质）传输到接收方后，再经过从下到上各层的传递，最后到达接收方的应用程序。发送方的每一层协议都要在数据报文前增加一个报文头，报文头包含完成数据传输所需的控制信息，只能被接收方的同一层识别和使用。接收方的每一层只阅读本层的报文头的控制信息，并进行相应的协议操作，然后删除本层的报文头，最后得到发送方发送的数据。下面介绍各层的功能。

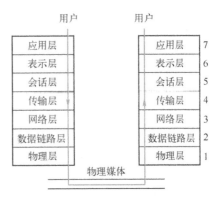

图 6-1　开放系统互连模型

1）物理层的下面是物理媒体，例如双绞线、同轴电缆和光纤等。物理层为用户提供建立、保持和断开物理连接的功能，定义了传输媒体接口的机械、电气、功能和规程的特性。RS-232C、RS-422 和 RS-485 等就是物理层标准的例子。

2）数据链路层的数据以帧（Frame）为单位传送，每一帧包含一定数量的数据和必要的控制信息，例如同步信息、地址信息和流量控制信息。通过校验、确认和要求重发等方法实现差错控制。数据链路层负责在两个相邻节点间的链路上，实现差错控制、数据成帧和同步控制等。

3）网络层的主要功能是报文包的分段、报文包阻塞的处理和通信子网中路径的选择。

4）传输层的信息传送单位是报文（Message），它的主要功能是流量控制、差错控制、连接支持，传输层向上一层提供一个可靠的端到端（end-to-end）的数据传送服务。

5）会话层的功能是支持通信管理和实现最终用户应用进程之间的同步，按正确的顺序收发数据，进行各种对话。

6）表示层用于应用层信息内容的形式变换，例如数据加密/解密、信息压缩/解压和数据兼容，把应用层提供的信息变成能够共同理解的形式。

7）应用层为用户的应用服务提供信息交换，为应用接口提供操作标准。

2. IEEE 802 通信标准

IEEE（国际电气电子工程师学会）的 802 委员会于 1982 年颁布了一系列计算机局域网分层通信协议标准草案，总称为 IEEE 802 标准。它把 OSI 参考模型的数据链路层分解为逻辑链路控制层（LLC）和媒体访问控制层（MAC）。数据链路层是一条链路（Link）两端的两台设备进行通信时必须共同遵守的规则和约定。

媒体访问控制层（MAC）的主要功能是控制对传输媒体的访问，实现帧的寻址和识别，并检测传输媒体的异常情况。逻辑链路控制层（LLC）用于在节点间对帧的发送、接收信号进行控制，同时检验传输中的差错。MAC 层包括带冲突检测的载波侦听多路访问（CSMA/CD）通信协议、令牌总线（Token Bus）和令牌环（Token Ring）。

（1）CSMA/CD

CSMA/CD 通信协议的基础是 Xerox 等公司研制的以太网（Ethernet），早期的 IEEE 802.3 标准规定的传输速率为 10Mbit/s，后来发布了 100Mbit/s 的快速以太网 IEEE 802.3u、1000Mbit/s 的千兆以太网 IEEE 802.3z，以及 10000Mbit/s 的 IEEE 802ae。

CSMA/CD 各站共享一条广播式的传输总线，每个站都是平等的，采用竞争方式发送信息到传输线上，也就是说，任何一个站都可以随时发送广播报文，并被其他各站接收。当某个站识别到报文中的接收站名与本站的站名相同时，便将报文接收下来。由于没有专门的控制站，两个或多个站可能会因为同时发送信息而发生冲突，造成报文作废。

为了防止冲突，发送站在发送报文之前，先监听一下总线是否空闲，如果空闲，则发送报文到总线上，称之为"先听后讲"。但是这样做仍然有发生冲突的可能，因为从组织报文到报文在总线上传输需要一段时间，在这段时间内，另一个站通过监听也可能会认为总线空闲，并发送报文到总线上，这样就会因为两个站同时发送而产生冲突。

为了解决这一问题，在发送报文开始的一段时间，仍然监听总线，采用边发送边接收的方法，把接收到的信息与自己发送的信息相比较，若相同则继续发送，称之为"边听边讲"；若不相同则说明发生了冲突，立即停止发送报文，并发送一段简短的冲突标志（阻塞码序列），来通知总线上的其他站点。为了避免产生冲突的站同时重发它们的帧，采用专门的算法来计算重发的延迟时间。通常把这种"先听后讲"和"边听边讲"相结合的方法称为 CSMA/CD（带冲突检测的载波侦听多路访问技术），其控制策略是竞争发送、广播式传送、载体监听、冲突检测、冲突后退和再试发送。

以太网首先在个人计算机网络系统，例如办公自动化系统和管理信息系统（MIS）中得到了极为广泛的应用。在以太网发展的初期，通信速率较低。如果网络中的设备较多，信息交换比较频繁，可能会经常出现竞争和冲突，影响信息传输的实时性。随着以太网传输速率的提高（100～1000Mbit/s）和采用了相应的措施，这一问题已经解决。大型工业控制系统最上层的网络几乎全部采用以太网，使用以太网很容易实现管理网络和控制网络的一体化。以太网已经越来越多地在控制网络的底层使用。

以太网仅仅是一个通信平台，它包括 ISO 的开放系统互联模型的 7 层模型中的底部两层，即物理层和数据链路层。即使增加上面两层的 TCP 和 IP，也不是可以互操作的通信协议。

（2）令牌总线

IEEE 802 标准的工厂媒体访问技术是令牌总线，其编号为 802.4。在令牌总线中，媒体访间控制是通过传递一种称为令牌的控制帧来实现的。按照逻辑顺序，令牌从一个装置传递到另一个装置，传递到最后一个装置后，再传递给第一个装置，如此周而复始，形成一个逻辑环。令牌有"空"和"忙"两个状态，令牌网开始运行时，由指定的站产生一个空令牌沿逻辑环传送。任何一个要发送信息的站都要等到令牌传给自己，判断为空令牌时才能发送信息。发送站首先把令牌置为"忙"，并写入要传送的信息、发送站名和接收站名，然后将载有信息的令牌送入环网传输。令牌沿环网循环一周后返回发送站时，如果信息已经被接收站复制，发送站将令牌置为"空"，送上环网继续传送，以供其他站使用。如果在传送过程中令牌丢失，则由监控站向网内注入一个新的令牌。

令牌传递式总线能在很重的负荷下提供实时同步操作，传输效率高，适于频繁、少量的数据传送，因此它最适合于需要进行实时通信的工业控制网络系统。

（3）主从通信方式

主从通信方式是 PLC 常用的一种通信方式，它并不属于什么标准。主从通信网络只有一个主站，其他的站都是从站。在主从通信中，主站是主动的，主站首先向某个从站发送请求帧（轮询报文），该从站接收到后才能向主站返回响应帧。主站按事先设置好的轮询表的排列顺序对从站进行周期性的查询，并分配总线的使用权。每个从站在轮询表中至少要出现一次，对实时性要求较高的从站可以在轮询表中出现几次，还可以用中断方式来处理紧急事件。

PROFIBUS-DP 的主站之间的通信为令牌方式，主站与从站之间为主从方式。

3．现场总线及其国际标准

（1）现场总线的概念

IEC（国际电工委员会）对现场总线（Fieldbus）的定义是"安装在制造和过程区域的现场装置与控制室内的自动控制装置之间的数字式、串行、多点通信的数据总线"。现场总线以开放的、独立的、全数字化的双向多变量通信取代 4～20mA 现场模拟量信号。现场总线 I/O 集检测、数据处理和数据通信为一体，可以代替变送器、调节器、记录仪等模拟仪表，它不需要框架、机柜，可以直接安装在现场导轨槽上。现场总线 I/O 的接线极为简单，只需一根电缆，从主机开始，沿数据链从一个现场总线 I/O 连接到下一个现场总线 I/O。使用现场总线后，可以节约配线、安装、调试和维护等方面的费用，现场总线 I/O 与 PLC 可以组成高性能价格比的 DCS（集散控制系统）。

使用现场总线后，操作员可以在中央控制室实现远程监控，对现场设备进行参数调整，还可以通过现场设备的自诊断功能诊断故障和寻找故障点。

（2）IEC 61158 与 IEC 62026

由于历史的原因，现在有多种现场总线并存，IEC 的现场总线国际标准（IEC 61158）在 1999 年年底获得通过，经过多方的争执和妥协，最后容纳了 8 种互不兼容的协议（类型 1～类型 8），2000 年又补充了两种类型。其中的类型 3（PROFIBUS）和类型 10（PROFINET）由西门子公司支持。

为了满足实时性应用的需要，各大公司和标准组织纷纷提出了各种提升工业以太网实时性的解决方案，从而产生了实时以太网。2007 年 7 月出版的 IEC 61158 第 4 版采纳了经过市场考验的 20 种现场总线，其中大约有一半属于实时以太网。

IEC 62026 是供低压开关设备与控制设备使用的控制器电气接口标准，于 2000 年 6 月通过。西门子公司支持其中的执行器传感器接口（Actuator Sensor Interface，AS-i）。

6.1.2 SIMATIC 通信网络

1. SIMATIC NET

西门子的工业自动化通信网络 SIMATIC NET 的顶层为工业以太网（见图 6-2），它是基于国际标准 IEEE 802.3 的开放式网络，可以集成到互联网。S7-1200/1500 的 CPU 都集成了 PROFINET 以太网接口，可以与编程计算机、人机界面和其他 S7 PLC 通信。

PROFIBUS 用于少量和中等数量数据的高速传送，AS-i 是底层的低成本网络，底层的通用总线系统 KNX 用于楼宇自动控制，IWLAN 是工业无线局域网。各个网络之间用链接器或有路由器功能的 PLC 连接。

此外 MPI 是 SIMATIC 产品使用的内部通信协议，可以建立传送少量数据的低成本网络。PPI（点对点接口）是用于 S7-200 和 S7-200 SMART 的通信协议。点对点（PtP）通信用于特殊协议的串行通信。

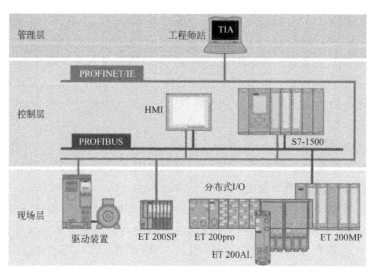

图 6-2 SIMATIC NET

2. PROFIBUS

与 PROFINET 相比，PROFIBUS 是基于 RS-485 的上一代的现场总线。PROFIBUS 的传输速率最高 12Mbit/s，响应时间的典型值为 1ms，使用屏蔽双绞线电缆或光缆，最长通信距离分别为 9.6km 或 90km，最多可以接 127 个从站。

PROFIBUS 提供下列的通信服务：

1）PROFIBUS-DP（Decentralized Periphery，分布式外部设备）用得最多，特别适合于 PLC 与现场级分布式 I/O（例如西门子的 ET 200）设备之间的通信。主站之间的通信为令牌方式，主站与从站之间为主从方式，以及这两种方式的组合。

PROFIBUS-DP 和 PROFINET 最大的优点是使用简单方便，在大多数甚至绝大多数实际应用中，只需要对网络通信作简单的组态，不用编写任何通信程序，就可以实现 DP 网络和 PROFINET 网络的主从通信。

2）PROFIBUS-PA（Process Automation，过程自动化）是用于 PLC 与过程自动化的现场

传感器和执行器的低速数据传输，特别适合于过程工业使用。

PROFIBUS-PA 由于采用了 IEC 1158-2 标准，确保了本质安全和通过屏蔽双绞线电缆进行数据传输和供电，可以用于防爆区域的传感器和执行器与中央控制系统的通信。PROFIBUS-PA 行规保证了不同厂商生产的现场设备的互换性和互操作性。

3）PROFIBUS-FMS（现场总线报文规范）已基本上被以太网通信取代，现在很少使用。

4）PROFIdrive 用于将驱动设备（从简单的变频器到高级的动态伺服控制器）集成到自动控制系统中。

5）PROFIsafe 用于 PROFIBUS 和 PROFINET 面向安全设备的故障安全通信。可以用 PROFIsafe 很简单地实现安全的分布式解决方案。不需要对故障安全 I/O 进行额外的布线，在同一条物理总线上传输标准数据和故障安全数据。

6）可以将 PROFIBUS 用于冗余控制系统，例如通过两个接口模块，将 ET 200 远程 I/O 连接到冗余自动化系统的两个 PROFIBUS 子网。

3. PROFINET

PROFINET 是基于工业以太网的开放的现场总线（IEC 61158 的类型 10），可以将分布式 I/O 设备直接连接到工业以太网，实现从公司管理层到现场层的直接的、透明的访问。

通过代理服务器（例如 IE/PB 链接器），PROFINET 可以透明地集成现有的 PROFIBUS 设备，保护对现有系统的投资，实现现场总线系统的无缝集成。

使用 PROFINET IO，现场设备可以直接连接到以人网，与 PLC 进行高速数据交换。PROFIBUS 各种丰富的设备诊断功能同样也适用于 PROFINET。

使用故障安全通信的标准行规 PROFIsafe，PROFINET 用一个网络就可以同时满足标准应用和故障安全方面的应用。PROFINET 支持驱动器配置行规 PROFIdrive，后者为电气驱动装置定义了设备特性和访问驱动器数据的方法，用来实现 PROFINET 上的多驱动器运动控制通信。

PROFINET 使用以太网和 TCP/IP/UDP 协议作为通信基础，对快速性没有严格要求的数据使用 TCP/IP 协议，响应时间在 100ms 数量级，可以满足工厂控制级的应用。

PROFINET 的实时（Real-Time，RT）通信功能适用于对信号传输时间有严格要求的场合，例如用于传感器和执行器的数据传输。通过 PROFINET，分布式现场设备可以直接连接到工业以太网，与 PLC 等设备通信。典型的更新循环时间为 1～10ms，完全能满足现场级的要求。PROFINET 的实时性可以用标准组件来实现。

PROFINET 的同步实时（Isochronous Real-Time，IRT）功能用于高性能的同步运动控制。IRT 提供了等时执行周期，以确保信息始终以相等的时间间隔进行传输。IRT 的响应时间为 0.25～1ms，波动小于 1μs。IRT 通信需要特殊的交换机的支持。

PROFINET 能同时用一条工业以太网电缆满足三个自动化领域的需求，包括 IT 集成化领域、实时（RT）自动化领域和同步实时（IRT）运动控制领域，它们不会相互影响。

使用铜质电缆最多 126 个节点，网络最长 5km。使用光纤多于 1000 个节点，网络最长 150km。无线网络最多 8 个节点，每个网段最长 1000m。

4. PLC 与编程设备和 HMI 的通信

通过 S7-1200/1500 集成的或通信模块的 PROFINET 和 PROFIBUS 通信接口，可以与编程设备和 HMI（人机界面）通信。包括下载、上传硬件组态和用户程序，在线监视 S7 站，进行测试和诊断。HMI 设备可以读取或改写 PLC 的变量。与编程设备和 HMI 通信的功能集成在 CPU 的操作系统中，不需要编程，HMI 连接需要组态。

S7-1500 的 S7 路由功能可以实现跨网络的编程设备通信。编程设备可以在某个固定点访问所有在 S7 项目中组态的 S7 站点，下载用户程序和硬件组态，或者执行测试和诊断功能。

5．开放式用户通信

通过 CPU 集成的 PROFINET/工业以太网接口和 TCP、ISO-on-TCP、UDP 协议，或通过 S7-1500 带有 PROFINET/工业以太网接口的 CP（通信处理器），可以实现开放式用户通信。

6．其他以太网通信服务

通过 PROFINET/工业以太网接口和 Modbus TCP，不需要组态，使用指令 MB_CLIENT 和 MB_SERVER 进行数据交换（见 6.6.3 节）。

SIMATIC PC 站和非 SIMATIC 设备可以使用 FETCH/WRITE 服务，访问 S7 CPU 中的系统存储区。

S7-1200/1500 CPU 内置 Web 服务器，PC 可以通过通用的 IE 浏览器访问它们，进行故障诊断。

时间同步功能通过 PROFINET/工业以太网接口和网络时间协议（NTP）同步 CPU 的实时时钟的时间。

7．S7 通信服务

S7 通信是 S7 PLC 的优化的通信功能。它用于 S7 PLC 之间、S7 PLC 和 PC 之间的通信。S7 通信服务可以用于 PROFIBUS-DP 和工业以太网。

8．S7-1500 的 IT 通信服务

S7-1500 有下述 IT（Information technology，信息技术）功能。

（1）电子邮件服务

通过 SMTP（简单邮件传输协议）和"发送电子邮件"指令 TMAIL_C 编程，不需要组态，用电子邮件发送过程报警，但是不能接收电子邮件。

（2）FTP 服务

FTP 服务仅适于带有 PROFINET/工业以太网接口的 CP，不需要组态，通过 FTP（文件传输协议）和 FTP_CMD 指令进行文件管理和文件访问，CP 既可以作 FTP 客户端也可以作 FTP 服务器。

（3）SNMP 服务

SNMP（简单网络管理协议）是以太网的一种开放的标准化网络管理协议。SNMP 管理器对网络节点进行监视，SNMP 代理收集各网络节点中的各种网络特定信息，并以一种结构化的形式将这种信息存储在管理信息库中。网络管理系统可以使用该信息进行详细的网络诊断。

9．串行点对点连接

可以通过串行通信模块，使用 Freeport（自由口）、3964（R）、USS 或 Modbus 协议，通过点对点连接进行数据交换。

10．AS-i

AS-i 是 Actuator Sensor Interface（执行器-传感器接口）的缩写，S7-1200 和 ET 200SP 通过通信模块支持基于 AS-i 网络的 AS-i 主站协议服务和 ASIsafe 服务。

6.1.3　工业以太网概述

工业以太网（Industrial Ethernet，IE）是遵循国际标准 IEEE 802.3 的开放式、多供应商、高性能的区域和单元网络。工业以太网已经广泛地应用于控制网络的最高层，并且越来越多地在控制网络的中间层和底层（现场设备层）使用。

西门子的工控产品已经全面地"以太网化"，S7-300/400 的各级 CPU 和新一代变频器 SINAMICS 的 G120 系列、S120 系列都有集成了 PROFINET 以太网接口的产品。新一代小型 PLC S7-1200、S7-200 SMART、大中型 PLC S7-1500、新一代人机界面精智系列、精简系列和精彩系列面板都有集成的以太网接口。分布式 I/O ET 200SP、ET 200S、ET 200MP、ET 200M、ET 200Pro、ET 200eco PN 和 ET 200AL 都有 PROFINET 通信模块或集成的 PROFINET 通信接口。

工业以太网采用 TCP/IP，可以将自动化系统连接到企业内部互联网（Intranet）、外部互联网（Extranet）和因特网（Internet），实现远程数据交换。可以实现管理网络与控制网络的数据共享。通过交换技术可以提供实际上没有限制的通信性能。

1. SIMATIC 工业以太网的特点

1）10M /100Mbit/s 自适应传输速率，最多 1024 个网络节点，网络最大范围为 150km。

2）可以用于严酷的工业现场环境，用标准导轨安装，抗干扰能力强。能方便地组成各种网络拓扑结构，可以采用冗余的网络拓扑结构。

3）可以通过以太网将自动化系统连接到办公网络和国际互联网（Internet），实现全球性的远程通信。用户可以在办公室访问生产数据，实现管理-控制网络的一体化。不需要专用的软件，可以用 IE 浏览器访问控制终端的数据。

4）在交换式局域网中，用交换模块将一个网络分成若干个网段，可以实现在不同的网段中的并行通信。本地数据通信在本网段进行，只有指定的数据包可以超出本地网段的范围。如果使用全双工的交换机，两个节点之间可以同时收、发数据，数据传输速率增加到 200Mbit/s，可以完全消除冲突。

5）冗余系统中如果出现子系统故障或网络断线，交换模块将通信切换到冗余的后备系统或后备网络，以保证系统的正常运行。工业以太网发生故障后，可以迅速发现故障，实现故障的定位和诊断。网络发生故障时（例如断线或交换机故障），网络的重构时间小于 0.3s。

2. SIMATIC 工业以太网的组成

典型的工业以太网由以下网络器件组成：

1）连接部件：包括 FC 快速连接插座、SCALANCE 交换机、电气链接模块（ELM）、电气交换模块（ESM）、光纤交换模块（OSM）、光纤电气转换模块（MC TP11）、中继器和 IE/PB 链接器。IWLAN/PB 链接器用于将工业以太网无线耦合到 DP 网络。

2）通信媒体可以采用直通或交叉连接的 TP 电缆、快速连接双绞线 FC TP、工业双绞线 ITP、光纤和无线通信。

3）S7-1500 CPU 集成的第一个以太网接口（X1）可以作 PROFINET IO 控制器和 IO 设备，支持 S7 通信、开放式用户通信、Web 服务器和介质冗余协议（MRP 和 MRPD）。X1 口作 IO 控制器支持等时同步、RT、IRT、PROFIenergy 和优先化启动等服务。

与 X1 相比，S7-1500 CPU 集成的第二个以太网接口（X2）没有介质冗余功能，减少了一些服务。第三个以太网接口（X3）仅支持 PROFINET IO、S7 通信、开放式用户通信和 Web 服务器。

4）S7-1500 的 PROFINET 模块为 CP 1542-1，以太网模块为 CP 1543-1，它们的主要参数见 1.2.4 节。

5）PG/PC 可选下述的工业以太网通信处理器：用于 PCI 总线的 CP 1612 A2 和 CP 1613 A2，用于 PCIe 总线的 CP 1623 和 CP 1628。CP 1613 A2 和 CP 1623 可用于冗余系统。

对快速性和冗余控制有特殊要求的系统应使用西门子的交换机和网卡，反之可以使用普通的交换机、路由器和普通的网卡。

3. TP 电缆与 RJ-45 连接器

西门子的工业以太网可以采用双绞线、光纤和无线方式进行通信。

TP Cord 电缆是 8 芯的屏蔽双绞线，直通连接电缆两端的 RJ-45 连接器采用相同的线序，用于 PC、PLC 等设备与交换机（或集线器）之间的连接。交叉连接电缆两端的 RJ-45 连接器采用不同的线序，用于直接连接两台设备（例如 PC 和 PLC）的以太网接口。

西门子交换机采用自适应技术，可以自动检测线序，连接西门子交换机时可以采用上述的任意一种连接方式。

4. 快速连接双绞线

工业以太网快速连接双绞线（Industry Ethernet Fast Connection Twist Pair，IE FC TP）是一种 4 芯电缆，它配合西门子 FC TP RJ45 接头使用。使用专用的剥线工具，一次就可以剥去电缆外包层和编织的屏蔽层，连接长度可达 100m。

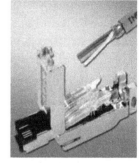

图 6-3　快速连接电缆与 TP RJ45 接头

通过导线和 IE FC RJ45 接头上的透明接点盖上的彩色标记，可以避免接线错误（见图 6-3）。将双绞线按接头上标记的颜色插入连接孔，可以快速、方便地将数据终端设备（DTE）连接到以太网上。

使用 FC 双绞线，从 DTE 到 DTE、DTE 到交换机、交换机之间的通信距离最长为 1000m。也可以使用西门子有预装的 RJ45 接头的 TP CORE 电缆，但是没有屏蔽，保证数据可靠传输的最长通信距离为 10m。

5. 工业双绞线 ITP

使用预装有 9 针或 15 针 Sub-D 接头的工业双绞线（Industry Twist Pair，ITP）标准电缆，可以连接某些通信处理器（CP）的 ITP 接口，进行牢固的连接，适合于现场恶劣的环境，最长传输距离为 100m。ITP 电缆已逐渐被 IE FC TP 电缆代替。

6. 光纤

光纤（FOC）通过光学频率范围内的电磁波，沿光缆无辐射传输数据，不受外部电磁场的干扰，没有接地问题，重量轻、容易安装。光缆的传导芯是一种低衰减的光学透明材料，包裹在一层保护套内。即使线缆被弯曲，光束也能在芯体和周围材料之间，通过完全反射来传输。有两种不同类型的光缆，标准玻璃光缆可以在室内和室外使用；拖拽式玻璃光缆还可以用于需要移动的应用场合。

7. 中继器和集线器

中继器又称为转发器，用来增加网络的长度。中继器仅工作在物理层，对同一协议的相同或不相同的传输介质之间的信号进行中继放大和整形。共享式集线器（Hub）是多端口的中继器。它们将接收到的信号进行整形和中继，不加区别地广播输出，传送给所有连接到中继器或集线器的站点。它们不对接收到的报文进行过滤和负载隔离，不会干扰通信，不能解决以太网的冲突问题。它们只能在一个冲突域内使用。

8. 交换机

交换机是工作在物理层和数据链路层的智能设备。工业以太网采用星形网络拓扑结构，用交换机将网络划分为若干个网段，交换机之间通过主干网络进行连接。交换机可以对报文进行存储、过滤和转发，有一定的自学习能力，自动记录端口所有设备的 MAC 地址。在一个完整的交换网络中，整个网络只有交换机和通信节点，没有集线器。节点之间的数据通过交换机转发。单个站出现故障时，仍然可以进行数据交换。

6.2　PROFINET IO 系统组态

6.2.1　S7-1200 作 IO 控制器

S7-1200 的 CPU 集成的以太网接口为 PROFINET 接口，可以实现 CPU 与编程设备、HMI 和其他 S7 CPU 之间的通信，还可以作 PROFINET IO 系统中的 IO 控制器和 IO 设备。它是 10M/100Mbit/s 的 RJ45 以太网端口，支持电缆交叉自适应，可以使用标准的或交叉的以太网电缆。

1. PROFINET 网络的组态

在基于以太网的现场总线 PROFINET 中，PROFINET IO 设备是分布式现场设备，例如 ET 200 分布式 I/O、变频器、调节阀和变送器等。PLC 是 PROFINET IO 控制器，S7-1200 最多可以带 16 个 IO 设备，最多 256 个子模块。只需要对 PROFINET 网络作简单的组态，不用编写任何通信程序，就可以实现 IO 控制器和 IO 设备之间的周期性数据交换。

在博途中新建项目"1200 作 IO 控制器"（见配套资源中的同名例程），PLC_1 为 CPU 1215C。打开网络视图（见图 6-4），将右边的硬件目录窗口的"\分布式 I/O\ET200S\接口模块 \PROFINET \IM151-3 PN"文件夹中，订货号为 6ES7 151-3AA23-0AB0 的接口模块拖拽到网络视图，生成 IO 设备 ET 200S PN。CPU 1215C 和 ET 200S PN 站点的 IP 地址分别为默认值 192.168.0.1 和 192.168.0.2。双击生成的 ET 200S PN 站点，打开它的设备视图（见图 6-5）。将电源模块、4DI、2DQ 和 2AQ 模块插入 1～4 号插槽。

IO 控制器通过设备名称对 IO 设备寻址。选中 IM151-3PN 的以太网接口，再选中巡视窗口中的"属性 ＞ 常规 ＞ 以太网地址"，去掉"自动生成 PROFINET 设备名称"复选框中的勾（见图 6-4），将自动生成的该 IO 设备的名称 et 200s pn 改为 et 200s pn 1。STEP 7 自动地为 IO 设备分配编号（从 1 开始），该 IO 设备的编号为 1。

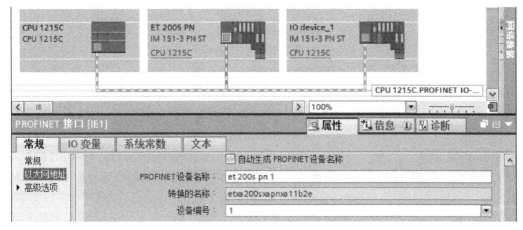

图 6-4　网络视图与 PROFINET IO 系统

PROFINET 接口高级选项的组态见图 1-22～图 1-25。

右键单击网络视图中 CPU 1215C 的 PN 接口（见图 6-4），执行快捷菜单命令"添加 IO 系统"，生成 PROFINET IO 系统。单击 ET 200S PN 方框内蓝色的"未分配"，再单击出现的小方框中的"CPU 1215C PROFINET 接口_1"，它被分配给该 IO 控制器的 PN 接口。ET 200S PN 方框内的"未分配"变为蓝色的带下画线的"CPU 1215C"。

双击网络视图中的 ET 200S PN，打开它的设备视图。单击设备视图右边竖条上向左的小三角形按钮◀（见图 6-5），在从右向左弹出的 ET 200S PN 的设备概览中，可以看到分配给它的信号模块的 I、Q 地址。在用户程序中，用这些地址直接读、写 ET 200S PN 的模块。

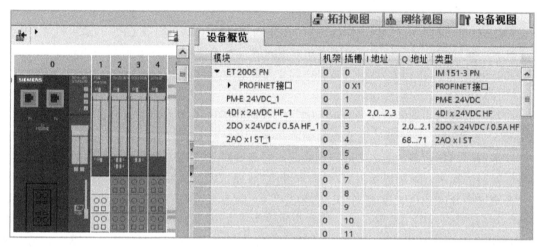

图 6-5　ET 200S PN 的设备视图与设备概览

用同样的方法生成第二台 IO 设备 ET 200S PN，将它分配给 IO 控制器 CPU 1215C。IP 地址为默认的 192.168.0.3，设备编号为 2。将它的设备名称改为 et 200s pn 2。打开 2 号 IO 设备的设备视图，将电源模块、4DI 和 2DQ 模块插入 1～3 号插槽。

以后打开网络视图时，网络变为单线。右键单击某个设备的 PN 接口，执行快捷菜单中的命令"高亮显示 IO 系统"，IO 系统改为高亮（即双轨道线）显示（见图 6-4）。

2. 分配设备名称

用以太网电缆连接好 IO 控制器、IO 设备和计算机的以太网接口。如果 IO 设备中的设备名称与组态的设备名称不一致，连接 IO 控制器和 IO 设备后，它们的故障 LED 亮。此时用右键单击网络视图中的 1 号 IO 设备，执行快捷菜单命令"分配设备名称"。单击打开的对话框中的"更新列表"按钮（见图 6-6），"网络中的可访问节点"列表中出现网络上的两台 ET 200S PN 原有的设备名称。对话框上面的"PROFINET 设备名称"下拉式列表中是组态的 1 号 IO 设备的名称"et 200s pn 1"。选中 IP 地址为 192.168.0.2 的可访问节点，单击勾选"闪烁 LED"复选框，如果 1 号 IO 设备的 LED 闪烁，可以确认选中的是它。再次单击该复选框，LED 停止闪烁。

选中 IP 地址为 192.168.0.2 的可访问节点后，单击"分配名称"按钮，组态的设备名称 et 200s pn 1 被分配和下载给 1 号 IO 设备，可访问节点列表中的 1 号 IO 设备的"PROFINET 设备名称"列出现新分配的名称 et 200s pn 1（见图 6-6 下面的小图），"PROFINET 设备名称"列的符号由 ! 变为✓。"状态"列的"设备名称不同"变为"确定"。下载的设备名称与组态的设备名称一致时，IO 设备上的 ERROR LED 熄灭。两台 IO 设备的设备名称分配好以后，IO 设备和 IO 控制器上的 ERROR LED 熄灭。

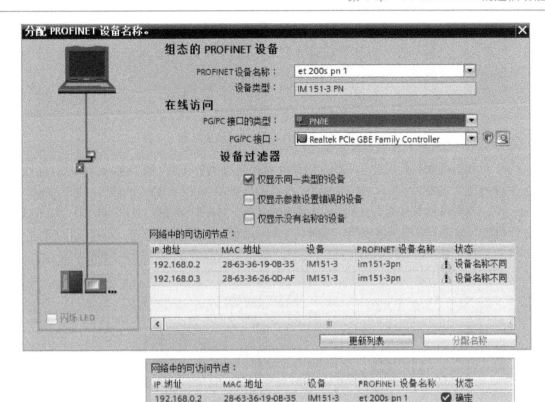

图 6-6　分配 PROFINET IO 设备名称

为了验证 IO 控制器和 IO 设备的通信是否正常，在 IO 控制器的 OB1 中编写简单的程序，例如用 I2.0 的常开触点控制 Q2.0 的线圈（见图 6-5）。如果能用 I2.0 控制 Q2.0，说明 IO 控制器和 1 号 IO 设备之间的通信正常。IO 控制器与 IO 设备之间的通信也可以用仿真验证。

6.2.2　S7-1500 CPU 和 ET 200SP CPU 作 IO 控制器

1. S7-1500 CPU 作 IO 控制器

S7-1500 的 CPU 最多有 3 个 PROFINET 接口（X1～X3），它们均可以作为 PROFINET IO 控制器或 PROFINET IO 设备，支持开放式用户通信、S7 通信和 Web 服务器功能。ET 200SP CPU 的价格便宜，性价比高。

1.6.4 节给出了 S7-1500 作 IO 控制器、ET 200MP 作 IO 设备的组态实例，S7-1200 和 S7-1500 作 IO 控制器的组态方法完全相同。

2. ET 200SP CPU 作 IO 控制器

在博途中新建项目"CPU1510SP_ET200SP"（见配套资源中的同名例程），PLC_1 为 CPU 1510SP-1 PN。在设备视图中，将 ET 200SP 的信号模块插入中央机架。

切换到网络视图（见图 6-7），将右边的硬件目录窗口的"\分布式 I/O\ET200SP\接口模块\PROFINET \IM155-6 PN ST"文件夹中订货号为 6ES7 155-6AU00-0BN0 的接口模块拖拽到网络视图。

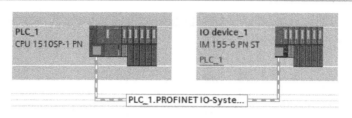

图 6-7　网络视图与 PROFINET IO 系统

CPU 1510SP-1 PN 和 IM155-6 PN ST 的 IP 地址分别为默认值 192.168.0.1 和 192.168.0.2。双击生成的 ET 200SP 站点，打开它的设备视图（见图 6-8）。IO 设备默认的名称为"IO device_1"，IO 设备的编号为默认的 1，将信号模块插入 1～3 号插槽。在机架的最右边应插入服务器模块，如果没有服务器模块，编译的时候会自动添加服务器模块。CPU 1510SP-1 PN 的主机架因为使用的是 ET 200SP 的信号模块，机架的最右边也应插入服务器模块。

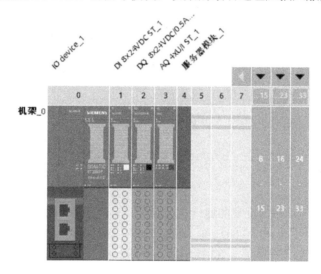

图 6-8　ET 200SP 的设备视图

右键单击网络视图中 CPU 1510SP-1 PN 的 PN 接口，执行快捷菜单命令"添加 IO 系统"，生成 PROFINET IO 系统。单击 ET 200SP PN 方框内蓝色的"未分配"，再单击出现的小方框中的"PLC_1.PROFINET 接口_1"，它被分配给 IO 控制器 CPU 1510SP-1 PN 的 PN 接口。ET 200SP PN 方框内的"未分配"变为蓝色的"PLC_1"。

在 ET 200SP PN 的设备视图和设备概览中，可以看到分配给它的信号模块的 I、Q 地址。在用户程序中，用这些地址直接读、写 ET 200SP PN 的模块。

6.2.3　S7-1200 作智能 IO 设备

1. 生成 IO 控制器和 IO 设备

生成项目"1200 作 1500 的 IO 设备"（见配套资源中的同名例程），PLC_1（CPU 1511-1 PN）为 IO 控制器。打开网络视图，将硬件目录的"\控制器\SIMATIC 1200\CPU"文件夹中的 CPU 1215C 拖拽到网络视图，生成站点"PLC_2"。

选中网络视图中 PLC_1 的 PN 接口，再选中巡视窗口中的"属性 ＞ 常规 ＞ 以太网地址"，可以看到 IP 地址为默认的 192.168.0.1，自动生成的 PROFINET 设备名称为 plc_1，默认的设备编号为 0。

右键单击网络视图中 CPU 1511-1 PN 的 PN 接口，执行快捷菜单命令"添加 IO 系统"，生成 PROFINET IO 系统。

选中网络视图中 PLC_2 的 PN 接口，再选中巡视窗口中的"属性 > 常规 > 以太网地址"，可以看到 IP 地址为默认的 192.168.0.1，自动生成的 PROFINET IO 设备名称为 plc_2。选中巡视窗口中的"属性 > 常规 > 操作模式"（见图 6-9），勾选复选框"IO 设备"，设置 CPU 1215C 作智能 IO 设备。复选框"IO 控制器"被自动勾选，因为是灰色，不能更改。所以 CPU 1215C 在作它的 IO 控制器的 IO 设备的同时，还可以作 IO 控制器。也就是说在 PROFINET IO 系统中，CPU 1215C 有它的上级（IO 控制器），同时也可以有它的下级（其他 IO 设备）。

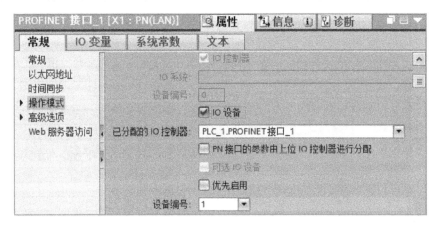

图 6-9　组态智能从站的 PROFINET 接口的操作模式

用"已分配的 IO 控制器"下拉式列表将该 IO 设备分配给 IO 控制器 PLC_1 的 PROFINET 接口。PLC_2 的 IP 地址自动变为 192.168.0.2。

2. 组态智能设备通信的传输区

IO 控制器和智能 IO 设备都是 PLC，它们都有各自的地址相同或重叠的系统存储器区，因此 IO 控制器和智能 IO 设备不能用对方的系统存储器区的地址直接访问它们。

智能 IO 设备的传输区（I、Q 地址区）是 IO 控制器与智能 IO 设备的用户程序之间的通信接口。双方的用户程序对传输区定义的 I 区接收到的输入数据进行处理，并用传输区定义的 Q 区输出处理的结果。IO 控制器与智能 IO 设备之间通过传输区自动地周期性地进行数据交换。

选中网络视图中 PLC_2 的 PN 接口，然后选中下面的巡视窗口的"属性 > 常规 > 操作模式 > 智能设备通信"（见图 6-10），双击右边窗口"传输区"列表中的"<新增>"，在第一行生成"传输区_1"。

选中左边窗口中的"传输区_1"（见图 6-11），在右边窗口定义 IO 控制器（伙伴）发送数据、智能设备（本地）接收数据的 Q、I 地址区。组态的传输区不能与硬件使用的地址区重叠。

用同样的方法生成"传输区_2"，与传输区_1 相比，只是交换了地址的 I、Q 类型，其他参数与图 6-11 的相同。

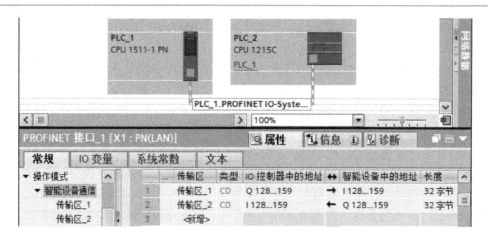

图 6-10 组态好的智能设备通信的传输区

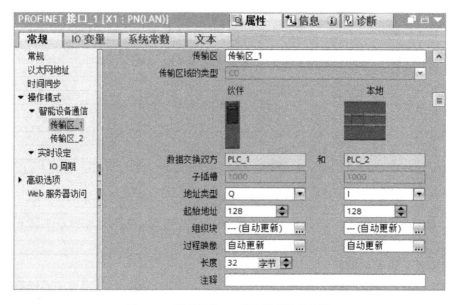

图 6-11 组态智能 IO 设备通信的传输区

选中图 6-10 左边窗口的"智能设备通信",右边窗口中是组态好的传输区列表,主站将 QB128～QB159 中的数据发送给从站,后者用 IB128～IB159 接收。从站将 QB128～QB159 中的数据发送给主站,后者用 IB128～IB159 接收。在双方的用户程序中,将实际需要发送的数据传送到上述的数据发送区,直接使用上述的数据接收区中接收到的数据。

选中图 6-11 巡视窗口左边的"IO 周期",可以设置可访问该智能设备的 IO 控制器的个数、更新时间的方式(自动或手动)、更新时间值和看门狗时间等参数。

3. 编写验证通信的程序与通信实验

在 PLC_1 的 OB100 中,给 QW130 和 QW158 设置初始值 16#1511,将 IW130 和 IW158 清零。在 PLC_1 的 OB1 中,用时钟存储器位 M0.3 的上升沿,每 0.5s 将要发送的第一个字 QW128 加 1。PLC_2 与 PLC_1 的程序基本上相同,其区别在于给 QW130 和 QW158 设置的初始值为 16#1215。

分别选中PLC_1 和 PLC_2,下载它们的组态信息和程序。做好在线操作的准备工作后,右键单击网络视图中的 PN 总线,执行"分配设备名称"命令。用出现的对话框分配 IO 设备的名称。

用以太网电缆连接主站和从站的 PN 接口,在运行时用监控表监控双方接收数据的IW128、IW130 和 IW158,检查通信是否正常。

4. 两台 1200 组成的 IO 系统

配套资源的例程"两台 1200 组成的 IO 系统"中,一块 CPU 1215C 作 PROFINET IO 系统的 IO 控制器,一块 CPU 1215C 作 IO 设备。CPU 的 IP 地址、IO 设备的传输区的组态方法与项目"1200 作 1500 的 IO 设备"相同,二者的程序也基本上相同。

6.3　基于以太网的开放式用户通信

6.3.1　S7-1200/S7-1500 之间使用 TSEND_C/TRCV_C 指令的通信

1. 开放式用户通信

通过 CPU 集成的以太网接口和以太网模块,可以实现开放式用户通信和 S7 通信。开放式用户通信(Open User Communication)是面向连接协议的通信,它支持以下的连接类型:TCP、ISO-on-TCP、UDP 和 ISO(仅限于 S7-1500)。

通信伙伴可以是两个 SIMATIC PLC,也可以是第三方设备。对于不能在博途中组态的通信伙伴,例如第三方设备或 PC,在分配连接参数时将伙伴端点设置为"未指定"。

开放式用户通信是一种程序控制的通信方式,传送的数据结构具有高度的灵活性。数据传输开始之前应建立到通信伙伴的逻辑连接。数据传输完成后,可以用指令终止连接。一条物理线路上可以建立多个逻辑连接。

在开放式用户通信中,S7-300/400/1200/1500 可以用指令 TCON 来建立连接,用指令TDISCON 来断开连接。指令 TSEND 和 TRCV 用于通过 TCP 和 ISO-on-TCP 协议发送和接收数据;指令 TUSEND 和 TURCV 用于通过 UDP 协议发送和接收数据。

S7-1200/1500 除了使用上述指令实现开放式用户通信,还可以使用指令 TSEND_C 和TRCV_C,通过 TCP 和 ISO-on-TCP 协议发送和接收数据。这两条指令有建立和断开连接的功能,使用它们以后不需要调用 TCON 和 TDISCON 指令。上述指令均为函数块。

2. 组态 CPU 的硬件

生成一个名为"1200_1200ISO_C"的项目(见配套资源中的同名例程),单击项目树中的"添加新设备",添加一块 CPU 1215C,默认的名称为 PLC_1。双击项目树的"PLC_1"文件夹中的"设备组态",打开设备视图。选中 CPU 左下角表示以太网接口的绿色小方框,然后选中巡视窗口的"属性 > 常规 > 以太网地址",采用 PN 接口默认的 IP 地址 192.168.0.1,和默认的子网掩码 255.255.255.0。选中 CPU 后选中巡视窗口的"属性 > 常规 > 系统和时钟存储器",启用 MB0 为时钟存储器字节(见图 1-28)。

用同样的方法添加一块 CPU 1215C,默认的名称为 PLC_2。采用 PN 接口默认的 IP 地址192.168.0.1 和默认的子网掩码 255.255.255.0。启用它的时钟存储器字节。

3. 组态 CPU 之间的通信连接

双击项目树中的"设备和网络",打开网络视图(图 6-12)。选中 PLC_1 的以太网接口,

按住鼠标左键不放,"拖拽"出一条线,光标移动到 PLC_2 的以太网接口上,松开鼠标,将会出现图 6-12 所示的绿色的以太网线,以及名为"PN/IE_1"的连接。PLC_2 的 IP 地址自动变为 192.168.0.2。

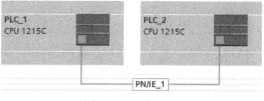

图 6-12　网络组态

4. 验证通信是否实现的典型程序结构

本书的通信程序一般只是用来验证通信是否成功,没有什么工程意义。本书的通信程序大多采用下述的典型结构。

(1)生成保存待发送的数据和接收到的数据的数据块

本例要求通信双方发送和接收 100 个整数。双击项目树的文件夹"\PLC_1\程序块"中的"添加新块",生成全局数据块 DB1,将它的符号地址改为 SendData。用右键单击它,选中快捷菜单中的"属性",再选中打开的对话框左边窗口中的"属性"。去掉复选框"优化的块访问"中的勾,允许使用绝对地址。在 DB1 中生成有 100 个整数元素的数组 ToPLC_2(见图 6-13 上面的图),用来保存要发送的数据。再生成没有"优化的块访问"属性的全局数据块 DB2,符号地址为 RcvData,在 DB2 中生成有 100 个整数元素的数组 FromPLC_2,用来保存接收到的数据。

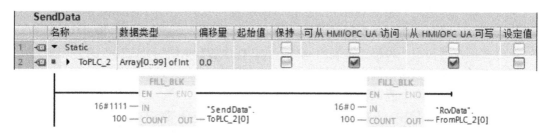

图 6-13　数据块 SendData 与 OB100 中的程序

用同样的方法生成 PLC_2 的数据块 DB1 和 DB2,在其中分别生成有 100 个整数元素的数组 ToPLC_1 和 FromPLC_1。

(2)初始化用于保存待发送的数据和接收到的数据的数组

在 OB100 中用指令 FILL_BLK(填充块)将两块 CPU 的 DB1(SendData)中要发送的 100 个整数分别初始化为 16#1111(见图 6-13 下半部分的图)和 16#2222,将用于保存接收到的数据的 DB2(RcvData)中的 100 个整数清零。

(3)将双方要发送的第一个字周期性地加 1

双击打开项目树的"\PLC_1\程序块"文件夹中的主程序 OB1,用周期为 0.5s 的时钟存储器位 M0.3 的上升沿,将要发送的第一个字 DB1.DBW0 加 1(见图 6-14)。

图 6-14　OB1 中的周期性加 1 程序

5. 调用 TSEND_C 和 TRCV_C

在开放式用户通信中，发送方调用 TSEND_C 指令发送数据，接收方调用 TRCV_C 指令接收数据。

双击打开 OB1（见图 6-15），将右边的指令列表中的"通信"窗格的"开放式用户通信"文件夹中的 TSEND_C 拖拽到梯形图中。单击自动出现的"调用选项"对话框中的"确定"按钮，自动生成 TSEND_C 的背景数据块 TSEND_C_DB（DB3）。用同样的方法调用 TRCV_C，自动生成它的背景数据块 TRCV_C_DB（DB4）。在项目树的"PLC_1\程序块\系统块\程序资源"文件夹中，可以看到这两条指令和自动生成的它们的背景数据块。

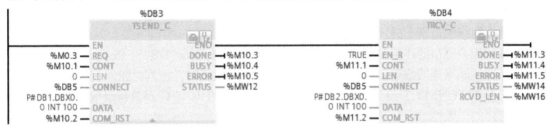

图 6-15 TSEND_C 和 TRCV_C 指令

用同样的方法生成 PLC_2 的程序，两台 PLC 的用户程序基本上相同。

6. 组态连接参数

打开 PLC_1 的 OB1，单击选中指令 TSEND_C，然后选中下面的巡视窗口的"属性 > 组态 > 连接参数"（见图 6-16）。

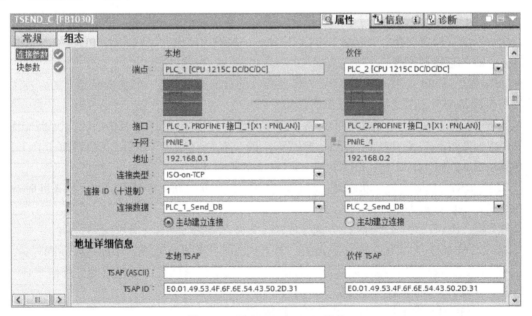

图 6-16 组态 ISO-on-TCP 连接

在右边窗口中，单击"伙伴"的"端点"下拉式列表右边的 ▼ 按钮，用出现的下拉式列表选择通信伙伴为 PLC_2，两台 PLC 图标之间出现绿色连线。"连接 ID"（连接标识符，即连接的编号）的默认值为 1。

用"连接类型"下拉式列表设置连接类型为 ISO-on-TCP。单击"本地"的"连接数据"下拉式列表右边的 ▾ 按钮，单击出现的"<新建>"，自动生成连接描述数据块"PLC_1_Send_DB"（DB5）。用同样的方法生成 PLC_2 的接述数据块"PLC_2_Send_DB"（DB5）。

通信的一方作为主动的伙伴，启动通信连接的建立。另一方作为被动的伙伴，对启动的连接做出响应。图 6-16 用单选框设置由 PLC_1 主动建立连接。

PLC_1 设置的连接参数将自动用于 PLC_2，PLC_2 组态"连接参数"的对话框与图 6-16 的结构相同，只是"本地"与"伙伴"列的内容互相交换。

TSAP（Transport Service Access Point）是传输服务访问点。设置连接参数时，并不检查各连接的连接 ID、TCP 连接的端口编号和 ISO-on-TCP 连接的 TSAP 是否分别重叠。应保证这些参数在网络中是唯一的。

开放式用户通信的连接参数用连接描述数据块 PLC_1_Send_DB 和 PLC_2_Send_DB 保存。可以通过删除连接描述数据块来删除连接。在删除它们时，应同时删除调用时使用它们作为输入参数 CONNECT 的实参的通信指令 TSEND_C、TRCV_C 及其背景数据块，这样才能保证程序的一致性。

选中巡视窗口中的"属性 > 组态 > 块参数"，可以在右边窗口设置指令的输入参数和输出参数。

7. TSEND_C 和 TRCV_C 的参数

图 6-15 中 TSEND_C 的参数的意义如下。

在请求信号 REQ 的上升沿，根据参数 CONNECT 指定的连接描述数据块（DB5）中的连接描述，启动数据发送任务。发送成功后，参数 DONE 在一个扫描周期内为 1 状态。

CONT（Bool）为 1 状态时建立和保持连接；为 0 状态时断开连接，接收缓冲区中的数据将会消失。连接被成功建立时，参数 DONE 在一个扫描周期内为 1 状态。CPU 进入 STOP 模式时，已有的连接被断开。

LEN 是 TSEND_C 要发送或 TRCV_C 要接收的数据的字节数，它为默认值 0 时，发送或接收用参数 DATA 定义的所有的数据。

图 6-15 中 TSEND_C 的参数 DATA 的实参 P#DB1.DBX0.0 INT 100 是数据块 SendData（DB1）中的数组 ToPLC_2 的绝对地址。TRCV_C 的参数 DATA 的实参 P#DB2.DBX0.0 INT 100 是数据块 RcvData（DB2）中的数组 FromPLC_2 的绝对地址。

COM_RST（Bool）为 1 状态时，断开现有的通信连接，新的连接被建立。如果此时数据正在传送，可能导致丢失数据。

DONE（Bool）为 1 状态时任务执行成功；为 0 状态时任务未启动或正在运行。

BUSY（Bool）为 0 状态时任务完成；为 1 状态时任务尚未完成，不能触发新的任务。

ERROR（Bool）为 1 状态时执行任务出错，字变量 STATUS 中是错误的详细信息。

指令 TRCV_C 的参数的意义如下。

EN_R（Bool）为 1 状态时，准备好接收数据。

CONT 和 EN_R（Bool）均为 1 状态时，连续地接收数据。

DATA（Variant）是接收区的起始地址和最大数据长度。RCVD_LEN 是实际接收的数据的字节数。其余的参数与 TSEND_C 的相同。

二维码 6-1

视频"开放式用户通信的组态与编程"可通过扫描二维码 6-1 播放。

8. 硬件通信实验的典型方法

用以太网电缆通过交换机（或路由器）连接计算机和两块 CPU 的以太网接口，将用户程序和组态信息分别下载到两块 CPU，并令它们处于运行模式。

同时打开两块 CPU 的监控表，用工具栏的□按钮垂直拆分工作区，同时监视两块 CPU 的 DB2 中接收到的部分数据（见图 6-17）。将两块 CPU 的 TSEND_C 和 TRCV_C 的参数 CONT（M10.1 和 M11.1）均置位为 TRUE，建立起通信连接。由于双方的发送请求信号 REQ（时钟存储器位 M0.3）的作用，TSEND_C 每 0.5s 发送 100 个字的数据。可以看到，双方接收到的第一个字 DB2.DBW0 的值每 0.5s 加 1，第二个字 DB2.DBW2 和最后一个字 DB2.DBW198 是通信伙伴在 OB100 中预置的值。

	名称	地址	显示格式	监视值		名称	地址	显示格式	监视值
1	"Tag_5"	%M10.1	布…	▼ TRUE	1	"Tag_5"	%M10.1	布尔型	TRUE
2	"Tag_27"	%M11.1	布尔型	TRUE	2	"Tag_27"	%M11.1	布尔型	TRUE
3	"RcvData"."FromPLC_1"[0]	%DB2.DBW0	十六进制	16#12C1	3	"RcvData"."FromPLC_2"[0]	%DB2.DBW0	十六进制	16#23F8
4	"RcvData"."FromPLC_1"[1]	%DB2.DBW2	十六进制	16#1111	4	"RcvData"."FromPLC_2"[1]	%DB2.DBW2	十六进制	16#2222
5	"RcvData"."FromPLC_1"[99]	%DB2.DBW198	十六进制	16#1111	5	"RcvData"."FromPLC_2"[99]	%DB2.DBW198	十六进制	16#2222

图 6-17　PLC_1 与 PLC_2 的监控表

通信正常时令 M10.1 或 M11.1 为 0 状态，建立的连接被断开，CPU 将停止发送或接收数据。接收方的 DB2.DBW0 停止变化。

也可以在通信正常时双击打开 PLC_1 的数据块 DB2，然后打开数组 FromPLC_2。单击"全部监视"按钮，在"监视值"列可以看到接收到的 100 个整数数据。双方接收到的第 1 个字的值不断增大，其余 99 个字的值相同，是对方 CPU 在 OB100 中预置的值。

9. 仿真实验

PLCSIM V15 SP1 支持 S7-1200 对通信指令 PUT/GET、TSEND/TRCV 和 TSEND_C/TRCV_C 的仿真。

打开项目"1200_1200_ISO_C"，选中 PLC_1，单击工具栏上的"启动仿真"按钮，出现仿真软件的精简视图（见图 2-39）和"扩展的下载到设备"对话框（见图 2-40），设置"接口/子网的连接"为"PN/IE_1"或"插槽'1×1'处的方向"。

单击"开始搜索"按钮，搜索到 IP 地址为 192.168.0.1 的 PLC_1。单击"下载"按钮，将程序和组态数据下载到仿真 PLC，将后者切换到 RUN 模式，RUN LED 变为绿色。

选中 PLC_2，单击工具栏上的"启动仿真"按钮，出现仿真软件的精简视图，上面显示"未组态的 PLC [SIM-1200]"，IP 地址为 192.168.0.1。程序和组态数据被下载到仿真 PLC，将后者切换到 RUN 模式，仿真 PLC 上显示"PLC_2"和 CPU 的型号，IP 地址变为 192.168.0.2。

双击打开两台 PLC 的监控表（见图 6-17），调试的方法和观察到的现象与硬件 PLC 实验相同。

视频"开放式用户通信的仿真调试"可通过扫描二维码 6-2 播放。

10. 其他开放式用户通信项目简介

将项目"1200_1200ISO_C"另存为名为"1200_1200TCP_C"的项目（见配套资源中的同名例程）。将图 6-16 中的"连接类型"改为"TCP"，"伙伴端口"为默认的 2000，用户程序和其他组态数据不变。

S7-1500 之间和 S7-1200、S7-1500 之间的开放式用户通信的组态和编程方法，与上述的

二维码 6-2

S7-1200 之间的开放式用户通信的相同。具体情况见配套资源中的项目"1500_1500TCP_C""1500_1500ISO_C"和"1500_1200TCP_C"。

6.3.2 S7-1200 之间使用 TSEND/TRCV 指令的通信

配套资源中的项目"1200_1200ISO"使用 TSEND、TRCV 指令和 ISO-on-TCP 协议通信,通信双方在 OB1 中用指令 TCON 建立连接,用指令 TDISCON 断开连接。

项目"1200_1200_ISO"与项目"1200_1200ISO_C"的硬件组态相同。通信双方在 OB1 中调用指令 TCON 和 TDISCON(见图 6-18),选中 PLC_1 的 OB1 中的 TCON 指令,然后选中下面的巡视窗口的"属性 > 组态 > 连接参数",参数组态的操作过程与项目"1200_1200_ISO_C"的相同。"连接 ID"(连接标识符)的默认值为 1,被用于 TCON 和 TDISCON。

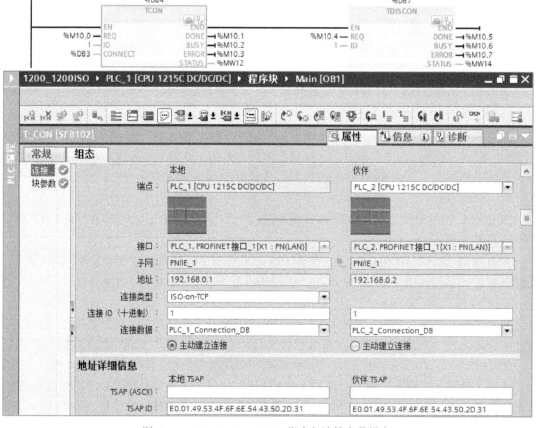

图 6-18　TCON、TDISCON 指令与连接参数组态

在图 6-18 中的指令 TCON 的输入参数 REQ 的上升沿,启动相应作业以建立 ID 指定的连接。CONNECT 是指向连接描述的指针,它的实参 DB3 是连接描述数据块 PLC_1_Connection_DB。指令 TDISCON 的输入参数 REQ 用于终止 ID 指定的连接的作业。输出参数 DONE、BUSY、ERROR 和 STATUS 的功能与指令 TSEND_C 和 TRCV_C 的相同。

在 OB1 中调用指令 TSEND 和 TRCV(见图 6-19),它们比指令 TSEND_C 和 TRCV_C 多了一个参数 ID(连接标示符),少了几个参数。指令 TSEND、TRCV、TCON 和 TDISCON 组合的功能与指令 TSEND_C 和 TRCV_C 的功能相同。

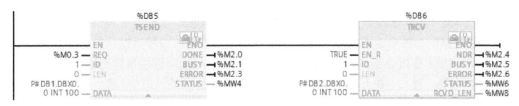

图 6-19　TSEND 和 TRCV 指令

项目"1200_1200ISO"和"1200_1200ISO_C"验证通信的程序结构相同。将项目"1200_1200ISO"另存为"1200_1200TCP"（见配套资源中的同名例程），将图 6-18 中的"连接类型"改为"TCP"，"伙伴端口"为默认的 2000，用户程序和其他组态数据不变。

项目"1200_1200ISO"和"1200_1200TCP"也可以仿真，其仿真调试方法与项目"1200_1200ISO_C"的相同。

6.3.3　S7-1200/1500 之间的 UDP 协议通信

S7-1200/1500/300/400 之间的开放式用户通信还可以使用 UDP 协议，通信的双方都需要调用指令 TCON、TDISCON、TUSEND 和 TURCV。

1. 组态连接参数

配套资源中的项目"1200_1200UDP"与项目"1200_1200ISO_C"的硬件组态相同。通信双方在 OB1 中用指令 TCON 建立连接，用指令 TDISCON 断开连接（见图6-20），选中 TCON，然后选中下面的巡视窗口的"属性 > 组态 > 连接参数"，设置通信伙伴为"未指定"，连接类型为 UDP。"连接 ID"（连接标识符）的默认值为 1，将用于 TCON 和 TDISCON。UDP 协议不能设置"主动建立连接"单选框。

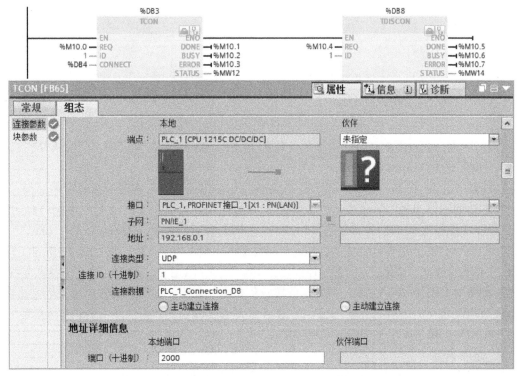

图 6-20　TCON、TDISCON 指令与 UDP 连接参数组态

单击"本地"的"连接数据"下拉式列表右边的 ▼ 按钮，选中出现的"<新建>"，自动生成连接描述数据块"PLC_1_Connection_DB"（DB4）。本地端口号为默认的 2000。在图 6-20 的梯形图中，DB4 是指令 TCON 的输入参数 CONNECT（指向连接描述的指针）的实参。除了本地 PLC 名称、接口、IP 地址和连接数据不同外，PLC_2 的"连接参数"对话框与图 6-20 基本上相同。

2. 生成定义 UDP 连接参数的数据块

双击项目树的文件夹"\PLC_1\程序块"中的"添加新块"，在"添加新块"对话框中，选中"数据块"按钮，用"类型"下拉式列表选中"TADDR_Param"，为通信双方生成全局数据块 DB7，将它的名称改为"接口参数"。组态 UDP 连接参数时，双方的伙伴均为"未指定"（见图 6-20），需要用 DB7 来设置远程通信伙伴的 IP 地址和端口号（见图 6-21），双方的本地端口号应相同。TUSEND 和 TURCV 的输入参数 ADDR 的实参为 DB7（见图 6-22）。

		名称	数据类型	启动值
1	▼	Static		
2	▼	REM_IP_ADDR	Array[1..4] of USInt	
3		REM_IP_ADDR[1]	USInt	192
4		REM_IP_ADDR[2]	USInt	168
5		REM_IP_ADDR[3]	USInt	0
6		REM_IP_ADDR[4]	USInt	2
7		REM_PORT_NR	UInt	2000
8		RESERVED	Word	16#0

接口参数

图 6-21　用 DB7 设置 PLC_1 的通信伙伴的 IP 地址和端口地址

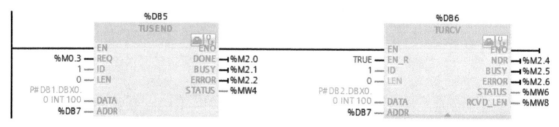

图 6-22　TUSEND 和 TURCV 指令

在程序运行过程中修改 DB7 中通信伙伴的 IP 地址和端口号，可以和不同的伙伴通信。

3. 编写发送与接收数据的程序

与项目"1200_1200_ISO_C"相同，双方均采用验证通信是否实现的典型程序结构。

将右边的指令列表中的"通信"窗格的"\开放式用户通信\其他"文件夹中的 TUSEND 和 TURCV 拖拽到梯形图中（见图 6-22）。它们的背景数据块 TUSEND_DB（DB5）和 TURCV_DB（DB6）是自动生成的。在时钟存储器位 M0.3 的上升沿，每 0.5s TUSEND 发送一次 DB1 中的数据。TURCV 的接收使能输入 EN_R 为 TRUE（1 状态），准备好接收数据，接收的数据用 DB2 保存。LEN 是要发送或接收的数据的长度，它为默认值 0 时，发送或接收用参数 DATA 定义的所有的数据。RCVD_LEN 是实际接收到的数据的字节数。其他参数的意义与 TSEND_C 和 TRCV_C 的同名参数相同。

4. 通信实验

UDP 通信不能仿真。用以太网电缆通过交换机或路由器连接计算机和两块 CPU 的以太网接口，将用户程序和组态信息分别下载到两块 CPU，令它们处于运行模式。

用双方的监控表分别监控两块 CPU 的 TCON 和 TDISCON 的 REQ 输入 M10.0 和 M10.4，以及 DB2 中接收到的 DBW0、DBW2 和 DBW198。

用监控表令双方的 TDISCON 的 REQ（M10.4）均为 0 状态，在 TCON 的 REQ（M10.0）的上升沿，建立起 ID 为 1 的通信连接，开始传输数据。可以看到双方接收到的第一个字 DB2.DBW0 不断增大，DB2 中的 DBW2 和 DBW198 是通信伙伴在首次扫描时预置的值。

连接建立起来以后，可以用 TDISCON 的请求信号 M10.4 的上升沿断开连接，停止数据传输。停止传输后，可以用 M10.0 的上升沿来再次建立连接。

如果令双方的 TCON 的 REQ（M10.0）为常数 1，进入 RUN 模式时双方开始传输数据。

S7-1500 之间和 S7-1200、S7-1500 之间的 UDP 通信的组态和编程方法与上述 S7-1200 之间的 UDP 通信的相同。

6.3.4　S7-1200/1500 与 S7-300/400 之间的开放式用户通信

1. S7-1200/1500 与 S7-300/400 的以太网通信概述

如果 S7-300/400 使用以太网通信处理器（CP），S7-300/400 可以建立 ISO-on-TCP、TCP 和 UDP 静态连接，用 AG_SEND 和 AG_RCV 指令编程进行通信。这种通信的硬件成本高，现在很少使用，一般使用开放式用户通信。

S7-300/400 的 CPU 集成的 PROFINET 接口可以使用开放式用户通信和 ISO-on-TCP、TCP、UDP 协议，还可以使用 S7 协议通信。

可以用博途对 S7-1200/1500 与 S7-300/400 之间的通信编程。也可以用博途对 S7-1200/1500 编程，用 STEP 7 V5.x 对 S7-300/400 编程。本节主要介绍 S7-300/400 使用 CPU 集成的 PROFINET 接口，双方基于博途的开放式用户通信。

2. S7-300/400 的组态与编程

在博途中生成一个名为"300_1200 ISO_C"的项目（见配套资源中的同名例程），PLC_1 为 CPU 314C-2 PN/DP，PLC_2 为 CPU 1215C。它们的 IP 地址分别为 192.168.0.1 和 192.168.0.2。组态时启用双方的 MB0 为时钟存储器字节。

与项目"1200_1200_ISO_C"相同，双方均采用验证通信是否实现的典型程序结构。

图 6-23 是 S7-300 的初始化组织块 OB100 中的程序，其中的#TEMP、#RETV1 和#RETV2 是 OB100 的接口区中定义的临时变量。DB1 中保存要发送的数据的数组 To1200 的 100 个元素被预置为 16#3333，DB2 中保存接收到的数据的数组 From1200 的 100 个元素被清零。因为 FILL 指令的输入参数 BVAL 不能使用常数，所以在 FILL 指令的前面增加了一条 MOVE 指令。

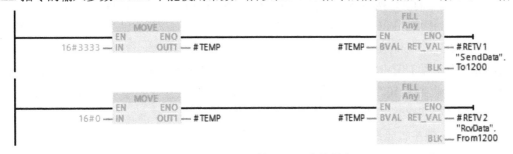

图 6-23　S7-300 的 OB100 中的程序

在循环周期为 0.5s 的循环中断组织块 OB33 中，用 ADD 指令将要发送的第一个字 DB1.DBW0 加 1。

在 OB1 中调用指令 TCON 建立连接，调用 TDISCON 断开连接（见图 6-24）。在 M10.0 的上升沿建立起 ID 指定的连接，DB3 是组态连接时生成的连接描述数据块 PLC_1_Connection_DB。在 M10.4 的上升沿断开 ID 指定的连接。

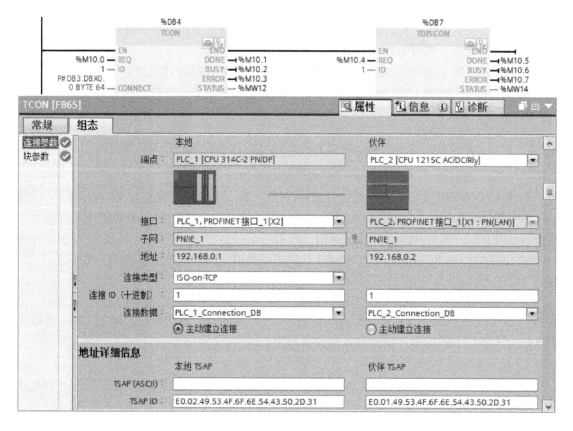

图 6-24　TCON、TDISCON 指令与组态连接参数

选中 TCON，然后选中下面的巡视窗口的"属性 > 组态 > 连接参数"（见图 6-24）。设置通信伙伴的"端点"为 PLC_2，IP 地址为 192.168.0.2。连接类型为 ISO-on-TCP，"连接 ID"的默认值为 1。由 S7-300 主动建立连接，双方的 TSAP（传输服务访问点）是自动生成的。单击"本地"的"连接数据"下拉式列表右边的 ▼ 按钮，再单击出现的"<新建>"，自动生成连接描述数据块"PLC_1_Connection_DB"（DB3）。用同样的方法生成 PLC_2 的连接描述数据块"PLC_2_Connection_DB"（DB3）。

在 OB1 中调用 TSEND，每 0.5s 发送一次 DB1 中的 100 个整数（见图 6-25）；调用 TRCV 接收数据，将接收到的 100 个整数保存到 DB2。LEN 是发送或接收的最大字节数，RCVD_LEN 是实际接收到的字节数。

指令 TRCV 的接收允许信号 EN_R 不能使用常数 1，所以用未使用的一直为 0 状态的 M3.1 的常闭触点控制 M3.2 的线圈，使 M3.2 一直为 1 状态，用它作 EN_R 的实参。

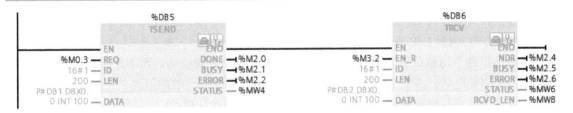

图 6-25　S7-300 发送与接收数据的程序

3. S7-1200 的组态与编程

S7-1200 的 OB1 中调用 TSEND_C 和 TRCV_C 的程序与图 6-15 中的基本相同。选中 TSEND_C，组态"连接参数"的对话框与图 6-24 的结构相同，只是"本地"与"伙伴"列的内容相互交换。伙伴的 IP 地址为 192.168.0.1，由伙伴主动建立连接。

4. 通信实验

硬件通信实验的方法和结果与项目"1200_1200ISO_C"的基本相同。用监控表监视 PLC_1 的 TCON、TDISCON 的 REQ 输入 M10.0 和 M10.4，和 PLC_2 的 TSEND_C、TRCV_C 的输入参数 CONT 的实参 M10.1 和 M11.1，以及双方的 DB2 中接收到的 DBW0、DBW2 和 DBW198。

5. 使用 TCP 连接的通信

将项目"300_1200ISO_C"另存为名为"300_1200TCP_C"的项目（见配套资源中的同名例程），选中 PLC_1 的 OB1 中的 TCON 指令，在组态连接参数时（见图 6-24），将连接类型改为"TCP"，采用默认的伙伴端口 2000。PLC_2 的连接类型也应改为"TCP"。

6. S7-1200/1500 和 S7-300/400 之间的 UDP 协议通信

配套资源中的例程"300_1200UDP"使用 UDP 协议通信，PLC_1（CPU 315-2PN/DP）的 IP 地址为 192.168.0.1，PLC_2（CPU 1215C）的 IP 地址为 192.168.0.2。

在通信双方的 OB1 中调用 TCON、TDISCON、TUSEND 和 TURCV 的程序与例程"1200_1200UDP"中的基本相同。选中 TCON，组态连接参数的巡视窗口与图 6-20 的基本上相同。验证通信是否实现的程序结构与项目"1200_1200ISO_C"的基本上相同。

在通信双方类型为 TADDR_Param 的全局数据块 DB7 中，设置通信伙伴的 IP 地址和端口号。TUSEND 和 TURCV 的输入参数 ADDR 的实参是类型为 TADDR_Param 的 DB7（见图 6-22）。

S7-1500 和 S7-300/400 的开放式用户通信的组态与编程见配套资源中的例程"300_1500TCP"和"300_1500UDP"。

6.4　S7 协议通信

6.4.1　S7-1200/1500 之间的单向 S7 通信

1. S7 协议

S7 协议是专门为西门子控制产品优化设计的通信协议，它主要用于 S7 CPU 之间的主-主通信、CPU 与西门子人机界面和编程设备之间的通信。S7-1200/1500 所有的以太网接口都支持 S7 通信。

S7 通信协议是面向连接的协议，在进行数据交换之前，必须与通信伙伴建立连接。面向连接的协议具有较高的安全性。S7 通信可以用于工业以太网和 PROFIBUS-DP。这些网络的 S7 通信的组态和编程方法基本上相同。

连接是指两个通信伙伴之间为了执行通信服务建立的逻辑链路,而不是指两个站之间用物理媒体(例如电缆)实现的连接。连接相当于通信伙伴之间一条虚拟的"专线",它们随时可以用这条"专线"进行通信。一条物理线路可以建立多个连接。

S7 连接属于需要用网络视图组态的静态连接。静态连接要占用参与通信的模块(CPU、通信处理器 CP 和通信模块 CM)的连接资源,同时可以使用的连接的个数与它们的型号有关。

2. 单向连接与双向连接

S7 连接分为单向连接和双向连接,S7 PLC 的 CPU 集成的以太网接口都支持 S7 单向连接。单向连接中的客户端(Client)是向服务器(Server)请求服务的设备,客户端是主动的,它调用 GET/PUT 指令来读、写服务器的存储区,通信服务经客户端要求而启动。服务器是通信中的被动方,用户不用编写服务器的 S7 通信程序,S7 通信是由服务器的操作系统完成的。单向连接只需要客户端组态连接、下载组态信息和编写通信程序。

V2.0 及以上版本的 S7-1200 CPU 的 PROFINET 通信口可以作 S7 通信的服务器或客户端。因为客户端可以读、写服务器的存储区,单向连接实际上可以双向传输数据。

双向连接(在两端组态的连接)的通信双方都需要下载连接组态,一方调用指令 BSEND 或 USEBD 来发送数据,另一方调用指令 BRCV 或 URCV 来接收数据。S7-1200 CPU 不支持双向连接的 S7 通信。

BSEND 指令可以将数据块安全地传输到通信伙伴,直到通信伙伴用 BRCV 指令接收完数据,数据传输才结束。BSEND/BRCV 最多可以传输 64KB 的数据。

使用 USEND/URCV 的双向 S7 通信方式为异步方式。这种通信方式与接收方的指令 URCV 执行序列无关,无须确认。例如可以传送操作与维护消息,对方接收到的数据可能被新的数据覆盖。USEBD/URCV 指令传输的数据量比 BSEND/BRC 少得多。

对于带有 1~4 个地址区的指令,S7 通信可以确保的用户数据的最小字节数见表 6-1。关于用户数据容量的详细信息参见相应 CPU 的技术数据。也可以在博途的在线帮助的"S7 通信指令的常见参数"中查阅详细的信息。

表 6-1 S7 通信可以确保的用户数据最小字节数

指　　令	通信伙伴及最小字节数			
	S7-300	S7-400	S7-1200	S7-1500
PUT/GET	160B	400B	160B	880B
USEND/URCV	160B	440B	-	920B
BSEND/BRCV	32768/65534B	65534B	-	65534/ 65535B

博途有很强的防止组态错误的功能,它会禁止建立那些选用的硬件不支持的通信连接组态。S7-PLCSIM 支持 S7-1200/1500 对 S7 单向连接通信的仿真。

3. 创建 S7 连接

在名为"1200_1200IE_S7"的项目中(见配套资源中的同名例程),PLC_1 和 PLC_2 均为 CPU 1215C。它们的 PN 接口的 IP 地址分别为 192.168.0.1 和 192.168.0.2,子网掩码为 255.255.255.0。组态时启用双方的 MB0 为时钟存储器字节。

双击项目树中的"设备和网络",打开网络视图(见图 6-26)。单击按下左上角的"连接"按钮 连接,用下拉式列表设置连接类型为 S7 连接。用"拖拽"的方法建立两个 CPU 的 PN 接口之间的名为"S7_连接_1"的连接。

下次打开网络视图时,网络变为单线。为了高亮(即用双轨道线)显示连接,应单击按下网络视图左上角的"连接"按钮,将光标放到网络线上,单击出现的小框中的"S7_连接_1",连接变为高亮显示(见图 6-26),出现"S7_连接_1"小方框。

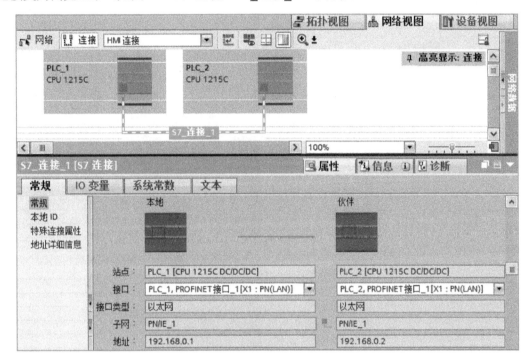

图 6-26　组态 S7 连接的属性

选中"S7_连接_1",再选中下面的巡视窗口的"属性 > 常规 > 常规",可以看到 S7 连接的常规属性。选中左边窗口的"特殊连接属性"(见图 6-27 的上图),右边窗口可以看到未选中的灰色的"单向"复选框(不能更改)。勾选复选框"主动建立连接",由本地站点(PLC_1)主动建立连接。选中巡视窗口左边的"地址详细信息"(见图 6-27 的下图),可以看到通信双方默认的 TSAP(传输服务访问点)。

单击网络视图右边竖条上向左的小三角形按钮◀,打开从右到左弹出的视图中的"连接"选项卡(见图 6-28),可以看到生成的 S7 连接的详细信息,连接的 ID 为 16#100。单击左边竖条上向右的小三角形按钮▶,关闭弹出的视图。

使用固件版本为 V4.0 及以上的 S7-1200 CPU 作为 S7 通信的服务器,需要做下面的额外设置,才能保证 S7 通信正常。选中服务器(PLC_2)的设备视图中的 CPU 1215C,再选中巡视窗口中的"属性 > 常规 > 防护与安全 > 连接机制",勾选"允许来自远程对象的 PUT/GET 通信访问"复选框。

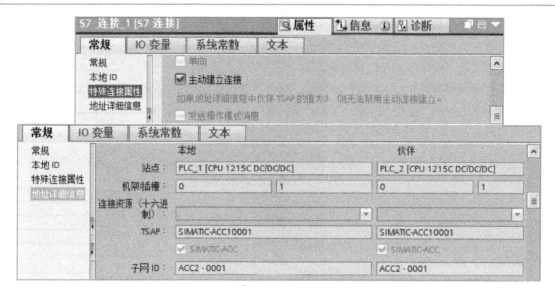

图 6-27　组态 S7 连接的属性

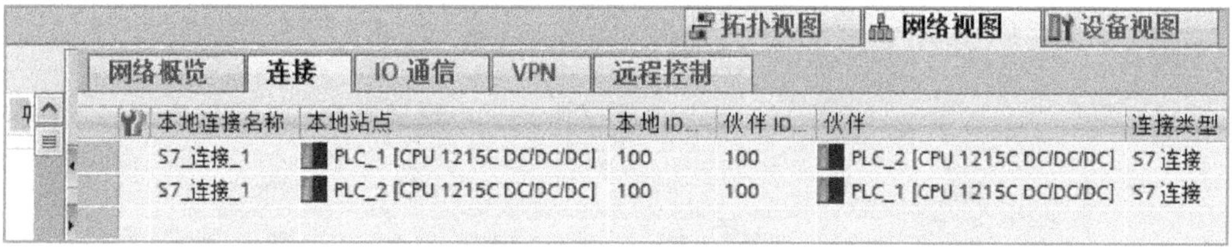

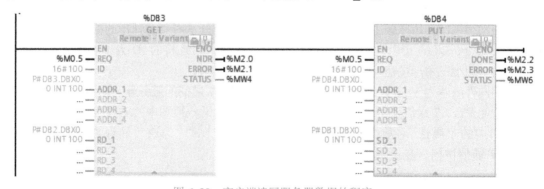

图 6-28　网络视图中的连接选项卡

4．编写程序

为 PLC_1 生成 DB1 和 DB2，为 PLC_2 生成 DB3 和 DB4，在这些数据块中生成由 100 个整数组成的数组。不要启用数据块属性中的"优化的块访问"功能。

在 S7 通信中，PLC_1 作通信的客户端。打开它的 OB1，将右边的指令列表的"通信"窗格的"S7 通信"文件夹中的指令 GET 和 PUT 拖拽到梯形图中（见图 6-29）。在时钟存储器位 M0.5 的上升沿，GET 指令每 1s 读取 PLC_2 的 DB3 中的 100 个整数，用本机的 DB2 保存。PUT 指令每 1s 将本机的 DB1 中的 100 个整数写入 PLC_2 的 DB4。

图 6-29　客户端读写服务器数据的程序

单击指令框下边沿的三角形符号 ▼ 或 ▲，可以显示或隐藏图 6-29 的 "ADDR_2" "RD_2" "SD_2" 等灰色的输入参数。显示这些参数时，客户端最多可以分别读取和改写服务器的 4 个数据区。发送端和接收端使用的 SD_i 和 RD_i 参数的个数必须相互匹配，发送端和接收端彼此协同工作的参数 SD_i 和 RD_i 的数据类型和字节数也必须相互匹配。

选中 PUT 指令或 GET 指令，再选中巡视窗口中的 "属性 > 组态 > 连接参数"，可以组态连接参数。选中巡视窗口中的 "属性 > 组态 > 块参数"，可以在右边窗口设置指令的输入参数和输出参数。

PLC_2 在 S7 通信中作服务器，不用编写调用指令 GET 和 PUT 的程序。

与项目 "1200_1200_ISO_C" 相同，双方均采用验证通信是否实现的典型程序结构。在双方的 OB100 中，将 DB1 和 DB3 中要发送的 100 个字分别预置为 16#2151 和 16#2152，将用于保存接收到的数据的 DB2 和 DB4 中的 100 个字清零。在双方的 OB1 中，用周期为 0.5s 的时钟存储器位 M0.3 的上升沿，将要发送的第 1 个字加 1。

5. 通信实验

将通信双方的用户程序和组态信息分别下载到 CPU，用电缆连接它们的以太网接口。它们进入运行模式后，从图 6-30 中双方的监控表可以看到双方接收到的第一个字 DB2.DBW0 和 DB4.DBW0 不断增大，DB2 和 DB4 中的 DBW2 和 DBW198 是通信伙伴在首次扫描时预置的值。

	名称	地址	显示格式	监视值		名称	地址	显示格式	监视值
1	"RcvData".FromPLC_2[0]	%DB2.DBW0	十六进制	16#234E	1	"RcvData".FromPLC_1[0]	%DB4.DBW0	十六进制	16#2362
2	"RcvData".FromPLC_2[1]	%DB2.DBW2	十六进制	16#2152	2	"RcvData".FromPLC_1[1]	%DB4.DBW2	十六进制	16#2151
3	"RcvData".FromPLC_2[99]	%DB2.DBW198	十六进制	16#2152	3	"RcvData".FromPLC_1[99]	%DB4.DBW198	十六进制	16#2151

图 6-30　PLC_1 与 PLC_2 的监控表

6. 仿真实验

选中项目树中的 PLC_1，单击工具栏上的 "启动仿真" 按钮 █，出现仿真软件的精简视图。程序和组态数据被下载到仿真 PLC，将后者切换到 RUN 模式。选中 PLC_2，单击工具栏上的 "启动仿真" 按钮 █，出现仿真软件的精简视图。程序和组态数据被下载到仿真 PLC，后者被切换到 RUN 模式。用两台 PLC 的监控表监控接收到的数据（见图 6-30），操作方法和观察到的结果与硬件实验的相同。

视频 "S7 单向通信的组态编程与仿真" 可通过扫描二维码 6-3 播放。

二维码 6-3

7. S7-1500 和 S7-1200 CPU 之间的 GET/PUT 通信

配套资源中的例程 "1500_1500IE_S7" 中的 CPU 为 CPU 1511-1 PN 和 CPU 1516-3 PN/DP，例程 "1500_1200IE_S7" 的客户端为 CPU 1516-3 PN/DP，服务器为 CPU 1215C。

这两个项目的 S7 连接的组态方法、程序和监控表与例程 "1200_1200IE_S7" 相同，调试的方法也完全相同。通信实验的操作也完全相同，例程 "1500_1500IE_S7" 可以仿真。

6.4.2　S7-1500 之间的双向 S7 通信

1. 使用 BSEND/BRCV 的双向 S7 通信

使用指令 BSEND/BRCV 的双向 S7 通信需要通信双方编程，可以进行快速的、可靠的数据传送。通信方式为同步方式，发送方调用 BSEND 指令，将发送区的数据安全地发送给通信伙伴。接收方调用 BRCV 指令,将接收到的数据复制到指定的接收区,数据传输才结束。使用 BSEND/BRCV 最多可以传送 64KB 数据。

新建项目"BSEND_BRCV"(见配套资源中的同名例程),PLC_1 和 PLC_2 为 CPU 1511-1 PN 和 CPU 1516-3 PN/DP。它们的 PN 接口的 IP 地址分别为 192.168.0.1 和 192.168.0.2,子网掩码为 255.255.255.0。

打开网络视图,单击按下左上角的"连接"按钮(见图 6-26),用下拉式列表设置连接类型为 S7 连接。用"拖拽"的方法建立两个 CPU 的 PN 接口_1([X1])之间的名为"S7_连接_1"的 S7 连接,连接 ID 为 16#100。

2. 通信程序设计

双方的通信程序基本上相同,首先生成名为"SendData"的 DB1 和名为"RcvData"的 DB2,在数据块中生成有 100 个整数元素,数据类型为 Array[0..99] of Int 的数组。

为了实现周期性的数据传输,组态时启用双方的 MB0 为时钟存储器字节,用 M0.5 为 BSEND 提供发送请求信号 REQ。

打开主程序 OB1,将指令列表的"通信"窗格的"\S7 通信\其他"文件夹中的指令 BSEND 和 BRCV 拖拽到工作区(见图 6-31)。

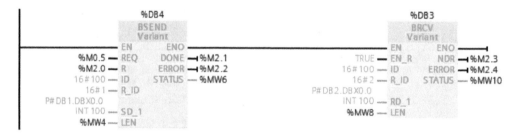

图 6-31 PLC_1 的 OB1 中的 BSEND 和 BRCV 指令

BSEND/BRCV 的输入参数 ID 为连接的标识符,R_ID 用于区分同一个连接中不同的数据包传送。同一个数据包的发送方与接收方的 R_ID 应相同。站点 PLC_1 发送和接收的数据包的 R_ID 分别为 1 和 2(见图 6-32),站点 PLC_2 发送和接收的数据包的 R_ID 分别为 2 和 1。图 6-31 是站点 PLC_1 的 OB1 中的程序。站点 PLC_2 的 OB1 中的程序除了 R_ID 以外,其他参数的实参均与图 6-31 相同。输入参数 R 为 1 时停止发送任务,SD_1 和 RD_1 分别是发送区和接收区。

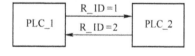

图 6-32 数据包传送示意图

BSEND 的 InOut 参数 LEN 是要发送的数据的字节数,数据类型为 Word。其实参为 MW4,在双方的初始化程序 OB100 中,用 MOVE 指令预置它的初始值为 200。BRCV 的 InOut 参数 LEN 为实际接收到的字节数。

在双方的 OB100 中,将 DB1 中要发送的 100 个字分别预置为 16#1511 和 16#1516,将保存接收到的数据的 DB2 中的 100 个字清零。在双方的 OB1 中,用周期为 0.5s 的时钟存储器位 M0.3 的上升沿,将要发送的第 1 个字 DB1.DBW0 加 1。

3. 通信的仿真实验

S7-1500 可以对使用 PUT/GET、BSEND/BRCV 和 USEND/URCV 指令的 S7 通信仿真。

用 6.3.1 节所述的仿真方法，选中项目树中的 PLC_1，单击工具栏上的"启动仿真"按钮 ，将程序和组态数据下载到仿真 PLC。选中 PLC_2，单击工具栏上的"启动仿真"按钮 ，将程序和组态数据下载到另外一个仿真 PLC，下载后 CPU 被切换到 RUN 模式。用两台 PLC 的监控表监控接收到的数据（见图 6-33）。在时钟存储器位 M0.5 的上升沿，通信双方每秒发送 100 个整数数据。可以看到双方接收到的第一个字 DB2.DBW0 不断增大，DB2 中的 DBW2 和 DBW198 是通信伙伴首次扫描时预置的值。

	名称	地址	显示格式	监视值		名称	地址	显示格式	监视值
1	"RcvData".FROM1516[0]	%DB2.DBW0	十六进制	16#1643	1	"RcvData".FROM1511[0]	%DB2.DBW0	十六进制	16#1680
2	"RcvData".FROM1516[1]	%DB2.DBW2	十六进制	16#1516	2	"RcvData".FROM1511[1]	%DB2.DBW2	十六进制	16#1511
3	"RcvData".FROM1516[99]	%DB2.DBW198	十六进制	16#1516	3	"RcvData".FROM1511[99]	%DB2.DBW198	十六进制	16#1511

图 6-33　PLC_1 与 PLC_2 的监控表

4. 使用 USEND/URCV 的双向 S7 通信

将本节的项目"BSEND_BRCV"另存为项目"USEND_URCV"（见配套资源中的同名例程），删除通信双方 OB1 中调用的指令 BSEND、BRCV，以及项目树的文件夹"\程序块\系统块\系统资源"中的两个背景数据块。打开主程序 OB1，将指令列表的"通信"窗格的"\S7 通信\其他"文件夹中的指令 USEND 和 URCV 拖拽到工作区（见图 6-34）。SD_1~SD_4 是分别指向 4 个发送区的指针，RD_1~RD_4 是分别指向 4 个接收区的指针，它们的数据类型为 Any。

图 6-34　USEND 和 URCV 指令

该项目可以仿真，仿真的方法与仿真的结果与项目"BSEND_BRCV"相同。
视频"S7 双向通信的组态编程与仿真"可通过扫描二维码 6-4 播放。

二维码 6-4

6.4.3　S7-1200/1500 与其他 S7 PLC 之间的单向 S7 通信

1. S7-300 作客户端的 S7 通信

项目名称为"300_1200IE_S7"（见配套资源中的同名例程），PLC_1（客户端）为 CPU 314-2 PN/DP，PLC_2（服务器）为 CPU 1215C。组态时启用双方的 MB0 为时钟存储器字节。

在网络视图中连接两个 CPU，创建 S7 连接，PLC_1 的通信伙伴为"未知"（见图 6-35）。选中 S7 连接后选中巡视窗口中的"属性 > 常规 > 常规"，设置伙伴的 IP 地址为 192.168.0.2。连接的本地 ID 为 1。

选中左边窗口的"特殊连接属性"（见图 6-36），可知连接为单向连接，由 PLC_1 主动建立连接。选中左边窗口的"地址详细信息"，本地和伙伴的 TSAP 分别为 10.02 和 03.00。

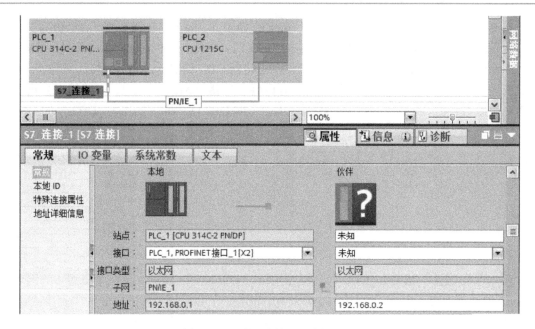

图 6-35 网络视图与 S7 连接组态

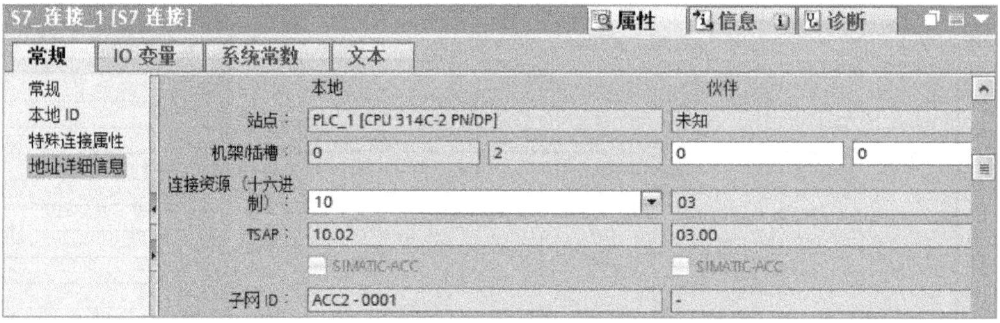

图 6-36 地址详细信息

验证通信是否实现的程序与项目"1200_1200IE_S7"基本上相同。在 S7 通信中，PLC_1 作通信的客户端。在它的 OB1 中调用 GET 和 PUT 指令，除了 ID 为 1 以外，其他参数与图 6-29 中的相同。

PLC_2 在 S7 通信中作服务器，不用编写调用 GET 和 PUT 指令的程序。在组态 CPU 的"防护与安全"功能时，应勾选 CPU 的"连接机制"属性中的"允许来自远程对象的 PUT/GET 通信访问"复选框。

在双方的初始化组织块 OB100 中，预置 DB1 和 DB3 中要发送的 100 个字，将保存接收到的数据的 DB2 和 DB4 中的 100 个字清零。在 PLC_1 的循环中断组织块 OB33 中，将要发送的第 1 个字加 1。在 PLC_2 的 OB1 中，在周期为 0.5s 的时钟存储器位 M0.3 的上升沿，将要发送的第 1 个字加 1。通信的实验方法与例程"1200_1200IE_S7"相同。

配套资源的例程"300_1500IE_S7"中，CPU 1516-3 PN/DP 作 S7 单向通信的客户端，CPU 314C-2 PN/DP 作服务器。

2. S7-200 SMART 作 S7 通信的服务器

S7-200 SMART 是国内广泛使用的 S7-200 的升级换代产品。它继承了 S7-200 的诸多优点，指令与 S7-200 基本上相同。标准型 CPU 集成了以太网端口和 RS-485 端口，CPU 的最大 I/O 点数为 60 点。以太网端口除了用来下载程序和监控，还可以用来与其他 S7 CPU 或 HMI 通信。S7-200 SMART 有开放式用户通信功能，还可以作单向 S7 通信的客户端或服务器。

在配套资源的例程"1200_SMART_S7"中，只有一块作客户端的 CPU 1215C，IP 地址为 192.168.0.1。组态时启用 MB0 为时钟存储器字节。

右键单击网络视图中 CPU 的以太网接口，执行快捷菜单命令"添加子网"，生成一个名为"PN/IE_1"的以太网（见图 6-37）。单击工具栏上的"连接"，设置连接类型为 S7 连接。右键单击 CPU，执行快捷菜单中的命令"添加新连接"。在"创建新连接"对话框中，采用默认的连接类型"S7 连接"，默认的连接伙伴为左边窗口的"未指定"。复选框"主动建立连接"被自动选中，由 S7-1200 建立连接。单击"添加"和"关闭"按钮，新连接被创建。

选中网络视图中的"S7_连接_1"，再选中下面的巡视窗口的"属性 > 常规 > 常规"，设置伙伴（S7-200 SMART）的以太网端口的 IP 地址为 192.168.0.2。选中左边窗口的"本地 ID"，可知连接的本地 ID 为 16#100，将在编程时使用它。选中左边窗口的"地址详细信息"，设置本地 TSAP 为 10.01，伙伴的插槽设置为 1，TSAP 为 03.01。

生成 DB3 和 DB4，在这两个数据块中生成由 100 个整数组成的数组。不要启用数据块属性中的"优化的块访问"功能。

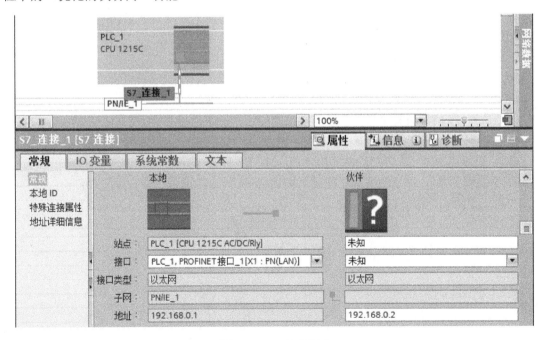

图 6-37　S7 连接组态

在 S7 通信中，CPU 1215C 作通信的客户端。在 OB1 中调用指令 GET 和 PUT（见图 6-38）。S7-200 SMART 的 V 区被映射为 S7-1200 的 DB1，GET 指令要读取的 S7-200 SMART 的

VB100~VB299 被映射为 P#DB1.DBX100.0 INT 100，PUT 指令要写入的 S7-200 SMART 的 VB300~VB499 被映射为 P#DB1.DBX300.0 INT 100。分别用 DB3 和 DB4 保存 S7-1200 要写入到服务器的数据和从服务器读取到的数据。周期为 1s 的时钟存储器位 M0.5 每秒钟将发送的第一个字 DB3.DBW0 加 1。

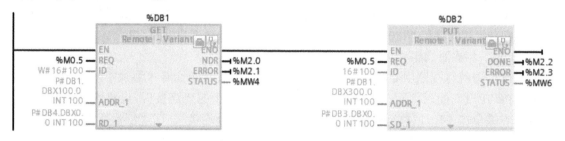

图 6-38 S7-1200 的 OB1 中的程序

在 OB100 中，用 FILL_BLK（填充块）指令将 DB 3 中要写入服务器的 100 个字初始化为 16#1200，将 DB4 中保存读取到的数据的 100 个字清零。

配套资源中的例程"S7 通信服务器.smart"是 S7-200 SMART 的程序，在它的编程软件的系统块中，设置以太网端口的 IP 地址为 192.168.0.2。在 OB1 中，用仅在首次扫描接通的 SM0.1 的常开触点和 FILL_N 指令，将 V 区中要被客户端读取的 VW100~VW298 这 100 个字初始化为 16#0202，每秒钟将其中的第一个字 VW100 加 1。将保存客户端写入服务器的数据的 VW300~VW498 这 100 个字清零。

通信实验的详细情况见视频"200SMART 作 S7 通信的服务器（A）"和"200SMART 作 S7 通信的服务器（B）"。可通过扫描二维码 6-5 和二维码 6-6 播放它们。

二维码 6-5　二维码 6-6

3. S7-200 SMART 作 S7 通信的客户端

S7-200 SMART 作客户端时（见配套资源中的项目"S7 通信客户端.smart"），用它的编程软件的 GET/PUT 向导设置少量的参数，自动生成用于通信的子程序 NET_EXE、保存组态数据的数据块和符号表。在 OB1 中调用 NET_EXE，就可以实现用 GET/PUT 向导设置的 S7 客户端的通信功能[12]。S7-1200 的项目为配套资源中的"S7 通信服务器"。详细的情况见视频"200SMART 作 S7 通信的客户端"，可通过扫描二维码 6-7 播放它。

二维码 6-7

6.5 点对点通信与 Modbus 协议通信

6.5.1 串行通信概述

1. 并行通信与串行通信

并行数据通信是以字节或字为单位的数据传输方式，需要多根数据线和控制线，在工业控制通信中很少使用。

串行数据通信是以二进制的位（bit）为单位的数据传输方式，每次只传送一位。串行通信最少只需要两根线就可以连接多台设备，组成控制网络，可用于距离较远的场合。工业控制设备（包括计算机）之间的通信几乎都采用串行通信方式。

2. 异步通信

在串行通信中，接收方和发送方应使用相同的传输速率，但是实际的发送速率与接收速率之间总是有一些微小的差别，如果不采取措施，在连续传送大量的数据时，将会因为积累误差造成错位，使接收方收到错误的信息。为了解决这一问题，需要使发送过程和接收过程同步。按同步方式的不同，串行通信分为异步通信和同步通信。

异步通信采用字符同步方式，其字符信息格式如图 6-39 所示，发送的字符由一个起始位、7 个或 8 个数据位、1 个奇偶校验位（可以没有）、1 个或 2 个停止位组成。通信双方需要对采用的信息格式和数据的传输速率做相同的约定。接收方检测

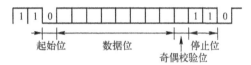

图 6-39　异步通信的字符信息格式

到停止位和起始位之间的下降沿后，将它作为接收的起始点，在每一位的中点接收信息。由于一个字符信息格式仅有十来位，即使发送方和接收方的收发频率略有不同，也不会因为两台设备之间的时钟周期差异产生的积累误差而导致信息的发送和接收错位。异步通信传送的附加的非有效信息较多，传输效率较低。但是随着通信速率的提高，可以满足控制系统对通信的要求，PLC 一般采用异步通信。

奇偶校验用来检测接收到的数据是否出错。如果指定的是偶校验，发送方发送的每一个字符的数据位和奇偶校验位中"1"的个数应为偶数。如果数据位包含偶数个"1"，奇偶校验位将为 0；如果数据位包含奇数个"1"，奇偶校验位将为 1。

接收方对接收到的每一个字符的奇偶性进行校验，可以检验出传送过程中的错误。有的系统组态时允许设置为不进行奇偶校验，传输时没有校验位。

在串行通信中，传输速率（又称波特率）的单位为波特，即每秒传送的二进制位数，其符号为 bit/s 或 bps。

3. 单工与双工通信方式

单工通信方式只能沿单一方向传输数据。双工通信方式的信息可以沿两个方向传送，每一个站既可以发送数据，也可以接收数据。双工方式又分为全双工方式和半双工方式。

全双工方式数据的发送和接收分别用两组不同的数据线传送，通信的双方都能在同一时刻接收和发送信息（见图 6-40）。半双工方式用同一组线接收和发送数据，通信的双方在同一时刻只能发送数据或只能接收数据（见图 6-41）。通信方向的切换过程需要一定的延迟时间。

图 6-40　全双工方式　　　　　　　　　　　　　图 6-41　半双工方式

4. 串行通信的接口标准

（1）RS-232

RS-232 使用单端驱动、单端接收电路（见图 6-42），是一种共地的传输方式，容易受到

公共地线上的电位差和外部引入的干扰信号的影响，只能进行一对一的通信。RS-232 的最大通信距离为 15m，最高传输速率为 20kbit/s，现在已基本上被 USB 取代。

（2）RS-422

RS-422 采用平衡驱动、差分接收电路（见图 6-43），利用两根导线之间的电位差传输信号。这两根导线称为 A 线和 B 线。当 B 线的电压比 A 线高时，一般认为传输的是数字"1"；反之认为传输的是数字"0"。RS-422 能够有效工作的差动电压范围十分宽广。

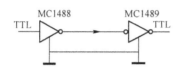

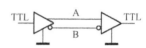

图 6-42　单端驱动、单端接收电路　　　　图 6-43　平衡驱动、差分接收电路

平衡驱动器有一个输入信号，两个输出信号互为反相信号，图中的小圆圈表示反相。两根导线相对于通信对象信号地的电位差称为共模电压，外部输入的干扰信号主要以共模方式出现。两根传输线上的共模干扰信号相同，因为接收器是差分输入，两根线上的共模干扰信号可以互相抵消。只要接收器有足够的抗共模干扰能力，就能从干扰信号中识别出驱动器输出的有用信号，从而克服外部干扰的影响。

在最大传输速率 10Mbit/s 时，RS-422 允许的最大通信距离为 12m。传输速率为 100kbit/s 时，最大通信距离为 1200m，一台驱动器可以连接 10 台接收器。RS-422 是全双工，用 4 根导线传送数据（见图 6-44），两对平衡差分信号线可以同时分别用于发送和接收。

（3）RS-485

RS-485 是 RS-422 的变形，RS-485 为半双工，对外只有一对平衡差分信号线，通信的双方在同一时刻只能发送数据或只能接收数据。使用 RS-485 通信接口和双绞线可以组成串行通信网络（见图 6-45），构成分布式系统，总线上最多可以有 32 个站。

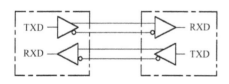

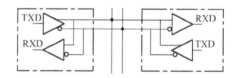

图 6-44　RS-422 通信接线图　　　　　　图 6-45　RS-485 网络

6.5.2　点对点通信的组态与编程

1．点对点通信模块

S7-1200/1500 支持使用自由口协议的点对点（Point-to-Point，PtP）通信，可以通过用户程序定义和实现选择的协议。PtP 通信具有很大的自由度和灵活性，可以将信息直接发送给外部设备（例如打印机），也可以接收外部设备（例如条形码阅读器）的信息。

S7-1200 的 PtP 通信使用 CM 1241 通信模块或 CB 1241 通信板。它们支持 ASCII、USS 驱动、Modbus RTU 主站协议和 Modbus RTU 从站协议。CPU 模块的左边最多可以安装 3 块通信模块。串行通信模块的电源由 CPU 提供，不需要外接的电源。

S7-1500 的点对点通信模块可以在主机架或 ET 200MP I/O 系统中使用。可以使用 3964（R）、Modbus RTU（仅高性能型）或 USS 协议，以及基于自由口的 ASCII 协议。有 CM PtP RS422/485 基本型和高性能型、CM PtP RS232 基本型和高性能型这 4 种模块。

ET 200SP 的 CM PtP 串行通信模块支持 RS-232/RS-422/RS-485 接口，以及自由口、3964（R）、Modbus RTU 主/从、USS 协议。

可以用设备视图组态接口参数，组态的参数永久保存在 CPU 中，CPU 进入 STOP 模式时不会丢失组态参数。也可以用指令 PORT_CFG 来组态通信接口，用 SEND_CFG 和 RCV_CFG 指令来分别组态发送和接收数据的属性。设置的参数仅在 CPU 处于 RUN 模式时有效。切换到 STOP 模式或断电后又上电，这些参数恢复为设备组态时设置的参数。

2. 组态通信模块

在 STEP 7 中生成一个名为"点对点通信"的新项目（见配套资源中的同名例程），PLC_1 和 PLC_2 均为 CPU 1214C。打开 PLC_1 的设备视图，将右边的硬件目录窗口的文件夹"\通信模块\点到点"中的 CM 1241（RS485）模块拖放到 CPU 左边的 101 号插槽。选中该模块后，选中下面的巡视窗口的"属性 ＞ 常规 ＞ RS-485 接口 ＞ IO-Link"（见图 6-46），在右边的窗口中设置通信接口的参数。除了波特率，图中的其他参数均采用默认值。

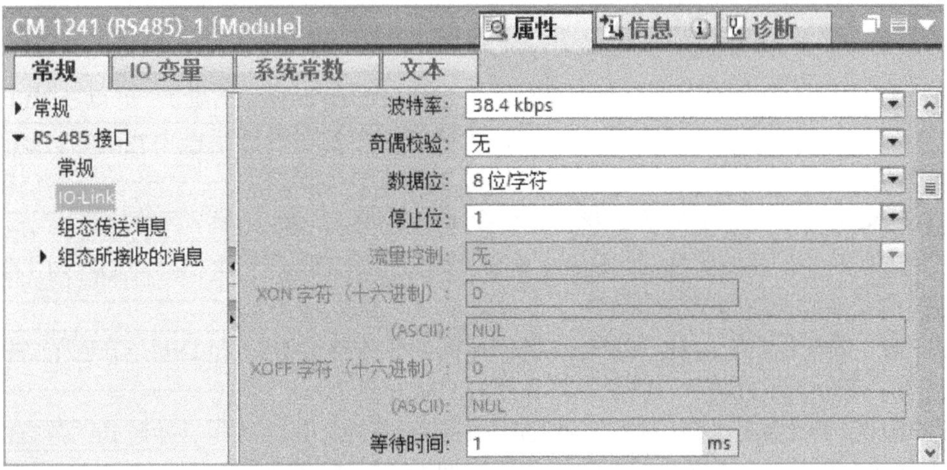

图 6-46　串行通信模块端口组态

奇偶校验的默认值是无奇偶校验，还可以选偶校验、奇校验、Mark 校验（将奇偶校验位置位为 1）和 Space 校验（将奇偶校验位复位为 0）。

选中左边窗口的"组态传送消息"和"组态所接收的消息"，可以组态发送报文和接收报文的属性，本例均采用默认的设置。

用同样的方法和参数，为 PLC_2 组态一块 CM 1241（RS485）模块，波特率为 38.4kbit/s。

流量控制仅用于 RS-232 模块，它是为了不丢失数据，用来平衡数据发送和接收的一种机制。流量控制可以确保发送设备发送的信息量不会超出接收设备所能处理的信息量。

3. 设计用户程序

在点对点通信中，PLC_1 作主站，PLC_2 作从站。通信任务如下：在起动信号 M2.0 为 1 状态时，主站发送 100 个字的数据，从站接收到后返回 100 个字的数据。以后不停地重复上述过程。

在点对点通信中，用 Send_P2P 指令发送报文，用 Receive_P2P 指令接收报文。它们的操作是异步的，用户程序使用轮询方式确定发送和接收的状态，这两条指令可以同时执行。通信模块发送和接收报文的缓冲区最大为 1024B。

双击打开主站的 OB1，将右边的"指令"窗口的"通信"窗格的文件夹"\通信处理器\PtP Communication"中的 Send_P2P、Receive_P2P 指令拖拽到梯形图中（见图 6-47）。自动生成它们的背景数据块 DB3 和 DB4。S7-1200 也可以使用文件夹"\通信处理器\点到点"中的 SEND_PTP 和 RCV_PTP 指令。

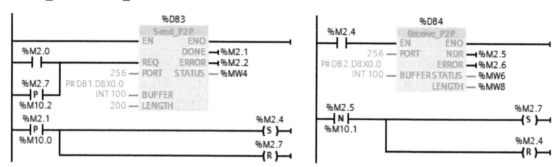

图 6-47　主站的 OB1 中的程序

图 6-47 中两条指令的输入参数 PORT 为通信接口的标识符（常数），可以在 PLC 变量表的"系统常数"选项卡中查到它，也可以在通信接口的属性对话框中找到它。BUFFER 是发送缓冲区的起始地址，LENGTH 是发送缓冲区的字节数。

发送结束时输出位 DONE 为 1 状态。指令执行出错时，输出位 ERROR 为 1 状态，错误代码在 STATUS 中。接收完成时 Receive_P2P 的输出位 NDR 在一个扫描周期内为 1 状态，LENGTH 中是接收到的报文的字节数。

为主站生成符号地址为 BF_OUT 和 BF_IN 的共享数据块 DB1 和 DB2，在它们中间分别生成有 100 个字元素的数组 "TO 从站" 和 "FROM 从站"。

在 OB100 中给数组 "TO 从站" 要发送的所有元素赋初值，将保存接收到的数据的数组 "FROM 从站" 的所有元素清零。在 OB1 中用周期为 0.5s 的时钟存储器位 M0.3 的上升沿，将要发送的第一个字 "'BF_OUT'.TO 从站[1]" 的值加 1。

下面是主站的轮询顺序：

1）在 Send_P2P 指令的 REQ 信号 M2.0 的上升沿，启动发送过程（见图 6-47），发送 DB1 中的 100 个整数。在多个扫描周期内继续执行 Send_P2P 指令，完成报文的发送。

2）Send_P2P 的输出位 DONE（M2.1）为 1 状态时，表示发送完成，将 M2.4 置位。用 M2.4 作为 Receive_P2P 的接收使能信号 EN 的实参，反复执行 Receive_P2P。模块接收到响应报文后，Receive_P2P 指令的输出位 NDR（M2.5）为 1 状态，表示已接收到新数据。

3）在 M2.5 的下降沿将 M2.7 置位，重新启动发送过程，返回第 1 步。同时将接收使能信号 M2.4 复位。在发送完成时，将 M2.7 复位。

从站接收和发送数据的程序见图 6-48，DB1 和 DB2 中的 100 个字元素的数组符号名分别为 "TO 主站" 和 "FROM 主站"，其他程序与 PLC_1 的基本上相同。

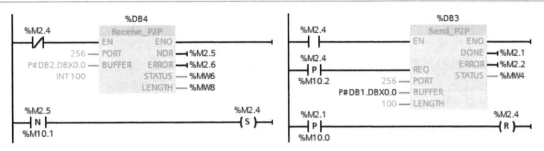

图 6-48　从站的 OB1 中的程序

从站的轮询顺序如下：

1）在 OB1 中调用 Receive_P2P 指令，开始时它的使能信号 EN 为 1 状态。

2）从站接收到请求报文后，Receive_P2P 指令的输出位 NDR（M2.5）在一个扫描周期内为 1 状态。在 M2.5 的下降沿将 M2.4 置位，启动 Send_P2P 指令，将 DB1 中的响应报文发送给主站。M2.4 的常闭触点断开，Receive_P2P 指令停止接收数据。

3）在响应报文发送完成时，Send_P2P 的输出位 DONE（M2.1）变为 1 状态，将 M2.4 复位，停止发送报文。Receive_P2P 的 EN 输入变为 1 状态，又开始准备接收主站发送的报文。

4. 点对点通信的实验

硬件接线图如图 6-49 所示。在主站和从站的监控表中监控 DB2 的 DBW0、DBW2 和 DBW198。用监控表将 M2.0 置为 1 状态后马上置为 0 状态，启动主站向从站发送数据。观察双方接收到的第一个字 DB2.DBW0 的值是否不断增大，DB2 的 DBW2 和 DBW198 的值是否与对方在 OB100 中预置的值相同。

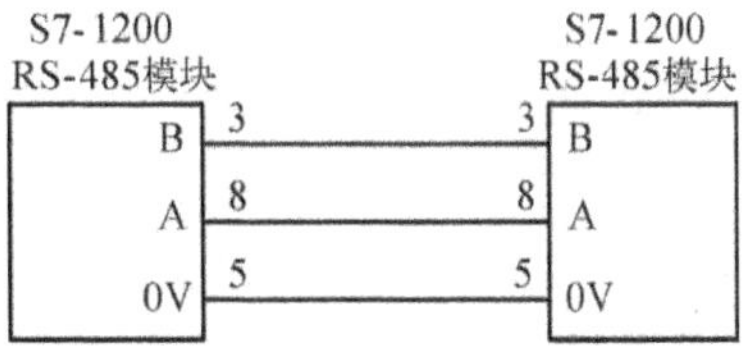

6.6　Modbus 协议通信

6.6.1　Modbus RTU 主站的编程

1. Modbus 协议

图 6-49　通信的硬件接线图

Modbus 通信协议是 Modicon 公司提出的一种报文传输协议，Modbus 协议在工业控制中得到了广泛的应用，它已经成为一种通用的工业标准，许多工控产品都有 Modbus 通信功能。

根据传输网络类型的不同，Modbus 通信协议分为串行链路上的 Modbus 协议和基于 TCP/IP 的 Modbus TCP。

Modbus 串行链路协议是一个主-从协议，采用请求-响应方式，总线上只有一个主站，主站发送带有从站地址的请求帧，具有该地址的从站接收到后发送响应帧进行应答。从站没有收到来自主站的请求时，不会发送数据，从站之间也不会互相通信。

Modbus 串行链路协议有 ASCII 和 RTU（远程终端单元）这两种报文传输模式，S7-1200 采用 RTU 模式。主站在 Modbus 网络上没有地址，从站的地址范围为 0～247，其中 0 为广播地址。使用通信模块 CM 1241（RS232）作 Modbus RTU 主站时，只能与一个从站通信。使用通信模块 CM 1241（RS485）或 CM 1241（RS422/485）作 Modbus RTU 主站时，最多可以与 32 个从站通信。

报文以字节为单位进行传输，采用循环冗余校验（CRC）进行错误检查，报文最长为 256B。

2. 组态硬件

在博途中生成一个名为"Modbus RTU 通信"的项目（见配套资源中的同名例程），生成作为主站和从站的 PLC_1 和 PLC_2，它们的 CPU 均为 CPU 1214C。设置它们的 IP 地址分别为 192.168.0.1 和 192.168.0.2，分别启用它们默认的时钟存储器字节 MB0。

打开主站 PLC_1 的设备视图，将右边的硬件目录窗口的文件夹"\通信模块\点到点"中的 CM 1241（RS485）模块拖放到 CPU 左边的 101 号插槽。选中它的 RS-485 接口，再选中下面的巡视窗口的"属性 > 常规 > IO-Link"，按图 6-46 设置通信接口的参数。

3. 调用 Modbus_Comm_Load 指令

必须在主站的初始化组织块 OB100 中，对每个通信模块调用一次 Modbus_Comm_Load 指令，来组态它的通信接口。执行该指令之后，就可以调用 Modbus_Master 或 Modbus_Slave 指令来进行通信了。只有在需要修改参数时，才再次调用该指令。

打开 OB100，再打开指令列表的"通信"窗格的文件夹"\通信处理器\MODBUS（RTU）"，将 Modbus_Comm_Load 指令拖拽到梯形图中（见图 6-50）。自动生成它的背景数据块 Modbus_Comm_Load_DB（DB4）。该指令的输入、输出参数的意义如下：

在输入参数 REQ 的上升沿时启动该指令，由于 OB100 只在 S7-1200 启动时执行一次，因此将 REQ 设为 TRUE（1 状态），电源上电时端口就被设置为 Modbus RTU 通信模式。

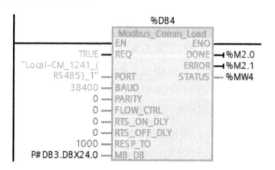

图 6-50 主站 OB100 中的程序

PORT 是通信端口的硬件标识符，输入该参数时两次单击地址域的<???>，再单击出现的 按钮，选中列表中的"Local~CM_1241_(RS485)_1"，其值为 256。

BAUD（波特率）可选 300～115200bit/s。

PARITY（奇偶校验位）为 0、1、2 时，分别为不使用校验、奇校验和偶校验。

FLOW_CTRL、RTS_ON_DLY 和 RTS_OFF_DLY 用于 RS-232 接口通信。

RESP_TO 是响应超时时间，采用默认值 1000ms。

MB_DB 的实参是函数块 Modbus_Master 或 Modbus_Slave 的背景数据块中的静态变量 MB_DB。

DONE 为 1 状态时表示指令执行完且没有出错。

ERROR 为 1 状态表示检测到错误，参数 STATUS 中是错误代码。

生成符号地址为 BF_OUT 和 BF_IN 的共享数据块 DB1 和 DB2，在它们中间分别生成有 10 个字元素的数组，数据类型为 Array[1..10] of Word。

在 OB100 中给要发送的 DB1 中的 10 个字赋初值 16#1111，将用于保存接收到的数据的 DB2 中的 10 个字清零。在 OB1 中用周期为 0.5s 的时钟存储器位 M0.3 的上升沿，将要发送的第一个字"'BF_OUT'. To 从站[1]"的值加 1。

4. 主站调用 Modbus_Master 指令

Modbus_Master 指令用于 Modbus 主站与指定的从站进行通信。主站可以访问一个或多个 Modbus 从站设备的数据。

Modbus_Master 指令不是用通信中断事件来控制通信过程,用户程序必须通过轮询 Modbus_Master 指令,来了解发送和接收的完成情况。Modbus 主站调用 Modbus_Master 指令向从站发送请求报文后,必须继续执行该指令,直到接收到从站返回的响应。

在 OB1 中两次调用 Modbus_Master 指令(见图 6-51),读取 1 号从站中 Modbus 地址从 40001 开始的 10 个字中的数据,将它们保存到主站的 DB2 中;将主站 DB1 中的 10 个字的数据写入从站的 Modbus 地址从 40011 开始的 10 个字中。

图 6-51　OB1 中的 Modbus_Master 指令

用于同一个 Modbus 端口的所有 Modbus_Master 指令都必须使用同一个 Modbus_Master 背景数据块,本例为 DB3。

5. Modbus_Master 指令的输入、输出参数

在输入参数 REQ(见图 6-51)的上升沿,请求向 Modbus 从站发送数据。

MB_ADDR 是 Modbus RTU 从站地址(0~247),地址 0 用于将消息广播到所有 Modbus 从站。只有 Modbus 功能代码 05H、06H、15H 和 16H 可用于广播方式通信。

MODE 用于选择 Modbus 功能的类型(见表 6-2)。

DATA_ADDR 用于指定要访问的从站中数据的 Modbus 起始地址。Modbus_Master 指令根据参数 MODE 和 DATA_ADDR 一起来确定 Modbus 报文中的功能代码(见表 6-2)。

DATA_LEN 用于指定要访问的数据长度(位数或字数)。

表 6-2　Modbus 模式与功能

Mode	Modbus 功能	操　作	数据长度(DATA_LEN)	Modbus 地址(DATA_ADDR)
0	01H	读取输出位	1~2000 或 1~1992 个位	1~09999
0	02H	读取输入位	1~2000 或 1~1992 个位	10001~19999
0	03H	读取保持寄存器	1~125 或 1~124 个字	40001~49999 或 400001~465535
0	04H	读取输入字	1~125 或 1~124 个字	30001~39999
1	05H	写入一个输出位	1(单个位)	1~09999
1	06H	写入一个保持寄存器	1(单个字)	40001~49999 或 400001~465535
1	15H	写入多个输出位	2~1968 或 1960 个位	1~09999
1	16H	写入多个保持寄存器	2~123 或 1~122 个字	40001~49999 或 400001~465535
2	15H	写一个或多个输出位	1~1968 或 1960 个位	1~09999
2	16H	写一个或多个保持寄存器	1~123 或 1~122 个字	40001~49999 或 400001~465535
11	读取从站通信状态字和事件计数器,状态字为 0 表示指令未执行,为 0xFFFF 表示正在执行。每次成功传送一条消息时,事件计数器的值加 1。该功能忽略 "Modbus_Master" 指令的 DATA_ADDR 和 DATA_LEN 参数			
80	通过数据诊断代码 0x0000 检查从站状态,每个请求 1 个字			
81	通过数据诊断代码 0x000A 复位从站的事件计数器,每个请求 1 个字			

DATA_PTR 为数据指针，指向 CPU 的数据块或位存储器地址，从该位置读取数据或向其写入数据。DONE 为 1 状态表示指令已完成请求的对 Modbus 从站的操作。

BUSY 为 1 状态表示正在处理 Modbus_Master 任务。

ERROR 为 1 状态表示检测到错误，并且参数 STATUS 提供的错误代码有效。

对于"扩展寻址"模式，根据功能所使用的数据类型，数据的最大长度将减小 1 个字节或 1 个字。

6.6.2 Modbus RTU 从站的编程与通信实验

1. 组态从站的 RS-485 模块

打开从站 PLC_2 的设备视图，将 RS-485 模块拖放到 CPU 左边的 101 号插槽。该模块的组态方法与主站的 RS-485 模块相同。

2. 初始化程序

在初始化组织块 OB100 中调用 Modbus_Comm_Load 指令，来组态串行通信接口的参数。其输入参数 PORT 的符号地址为"Local~CM_1241_(RS485)_1"，其值为 267。参数 MB_DB 的实参为"Modbus_Slave_DB".MB_DB，其他参数与图 6-50 的相同。

生成符号地址为 BUFFER 的共享数据块 DB1，在它中间生成有 20 个字元素的数组 DATA，数据类型为 Array[1..20] of Word。在 OB100 中给数组 DATA 要发送的前 10 个元素赋初值 16#2222，将保存接收到的数据的数组 DATA 的后 10 个元素清零。在 OB1 中用周期为 0.5s 的时钟存储器位 M0.3 的上升沿，将要发送的第一个字"BUFFER".DATA[1]（DB1.DBW0）的值加 1。

3. 调用 Modbus_Slave 指令

在 OB1 中调用 Modbus_Slave 指令（见图 6-52）。开机时执行 OB100 中的 Modbus_Comm_Load 指令，通信接口被初始化。从站接收到 Modbus RTU 主站发送的请求时，通过执行 Modbus_Slave 指令来响应。

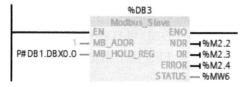

图 6-52　Modbus_Slave 指令

Modbus_Slave 的输入、输出参数的意义如下：

MB_ADDR 是 Modbus RTU 从站的地址（1～247）。

MB_HOLD_REG 是指向 Modbus 保持寄存器数据块的指针，其实参的符号地址为"BUFFER".DATA，该数组用来保存供主站读写的数据值。生成数据块时，不能激活"优化的块访问"属性。DB1.DBW0 对应于 Modbus 地址 40001。

NDR 为 1 状态表示 Modbus 主站已写入新数据，反之没有新数据。

DR 为 1 状态表示 Modbus 主站已读取数据，反之没有读取。

ERROR 为 1 状态表示检测到错误，参数 STATUS 中的错误代码有效。

4. Modbus 通信实验

硬件接线图如图 6-49 所示。用监控表监控主站的 DB2 的 DBW0、DBW2 和 DBW18，以及从站的 DB1 的 DBW20、DBW22 和 DBW38。

用主站外接的小开关将请求信号 I0.0 置为 1 状态后马上置为 0 状态，在 I0.0 的上升沿启动主站读取从站的数据。用主站的监控表观察 DB2 中主站的 DBW2 和 DBW18 读取到的数值是否与从站在 OB100 中预置的值相同。多次发出请求信号，观察 DB2.DBW0 的值是否增大。

用主站外接的小开关将请求信号 I0.1 置为 1 状态后马上置为 0 状态，在 I0.1 的上升沿启动主站改写从站的数据。用从站的监控表观察 DB1 中改写的结果。多次发出请求信号，观察 DBW20 的值是否增大。

可以将 1 个 Modbus 主站和最多 31 个 Modbus 从站组成一个网络。它们的 CM 1241（RS485）或 CM 1241（RS422/485）通信模块的通信接口用 PROFIBUS 电缆连接。

5. S7-1200/1500 与其他 S7 PLC 的 Modbus 通信

S7-1200/1500 可以与 S7-200 和 S7-200 SMART CPU 集成的 RS-485 接口进行 Modbus RTU 通信。S7-1200 的串行通信模块最便宜，ET 200SP 的价格次之，S7-1500 的价格最高。

S7-300/400 通过 ET 200SP 的串行通信模块实现 Modbus RTU 通信的成本较低。

6.6.3　Modbus TCP 通信

1. Modbus TCP

Modbus TCP 是基于工业以太网和 TCP/IP 传输的 Modbus 通信，S7-1200 当前使用的是 V4.0 版的 Modbus TCP 库指令。Modbus TCP 通信中的客户端与服务器类似于 Modbus RTU 中的主站和从站。客户端设备主动发起建立与服务器的 TCP/IP 连接，连接建立后，客户端请求读取服务器的存储器，或将数据写入服务器的存储器。如果请求有效，服务器将响应该请求；如果请求无效，则会返回错误消息。

S7-1200/1500 可以做 Modbus TCP 的客户端或服务器，实现 PLC 之间的通信。也可以与支持 Modbus TCP 通信协议的第三方设备通信。很多传感器模块使用 Modbus TCP 协议。

2. 组态硬件

在博途中生成一个名为"Modbus TCP 通信"的项目（见配套资源中的同名例程），生成作为客户端与服务器的 PLC_1 和 PLC_2，它们的 CPU 分别为 CPU 1212C 和 CPU 1214C。设置它们的 IP 地址分别为 192.168.0.1 和 192.168.0.2，用拖拽的方法建立它们的以太网接口之间的连接。

3. 编写客户端的程序

在客户端的 OB1 中调用指令列表的"\通信\其他\Modbus TCP"文件夹中的 MB_CLIENT 指令，该指令用于建立或断开客户端和服务器的 TCP 连接、发送 Modbus 请求和接收服务器的响应。客户端支持多个 TCP 连接，最大连接数与使用的 CPU 有关。

MB_CLIENT 指令（见图 6-53）与 Modbus RTU 的指令 Modbus_Master 的功能差不多。只是多了 DISCONNECT 和 CONNECT 这两个输入参数，其余的参数与 Modbus_Master 指令的参数一一对应。两条指令名称相同或近似的参数的功能相同。

参数 DISCONNECT 为 0 时与通过参数 CONNECT 指定的连接伙伴建立通信连接；为 1 时断开通信连接。如果在建立连接的过程中参数 REQ 为 TRUE，将立即发送 Modbus 请求。

MB_MODE 是 Modbus 的模式，为 0 表示读取服务器的数据，为 1 表示向服务器写入数据。MB_DATA_ADDR 是 Modbus 的地址（见表 6-2）。图 6-53 左边的 MB_CLIENT 指令读取服务器的寄存器 40001～40005 中的数据，保存到本机的 MW100～MW108。图 6-53 右边的 MB_CLIENT 指令将本机 MW120～MW128 中的数据写入到服务器的寄存器 40006～40010。两条 MB_CLIENT 指令共用同一个背景数据块 DB2。

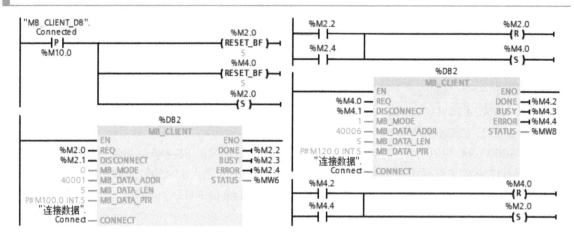

图 6-53　客户端 OB1 的程序

参数 CONNECT 是描述 TCP 连接结构的指针。生成一个名为"连接数据"的全局数据块

（见图 6-54），在其中定义一个名为 CONNECT、数据类型为"TCON_IP_v4"的结构变量。其中的 InterfaceId 是 PN 接口的硬件标识符，可在 PLC 的默认变量表的"系统常量"选项卡中找到它。ID 是连接的标示符。ConnectionType 是连接类型，TCP 连接的默认值为 16#0B。ActiveEstablished 是连接建立类型的标识符，客户端为 TRUE，主动建立连接；服务器为 FALSE，被动建立连接。RemoteAddress 是远程地址，数组 ADDR 提供了服务器的 IP 地址。RemotePort 和 LocalPort 分别是远程（服务器）端口号和本地（客户端）端口号，它们的值分别为 502 和 0。

MB_CLIENT 的背景数据块中的静态变量 Connected 为 1 时，表示已建立了 TCP 连接。在

连接数据			
	名称	数据类型	起始值
▼	Static		
■ ▼	Connect	TCON_IP_v4	
■	InterfaceId	HW_ANY	64
■	ID	CONN_OUC	16#01
■	ConnectionType	Byte	16#0B
■	ActiveEstablished	Bool	TRUE
■ ▼	RemoteAddress	IP_V4	
■ ▼	ADDR	Array[1..4] of Byte	
■	ADDR[1]	Byte	192
■	ADDR[2]	Byte	168
■	ADDR[3]	Byte	0
■	ADDR[4]	Byte	2
■	RemotePort	UInt	502
■	LocalPort	UInt	0

图 6-54　连接数据

该信号的上升沿，将两条 MB_CLIENT 指令的控制位和状态位复位（见图 6-53），将第一条 MB_CLIENT 指令的 REQ（M2.0）置位。

端口不能同时处理两条 MB_CLIENT 指令的 Modbus 请求，为了避免出现这种情况，在 MB_CLIENT 指令的 DONE 或 ERROR 为 1 时复位本指令的 REQ，同时置位另一条指令的 REQ 信号，使两条指令的 REQ 信号交替为 1 状态，交替读、写服务器的存储区。

在循环中断组织块 OB30 中编写程序，每秒将要写到服务器的第一个字 MW120 加 1。

4. 编写服务器的程序

在作为服务器的 PLC_2 的 OB1 中调用 MB_SERVER 指令，该指令用于处理 Modbus TCP 客户端的连接请求、接收和处理 Modbus 请求，并发送响应。

图 6-55 中的参数 DISCONNECT 如果为 0，

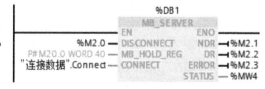

图 6-55　MB_SERVER 指令

在没有通信连接时建立被动连接；为 1 则终止连接。参数 MB_HOLD_REG 是指向 Modbus 保持寄存器的指针，P#M20.0 WORD 40 指定保持寄存器的起始地址为 MW20，长度为 40 个字。因此保持寄存器 40001 对应于 MW20，40006 对应于 MW30。

参数 CONNECT 的作用和它的实参"连接数据".Connect 的内部结构与指令 MB_CLIENT 的相同。Connect 的内部变量与图 6-54 的区别在于 ActiveEstablished 为 FALSE（被动建立连接的服务器），ADDR 提供的客户端的 IP 地址为 192.168.0.1，远程端口 RemotePort 和本地端口 LocalPort 分别为 0 和 502。指令 MB_SERVER 的 4 个输出参数的意义与 Modbus_Slave 指令的同名参数相同（见图 6-52）。

在循环中断组织块 OB30 中编写程序，每秒将客户端要读取的第一个字 MW20 加 1。

5. Modbus TCP 通信实验

将两块 CPU 和计算机的以太网接口连接到交换机或路由器上，将通信双方的用户程序和组态信息分别下载到各自的 CPU。令各指令的参数 DISCONNECT 均为 0 状态，客户端和服务器建立起连接。用客户端的监控表_1 监控两条 MB_CLIENT 指令的 REQ 和 DISCONNECT 信号，给要写入给服务器的 MW122～MW128 赋值。用服务器的监控表_1 给客户端要读取的 MW22～MW28 赋初值。

两块 CPU 都进入 RUN 模式后，可以看到客户端的两条 MB_CLIENT 指令的 REQ 信号交替变化，MW100～MW108 是从服务器读取的数据，MW100 的值每秒加 1。令某条 MB_CLIENT 指令的 DISCONNECT 信号为 1 状态，停止读、写服务器的数据，两个 REQ 信号的状态不变，客户端读取的第一个字 MW100 的值保持不变。令 DISCONNECT 信号为 0 状态，两个 REQ 信号交替变化，MW100 的值又开始每秒加 1。

服务器的监控表_1 中的 MW30～MW38 是从客户端的 MW120～MW128 写入的值，其中的 MW30 每秒加 1。令客户端某条 MB_CLIENT 指令的 DISCONNECT 信号为 1 状态，客户端停止读、写服务器的数据，服务器被写入的第一个字 MW30 的值保持不变。令 DISCONNECT 信号为 0 状态，服务器的 MW30 的值又开始每秒加 1。

作者用 S7-1200 作客户端（项目为"Modbus TCP 客户端"），S7-200 SMART 作服务器（程序为"Modbus TCP 服务器.Smart"），做了 Modbus TCP 通信实验，实验过程见视频"Modbus TCP 通信（A）"和"Modbus TCP 通信（B）"，可通过扫描二维码 6-8 和二维码 6-9 播放它们。

二维码 6-8　　二维码 6-9

6.7　PROFIBUS-DP 与 AS-i 网络通信

PROFIBUS 是不依赖生产厂商的、开放式的现场总线，各种各样的自动化设备均可以通过同样的接口交换信息。PROFIBUS 可以用于分布式 I/O 设备、传动装置、PLC 和基于 PC（个人计算机）的自动化系统。

6.7.1　PROFIBUS 的物理层

PROFIBUS-DP 的传输速率为 9.6k～12Mbit/s。每个 DP 从站的输入数据和输出数据最多为 244B。使用屏蔽双绞线电缆时最长通信距离为 9.6km，使用光缆时最长为 90km，最多可以连接 127 个从站。

PROFIBUS 可以使用灵活的拓扑结构，支持线形、树形、环形结构以及冗余的通信模型。支持基于总线的驱动技术和总线安全通信技术。

1. DP/FMS 的 RS-485 传输

PROFIBUS-DP 符合 EIA RS-485 标准，采用价格便宜的屏蔽双绞线电缆，电磁兼容性（EMC）条件较好时也可以使用不带屏蔽的双绞线电缆。

图 6-56 中 A、B 线之间是 220Ω终端电阻，根据传输线理论，终端电阻可以吸收网络上的反射波，有效地增强信号强度。两端的终端电阻并联后的值应基本上等于传输线相对于通信频率的特性阻抗。390Ω的下拉电阻与数据基准电位 DGND 相连，上拉电阻与 DC 5V 电压的正端（VP）相连。在总线上没有站发送数据（即总线处于空闲状态）时，上拉电阻和下拉电阻用于确保 A、B 线之间有一个确定的空闲电位。

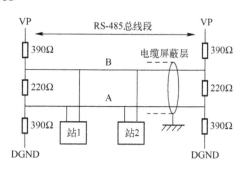

图 6-56 DP 总线段的结构

大多数 PROFIBUS 总线连接器都集成了终端电阻，连接器上的开关在 On 位置时终端电阻被连接到网络上，开关在 Off 位置时终端电阻从网络上断开。每个网段两端的站必须接入终端电阻，中间的站不能接入终端电阻。

传输速率从 9.6kbit/s～12Mbit/s，所选的传输速率用于总线段上的所有设备。传输速率大于 1.5Mbit/s 时，由于连接的站的电容性负载引起导线反射，必须使用附加有轴向电感的总线连接插头。PROFIBUS 的 1 个字符帧由 8 个数据位、1 个起始位、1 个停止位和 1 个奇偶校验位组成。

PROFIBUS 的站地址空间为 0～127，其中的 127 为广播用的地址，所以最多能连接 127 个站点。一个总线段最多 32 个站，超过了必须分段，段与段之间用中继器连接。中继器没有站地址，但是被计算在每段的最大站数中。

每个网段的电缆最大长度与传输速率的关系见表 6-3。

表 6-3 传输速率与总线长度的关系

传输速率/(kbit/s)	9.6～93.75	187.5	500	1500	3000～12000
A 型电缆长度/m	1200	1000	400	200	100
B 型电缆长度/m	1200	600	200	70	

2. D 型总线连接器

PROFIBUS 标准推荐总线站与总线的相互连接使用 9 针 D 型连接器。连接器的引脚分配如表 6-4 所示。在传输期间，A 线和 B 线对"地"（DGND）的电压波形相反。各报文之间的空闲（Idle）状态对应于二进制"1"信号。总线连接器上有一个进线孔（In）和一个出线孔（Out），分别连接至前一个站和后一个站。

表 6-4 D 型连接器的引脚分配

针脚号	信号名称	说明	针脚号	信号名称	说明
1	SHIELD	屏蔽或功能地	6	VP+	供电电压正端
2	24V-	24V 辅助电源输出的地	7	24V+	24V 辅助电源输出正端
3	RXD/TXD-P	接收/发送数据的正端，B 线	8	RXD/TXD-N	接收/发送数据的负端，A 线
4	CNTR-P	方向控制信号正端	9	CNTR-N	方向控制信号负端
5	DGND	数据基准电位（地）			

3. DP/FMS 的光纤电缆传输

PROFIBUS 可以通过光纤中光的传输来传送数据。单芯玻璃光纤的最大连接距离为 15km，价格低廉的塑料光纤为 80m。光纤电缆对电磁干扰不敏感，并能确保站与站之间的电气隔离。近年来，由于光纤的连接技术大为简化，这种传输技术已经广泛地用于现场设备的数据通信。许多厂商提供专用总线插头来转换 RS-485 信号和光纤导体信号。可以使用冗余的双光纤环。

4. PROFIBUS-PA 的 IEC 1158-2 传输

PROFIBUS-PA 采用符合 IEC 1158-2 标准的传输技术，即曼彻斯特码编码与总线供电传输技术。这种技术确保本质安全，并通过总线直接给现场设备供电，能满足石油化学工业的要求。DP/PA 耦合器用于 PA 总线段与 DP 总线段的连接。

6.7.2 DP 主站与标准 DP 从站通信的组态

1. S7-1200 作 DP 主站

S7-1200 的 DP 主站模块为 CM 1243-5，DP 从站模块为 CM 1242-5，传输速率为 9.6kbit/s～12Mbit/s。

DP 主站与从站之间自动地周期性地进行通信。通过 CM 1243-5 主站模块，还可以进行下载和诊断等操作，它可以将 S7-1200 连接到其他 CPU、HMI 面板、编程计算机和支持 S7 通信的 SCADA 系统。在博途中新建项目"1200 作 DP 主站"（见配套资源中的同名例程）。PLC_1 为 CPU 1215C，打开它的设备视图，将右边的硬件目录窗口的"\通信模块\PROFIBUS"文件夹中的 CM 1243-5 主站模块拖拽到 CPU 左侧的 101 号插槽。DP 主站地址为默认值 2。

打开网络视图，将右边的硬件目录窗口的"\分布式 I/O\ET200S\接口模块\PROFIBUS\IM151-1 标准型"文件夹中的接口模块拖拽到网络视图。双击生成的 ET 200S 站点，打开它的设备视图，将电源模块、2DI、2DQ 和电压输出的 2AQ 模块插入 1～6 号插槽。

在网络视图中，右键单击 DP 主站模块的 DP 接口，执行快捷菜单命令"添加主站系统"，生成 DP 主站系统。此时 ET 200S 上显示的是"未分配"。右键单击 ET 200S 的 DP 接口，执行快捷菜单命令"分配到新主站"，双击出现的"选择主站"对话框中的 PLC_1 的 DP 接口，它被连接到 DP 主站系统。ET 200S 上用蓝色字符显示它的主站是 DP 主站模块 CM 1243-5（见图 6-57）。

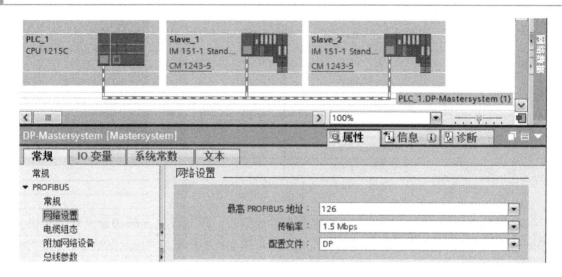

图 6-57　网络视图

用同样的方法生成名为 Slave_2 的 DP 从站 ET 200S，将电源模块和信号模块插入 1～5 号插槽。将该从站连接到 DP 主站系统。

选中 DP 主站系统，再选中巡视窗口中的"属性 ＞ 常规 ＞ PROFIBUS ＞ 网络设置"，采用默认的设置，传输速率为 1.5Mbit/s（见图 6-57），"配置文件"为"DP"。"最高 PROFIBUS 地址"采用默认值 126。

选中 CM 1243-5 DP 主站模块的 DP 接口，然后选中下面的巡视窗口的"属性 ＞ 常规 ＞ PROFIBUS 地址"，可以设置 PROFIBUS 地址，CM 1243-5 和两台 ET 200S 的 DP 站地址分别为默认的 2、3 和 4。CM 1243-5 的操作模式为默认的"主站"。

双击网络视图中的 ET 200S Slave_1，打开它的设备视图。单击设备视图右边竖条上向左的小三角形按钮◀，在出现的 ET 200S 的设备概览中，可以看到分配给它的信号模块的 I、Q 地址（见图 6-58）。在用户程序中，用这些地址直接读、写 ET 200S 的模块。

模块	机架	插槽	I 地址	Q 地址	类型	订货号
Slave_1	0	0			IM 151-1 Standard	6ES7 151-1AA05-0AB0
PM-E 24VDC_1	0	1			PM-E 24VDC	6ES7 138-4CA01-0AA0
2DI x 24VDC ST_1	0	2	2.0...2.1		2DI x 24VDC ST	6ES7 131-4BB01-0AA0
2DI x 24VDC ST_2	0	3	3.0...3.1		2DI x 24VDC ST	6ES7 131-4BB01-0AA0
2DI x 24VDC ST_3	0	4	6.0...6.1		2DI x 24VDC ST	6ES7 131-4BB01-0AA0
2DO x 24VDC / 0.5A HF_1	0	5		2.0...2.1	2DO x 24VDC / 0.5A HF	6ES7 132-4BB01-0AB0
2AO x U ST_1	0	6		68...71	2AO x U ST	6ES7 135-4FB01-0AB0

图 6-58　ET 200S 的设备概览

2. S7-1500 作 DP 主站

S7-1500 可以通过 CPU 集成的 DP 接口或 DP 通信模块，作 PROFIBUS-DP 主站。新建项目"1500 作 DP 主站"（见配套资源中的同名例程），PLC_1 为 CPU 1516-3 PN/DP。打开它的设备视图，将 DI、DQ、AI、AQ 模块插入 2～5 号插槽。

打开网络视图，将右边的硬件目录窗口的"\分布式 I/O\ET200SP\接口模块\PROFIBUS"文件夹中的接口模块拖拽到网络视图。双击生成的 ET 200SP 站点，打开它的设备视图，将 DI、DQ、AI、AQ 模块插入 1～4 号插槽。

右键单击网络视图中 PLC_1 的 DP 接口，执行快捷菜单命令"添加主站系统"，生成 DP 主站系统。单击 ET 200SP 上显示的"未分配"，再单击出现的"选择主站"对话框中的"PLC_1.DP 接口_1"，它被连接到 DP 主站系统。ET 200SP 上用蓝色字符显示它的主站 PLC_1（见图 6-59）。

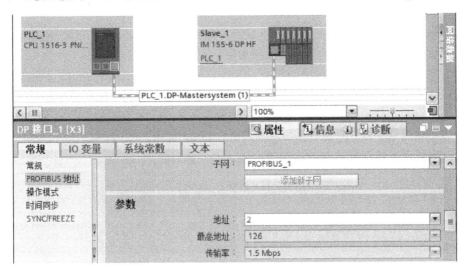

图 6-59　组态 PROFIBUS 地址

选中 PLC_1 的 DP 接口（接口[X3]），再选中巡视窗口中的"属性 > 常规 > PROFIBUS 地址"，采用默认的设置，DP 地址为 2，最高站地址为 126，传输速率为 1.5Mbit/s。选中图 6-59 中的"操作模式"，默认的操作模式为"主站"，且不能更改，主站系统为 DP-Mastersystem (1)。选中左边窗口的"时间同步"（见图 6-60），"同步类型"可选"主站""从站"和"无"，设置为"主站"后，可以设置"更新周期"。

一个 DP 主站系统可以设置最多 8 个同步/冻结组，然后将各从站分配到不同的组中。可以用 DPSYC_FR（同步 DP 从站/冻结输入）指令发送下列命令到指定的组。

- SYNC：同步，同时输出并冻结 DP 从站上的输出状态。
- UNSYNC：取消 SYNC 控制命令。
- FREEZE：冻结 DP 从站上的输入状态，读取冻结的输入。

图 6-60　组态时间同步

- UNFREEZE：取消 FREEZE 控制命令。

打开 ET 200SP 的设备视图，在它的设备概览中，可以看到分配给它的 S7-1500 的 I、Q 地址。在用户程序中，用这些地址直接读、写 ET 200SP 的模块。

对于大型复杂的 DP 网络，可以在选中网络视图中的 DP 主站系统后，用巡视窗口设置和优化网络的参数。

6.7.3 安装 GSD 文件

1．GSD 文件

PROFIBUS-DP 是通用的国际标准，符合该标准的第三方设备可以作 DP 网络的主站或从站。第三方设备作主站时，用于组态的软件由第三方提供。

GSD（常规站说明）文件是可读的 ASCII 码文本文件，包括通用的和与设备有关的通信的技术规范。为了将不同厂家生产的 PROFIBUS 产品集成在一起，生产厂家必须以 GSD 文件的方式提供这些产品的功能参数，例如 I/O 点数、诊断信息、传输速率、时间监视等。

第三方设备作从站时，需要安装制造商提供的 GSD 文件，可以在制造商的网站下载 GSD 文件。安装以后，才能在硬件目录窗口看到该从站，并对它进行组态。

2．PROFIBUS-DP 从站模块 EM 277

下面以 S7-200 的 PROFIBUS 从站模块 EM 277 为例，介绍支持 PROFIBUS-DP 协议的第三方设备的组态方法。

DP 从站模块 EM 277 用于将 S7-200 CPU 连接到 DP 网络，主站通过它读写 S7-200 的 V 存储区。EM 277 只能作 DP 从站，不用在 S7-200 一侧对 DP 通信组态和编程。

3．组态 S7-1500 站

新建项目"EM277"（见配套资源中的同名例程），PLC_1 为 CPU 1516-3 PN/DP，采用默认的 DP 网络参数和默认的站地址 2。

4．安装 EM 277 的 GSD 文件

EM 277 作为 PROFIBUS-DP 从站模块，它的参数是以 GSD 文件的形式保存的。在对 EM 277 组态之前，需要安装它的 GSD 文件。EM 277 的 GSD 文件"siem089d.gsd"和它的图形文件 em_277_n.bmp 在配套资源的文件夹"\Project"中。

打开网络视图或设备视图，执行菜单命令"选项"→"管理通用站描述文件（GSD）"，单击打开的对话框中的"浏览"按钮，选中保存 GSD 文件的源路径，在"导入路径的内容"列表中出现 EM 277 的 GSD 文件 siem089d.gsd（见图 6-61）。勾选 GSD 文件最左边的复选框，单击"安装"按钮，安装 GSD 文件。安装结束后，出现"安装已成功完成"的信息。单击"关闭"按钮，关闭该对话框。可以在硬件目录中找到 GSD 文件对应的 DP 从站。

图 6-61 安装 GSD 文件

勾选图 6-61 中 GSD 文件列表中的某个文件，单击对话框中的 "删除" 按钮，可以删除选中的 GSD 文件。

5. 生成 EM 277 从站

安装结束后，在右边的硬件目录窗口，可以看到新出现的 "\其他现场设备\PROFIBUS DP\PLC\SIEMENS AG\SIMATIC\EM 277 PROFIBUS-DP" 文件夹（见图 6-62），打开该文件夹，将 EM 277 模块拖放到网络视图中，生成 EM 277 DP 从站。

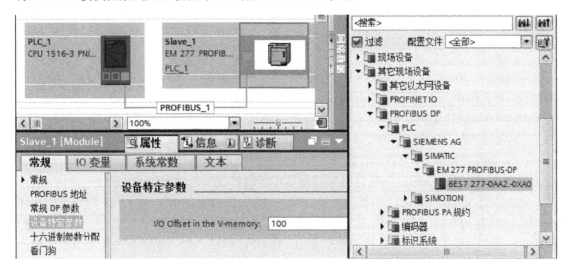

图 6-62　生成 EM 277 从站

单击 EM 277 方框中蓝色的 "未分配"，再单击出现的 "选择主站" 对话框中的 "PLC_1.DP 接口_1"，自动生成的 DP 主站系统将 PLC_1 和 EM 277 的 DP 接口连接在一起。主站和 EM 277 默认的 DP 站地址分别为 2 和 3。用 EM 277 上的拨码开关设置的站地址应与 STEP 7 中设置的站地址相同。

6. 组态 EM 277 从站

双击网络视图中的 EM 277，打开 EM 277 的设备视图，单击设备视图右边竖条上向左的小三角形按钮 ◄，从右向左弹出 EM 277 的 "设备概览" 视图（见图 6-63）。根据实际系统的需要选择传送的通信字节数。将目录窗格中的 "8 Bytes Out/8 Bytes In" 模块拖拽到设备概览视图的插槽 1 中，STEP 7 自动分配给 EM 277 的输入输出地址为 IB0～IB7 和 QB0～QB7。

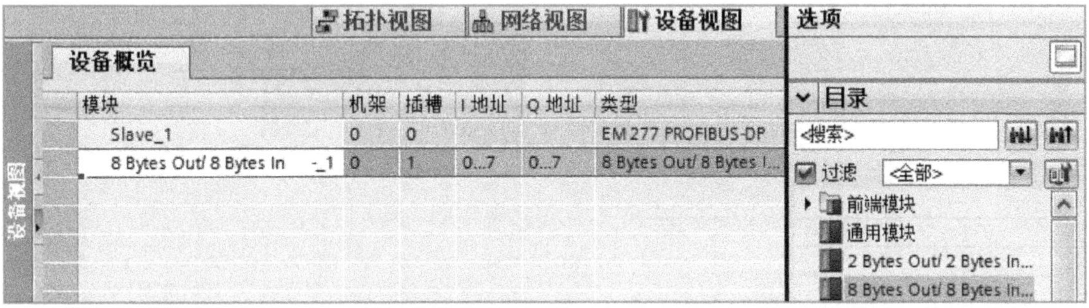

图 6-63　组态 EM 277 从站

单击选中网络视图中的 EM 277 从站的 DP 接口,再选中巡视窗口左边的"设备特定参数"(见图6-62),设置"I/O Offset in the V-memory"(V 存储区中的 I/O 偏移量)为 100,即用 S7-200 的 VB100~VB115 与 S7-300 的 IB0~IB7 和 QB0~QB7 交换数据。组态结束后,应将组态信息下载到 CPU 1516-3 PN/DP。

选中巡视窗口左边的"看门狗",在右边窗口采用默认的设置,勾选复选框"看门狗已激活"。"看门狗"是响应监视器形象的俗称。如果 DP 从站在组态的响应监视时间内未进行响应,从站的全部输出被复位,或者输出替换值。为了系统的安全,建议仅在调试时关闭"看门狗"。

7. S7-1500 和 S7-200 的数据交换

本例的 S7-200 通过 VB100~VB115 与 DP 主站交换数据。CPU 1516-3 PN/DP 周期性地将 QB0~QB7 中的数据写到 S7-200 的 VB100~VB107(见图6-64);CPU 1516-3 PN/DP 通过 IB0~IB7 周期性地读取 S7-200 的 VB108~VB115 中的数据。

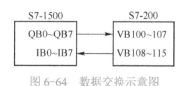

图 6-64　数据交换示意图

在 S7-200 的程序中,只需将待发送的数据传送到组态时指定的 V 存储区,或者在组态时指定的 V 存储区中读取接收到的数据就可以了。

例如要把 S7-200 的 MB3 的值传送给 CPU 1516-3 PN/DP 的 MB10,应在 S7-200 的程序中,用 MOVB 指令将 MB3 传送到 VB108~VB115 中的某个字节,例如 VB108。通过通信把 VB108 的值传送给 CPU 1516-3 PN/DP 的 IB0,在 CPU 1516-3 PN/DP 的程序中将 IB0 的值传送给 MB10。

在运行时可以用 STEP 7 的监控表和 S7-200 编程软件的状态表来监控通信过程中的数据传送。

6.7.4　DP 主站与智能从站通信的组态

在博途中新建项目"1200 作 1500 的 DP 从站"(见配套资源中的同名例程),PLC_1 是作为 DP 主站的 CPU 1516-3 PN/DP,PLC_2 是配有 DP 从站模块 CM 1242-5 的 CPU 1215C。打开后者的设备视图,将右边的硬件目录窗口的"\通信模块\PROFIBUS"文件夹中的 CM 1242-5 DP 从站模块拖拽到 CPU 左侧的 101 号插槽,其操作模式为"DP 从站"。

在网络视图中用拖拽的方法连接 CPU 1516-3 PN/DP 和 CM 1242-5 的 DP 接口(见图6-65),自动生成 DP 主站系统。CM 1242-5 的 DP 接口被分配给主站 PLC_1。主站和从站的 DP 站地址分别为默认的 2 和 3。

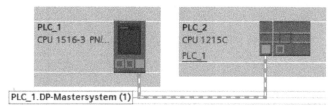

图 6-65　网络视图中的 DP 主站系统

传输区(I、Q 地址区)是 DP 主站与智能从站 CPU 的用户程序之间的通信接口。用户程序对传输区定义的 I 区接收到的输入数据进行处理,并用传输区定义的 Q 区输出处理的结果。

DP 主站与智能从站之间通过传输区自动地周期性地进行信息交换。

选中 CM 1242-5 从站模块的 DP 接口，然后选中下面的巡视窗口的"属性 > 常规 > 操作模式 > 智能从站通信"（见图 6-67），双击右边窗口"传输区"列表中的"<新增>"，在第一行生成"传输区_1"。

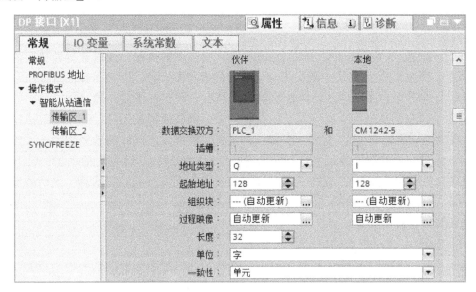

图 6-66　组态智能从站通信的传输区

选中左边窗口中的"传输区_1"（见图 6-66），在右边窗口定义主站（伙伴）发送数据、智能从站（本地）接收数据的 Q、I 地址区。组态的传输区不能与硬件使用的地址区重叠。用同样的方法生成和组态传输区_2，与传输区_1 相比，只是交换了地址的 I、Q 类型，其他参数与图 6-66 的相同。

选中图 6-67 左边窗口的"智能从站通信"，右边窗口中是组态好的传输区列表，主站将 QB128～QB191 中的数据发送给从站，后者用 IB128～IB191 接收。从站将 QB128～QB191 中的数据发送给主站，后者用 IB128～IB191 接收。在双方的用户程序中，将实际需要发送的数据传送到上述的数据发送区，直接使用上述的数据接收区中接收到的数据。

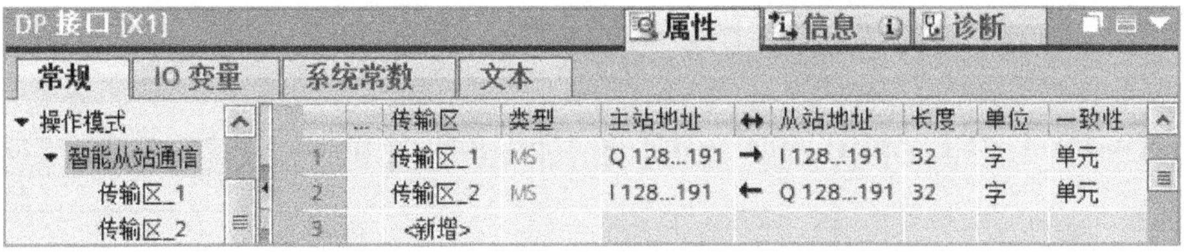

图 6-67　DP 主站与智能从站通信的传输区

在 PLC_1 的 OB100 中，给 QW130 和 QW190 设置初始值 16#1500，将 IW130 和 IW190 清零。在 PLC_1 的 OB1 中，用时钟存储器位 M0.3 的上升沿，每 500ms 将要发送的第一个字 QW128 加 1。PLC_2 与 PLC_1 的程序基本上相同，其区别在于给 QW130 和 QW190 设置的初始值为 16#1200。

分别选中 PLC_1 和 PLC_2，下载它们的组态信息和程序。用 DP 电缆连接主站和从站的 DP 接口，在运行时用以太网和监控表监控双方接收到 IW128、IW130 和 IW190，检查通信是否正常进行。

6.7.5 DP 网络中数据的一致性传输

1．数据的一致性

数据的一致性（Consistency）又称为连续性。通信块被执行、通信数据被传送的过程如果被一个更高优先级的 OB 块中断，将会使传送的数据不一致。即被传输的数据一部分来自中断之前，一部分来自中断之后，因此这些数据是不一致（不连续）的。

在通信中，有的从站用来实现复杂的控制功能，例如模拟量闭环控制或电气传动等。从站与主站之间需要同步传送比字节、字和双字更大的数据区，这样的数据称为一致性数据。需要绝对一致性传送的数据量越大，系统的中断反应时间越长。可以用指令 DPWR_DAT 和 DPWR_DAT 来传送要求具有一致性的数据，它们在实际程序中被广泛使用。这两条指令对应于 STEP 7 V5.x 的程序库里的 SFC14 和 SFC15。它们适用于中央模块以及 DP 标准从站和 PROFINET IO 设备。

2．组态硬件和主从通信的地址区

配套资源中的例程“传输一致性数据”的硬件和通信组态与前面的项目“1200 作 1500 的 DP 从站”基本上相同，其区别在于传输区中的参数“一致性”被组态为“总长度”（见图 6-68）。此外还需要在通信双方的 OB1 中调用“将一致性数据写入 DP 标准从站”指令 DPWR_DAT，将数据“打包”后发送；调用“读取 DP 标准从站的一致性数据”指令 DPRD_DAT，将接收到的数据“解包”后保存到指定的地址区。这样就可以保证 DP 主站和智能从站之间的一致性数据传送。DP 主站用 DPWR_DAT 发送的输出数据被智能从站用 DPRD_DAT 读出，并作为其输入数据保存。反之也适用于智能从站发送给主站的数据的处理。

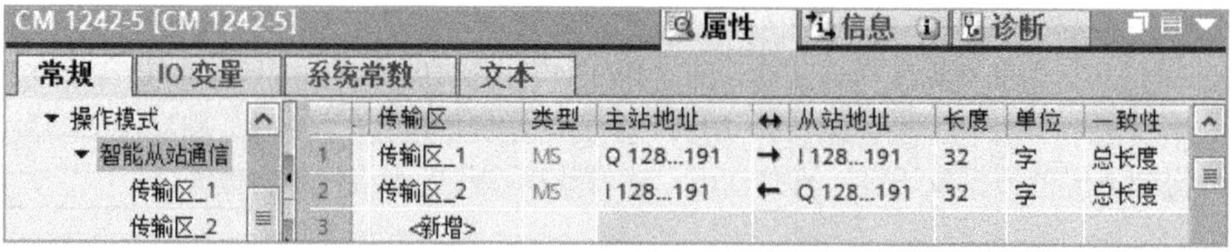
CM 1242-5 [CM 1242-5]
属性
信息
诊断
常规
IO 变量
系统常数
文本
操作模式
智能从站通信
传输区_1
传输区_2
传输区 类型 主站地址 ↔ 从站地址 长度 单位 一致性
1 传输区_1 MS Q 128...191 → I 128...191 32 字 总长度
2 传输区_2 MS I 128...191 ← Q 128...191 32 字 总长度
3 <新增>

图 6-68 DP 主站与智能从站通信的传输区

指令 DPWR_DAT 和 DPRD_DAT 也可以用于 PROFINET IO 控制器和 IO 设备之间的一致性数据传输。

3．生成数据块

双击项目树 PLC_1（主站）的“程序块”文件夹中的“添加新块”，生成数据块 SendData（DB1）。打开 DB1，生成一个有 32 个 Int 元素的数组。用复制和修改名称的方法创建内部结构相同的数据块 RcvData（DB2）。用复制和粘贴的方法，为 PLC_2 生成两个相同的数据块。

4．OB1 的程序

打开右边的“指令列表”的“扩展指令”窗格的文件夹“\分布式 I/O\其他”，将其中的指令 DPWR_DAT 和 DPRD_DAT 拖拽到主站的 OB1 中（见图 6-69）。指令 DPWR_DAT 将 DB1

中的数据"打包"后发送，指令 DPRD_DAT 将接收到的数据"解包"后存放到 DB2 中，
图 6-70 给出了通信双方的信号关系图。

图 6-69　主站读写 DP 从站一致性数据的程序

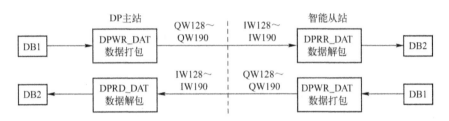

图 6-70　DP 主站与智能从站的数据传输示意图

指令 DPWR_DAT、DPRD_DAT 的参数 LADDR 是用于通信的 I、Q 区的起始地址。参数
RECORD 的数据类型为 VARIANT，它指定的 DB1 和 DB2 中的数组的长度应与图 6-68 "传
输区"中组态的参数一致。

DP 主站和智能从站的 OB1 中的用户程序基本上相同。

此外在通信双方的 OB1 中，用时钟存储器位 M0.3 的上升沿，每 500ms 将要发送的第一
个字 DB1.DBW0 加 1，运行时它被传送给对方的 DB2.DBW0。

通信双方 OB100 的程序分别将 DB1 中要发送的数据初始化为 16#1500 和 16#1200，将保
存接收数据的 DB2 清零。

通信的实验方法和实验的结果与项目 "1200 作 1500 的 DP 从站"相同。

6.7.6　AS-i 通信

1. AS-i 网络概述

AS-i 是执行器-传感器接口（Actuator Sensor Interface）的缩写，是执行器和传感器通信的
国际标准（IEC 62026-2）。AS-i 属于主从式网络，每个网络只能有一个主站（见图 6-71）。主
站是网络通信的中心，负责网络的初始化，以及设置从站的地址等参数。AS-i 从站是 AS-i 系
统的输入通道和输出通道，它们仅在被 AS-i 主站访问时才被激活。接到命令时，它们触发动
作或者将现场信息传送给主站。

AS-i 总线采用轮询方式传送数据，传输速率为 167kbit/s，对 31 个标准从站的典型轮询时
间为 5ms。传输媒体可以是屏蔽的或非屏蔽的两芯电缆，支持总线供电，即两根电缆同时作
信号线和电源线，使用 30V 的解耦电源。使用两个中继器和 3 个扩展插件时最多可以扩展到
600m。AS-i 网络由铜质电缆、中继器、AS-i 供电装置、AS-i 从站等组成，可以使用总线型、
树形和星形拓扑。AS-i 从站可以是集成有 AS-i 接口的传感器、执行器或 AS-i 模块。

S7-1200 通过 CM1243-2 主站模块将 AS-i 网络连接到 S7-1200 CPU（见图 6-71），其主站
协议版本为 V3.0，可以配置 31 个标准开关量/模拟量从站或 62 个 A/B 类开关量/模拟量从站，
数字量输入/输出最多 496 点。

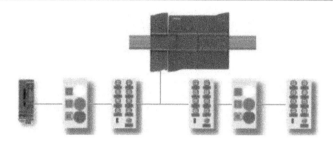

图 6-71　AS-i 网络

每个 AS-i 从站都有一个唯一的地址，新购买的从站模块默认的地址为 0。可以采用下面三种方式设置从站的地址。

1）使用专用的编址器对从站进行编址。

2）使用 CM1243-2 的"在线和诊断"功能设置从站的地址。

3）通过编程，使用命令控制字修改从站地址。

2．AS-i 网络的组态

在博途中新建项目"AS-i 通信"（见配套资源中的同名例程）。PLC_1 为 CPU 1215C，在设备视图中将 AS-i 主站模块 CM1243-2 拖拽到 CPU 左边的 101 号插槽。将硬件目录文件夹"\现场设备\AS 接口\IP20 输入/输出模块、窄型模块"中的"AS-i S22.5, 4DI"模块和"\现场设备\AS 接口\IP6x 输入/输出模块、紧凑型模块"中的 AI 模块"AS-i K60, 4AI-V"拖拽到网络视图中，生成两个 AS-i 从站。用拖拽的方法生成 AS-i 网络，将 AS-i 主站和 AS-i 从站连接到一起（见图 6-72）。

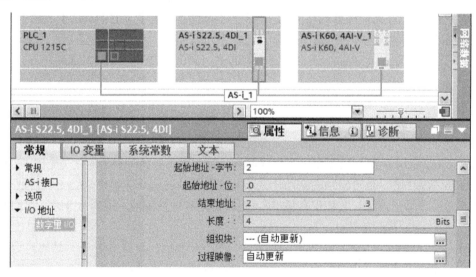

图 6-72　组态 AS-i 网络

选中 AS-i 从站"4DI_1"，再选中巡视窗口中的"属性 > 常规 > 常规 > AS-i 接口"，可以设置从站的站地址，采用默认的地址 1。从站 4AI-V_1 的站地址为 2。

选中图 6-72 网络视图中的 4DI 从站，再选中下面的巡视窗口左边窗口中的"数字量 I/O"，设置从站的起始字节地址为 2。AI 模块 4AI-V_1 默认的起始字节地址为 IB68，4 个通道占用

8 个字节。

上述组态完成后，用户程序就可以用组态的地址直接读取分配给从站的 I 区的地址了。

3. 组态主站模块

选中网络视图中的 AS-i 主站模块 CM1243-2，再选中巡视窗口中的"属性 > 常规 > 工作参数"，采用默认的设置，勾选复选框"AS-i 组态错误时诊断中断"，出现故障事件时将会触发诊断中断，CPU 调用 OB82。如果启用了"自动地址编程"复选框，可以在 AS-i 主站的保护模式下，用站地址为 0 的新出厂的 AS-i 从站更换有故障的 AS-i 从站。AS-i 主站会自动地为新的 AS-i 从站分配被替换的从站的站地址。

4. ASIsafe

ASIsafe 是 AS-i 与安全有关的版本。ASIsafe 的标准数据和与安全有关的数据在同一条总线上传输。ASIsafe 允许将面向安全的组件（例如急停开关、防护门开关和安全光幕等）直接集成到 AS-i 网络中。故障安全传感器提供的信号由安全监视器进行处理，在出现故障时将设备切换到安全状态。

6.8　S7-1200 与变频器的 USS 协议通信

6.8.1　硬件接线与变频器参数设置

1. USS 通信

PLC 通过通信来监控变频器，使用的接线少，传送的信息量大，可以连续地对多台变频器进行监视和控制。还可以通过通信读取和修改变频器的参数，实现多台变频器的联动控制和同步控制。

西门子的 SINAMICS 系列驱动器包括低压变频器、中压变频器和 DC 变流器（直流调速产品）。所有的 SINAMICS 驱动器均基于相同的硬件平台和软件平台。SINAMICS 低压变频器包括 SINAMICS V20 基本型变频器、SINAMICS G 系列常规变频器和 SINAMICS S 型高性能变频器。

基本型变频器 SINAMICS V20 具有调试过程快捷、易于操作、稳定可靠、经济高效等特点。输出功率为 0.12～15kW，有 PID 参数自整定功能。V20 可以通过集成的 RS-485 通信端口，使用 USS 协议与西门子 PLC 通信。

2. 硬件接线

为了实现 S7-1200 与变频器的 USS 通信，S7-1200 需要 CM 1241（RS485）或 CM 1241（RS422/485）通信模块。每个 CPU 最多可以连接 3 个通信模块，建立 3 个 USS 网络。每个 USS 网络最多支持 16 个变频器，总共最多支持 48 个变频器。

CM 1241（RS485）通信模块的 RS-485 接口使用 9 针 D 型连接器，其 3 脚和 8 脚分别是 RS-485 的 B 线和 A 线，硬件接线图如图 6-73 所示。

在接线时必须满足下面两项要求，否则可能毁坏通信接口：

1）S7-1200 侧的 RS-485 连接器的 5 脚（参考电压 0V）必须与 V20 的模拟量输入电压的 0V 端子相连。

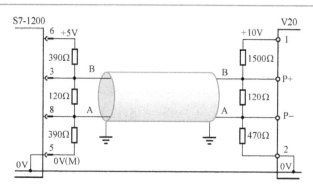

图 6-73   USS 通信的硬件接线图

2）两侧的 0V 端子不能就近连接到保护接地网络，否则可能因为烧电焊烧毁通信设备。

RS-485 电缆应与其他电缆（特别是电动机的主回路电缆）保持一定的距离，并将 RS-485 电缆的屏蔽层接地。总线电缆的长度大于 2m 时，应在两端设置总线终端电阻。

3. 设置电动机参数

使用 USS 协议进行通信之前，应使用 V20 内置的基本操作面板（简称为 BOP，见图 6-74）来设置变频器有关的参数。首次上电或变频器被工厂复位后，进入 50/60Hz 选择菜单，显示"50？"（50Hz）。

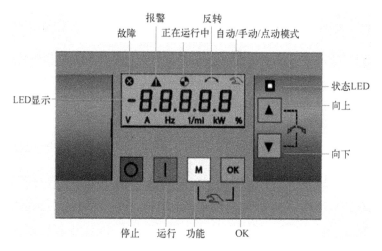

图 6-74   V20 变频器内置的基本操作面板

按 ok 键的时间小于 2s 时（以下简称为单击）进入设置菜单，显示参数编号 P0304（电动机额定电压）。单击 ok 键，显示原来的电压值 400。可以用 ▲、▼ 键增减参数值，长按 ▲ 键或 ▼ 键，参数值将会快速变化。单击 ok 键确认参数值后返回参数编号显示，按 ▲ 键显示下一个参数编号 P0305。用同样的方法分别设置 P0305[0]、P0307[0]、P0310[0] 和 P0311[0]（电动机的额定电流、额定功率、额定频率和额定转速）。

4. 设置连接宏、应用宏和其他参数

V20 将变频器常用的控制方式归纳为 12 种连接宏和 5 种应用宏，供用户选用。使用连接宏和应用宏，无须直接面对冗长复杂的参数列表，可以避免因参数设置不当而导致的错误。连接宏类似于配方，给出了完整的解决方案。配套资源中的手册《SINAMICS V20 变频器操作说明》提供了每种连接宏的外部接线图，以及每种连接宏所有需要设置的参数的默认设置值。

单击 Ⓜ 键，显示 "-Cn000"，可设置连接宏。长按 ▲ 键，直到显示 "Cn010" 时按 ⓞⓚ 键，显示 "-Cn010"，表示选中了 "USS 控制" 连接宏 Cn010。单击 Ⓜ 键显示 "-AP000"，采用默认的应用宏 AP000（出厂默认设置，不更改任何参数设置）。

在设置菜单方式长按 M 键（按键时间大于 2s）或下一次上电时，进入显示菜单方式，显示 0.00Hz。多次单击 ⓞⓚ 键，将循环显示输出频率 Hz、输出电压 V、电动机电流 A、直流母线电压 V 和设定频率值。

连接宏 Cn010 预设了 USS 通信的参数（见表 6-5），使调试过程更加便捷。

表 6-5　USS 通信的参数设置

参　数	描　　述	连接宏默认值	实际设置值	备　注
P0700[0]	选择命令源	5	5	命令来自 RS-485
P1000[0]	选择频率设定源	5	5	频率设定值来自 RS-485
P2023	RS-485 协议选择	1	1	USS 协议
P2010[0]	USS/Modbus 波特率	8	7	波特率为 19.2kbit/s
P2011[0]	USS 从站地址	1	1	变频器的 USS 地址
P2012[0]	USS 协议的过程数据 PZD 长度	2	2	PZD 部分的字数
P2013[0]	USS 协议的参数标识符 PKW 长度	127	127	PKW 部分的字数可变
P2014[0]	USS/Modbus 报文间断时间	500	0	设为 0 看门狗被禁止（ms）

在显示菜单方式单击 Ⓜ 键，进入参数菜单方式，显示 P0003。令参数 P0003 = 3，允许读/写所有的参数。按表 6-5 的要求，用 ⓞⓚ 键和 ▲、▼ 键检查和修改参数值。为了设置参数 P2010[0]，用 ▲、▼ 键增减参数编号直至显示 P2010。单击 ⓞⓚ 键显示 "in000"，表示该参数方括号内的索引（Index，或称下标）值为 0，可用 ▲、▼ 键修改索引值。按 ⓞⓚ 键显示 P2010[0] 原有的值，修改为 7（波特率为 19.2kbit/s）以后按 ⓞⓚ 键确认。将参数 P2014[0] 修改为 0ms。

基准频率 P2000[0] 采用默认值 50.00Hz，它是串行链路或模拟量输入的满刻度频率设定值。在参数菜单方式长按 Ⓜ 键，将进入显示菜单方式，显示 0.00 Hz。

5．变频器恢复出厂参数

在更改上次的连接宏设置前，应对变频器进行工厂复位，令 P0010 = 30（工厂的设定值），P0970 = 1（参数复位），按 ⓞⓚ 键将变频器恢复到工厂设定值。令参数 P0003 = 3，允许读/写所有的参数。在更改连接宏 Cn010 和 Cn011 中的参数 P2023 后，变频器应重新上电。在变频器断电后应确保 LED 灯熄灭或显示屏没有显示后再接通电源。

6.8.2　S7-1200 的组态与编程

1．硬件组态

在 STEP 7 中生成一个名为 "变频器 USS 通信" 的项目（见配套资源中的同名例程），CPU 的型号为 CPU 1214C。打开设备视图，将硬件目录窗口的文件夹 "\通信模块\点到点" 中的 CM 1241（RS485）模块拖放到 CPU 左边的 101 号插槽。

选中该模块，打开下面的巡视窗口的"属性"选项卡。选中左边窗口的"端口组态"（见图 6-46），在右边窗口设置波特率为 19.2kbit/s，偶校验。其余的参数采用默认值。

2．USS 通信的程序结构

连接到一个 RS-485 端口的最多 16 台变频器属于同一个 USS 网络。USS_Drive_Control 指令用于组态要发送给变频器的数据，并显示接收到的数据。每台变频器需要调用一条 USS_Drive_Control 指令，这些指令共同使用调用第一条 USS_Drive_Control 指令时生成的背景数据块（本例为 DB1），每个 USS 网络通过这个背景数据块进行管理。

每个 RS-485 通信端口使用一条 USS_Port_Scan 指令，它通过 RS-485 通信端口控制 CPU 与所有变频器的通信，它有自己的背景数据块。

指令 USS_Read_Param 和 USS_Write_Param 分别用于读取和更改变频器的参数。如果在编辑器中添加这两条指令或 USS_Port_Scan 指令，需要将 USS_Drive_Control 的背景数据块的 USS_DB 参数分配给这些指令的 USS_DB 输入（见图 6-76 和图 6-77）。

3．USS_Drive_Control 指令

双击打开"程序块"文件夹中的 OB1，将指令列表的"通信"窗格的"\通信处理器\USS 通信"文件夹中的指令 USS_Drive_Control 拖放到 OB1（见图 6-75）。在自动打开的"调用选项"对话框中，单击"确定"按钮，生成一个默认名称为"USS_Drive_Control_DB"的背景数据块 DB1。只能在 OB1 中调用 USS_Drive_Control。

起始位 RUN 为 1 状态时，变频器以预设的速度运行。如果在变频器运行期间 RUN 变为 0 状态，则电动机减速至停车。

在变频器运行时，如果位输入参数 OFF2 变为 0 状态，电动机在没有制动的情况下惯性滑行，自然停车。如果位输入参数 OFF3 变为 0 状态，通过制动使电动机快速停车。

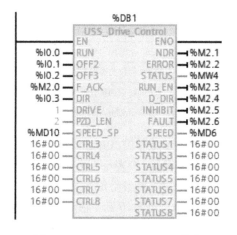

图 6-75　USS_Drive_Control 指令

故障确认位 F_ACK 用于确认变频器发生的故障，复位变频器的故障位。

方向控制位 DIR 用于控制电动机的旋转方向。

参数 DRIVE 是变频器的 USS 地址（1～16）。

PZD_LEN 是 PLC 与变频器通信的过程数据 PZD 的字数，采用默认值 2。

实数 SPEED_SP 是用组态的基准频率的百分数表示的速度设定值（200.0～-200.0）。该参数的符号可以控制电动机的旋转方向。

可选参数 CTRL3～CTRL8 是用户定义的控制字。

位变量 NDR 为 1 状态表示新的通信数据准备好。

位变量 ERROR 为 1 状态表示发生错误，参数 STATUS 有效，其他输出在出错时均为零。仅用 USS_Port_Scan 指令的参数 ERROR 和 STATUS 报告通信错误。

字变量 STATUS 是指令执行的错误代码。

位变量 RUN_EN 为 1 状态表示变频器正在运行。

位变量 D_DIR 用来指示电动机旋转的方向，1 状态表示反向。

位变量 INHIBIT 为 1 状态表示变频器已被禁止。

位变量 FAULT 为 1 状态表示变频器有故障，故障被修复后可用 F_ACK 位来清除此位。

实数 SPEED 是以组态的基准频率的百分数表示的变频器输出频率的实际值。

STATUS1 是包括变频器的固定状态位的状态字 1。

STATUS3～STATUS8 是用户可定义的状态字。

4. USS_Port_Scan 指令

为确保帧通信的响应时间恒定，应在循环中断 OB 中调用该指令。在 S7-1200 的系统手册 13.4.2 节"使用 USS 协议的要求"名为"计算时间要求"的表格中可以查到，波特率为 19200bit/s 时，计算的最小 USS_Port_Scan 调用间隔为 68.2ms，每个驱动器的驱动器消息间隔超时时间为 205ms，S7-1200 与变频器通信的时间间隔应在二者之间。

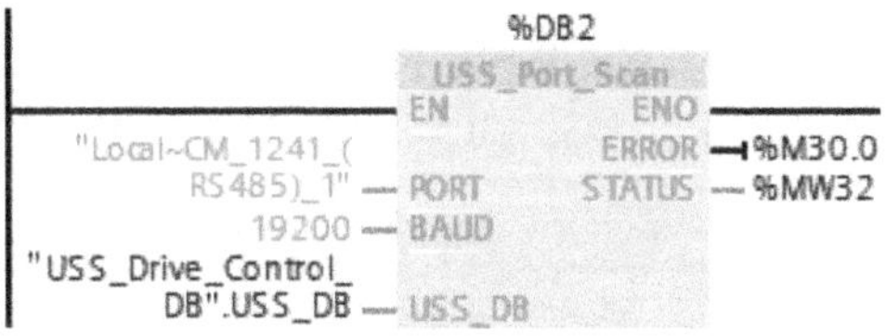

生成循环中断组织块 OB33，设置其循环时间为 150ms，将指令列表的"通信"窗格的"\通信处理器\USS 通信"文件夹中的指令 USS_Port_Scan 拖放到 OB33（见图 6-76）。

图 6-76　USS_Port_Scan 指令

双击输入参数"PORT"对应的<???>，单击出现的按钮，选中列表中的"Local~CM_1241_(RS485)_1"，其绝对地址为 270。

双字"BAUD"用于设定波特率，可选 300～115200bit/s。

参数 USS_DB 的实参是函数块 USS_Drive_Control 的背景数据块中的静态变量 USS_DB。

该指令执行出错时，ERROR 为 1 状态，错误代码在 STATUS 中。

6.8.3　S7-1200 与变频器通信的实验

1. PLC 监控变频器的实验

按图 6-73 连接好变频器与 RS485 模块的接线。用 V20 的基本操作面板设置好变频器的参数，将程序下载到 PLC，PLC 运行在 RUN 模式，用以太网接口监控 PLC。接通变频器的电源，用基本操作面板显示变频器的频率。

打开 OB1，单击按钮，启动程序状态监控功能。右键单击 USS_Drive_Control 指令的参数 SPEED_SP 的实参，执行出现的快捷菜单中的"修改"→"修改值"命令，在打开的"修改"对话框中，将该参数的值修改为 20.0（单位为%）。因为变频器的基准频率（参数 P2000）为默认的 50.0Hz，20%对应的频率设定值为 10.0Hz。用外接的小开关令 USS_Drive_Control 指令的参数 OFF2（I0.1）和 OFF3（I0.2）为 1 状态。接通参数 RUN（I0.0）对应的小开关，电动机开始旋转。基本操作面板和指令 USS_Drive_Control 的参数 SPEED 均显示频率由 0 逐渐增大到 10.0Hz（基准频率的 20%），输出位 RUN_EN 为 1 状态，表示变频器正在运行。

运行时断开 I0.0 对应的小开关，电动机减速停车，频率值从 10.00Hz 逐渐减少到 0.00Hz，RUN_EN 变为 0 状态。

运行时断开 I0.1 对应的小开关，令参数 OFF2 为 0 状态，马上又变为 1 状态（发一个低电平脉冲），电动机自然停车。运行时断开 I0.2 对应的小开关，令参数 OFF3 为 0 状态，马上又变为 1 状态，电动机快速停车。

参数 OFF2 和 OFF3 发出的脉冲使电动机停车后，需要将参数 RUN 由 1 状态变为 0 状态，然后再变为 1 状态，才能再次起动电动机运行。

在电动机运行时，令控制方向的输入参数 DIR（I0.3）变为 1 状态，电动机减速至 0.00Hz 后，自动反向旋转，反向升速至-10.00 Hz 后不再变化，BOP 显示 图标。令 DIR 变为 0 状态，电动机减速至 0.00Hz 后，自动返回最初的旋转方向，升速至 10.00Hz 后不再变化，图标消失。输出位 D_DIR 的值和输出参数 SPEED 的符号随之而变。

在程序状态监控中将频率设定值 Speed_SP 修改为-50.0（单位为%），写入 CPU 后，电动机反向旋转。BOP 最终显示频率值为-25.0Hz。变频器实际的频率输出值受到变频器的参数最大频率（P1082）和最小频率（P1080）的限制。

2. 读写变频器参数的指令

指令 USS_Write_Param 用于修改变频器的参数，USS_Read_Param 用于从变频器读取数据（见图 6-77），应在 OB1 中调用这两条指令。

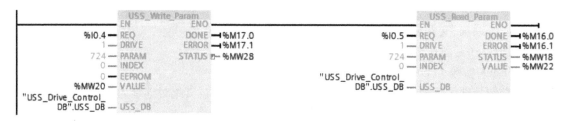

图 6-77　读写变频器参数的程序

这两条指令的位变量 REQ 为读请求或写请求，DRIVE 为变频器地址（1～16），PARAM 为变频器参数的编号（0～2047），INDEX 为参数的索引号（或称下标）。这两条指令通过参数 USS_DB 与指令 USS_Drive_Control 的背景数据块 USS_Drive_Control_DB 连接。

USS_Read_Param 指令的参数 DONE 为 1 状态时，VALUE 中是读取到的数据。

USS_Write_Param 的 VALUE 为要写入变频器的参数值。参数 EEPROM 为 1 状态时，写入变频器的参数值将存储在变频器的 EEPROM 中。如果为 0 状态，写操作是临时的，改写的参数仅能在断电之前使用。

3. 读写变频器参数的实验

图 6-77 中的指令用于改写和读取 1 号变频器的参数 P724，它是数字量输入的防抖动时间，其值为整数 0～3，对应的防抖动时间分别为 0ms、2.5ms、8.2ms 和 12.3ms，默认值为 3。该参数没有下标，指令中的下标 Index 的值可以设为 0。

用指令读、写参数之前，在电动机未运行时单击基本操作面板 POB 的 M 键，从显示菜单方式切换到参数菜单方式。用 POB 读取变频器中 P724 的值，如果该值为 2，将它修改为其他的值，按 ok 键将修改值写入变频器。

用程序状态或状态表将数值 2 写入 MW20，用 I0.4 外接的小开关将 MW20 中的参数写入变频器，用基本操作面板看到修改后 P724 的值为 2。用 I0.5 外接的小开关读取参数 P724 的值。从程序状态或监控表可以看到 MW22 中读取的 P724 的参数值为 2。

6.9　S7-1500 与 G120 变频器的通信

6.9.1　S7-1500 通过通信监控变频器

1. G120 变频器

SINAMICS G120 是 SINAMICS 系列驱动器中的通用的低压变频器，用于三相交流电动机实现精确而又经济的转速/转矩控制。该系列产品涵盖了 0.37～250kW 的功率范围。G120 主要由功率模块和控制单元组成。功率模块用于对电机供电，采用了 IGBT 技术和脉宽调制功能。

控制单元可以控制和监控功率模块和与它相连的电动机，有多种可供选择的控制模式。控制单元支持基于 PROFIdrive Profile 4.0 的 PROFINET 或 PROFIBUS 通信。

型号中带有 DP 的控制单元有集成的 DP 接口，支持 PROFIdrive 和 PROFIsafe 协议。

2. 通过 DP 总线通信监控 G120 的基本方法

本节主要介绍 S7-1500 通过 PROFIBUS-DP 通信，控制 G120 的起停、调速以及读取变频器的状态和电动机的实际转速的方法。

PROFIBUS-DP 主站（S7-1500）发送请求报文，作为 DP 从站的变频器收到后处理请求，并将处理结果立即返回给主站。DP 主站将控制字和主设定值字等发送给变频器，变频器接收到后立即将状态字和实际转速等返回给 DP 主站。

3. 生成 PLC 站点

在 TIA 博途中新建一个名为"1500 变频器 DP 通信"的项目，双击项目树中的"添加新设备"，添加 CPU 1516-3 PN/DP。打开项目树中的"PLC_1"文件夹，双击其中的"设备组态"，打开设备视图，将系统电源模块 PS 25W 24VDC 插入 0 号插槽。

4. 生成 G120 变频器

打开网络视图后，打开硬件目录中的文件夹"\其他现场设备\PROFIBUS DP\驱动器\SIEMENS AG\SINAMICS\SINAMICS G120 CU240x-2DP (F) V4.7"（见图 6-78），将其中的"6SL3 244-0BBxx-1PAx"拖拽到网络视图，生成作为 DP 从站的 G120。DP 主站和 DP 从站默认的 DP 站地址分别为 2 和 3。

图 6-78　组态变频器从站

单击 G120 方框中蓝色的"未分配"，再单击出现的"选择主站"对话框中的"PLC_1.DP接口_1"，PLC_1 和 G120 的 DP 接口被出现的"PLC_1.DP-Mastersystem（1）"主站系统连接到一起。G120 方框内的"未分配"变为 DP 主站的名称"PLC_1"。

5. 变频器的通信报文选择

双击网络视图中的 G120，打开它的设备视图。单击设备视图右边竖条上向左的小三角形按钮◀，从右向左弹出 G120 的"设备概览"视图（见图 6-79）。将硬件目录中的"Standard telegram1，PZD-2/2"（标准报文 1）模块拖拽到设备概览视图的插槽 1 中，系统自动分配给变频器的两个字的过程数据（PZD）的输入、输出地址分别为 IW0、IW2 和 QW0、QW2。通信被启动时主站将控制字和转速设定值字发送给变频器，变频器接收到后立即返回状态字和滤波后的转速实际值字。标准报文 1 相当于西门子老系列变频器的报文 PPO 3。

图 6-79　组态变频器通信的报文

除了标准报文 1，比较常用的还有标准报文 20（硬件目录中的 Standard telegram 20，PZD-2/6），它的两个 PZD 输出字是控制字和转速设定值字，6 个 PZD 输入字分别是状态字、滤波后的转速实际值、滤波后的电流实际值、当前转矩、当前有功功率和故障字。

选中项目树中的 PLC_1，单击工具栏中的🔳按钮，编译组态，编译成功后，单击工具栏中的⬇按钮，将硬件组态信息下载到 CPU。

6. 设置变频器与通信有关的参数

可以用变频器上的 DIP 开关来设置 PROFIBUS 站地址（见图 6-80）。如果所有的 DIP 开关都被设置为 on 或 off 状态，用变频器的参数 P918 设置 PROFIBUS 地址。DIP 开关设置的其他地址优先。组态时设置的站地址应与用 DIP 开关设置的站地址相同。

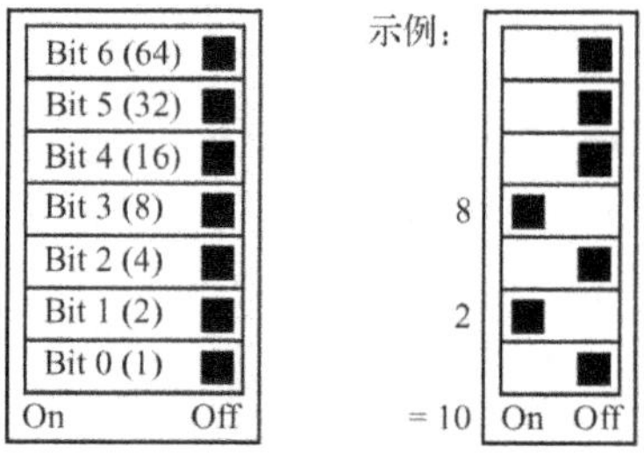

图 6-80　设置地址的 DIP 开关

将变频器的参数 P10 设为 1（快速调试），P0015 设为 6（执行接口宏程序 6），然后设置 P10 为 0。宏程序 6（PROFIBUS 控制，预留两项安全功能）自动设置的变频器参数见表 6-6。

表 6-6　宏程序 6 自动设置的变频器参数

参数号	参数值	说　明	参数号	参数值	说　明
P922	1	PLC 与变频器通信采用标准报文 1	P2051[0]	r2089.0	变频器发送的第 1 个过程值为状态字 1
P1070[0]	r2050.1	变频器接收的第 2 个过程值为速度设定值	P2051[1]	r63.0	变频器发送的第 2 个过程值为转速实际值

参数 P2000（参考转速）设置的转速对应于第二个过程数据字 PZD2（转速设定值）的值为 16#4000，参考转速一般设为 50Hz 对应的浮点数格式的电动机同步转速，P2000 的出厂设

置为 1500.0r/min。

如果在 TIA 博途中安装了驱动装置和控制器的工程组态平台软件 SINAMICS Startdrive，可以用它来组态和下载 G120 的参数（见 6.9.3 节），调试和监控 G120。也可以用 G120 的操作单元（即操作面板）来组态和调试变频器。

【例 6-1】 用 P2000 设置的参考转速为 1500.0r/min。如果转速设定值为 750.0r/min，试确定 PZD2（主设定值）的值。

$$PDZ2 = (750.0/1500.0) \times 16\#4000 = 16\#2000$$

7. 变频器的控制字与状态字

控制字 1 各位的意义见表 6-7，状态字 1 各位的意义见表 6-8。

表 6-7　过程数据中的控制字 1（标准报文 20 之外的其他报文）

位	意义	位	意义
0	上升沿时起动，为 0 时为 OFF1（斜坡下降停车）	8	预留
1	OFF2，为 0 时惯性自由停车	9	预留
2	OFF3，为 0 时快速停车	10	为 1 时由 PLC 控制
3	为 1 时逆变器脉冲使能，运行的必要条件	11	为 1 时换向（变频器的设定值取反）
4	为 1 时斜坡函数发生器使能	12	未使用
5	为 1 时斜坡函数发生器继续	13	为 1 时用电动电位器升速
6	为 1 时使能转速设定值	14	为 1 时用电动电位器降速
7	上升沿时确认故障	15	选择指令数据组（CDS）的位 0

表 6-8　过程数据中的状态字 1（标准报文 20 之外的其他报文）

位	意义	位	意义
0	为 1 时开关接通就绪	8	为 0 时频率设定值与实际值之差过大
1	为 1 时运行准备就绪	9	为 1 时 PZD（过程数据）控制
2	为 1 时正在运行	10	为 1 时达到比较转速
3	为 1 时变频器有故障	11	为 0 时达到转矩极限值
4	为 0 时自然停车（OFF2）已激活	12	为 1 时抱闸打开
5	为 0 时紧急停车（OFF3）已激活	13	为 0 时电机过载报警
6	为 1 时禁止合闸	14	为 1 时电机正转
7	为 1 时变频器报警	15	为 0 时变频器过载（报文 20 时显示 CDS 位 0 状态）

8. 读写过程数据区的程序

图 6-81 是 OB1 中的程序，在 M10.0 为 1 状态时，用 MOVE 指令将 MW20 和 MW22 中的控制字和转速设定值发送给变频器；将 IW0 和 IW2 接收到的状态字和转速实际值保存到 MW24 和 MW26。

图 6-81　OB1 中的程序

9．PLC 监控变频器的实验

PLC 与变频器的 DP 通信不能仿真，只能做硬件实验。

设置好变频器的参数，将程序和组态数据下载到 CPU 后运行程序。用监控表监控 M10.0 和十六进制格式的过程数据字 MW20～MW26（见图 6-82）。令 M10.0 为 1 状态，将 MW20 和 MW22 中的控制字和转速设定值的修改值发送给变频器。可以马上看到 MW24 和 MW26 中变频器返回的状态字和转速实际值。

（1）电动机起动

控制字的第 10 位必须为 1，表示变频器用 PLC 控制。对于 4 极电动机，设置参考转速 P2000 为 1500.0r/min。单击工具栏上的 ![按钮] 按钮，启动监控表的监控功能。将 1（TRUE）、控制字 16#047E 和转速设定值 16#2000（750rpm）分别写入 M10.0、MW20 和 MW22 的"修改值"列。单击工具栏上的 ![按钮] 按钮，M10.0 变为 1 状态，设置的数据被写入 MW20 和 MW22，使变频器运行准备就绪。

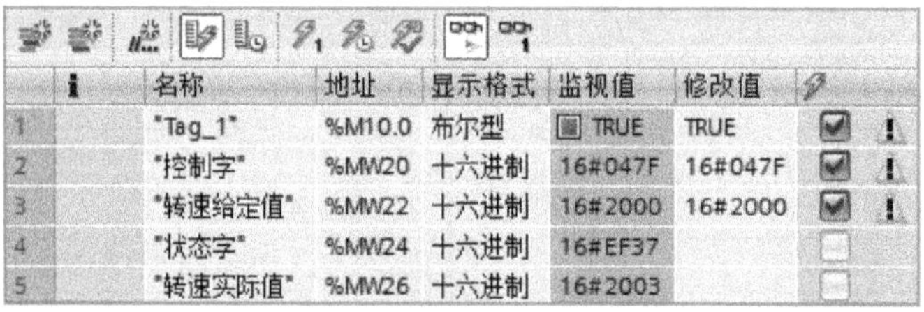

	i	名称	地址	显示格式	监视值	修改值		
1		"Tag_1"	%M10.0	布尔型	TRUE	TRUE	☑	!
2		"控制字"	%MW20	十六进制	16#047F	16#047F	☑	!
3		"转速给定值"	%MW22	十六进制	16#2000	16#2000	☑	!
4		"状态字"	%MW24	十六进制	16#EF37			
5		"转速实际值"	%MW26	十六进制	16#2003			

图 6-82　用监控表监控过程数据 PZD

然后将 16#047F 写入 MW20，变频器控制字的第 0 位由 0 变为 1，产生一个上升沿，变频器起动，电动机转速上升后在 750r/min 附近小幅度波动。

变频器接收到控制字和转速设定值后，马上向 PLC 发送状态字和转速实际值。CPU 接收到数据后，保存到 MW24 和 MW26。

（2）电动机停机

将 16#047E 写入 MW20，控制字的第 0 位（OFF1）变为 0 状态，电动机按 P1121 设置的斜坡下降时间减速后停机。停机后的状态字为 16#EB31，转速为 0。

在变频器运行时，将 16#047C 写入 MW20，控制字的第 1 位（OFF2）为 0 状态，电动机惯性自由停车。在变频器运行时，将 16#047A 写入 MW20，控制字的第 2 位（OFF3）为 0 状态，电动机快速停车。

（3）改变电动机的转速和改变电动机的旋转方向

用监控表将新的转速设定值写入 MW22，将会改变电动机的转速。

将控制字 16#047E 和 16#0C7F 写入 MW20，因为 16#0C7F 的第 11 位为 1，电动机反向起动。

有故障时将控制字 16#04FE（第 7 位为 1）写入 MW20，变频器故障被确认。

10．PLC 通过 PROFINET 网络监控变频器

西门子的驱动设备或控制单元的型号中如果带有 PN，都有集成的 PROFINET 接口，它们支持 PROFIdrive、PROFIsafe 和 PROFIenergy 协议。

S7-1200/1500 通过 PROFIBUS-DP 和 PROFINET 网络与驱动设备的通信的组态、编程和和实验的方法基本上相同。配套资源中的例程"1500 变频器 PN 通信"的 CPU 为 CPU 1511-1 PN，G120 的控制单元为硬件目录的文件夹"\其他现场设备\PROFINET IO\Devices \SIEMENS AG\SINAMICS"中的 SINAMICS G120 CU250S-2 PN Vector V4.7，通信报文为"Standard telegram1，PZD-2/2"（标准报文 1）。项目"1500 变频器 PN 通信"和项目"1500 变频器 DP 通信"的主要区别在于前者需要在在线状态下分配 G120 的设备名称和 IP 地址。详细的情况见配套资源中的文件《S7-1500 通过 PROFINET 通信控制 G120 变频器起停及调速》。

6.9.2　S7-1500 通过周期性通信读写变频器参数

1. DP 主站读写变频器参数的两种方式

（1）使用周期性通信的参数传输通道

PLC 通过周期性通信的 PKW（参数区）通道，每次只能读或写变频器的一个参数，PKW 通道的数据长度固定为 4 个字。本节仅介绍这种参数读写方式。

（2）非周期性通信

PLC 还可以通过非周期性通信访问变频器的数据记录区，每次可以读或写多个参数。

2. 组态主站和 PROFIBUS 网络

将上一节的项目"1500 变频器 DP 通信"另存为项目"读写 G120 参数"（见配套资源中的同名例程）。CPU 为 CPU 1516-3 PN/DP，变频器为硬件目录中的"SINAMICS G120 CU240x-2DP (F) V4.7"。用"PLC_1.DP-Mastersystem（1）"主站系统连接它们的 DP 接口（见图 6-78）。DP 主站和 DP 从站默认的 DP 站地址分别为 2 和 3。

打开 DP 从站的设备视图，将硬件目录中的"SIEMENS telegr 353, PIV+PZD-2/2"（报文 353）拖拽到设备概览视图的插槽 1 中（见图 6-83），1 号插槽是 4 个参数输入字和 4 个参数输出字，2 号插槽是两个过程数据（PZD）输入字和两个过程数据输出字。

图 6-83　组态通信报文

SINAMICS 系列变频器的报文 353 相当于西门子老系列变频器的 PPO 1，它们都有 4 个参数字和两个过程数据字。报文 353 名称中的 PIV 是参数值（ParameterID Value）的简称。

选中项目树中的 PLC_1，单击工具栏中的按钮，编译组态。编译成功后，单击工具栏中的按钮，将硬件组态信息下载到 CPU。

3. 参数区 PKW 的结构

周期性通信读写变频器的参数时，G120 变频器的 DP 通信协议的通信数据包括参数区 PKW 和过程数据区 PZD（见图 6-84）。报文 353 有 4 个 PKW 字、两个 PZD 字。

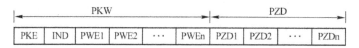

图 6-84 变频器通信数据区的结构

参数区的第 1 个字 PKE 最高的 4 位 AK 是任务标识符或应答标识符（见图 6-85），其意义分别见表 6-9 和表 6-10。第 0~10 位 PNU 是二进制的基本参数号，第 11 位 SPM 总是为 0。

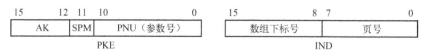

图 6-85 PKE 与 IND 的结构

表 6-9 主站的请求任务标识符

任务标识符	意　义	任务标识符	意　义
0	没有任务	6	请求读数组中的参数值
1	请求读参数值	7	修改数组中的单字参数值
2	修改单字参数值	8	修改数组中的双字参数值
3	修改双字参数值	9	请求读数组元素的序号，即下标的序号
4	请求读描述信息	—	—

任务标识符（任务 ID）1 和 6、2 和 7、3 和 8 是相同的，建议使用 ID 6、7 和 8。

表 6-10 从站的应答任务标识符

应答标示符	意　义	应答标示符	意　义
0	没有应答	5	传送数组中的双字参数值
1	传送单字参数值	6	传送数组元素的编号
2	传送双字参数值	7	不能处理任务，将错误编号发送给控制器
3	传送描述信息	8	没有主站控制权或没有对参数接口的修改权
4	传送数组中的单字参数值	—	—

有的参数是由若干个元素组成的数组，参数号后面的方括号内的数字是参数在数组中的下标。例如参数 P2240[1] 的下标为 1。

PKW 区第 2 个字 IND 的第 8~15 位（高字节）为数组参数的下标号，IND 的第 0~7 位（低字节）用于选择参数页。参数 P0~P1999、P2000~P3999、P4000~P5999、P6000~P7999、P8000~P9999 的参数页号分别为 16#00、16#80、16#10、16#90 和 16#20。

参数值 PWE 为双字，PKW 区的第 3、4 个字 PWE1 和 PWE2（见图 6-84）分别是双字的高位字和低位字。数据为 16 位的字用 PWE2 来传送，此时 PWE1 应为零。

4. 读写参数区数据的程序

选中图 6-83 的设备概览中 1 号插槽的 "SIEMENS telegr 353, PIV+PZD-2/2_2_1"，再选中

巡视窗口中的"属性 > 常规 > IO 地址",右边窗口的"输入地址"和"输出地址"区的"一致性"均为"总长度"。因此需要在通信双方的 OB1 中调用指令列表的"扩展指令"窗格的文件夹"\分布式 I/O\其他"中的 DPWR_DAT,将数据"打包"后发送;调用指令 DPRD_DAT,将接收到的数据"解包"后保存到指定的地址区。这样才能保证 PLC 和变频器之间的一致性数据传送。

图 6-86 是 OB1 中的程序,指令的参数 LADDR 是组态的参数区的输入/输出起始地址(即参数区的硬件标示符),两次单击 LADDR 的地址区中的问号,再单击出现的 ▦ 按钮,选中出现的列表中的"Slave_1~SIEMENS_telegr_353_PIV+PZD-2_2_2_1"。在 PLC 默认的变量表的 "系统常量"选项卡中,也可以看到它的值为 261。

图 6-86　OB1 中的程序

PLC 用指令 DPWR_DAT 发送给变频器的 4 个参数字在 MW10 开始的 8 个字节中,变频器返回给 PLC 的 4 个参数字被指令 DPRD_DAT 解包后放在 MW20 开始的 8 个字节中。

如果用数据块作为数据缓冲区,应去掉数据块属性中的"优化的块访问"属性。

4 个字的参数区的后面是两个字的过程数据(见图 6-85),如果将数据区长度由 8 个字节改为 12 个字节,在读/写参数数据的同时,可以发送和接收过程数据。

【例 6-2】　将参数 P2240[1](工艺控制器电动机电位器初始值,-200.0%~200.0%)改写为 30.0%。

参数号 2240 的基本参数号(十进制数的低 3 位)240 = 16#0F0,修改双字参数值的任务标示符为 3 或 8(见表 6-9),参数区的第一个字 PKE 为 16#30F0 或 16#80F0。P2240[1]的参数页号为 16#80,方括号中的 1 是参数下标号,所以参数区的第 2 个字 IND 为 16#0180。参数值 PWE 为浮点数 30.0。

启动图 6-87 中的监控表的监控功能,将上述参数字的值写入 MD10 和 MD14 的修改数值列。单击工具栏上的 ⚡ 按钮,参数值被写入 MD10 和 MD14,DPWR_DAT 将它们打包后发送给变频器。

	i		地址	显示格式	监视值	修改值	⚡	
1			%MD10	十六进制	16#30F0_0180	16#30F0_0180	☑	⚠
2			%MD14	浮点数	30.0	30.0	☑	⚠
3			%MD20	十六进制	16#20F0_0180		☐	
4			%MD24	浮点数	30.0		☐	

图 6-87　监控表

监控表中 MD20 最高位的 16#2 表示返回的是双字参数(见表 6-10),MD20 的其余部分与发送的 MD10 的相同。MD24 中是 PLC 接收到的修改后的参数值。

【例 6-3】　读取变频器中的参数 P1120[0](浮点数斜坡函数发生器的斜坡上升时间)。

参数号 1120 = 16#460,读取参数值的任务标识符为 1 或 6(见表 6-9),参数区的第一个字 PKE 为 16#1460 或 16#6460。P1120[0]的参数页号为 16#00，参数下标号为 0，参数区的第 2 个字 IND 为 16#0000。参数值可设为 16#00000000 或浮点数 0.0。

用监控表将上述 4 个参数字的值写入 MD10 和 MD14（见图 6-88），DPWR_DAT 将它们打包后发送给变频器。

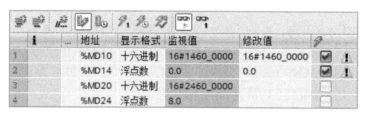

	i	...	地址	显示格式	监视值	修改值	
1			%MD10	十六进制	16#1460_0000	16#1460_0000	☑ !
2			%MD14	浮点数	0.0	0.0	☑ !
3			%MD20	十六进制	16#2460_0000		☐
4			%MD24	浮点数	8.0		☐

图 6-88 监控表

监控表中 MD20 的高位字 16#2460 是返回的第 1 个字。最高位的 16#2 表示返回的是双字参数（见表 6-10），MD20 的低位字与 MD10 的低位字相同。MD24 是读取的参数值 8.0s。

6.9.3 基于 SINAMICS Startdrive 的变频器组态

本节的组态首先需要安装驱动设备的组态、调试和诊断软件 SINAMICS Startdrive V15.1 UPD3。在 TIA 博途中新建一个名为"1500 变频器 DP 通信 2"的项目，双击项目树中的"添加新设备"，出现"添加新设备"对话框（见图 6-89）。单击"控制器"按钮，双击要添加的 CPU 1516-3 PN/DP 的订货号，添加一个 PLC 设备。

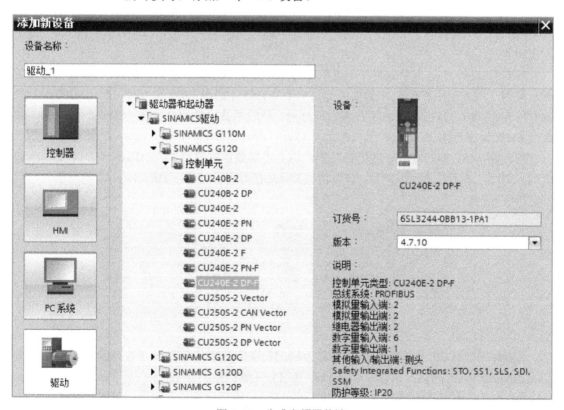

图 6-89 生成变频器从站

再次打开"添加新设备"对话框,单击其中的"驱动"按钮,双击文件夹"SINAMICS G120"中的 CU240E-2 DP-F,其版本为 4.7.10,添加一个驱动设备,设备名称为默认的"驱动_1"。在网络视图中,连接 DP 主站 PLC_1 和变频器的 DP 接口,生成 DP 网络。

双击项目树"G120_1"文件夹中的"设备组态"(见图 6-90),打开它的设备视图。将硬件目录的"\功率单元\ PM250"文件夹中的功率单元 IP20 FSD U 400V 22kW,拖拽到设备视图的控制单元右边的空白方框中。选中控制单元,在巡视窗口设置 DP 接口的参数。

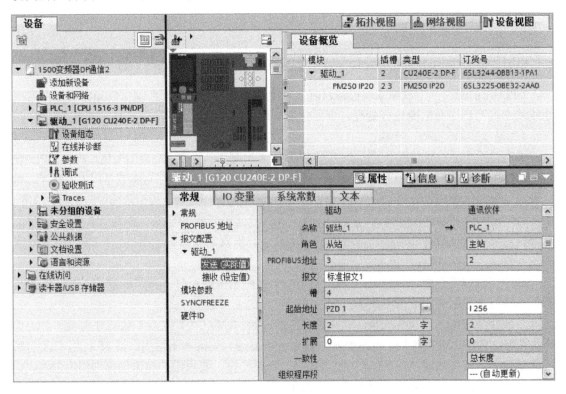

图 6-90　变频器从站的设备视图

SINAMICS Startdrive 集成了硬件组态、参数设置以及调试和诊断功能。双击项目视图"驱动_1"文件夹中的"参数",打开参数编辑器,通过向导、功能视图或参数视图分配驱动参数。双击"调试",打开调试编辑器,可以浏览在线向导、操作驱动控制面板或进行电机优化。双击"在线并诊断",打开诊断编辑器,可以诊断在线进程、确认报警或查看历史消息。

第7章　S7-1200/1500 的故障诊断

7.1　与故障诊断有关的中断组织块

7.1.1　与硬件故障有关的中断组织块

CPU 在识别到一个故障或编程错误时，将会调用对应的中断组织块（OB），可以在这些组织块中编写程序对故障进行处理。下面介绍与硬件故障有关的几个主要的中断组织块。

1. 诊断中断组织块 OB82

具有诊断中断功能并启用了诊断中断的模块，若检测出其诊断状态发生变化，将向 CPU 发送一个诊断中断请求。模块通过产生诊断中断来报告事件，例如发生了电源或备用电池错误、操作系统检测到存储器错误、信号模块导线断开、I/O 通道短路或过载、模拟量模块的电源故障等。

PROFINET 模块有一种处于"完好"和"故障"之间的临界状态，称为"维护"，利用该状态用户可以发现故障的苗头，及时维护现场设备。出现需要维护的事件时，CPU 将需要维护的事件写入 CPU 的诊断缓冲区。

故障出现或者有组件要求维护（事件到达），故障消失或组件不再需要维护（事件离去），操作系统将会分别调用一次 OB82。

下面介绍 OB82 的局部变量。S7-1500 的 IO_state 的第 0~7 位为 1 状态分别表示 I/O 状态为良好、禁用、需要维护、要求维护、错误、不可用、受限和不可用。第 15 位用于区别是网络故障还是硬件故障。在 STEP 7 中，良好、需要维护、要求维护和错误分别用绿色对勾、绿色扳手、黄色扳手和红色扳手的图标来表示。

局部变量 LADDR 为触发诊断中断的硬件对象的硬件标识符，Channel 为通道编号。如果有多个错误，Bool 变量 MultiError 为 1 状态。

2. 机架故障组织块 OB86

如果检测到 DP 主站系统或 PROFINET IO 系统发生故障、DP 从站或 IO 设备发生故障，故障出现和故障消失时，操作系统将会分别调用一次 OB86。PROFINET 智能 IO 设备的某些子模块发生故障时，操作系统也要调用 OB86。

局部变量 LADDR 是有故障的硬件对象的硬件标识符。事件种类 Event_Class 为 16#32/33 分别表示 DP 从站或 IO 设备被激活或禁用，16#38/39 分别表示离去的事件（故障消失）和到达的事件（故障出现）。故障错误代码 Fault_ID 的意义见 OB86 的在线帮助。

3. 拔出/插入中断组织块 OB83

如果拔出或插入了已组态且未禁用的分布式 I/O（PROFIBUS、PROFINET 和 AS-i）模块或子模块，操作系统将调用拔出/插入中断组织块 OB83。拔出或插入中央模块将导致 CPU 进入 STOP 模式（CPU 1510SP-1 PN 和 1512SP-1 PN 除外）。

局部变量 LADDR 是受影响的模块或子模块的硬件标示符。事件种类 Event_Class 为

16#38/39 分别表示插入模块、拔出模块或未响应。错误代码 Fault_ID（故障标识符）的意义见 OB83 的在线帮助。

4．S7-300/400 CPU 对故障的反应

S7-300/400 如果发生了启动 OB82（诊断中断）、OB83（移除/插入模块）、OB86（机架故障）和 OB122（I/O 访问错误）的事件，但是没有为上述事件生成和下载对应的组织块，CPU 将会自动切换到 STOP 模式，以保证设备和生产过程的安全。对于默认的设置，如果 S7-400 没有生成和下载优先级错误组织块 OB85，出现优先级错误事件时，CPU 也会切换到 STOP 模式。S7-1500 没有 OB85。

在设备运行过程中，由于通信网络的接插件接触不好，或者因为外部强干扰源的干扰，可能会出现 CPU 和分布式 I/O 之间的通信短暂中断，但是很快又会自动恢复正常，这种故障俗称为"闪断"。为了在出现闪断时 S7-300/400 的 CPU 和分布式 I/O 系统不停机，可以生成和下载上述组织块。如果系统出现了不能自动恢复的故障，用上述方法使系统仍然继续运行，可能导致系统处于某种危险的状态，造成现场人员的伤害或者设备的损坏。

5．S7-1200/1500 CPU 对故障的反应

S7-1200/1500 如果发生了启动 OB82、OB83、OB86 和 OB122 的事件，系统的响应为"忽略"。即使没有为上述事件生成和下载对应的组织块，出现上述事件时 CPU 也不会自动切换到 STOP 模式。如果希望在出现某种故障时切换到 STOP 模式，以保证设备和生产过程的安全，可以生成和下载对应的组织块，在该组织块中用"退出程序"指令 STP 使 PLC 进入 STOP 模式。

出现全局错误处理的编程错误时，如果没有生成和下载编程错误组织块 OB121，S7-1500 CPU 将会切换到 STOP 模式。

7.1.2　时间错误中断组织块

1．时间错误中断组织块

循环时间是 CPU 的操作系统执行循环程序以及中断此循环的所有程序段所需的时间。可以用 CPU 的巡视窗口设置循环周期监视时间（见图 1-27）。

时间错误中断组织块 OB80 的启动信息中的局部变量 Fault_ID 是错误的标识符，可能的错误包括超出最大循环时间、仍在处理请求的 OB、由于时间跳变而导致时间中断超时、从 HOLD 模式重新进入 RUN 模式时超时的时间中断、队列溢出、因中断负载过大而导致中断丢失。

此外 S7-1500 还会因为等时同步模式中断的时间错误和工艺同步中断的时间错误调用 OB80。

可以在优先级为 1 的程序循环 OB 和它调用的块中，用指令 RE_TRIGR（重新启动周期监视时间，见 3.5 节）来重新启动监控定时器。

检测到时间错误时，CPU 将调用时间错误中断组织块 OB80。如果循环时间超过最大循环时间，并且下载了 OB80，CPU 将调用 OB80。如果没有下载 OB80，将忽略第一次超过循环时间的事件。

如果循环时间超过最大循环时间的两倍，并且没有执行 RE_TRIGR 指令，不管是否有 OB80，CPU 将立即进入 STOP 模式。

2．用跳转指令产生时间错误的实验

打开 STEP 7 的项目视图，生成一个名为"时间错误中断例程"的新项目（见配套资源中的同名例程）。双击项目树中的"添加新设备"，添加的 CPU 的型号为 CPU 1214C。

双击指令树的"PLC_1"文件夹中的"设备组态",打开设备视图,选中其中的CPU,设置默认的MB1作系统存储器字节(见图1-28)。

图7-1是OB1中用来演示CPU对时间错误反应的程序。

3. 循环时间超时的实验

将程序和组态信息下载到CPU后,切换到RUN模式。接通I1.0外接的小开关后马上断开它,脉冲定时器TP输出一个宽度为200ms的脉冲,定时器输出位"T1".Q的常开触点闭合。在此期间,反复执行JMP指令,跳转

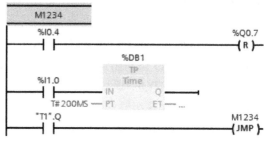

图7-1 用于产生时间错误事件的程序

到标签M1234处。上述跳转过程是在一个扫描循环周期内完成的,因此扫描循环时间略大于定时器的设定值200ms,超过了CPU默认的循环周期监视时间(150ms),出现时间错误事件。CPU的红色ERROR LED闪动几次后熄灭,仍然处于RUN模式。

双击指令树的"程序块"文件夹中的"添加新块",单击出现的对话框中的"组织块"按钮(见图4-36),选中"Time error interrupt",单击"确定"按钮,生成时间错误中断组织块OB80。在OB80中,用系统存储器字节的M1.2一直闭合的常开触点将Q0.7置位为1。可以用I0.4将Q0.7复位(见图7-1)。

将OB80下载到CPU后,切换到RUN模式。接通I1.0外接的小开关后马上断开它,出现时间错误事件,CPU调用OB80,Q0.7对应的LED亮。CPU的红色ERROR LED闪动几次后熄灭。

将图7-1中定时器的时间预置值PT修改为400ms。OB1下载到CPU后,切换到RUN模式。接通I1.0外接的小开关后马上断开它,出现时间错误事件,ERROR LED闪动几次后熄灭。因为循环时间超过循环周期监视时间150ms的两倍,CPU切换到STOP模式。

7.2 用TIA博途诊断故障

7.2.1 用TIA博途诊断S7-1200的故障

1. 打开在线和诊断视图

打开配套资源中的例程"电动机控制"的设备视图,组态一个并不存在的8DI模块,其字节地址为IB8。生成诊断中断组织块OB82,在其中编写将MW20加1的程序。用以太网电缆连接计算机和CPU的以太网接口,将组态信息下载到CPU,下载后切换到RUN模式,ERROR LED闪烁。

双击项目树PLC_1文件夹中的"在线和诊断",在工作区打开"在线和诊断"视图(见图7-2),自动选中左边浏览窗口的"在线访问"。单击工具栏上的"转至在线"按钮,进入在线模式。工作区右边窗口中的计算机和CPU图形之间出现绿色的连线,表示它们建立起了连接。被激活的项目树或工作区的标题栏的背景色变为表示在线的橙色,其他窗口的标题栏下沿出现橙色的线条。项目树中的项目、PLC、程序块、PLC变量、"本地模块"和"分布式I/O"的右边,都有表示状态的图标。

选中图7-2工作区左边窗口的"诊断状态",右边窗口显示"模块存在""出错"和"LED

（SF）故障"。如果单击工具栏上的"转至离线"按钮，将进入离线模式，窗口标题栏的橙色、与在线状态有关的图标和文字消失。

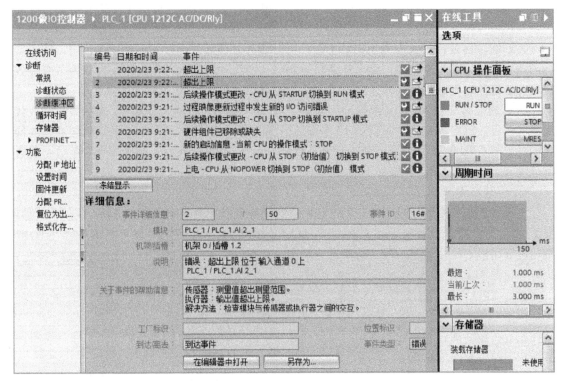

图 7-2　"在线和诊断"视图

2. 用诊断缓冲区诊断故障

选中工作区左边浏览窗口中的"诊断缓冲区"，右边窗口的上面是事件（CPU 操作模式切换和诊断中断）列表。启动时 CPU 找不到 8DI 模块，因此出现图 7-2 中的 6 号事件"硬件组件已移除或缺失"。启动过程中出现 4 号事件"过程映像更新过程中发生新的 I/O 访问错误"。

起动后令 CPU 模拟量输入通道 0 的输入电压大于上限 10V，出现 2 号事件"超出上限"，事件右边的红色背景的图标 表示事件当前的状态为故障，图标 表示出现了故障。

图 7-2 中 2 号事件"超出上限"被选中，事件列表下面是该事件的详细信息，包括出现故障的设备和模块、机架号、插槽号和输入通道号，插槽 1.2 是 CPU 所在的 1 号插槽的 2 号子插槽。

详细信息还给出了事件的帮助信息和故障的解决方法。"到达事件"表示故障出现。

令通道 0 的输入电压小于上限 10V，出现 1 号事件"超出上限"。该事件右边绿色背景的图标 表示状态为正常，图标 表示故障消失。选中 1 号事件，它的故障详细信息与 2 号事件的相同，事件的帮助信息是"离去事件：无须用户操作"。由监控表 1 可知，在事件"超出上限"出现和消失时，分别调用了一次 OB82，MW20 分别加 1。

选中 4 号事件，事件的详细信息给出了该事件可能的原因，例如硬件配置错误、模块未插入或模块有故障。解决方法为检查硬件配置；必要时插入或更换组件。

单击"在编辑器中打开"按钮，将打开与选中的事件有关的模块的设备视图或引起错误的指令所在的离线的块，可以检查和修改块中的程序。单击"另存为"按钮，诊断缓冲区各事件的详细信息被保存为文本文件,默认的名称为 Diagnostics,可以修改文件的名称。

系统出现错误时,诊断事件可能非常快地连续不断地出现,使诊断缓冲区的显示以非常快的速率更新。为了查看事件的详细信息,可以单击"冻结显示"按钮(见图7-2)。再次单击该按钮可以解除冻结。

诊断缓冲区是一种先入先出的环形缓冲区。缓冲区装满而又需要创建新条目时,所有现有的条目向下移动一个位置,最老的条目被删除,在缓冲区的顶部创建新条目。为了保证条目具有正确的时间戳信息,建议用户不定期地检查和更正 CPU 实时时钟的日期和时间。

PLC 通电时 S7-1200 的诊断缓冲区最多保留 50 个条目,缓冲区装满后,新的条目将取代最老的条目。PLC 断电后,只保留 10 个最后出现的事件的条目。S7-1500 的诊断缓冲区的最大条目数与 CPU 的型号有关,例如 CPU 1511-1 PN 为 1000 个条目,其中 500 个条目不受电源故障的影响。将 CPU 复位到工厂设置时将删除缓冲区中的条目。

3. 在线和诊断视图的其他功能

打开"在线和诊断"视图时,工作区右边的任务卡最上面显示"在线工具"(见图7-2)。最上面的 CPU 操作面板显示出 CPU 上 3 个 LED 的状态。用该面板中的"RUN"和"STOP"按钮可以切换 CPU 的操作模式。选中项目树中的某个 PLC 后,单击工具栏上的 ▶ 或 ■ 按钮,也可以使该 PLC 切换到 RUN 或 STOP 模式。

单击 CPU 操作面板上的"MRES"(存储器复位)按钮,将会清除工作存储器中的内容,包括保持性和非保持性数据,断开 PC 和 CPU 的通信连接。IP 地址、系统时间、诊断缓冲区、硬件配置和激活的强制作业被保留。装载存储器中的代码块和数据块被复制到工作存储器,数据块中是组态的起始值。

"在线工具"的"周期时间"窗格显示了 CPU 最短的、当前/上次的和最长的扫描循环时间。下面的"存储器"窗格显示未使用的装载存储器、工作存储器和保持存储器所占的百分比。选中工作区左边窗口的"循环时间"和"存储器",可以获得更多的信息。

选中工作区左边窗口中的"设置时间"(见图7-3),可以在右边窗口设置 PLC 的实时时钟。勾选复选框"从 PG/PC 获取",单击"应用"按钮,PLC 与计算机的实时时钟将会同步。未勾选该复选框时,可以在"模块时间"区设置 CPU 的日期和时间。例如单击图中时间的第 2 组数字(图中为 34),可以用计算机键盘或时间域右边的增、减按钮 ▲▼ 来设置选中的分钟值。设置好以后单击"应用"按钮确认。

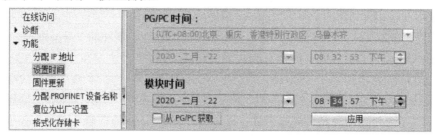

图 7-3 设置实时时钟的日期和时间

4. 用设备视图诊断故障

打开设备视图,用工具栏上的按钮切换到在线模式。图7-4 的 CPU 上面绿色背景的图标 ▣ 表示 CPU 处于 RUN 模式,橘红色背景的图标 ▣ 表示 CPU 的下位模块有故障。8DI 模块上的图标 ▣ 表示不能访问该模块。设备概览中 AI 2_1 左边的图标 ▣ 表示模拟量输入有故障。

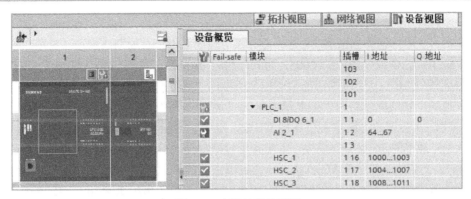

图 7-4　在线的设备视图

在博途的在线帮助中搜索"使用图标显示诊断状态和比较状态",可以找到模块和设备的各种状态图标的意义。

视频"S7-1200 的故障诊断(A)"和"S7-1200 的故障诊断(B)"可通过扫描二维码 7-1 和二维码 7-2 来播放。

7.2.2　用在线和诊断视图诊断 S7-1500 的故障

二维码 7-1　　二维码 7-2

1. S7-1500 诊断信息的显示

S7-1500 的系统诊断功能集成在 CPU 的固件中,系统诊断与用户程序的执行无关,CPU 处于 STOP 模式时也可以进行系统诊断。现场设备检测到故障时,将诊断数据发送给指定的 CPU(见图 7-5)。S7-1500 采用统一的显示理念,CPU 将故障信息发送到模块或通道的指示灯、安装了 TIA 博途的计算机、HMI 设备、CPU 内置的 Web 服务器和 S7-1500 CPU 的显示屏中。这样可以确保系统诊断与工厂的实际状态始终保持一致。无论采用什么显示设备,显示的诊断信息均相同。

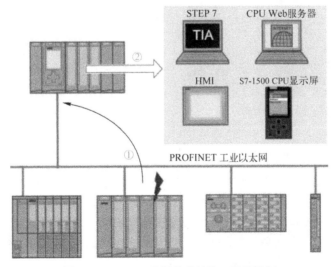

图 7-5　S7-1500 诊断信息的统一显示机制

PROFINET IO 系统和 PROFIBUS-DP 主站系统的故障诊断方法基本上相同。下面主要介绍 S7-1500 的 PROFINET IO 系统的故障诊断方法。

2. 设置模块的诊断功能

打开项目"用博途诊断故障"（见配套资源中的同名例程）的网络视图（见图 7-6），CPU 1516C 3PN/DP 为 IO 控制器，ET 200SP 为 IO 设备，其设备名称为 hsx1。双击打开 ET 200SP，选中 1 号插槽的 16 点 DI 模块。选中巡视窗口中的"诊断"（见图 7-7），勾选右边窗口"诊断"区中的两个复选框，启用"无电源电压 L+"和"断路"诊断功能。出现这些故障和故障消失时，CPU 将会调用诊断中断组织块 OB82。选中 2 号插槽的 16 点 DI 模块，做同样的操作。选中 3 号插槽的 16 点 DQ 模块，启用 4 项诊断功能（见图 7-8）。选中 4 号插槽的 4 通道 AI 模块和 5 号插槽的 4 通道 AQ 模块，分别启用它们的 5 项诊断功能（见图 7-9 和图 7-10）。出现上述各图中的诊断故障和故障消失时，CPU 将会调用 OB82。此外用 S7-1500 中央机架的 DI 模块的"通道模板"，组态该模块所有的通道均有"无电源电压 L+"和"断路"诊断功能。

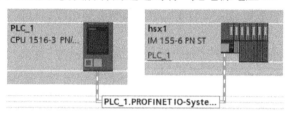

图 7-6　网络视图

图 7-7　启用 DI 模块的诊断功能

图 7-8　启用 DQ 模块的诊断功能

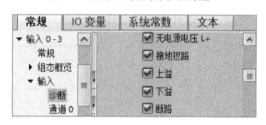

图 7-9　启用 AI 模块的诊断功能

图 7-10　启用 AQ 模块的诊断功能

3. 程序设计

为了观察故障出现时是否调用了有关的中断组织块，单击项目树的"程序块"文件夹中的"添加新块"，生成"Diagnostic error interrupt"（诊断中断）组织块 OB82 和"Rack or station failure"（机架故障）组织块 OB86。因为 ET 200S PN 有带电拔出/插入模块的功能，还需要生成"Pull or plug of modules"（拔出/插入）组织块 OB83。

在上述 OB 中编程，在 CPU 调用 OB82、OB83 和 OB86 时，用 INC 指令分别将 MW20～MW24 加 1。在监控表 1 中监视 MW20～MW24。

4. 用诊断缓冲区诊断故障

用以太网电缆和交换机（或路由器）连接计算机、CPU 和两台 IO 设备的以太网接口。选中项目树中的 PLC_1 站点，将程序和组态数据下载到 CPU。

双击项目树 PLC_1 文件夹中的"在线和诊断",打开"在线和诊断"视图(见图 7-11),图 7-11~图 7-17 来源于 TIA 博途 V13 SP1。

图 7-11 "在线和诊断"视图

拔出 ET 200SP 的 2 号插槽的 DI 模块,CPU 调用一次 OB83。打开诊断缓冲区(见图 7-11),选中 1 号事件"硬件组件已移除或缺失"。下面是该事件的详细信息,包括出现故障的站点的设备名称(hsx1)、模块型号、时间和日期、机架号和插槽号,"到达事件"表示事件出现。

将拔出的模块重新插入,将会出现事件"硬件组件已移除或缺失",CPU 又调用一次 OB83。详细信息中的"离去事件"表示事件消失。

用监控表给 ET 200SP 的 AQ 模块的 0 号通道写入一个很大的数值,出现 2 号事件"超出上限"(到达事件)。再写入一个较小的数值,出现事件"超出上限"(离去事件)。诊断错误出现和消失都会调用一次 OB82。

3 号事件为"断路"(到达事件),故障模块为电流输出的 ET 200SP 的 AQ 模块。断路故障消失时,将会出现事件"断路"(离去事件)。

5 号事件为"断路"(到达事件),故障模块为 ET 200SP 的 DQ 模块,其负载通电时断路。

单击"关于事件的帮助"按钮,将会打开"信息系统",看到选中的事件的详细信息和解决问题的方法。

视频"用在线和诊断视图诊断故障"可通过扫描二维码 7-3 来播放。

二维码 7-3

7.2.3 用网络视图和设备视图诊断 S7-1500 的故障

1. 用网络视图诊断故障

打开项目"用博途诊断故障",将程序和组态数据下载到 CPU。单击工具栏上的"在线"

按钮,进入在线模式后,在项目树、网络视图和设备视图中,博途用图标显示有关站点和模块的状态和运行模式。

在线时打开网络视图(见图 7-12),此时 PLC_1 中央机架的 DI 模块有断路故障,ET 200SP 的多个模块有故障,网络视图中 CPU 上的图标由浅红色背景的扳手和带惊叹号的红色小圆组成,表示至少有一个下一级硬件部件存在硬件错误。

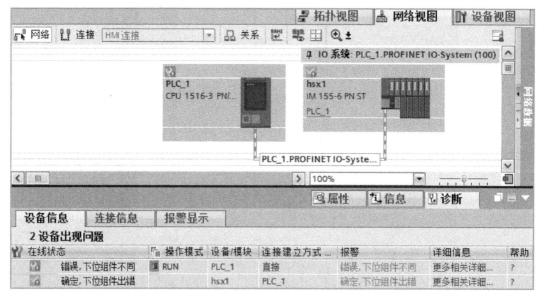

图 7-12　网络视图

打开网络视图下面的巡视窗口的"诊断 > 设备信息"选项卡,可以看到 CPU 和 ET 200SP 这两个设备都有错误。单击"详细信息"列中蓝色的"更多相关详细信息,请参见设备诊断",将打开诊断缓冲区。单击"帮助"列中的蓝色"?",将会打开"信息系统",显示有关设备故障的帮助信息。

在线的巡视窗口的"诊断 > 连接信息"选项卡显示连接的诊断信息。"诊断 > 报警显示"选项卡显示系统诊断报警(见图 7-13)。要在博途中接收报警消息,需要用右键单击在线状态的 CPU,勾选出现的快捷菜单中的复选框"接收报警"。单击"报警显示"选项卡工具栏上的按钮🖼,将打开报警的归档视图,显示历史报警消息。单击按钮🖼,只显示当前报警。

	源	日期	时间	状态	事件文本	信息文本
1	S71500/ET200MP...	2016/8/8	7:57:35:624	I	错误:断路 hsx1 / AQ 4xU/I ST_1.	简称:AQ 4xU/I ST订货号:6ES7 13...
2	S71500/ET200MP...	2016/8/8	7:57:34:908	I	错误:断路 hsx1 / DQ 16x24VDC/0...	简称:DQ 16x24VDC/0.5A ST订货...
3	S71500/ET200MP...	2016/8/8	7:57:34:899	I	错误:硬件组件已移除或缺失 - ...	简称:DI 16x24VDC ST订货号:6ES...

图 7-13　巡视窗口中的报警显示

2. 用设备视图诊断故障

双击网络视图中的 PLC_1,打开它的设备视图(见图 7-14),CPU 上绿色的图标🖼表示它处于 RUN 模式。CPU 上由浅红色背景的扳手和带惊叹号的红色小圆组成的图标,表示至少有一个下一级硬件部件存在硬件错误。

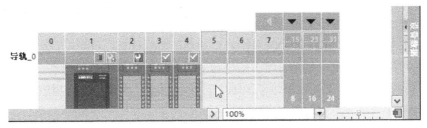

图 7-14　PLC 的设备视图

3 号、4 号插槽的模块上带勾的绿色方框☑表示模块工作正常。2 号插槽模块上的红色扳手图标🔧表示该模块有故障。

双击 2 号插槽的 32 点 DI 模块的图标，打开它的在线和诊断视图（见图 7-15）。选中左边浏览窗口中的"诊断状态"，其状态为"模块存在，错误"。选中左边浏览窗口中的"通道诊断"，诊断结果为 0 号和 8 号通道有断路故障。

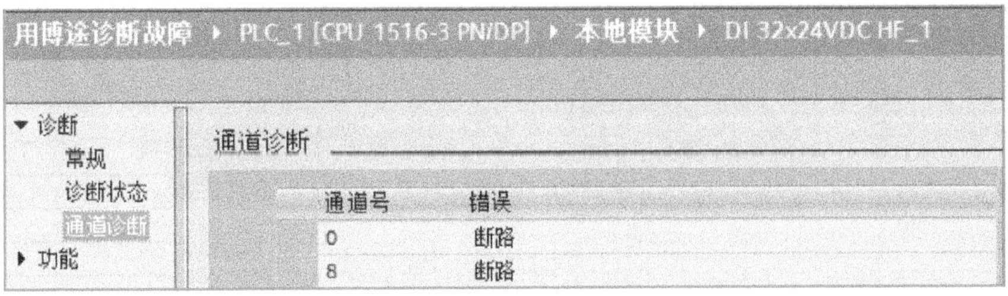

图 7-15　DI 模块的在线和诊断视图

关闭"在线和诊断"视图，返回"设备和网络"视图。打开 ET 200SP 的设备视图（见图 7-16），2 号插槽的 16 点 DI 模块的图标表示 CPU 不能访问它下面的模块或设备。双击该图标，打开"在线和诊断"视图。选中左边浏览窗口中的"诊断状态"，其状态为"不可用，加载的组态和离线项目不完全相同"，标准诊断为"硬件组件已移除或缺失"。

图 7-16　ET 200SP 的设备视图

关闭"在线和诊断"视图，返回设备视图。双击图 7-16 中 5 号插槽的 AQ 模块的图标，打开"在线和诊断"视图（见图 7-17）。选中左边浏览窗口中的"诊断状态"，其状态为"模块存在，错误"。标准诊断为"断路"和"超出上限"，选中"断路"，"关于所选诊断行的帮助"提供了有关"断路"详细的帮助信息。

用同样的方法可以获取图 7-16 中 3 号插槽的 DQ 模块的断路故障信息。

视频"用网络视图和设备视图诊断故障"可通过扫描二维码 7-4 来播放。

二维码 7-4

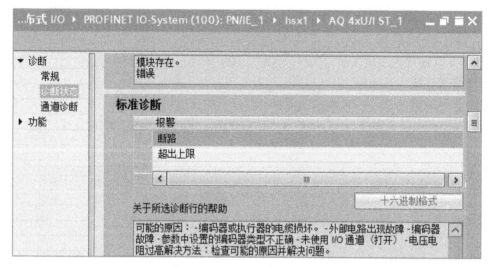

图 7-17　AQ 模块的诊断视图

7.2.4　编程错误的诊断

1．局部错误处理

S7-1200/1500 的局部错误处理是在块中进行错误处理。错误信息存储在系统存储器中，可以对其进行查询和评估，错误评估和错误响应不会中断程序循环。如果没有错误发生，则不执行设计的错误分析和响应函数。

通过局部错误处理可以查询块内发生的错误和评估相关的错误信息。可以为组织块、函数块和函数设置局部错误处理。如果块启用了局部错误处理，那么不会对此块中的错误进行全局错误处理。

在代码块中插入基本指令窗格的"程序控制"文件夹中的"获取本地错误信息"指令 GET_ERROR 和"获取本地错误 ID"指令 GET_ERR_ID，编译成功后，选中块的巡视窗口的"属性 > 常规 > 属性"，可以看到右边窗口的复选框"处理块内的错误"被自动勾选，该块为局部错误处理。

2．S7-1500 的全局错误处理

如果设置了全局错误处理（即非局部错误处理），在处理用户程序指令时发生编程错误，S7-1500 CPU 操作系统将调用编程错误组织块 OB121。

如果设置了全局错误处理，在执行用户程序指令期间直接访问 I/O 数据时出错，S7-1500 CPU 操作系统将调用 I/O 访问错误组织块 OB122。例如在直接访问输入模块数据时发生读取错误，便会出现这种情况。

从 OB121 和 OB122 的局部数据中的启动数据可以获取大量的错误信息。

如果没有下载 OB121，出现编程错误时 CPU 将切换到 STOP 模式。如果出现 I/O 访问错误，即使没有下载 OB122，CPU 也将始终处于 RUN 模式。

3. 演示编程错误的程序结构

出现编程错误时，CPU 的操作系统将调用 OB121。用新建项目向导生成一个名为"OB121 例程"的项目（见配套资源中的同名例程），CPU 为 CPU 1511-1 PN。生成数据块 DB1，右键单击项目树中的 DB1，选中快捷菜单中的"属性"，在 DB1 的属性视图中去掉它的"优化的块访问"属性。在 DB1 中仅生成一个数据类型为 Int 的变量"变量 1"。DB1 的长度为 2B。

生成 FC1，在 FC1 输入图 7-18 中的程序。该程序有一个编程错误，MOVE 指令访问的地址超出了 DB1.DBW4 的地址范围，该地址在程序中用橘黄色表示。在 OB1 中用 I0.0 调用 FC1（见图 7-19）。

图 7-18　FC1 的程序　　　　　　　　　　　　图 7-19　OB1 的程序

4. 仿真实验

下面是 TIA 博途 V13 SP1 对上述错误的处理方法。编译时出现一个警告，指出不能访问图 7-18 中的地址 DB1.DBW4。

启动仿真，可以将程序和组态数据下载到仿真 PLC。打开仿真表 SIM 表_1，在"地址"列输入 IB0。

单击工具栏上的"转至在线"，打开"在线和诊断"视图后，再打开诊断缓冲区（见图 7-20）。单击勾选 SIM 表 1 中 I0.0 对应的小方框，I0.0 变为 1 状态，调用 FC1。由于 FC1 中的编程错误，在线的 CPU 操作面板中的 ERROR LED 闪烁后熄灭，CPU 切换到 STOP 模式。

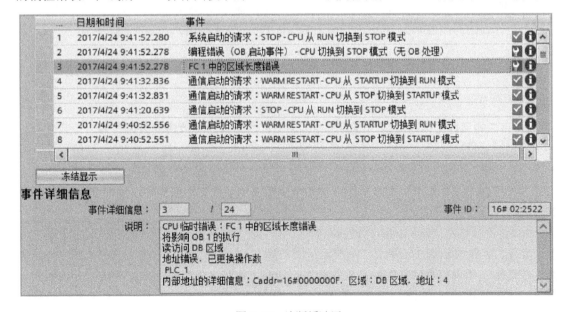

图 7-20　诊断缓冲区

图 7-20 的"诊断缓冲区"的事件列表中的 3 号事件是"FC1 中的区域长度错误", 2 号事件指出是编程错误, 因为没有下载 OB121, CPU 切换到 STOP 模式。选中 3 号事件, 在"事件详细信息"区域显示"读访问 DB 区域地址错误", DB 区域地址为 4 (即 DBW4)。

单击缓冲区底部的"在编辑器中打开"按钮, 自动打开 FC1, 显示出错的程序段 1, 光标自动选中有访问错误的变量 DB1.DBW4。

单击工具栏上的"离线", 切换到离线模式。双击"程序块"文件夹中的"添加新块", 生成编程错误组织块 OB121, 里面没有任何程序。将它下载到仿真 PLC, 后者切换到 RUN 模式。令 I0.0 为 1 状态, 调用 FC1 时出现编程错误, CPU 操作面板中的 ERROR LED 闪烁后熄灭, 但是 CPU 不会切换到 STOP 模式。

TIA 博途 V15 SP1 采用的是"彻底扼杀编程错误"的策略, 使 OB121 几乎无用武之地。输入图 7-18 中的 DB1.DBW4 时, 马上用表示错误的红色来标记它, 以提醒编程人员的注意。此时选中 PLC_1, 单击工具栏上的"编译"按钮 🔧, 巡视窗口的"信息 > 编译"选项卡显示出 FC1 的程序段 1 中的错误信息"对 DB1 的访问超出了数据块的长度(2)"(见图 7-21), 括号中的 2 是数据块以字节为单位的长度。双击该错误信息, 将会打开出错的 FC1, 光标在出错的地址 DB1.DBW4 上。此时不能将程序下载到 CPU。

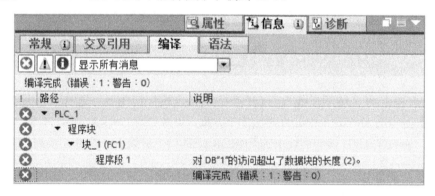

图 7-21   编程错误的编译结果

7.2.5   项目的上传

STEP 7 的项目文件是控制系统的监控、调试、故障诊断和改进的基础。没有项目文件, 就不能用博途诊断故障。如果下载到 CPU 的项目文件没有加密, 建立起 CPU 与编程计算机的通信连接后, 可以将项目文件上传到计算机, 用一个新生成的空项目将硬件、网络的组态信息和用户程序保存起来。下面用仿真软件来模拟上传项目文件的操作, 硬件 PLC 上传项目文件的操作基本上相同。

1.   上传单 CPU 项目文件的仿真实验

首先打开配套资源中的项目"用博途诊断故障", 选中 PLC_1, 单击工具栏上的"开始仿真"按钮 📲, 出现仿真软件的精简视图和"扩展的下载到设备"对话框。单击"开始搜索"按钮, 搜索到 IP 地址为 192.168.0.1 的 PLC_1。单击"下载"按钮, 将程序和组态数据下载到仿真 PLC。

执行菜单命令"项目"→"新建"，在 STEP 7 中生成一个空的项目。选中项目树中的项目，执行菜单命令"在线"→"将设备作为新站上传（硬件和软件）"，出现"将设备上传到 PG/PC"对话框（见图 7-22）。

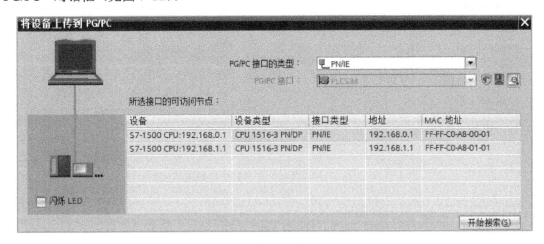

图 7-22　"将设备上传到 PG/PC"对话框

单击"开始搜索"按钮，经过一定的时间后，在"所选接口的可访问节点"列表中，出现连接的 CPU 1516-3 PN/DP 和它的两个以太网接口的 IP 地址，计算机与 PLC 之间的连线由断开变为接通。CPU 所在方框的背景色变为实心的橙色，表示 CPU 进入在线状态。

选中可访问节点列表中的 IP 地址为 192.168.0.1 的 PN 接口，单击对话框下面的"从设备上传"按钮，上传成功后，获得 CPU 完整的硬件配置和用户程序。打开网络视图，可以看到其中的 IO 控制器（PLC_1）和 IO 设备（ET 200SP），以及连接它们的 PROFINET 网络。双击网络视图中的 PLC_1，打开它的设备视图，可以看到它的各个模块。双击网络视图中的 ET 200SP，打开它的设备视图，也可以看到它的模块。

与 S7-300/400 不同，S7-1200/1500 下载了 PLC 变量表和程序中的注释。因此在上传时可以得到 CPU 中的变量表和程序中的注释，它们对于程序的阅读是非常有用的。

2. 上传多 CPU 项目的仿真实验

打开配套资源中的例程"1500_1500IE_S7"，选中项目树中的 PLC_1，单击工具栏上的"开始仿真"按钮，出现仿真软件的精简视图和"扩展的下载到设备"对话框。单击"开始搜索"按钮，搜索到 IP 地址为 192.168.0.1 的 PLC_1。单击"下载"按钮，将 PLC_1 的程序和组态数据下载到仿真 PLC。

选中项目树中的 PLC_2，单击工具栏上的"开始仿真"按钮，出现第二台仿真 PLC 的精简视图和"扩展的下载到设备"对话框。单击"开始搜索"按钮，搜索到 IP 地址为 192.168.0.2 的 PLC_2。单击"下载"按钮，将 PLC_2 的程序和组态数据下载到仿真 PLC。

执行菜单命令"项目"→"新建"，在 STEP 7 中生成一个空的项目。选中项目树中的项目，执行菜单命令"在线"→"将设备作为新站上传（硬件和软件）"，出现"将设备上传到 PG/PC"对话框（见图 7-23）。

单击"开始搜索"按钮，经过一定的时间后，在"所选接口的可访问节点"列表中，出现连接的 CPU 1511-1 PN 和 CPU 1516-3 PN/DP 的 3 个以太网接口（见图 7-23）。

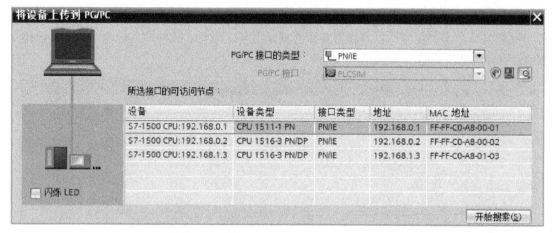

图 7-23 "将设备上传到 PG/PC"对话框

选中可访问节点列表中的 IP 地址为 192.168.0.1 的 CPU 1511-1 PN 的 PN 接口,单击对话框下面的"从设备上传"按钮,上传成功后,项目视图中出现上传的 PLC_1 站点,CPU 为 CPU 1511-1 PN。

再次执行菜单命令"在线"→"将设备作为新站上传(硬件和软件)",出现"将设备上传到 PG/PC"对话框。单击"开始搜索"按钮,出现两块 CPU 的 3 个以太网接口(见图 7-23)。选中 IP 地址为 192.168.0.2 的 CPU 1516-3 PN/DP 的 PN 接口,单击对话框下面的"从设备上传"按钮,上传成功后,在项目视图中可以看到上传的 PLC_2 站点,CPU 为 CPU 1516-3 PN/DP。

打开网络视图,可以看到 PLC_1 和 PLC_2,和连接它们的以太网络。单击按下网络视图左上角的"连接"按钮,将光标放到网络线上,单击出现的小方框中的"S7_连接_1",连接线变为高亮显示,连接线上出现"S7_连接_1"。

打开 PLC_1 的主程序 OB1 和 OB100,可以看到其中的程序。

7.3 用系统诊断功能和 HMI 诊断故障

7.3.1 组态系统诊断功能

1. S7-1500 的系统诊断功能

S7-1500 的系统诊断功能类似于 S7-300/400 的报告系统错误功能。与 S7-300/400 不同,系统诊断功能作为 S7-1500 操作系统的一部分,已经集成在 CPU 的固件中,不需要生成和调用有关的程序块。它是自动激活的,不能取消激活。即使没有下载对应的 OB,CPU 也不会进入 STOP 模式。

只需要将系统诊断视图拖放到 SIMATIC HMI(人机界面)的画面上,系统运行时就可以用它显示 PLC 的系统诊断信息。系统诊断功能不需要编写任何程序,PLC 编程和 HMI 组态的工作简化到了极致。

通过系统诊断视图,可以显示 CPU 的诊断缓冲区和报警消息,可以分层查看分布式 I/O 的状态、模块状态和通道的状态。用系统诊断视图和用 TIA 博途诊断故障的方法和查看到的故障信息基本上相同。

如果使用精智面板,需要安装 TIA 博途的 HMI 组态软件 WinCC 的精智版、高级版或专业版。

2. 组态 HMI 连接

将前面的项目"用博途诊断故障"另存为"用系统诊断功能诊断故障"（见配套资源中的同名例程）。双击项目树中的"设备和网络"，打开网络视图。CPU 1516C-3 PN/DP 为 IO 控制器，ET 200SP 为 IO 设备，它们之间已经建立了 PROFINET IO 系统。组态时启用 IO 控制器和 IO 设备各 I/O 模块的诊断功能。

将硬件目录窗口的文件夹"\HMI\SIMATIC 精智面板\7"显示器\TP700 精智面板"中的 TP700 Comfort 面板拖拽到网络视图中，在项目树中生成名为"HMI_1"的站点。设置它的 PN 接口的 IP 地址为 192.168.0.3。

单击工具栏上的"连接"按钮，它右面的下拉式列表显示连接类型为默认的"HMI 连接"。单击选中 PLC 中的以太网接口（中间的绿色小方框），按住鼠标左键，移动鼠标，拖出一条浅蓝色直线。将它拖到 HMI 的以太网接口，松开鼠标左键，生成图 7-24 中的"HMI_连接_1"。

以后打开项目时，HMI 连接的网络线为单线。按下网络视图左上角的"连接"按钮，将鼠标的光标放到连接 HMI 的网络线上，单击出现的小方框中的"HMI_连接_1"，连接 HMI 的网络线用图 7-24 中的高亮（即双轨道线）显示。

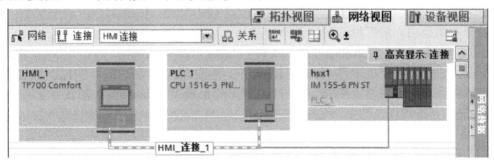

图 7-24　网络视图

3. 组态 PLC 的系统诊断功能

双击网络视图中的 PLC_1，打开 PLC 的设备视图。选中 CPU 后，选中巡视窗口的"属性 ＞ 常规 ＞ 系统诊断"，右边窗口中的复选框"激活该设备的系统诊断"被自动激活，因为是灰色，不能更改。选中巡视窗口的"属性 ＞ 常规 ＞PLC 报警"，勾选复选框"PLC 中的中央报警管理"，将在 CPU 中编译好报警消息，并发送到连接的 HMI 设备上显示。

7.3.2　HMI 组态与测试

1. 组态系统诊断视图

HMI 的系统诊断视图显示工厂中全部可访问设备的当前状态和详细的诊断数据。可以直接浏览到错误原因，也可以访问在"设备和网络"编辑器中组态的所有具有诊断功能的设备。

系统诊断窗口只能在全局画面上使用，其功能与系统诊断视图完全相同。其优点是不管当前打开的是什么画面，出现故障时都会自动打开系统诊断窗口。精简面板只能使用系统诊断视图，不能使用系统诊断窗口和系统诊断指示器。只有精智面板和 WinCC RT Advanced 才能使用上述三种显示系统诊断信息的组件。

打开项目树的文件夹"\HMI_1\画面"中自动生成的"画面_1"，用工作区下面的下拉式列表适当调节画面的显示比例。将工具箱的"控件"窗格中的"系统诊断视图" 🗝 拖放到画面上，用鼠标调整它的位置和大小。

选中系统诊断视图,再选中巡视窗口的"属性 > 属性 > 布局",可以设置是否显示拆分视图。选中巡视窗口的"属性 > 属性 > 工具栏",可以设置使用系统诊断视图工具栏上的哪些按钮和按钮的样式。选中巡视窗口的"属性 > 属性 > 列",可以设置"设备/详细视图"和"诊断缓冲区视图"各列的可见性、标题和宽度等,以及表头的边框和表头的填充样式。

2. 下载的准备工作

为了实现计算机与硬件 HMI 的通信,应做好下面的准备工作:

1)用 HMI 的控制面板设置它的 IP 地址 192.168.0.3 和子网掩码 255.255.255.0(见图 8-24)。

2)在计算机的控制面板中打开"设置 PG/PC 接口"对话框(见图 8-19),选中"为使用的接口分配参数"列表中实际使用的计算机网卡和使用 TCP/IP。

3)设置计算机网卡的 IP 地址为 192.168.0.x(见图 2-35),第 4 个字节的值 x 不能与网络中其他站点的相同。设置子网掩码为 255.255.255.0。

3. 将组态信息下载到 PLC 和 HMI

用交换机(或路由器)和以太网电缆连接好计算机、CPU、ET 200SP 和 HMI 的 RJ45 通信接口。选中项目树中的 PLC_1,单击工具栏中的下载按钮 🔽,下载 PLC 的程序和组态信息,PLC 进入 RUN 模式。选中项目树中的 HMI_1,下载 HMI 的组态信息。下载结束后,HMI 自动打开初始画面,就可以做故障诊断的实验了。

4. 使用系统诊断功能的实验

下面的实验必须使用硬件 PLC 和 IO 设备。建立起计算机和 PLC 的通信连接之后,将程序下载到 PLC。用博途中 WinCC 的运行系统来模拟 HMI 设备的功能,仿真的效果与硬件 HMI 基本相同。选中项目树中的 HMI_1,单击工具栏上的"开始仿真"按钮 🖳,启动仿真 HMI。初始画面上的系统诊断视图(见图 7-25 的上图)的工厂级和 S7-1500/ET200MP 站的状态图标显示它们均有故障。图 7-25~图 7-27 基于 TIA 博途 V13 SP1。

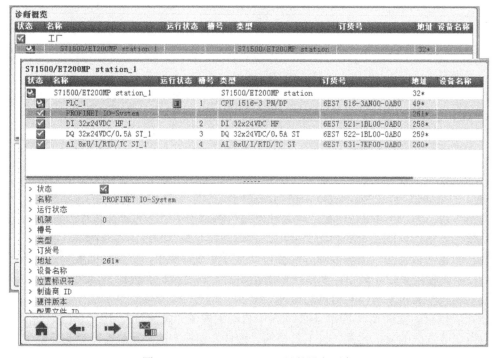

图 7-25　S7-1500/ET200MP 站的设备列表

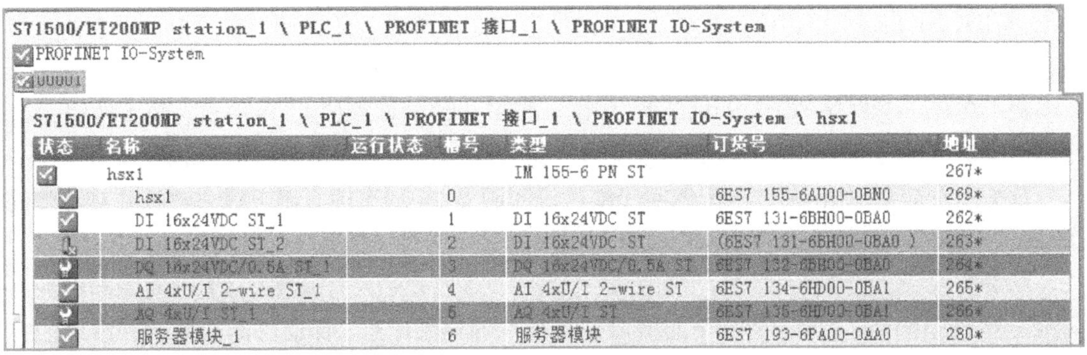

图 7-26 ET 200SP 的模块列表

图 7-27 诊断缓冲区视图

选中 S7-1500/ET200MP 站,单击视图下面的向右箭头按钮 ⇥,向下移动一层,显示 S7-1500 站点的内部结构(见图 7-25 的下图)。将光标放在表头两列的交界处,可以调节各列的宽度。

选中有故障的 PLC_1,单击向右箭头按钮 ⇥,向下移动一层,显示 CPU 的各通信接口。选中其中有故障符号的 PROFINET 接口_1,单击向右箭头按钮,将会打开有故障的 PROFINET IO 系统。单击向左箭头按钮 ⇤,向上返回一层。再单击一次向左箭头 ⇤,返回 PLC 的模块列表。选中有故障的 32 点 DI 模块,单击向右箭头按钮 ⇥,显示出该模块的详细信息,可以看到该模块有断路故障。

单击向左箭头按钮 ⇤,向上返回一层,选中图 7-25 中的 "PROFINET IO-System",下面的窗口是 IO 系统的详细信息。单击向右箭头按钮 ⇥,打开图 7-26 中的上图。选中 1 号

IO 设备 ET 200SP (即图中的 00001),下面的窗口是 1 号设备的详细信息。单击向右箭头按钮 ➡ ,显示 1 号设备的模块列表 (见图 7-26 中的下图)。

选中 2 号插槽的 16 点 DI 模块,下面的窗口是 DI 模块的详细信息。单击向右箭头按钮 ➡ ,显示该模块的详细信息。可以看到错误文本"硬件组件已移除或缺失,到达的错误"。

单击向左箭头按钮 ⬅ ,向上返回一层,返回图 7-26 的下图。用上述方法打开有故障的 DQ 模块和 AQ 模块的诊断视图,可以看到模块的故障均为"断路"和故障可能的原因。

单击向左箭头按钮 ⬅ 之后,单击 🖳 按钮 (见图 7-25),打开图 7-27 中的诊断缓冲区视图。选中视图中的某个事件,下面窗口是该事件的详细信息、错误可能的原因和解决的方法。将光标放在上、下窗口的水平分隔条上,按住鼠标左键移动鼠标,可以移动水平分隔条的位置。

视频"用系统诊断功能诊断故障"可通过扫描二维码 7-5 来播放。

二维码 7-5

7.4 用 CPU 的 Web 服务器诊断故障

1. 组态 Web 服务器

S7-1200/1500 内置 Web 服务器,PC、HMI 设备和移动终端设备可以通过通用的 IE 浏览器访问 PLC 的 Web 服务器。

打开项目"用博途诊断故障",选中 PLC 的设备视图中的 CPU,再选中巡视窗口的"属性 > 常规 > Web 服务器"。

勾选图 7-28 中的 3 个复选框,"更新间隔"采用默认值 10s。

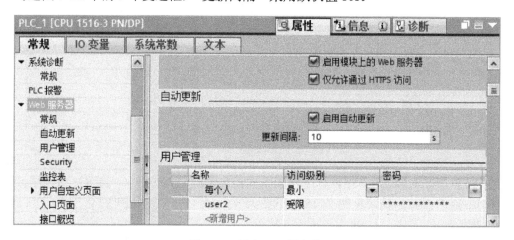

图 7-28 组态 Web 服务器

2. 组态 Web 服务器的用户

可以为不同的用户组态对 CPU 的 Web 服务器的不同的访问权限,只有授权的用户才能以相应的权限访问 Web 服务器功能。默认的用户名称为"每个人",没有密码,访问级别为"最小"。默认情况下此用户只能查看"介绍"和"起始页面"这两个标准 Web 页面。单击图 7-28 中"用户管理"表格最下面一行的"<新增用户>",输入用户名和密码。单击"访问

级别"列隐藏的 ▼ 按钮，用打开的对话框中的复选框设置该用
户的权限（见图 7-29）。

　3. 用 PC 访问 S7-1500 CPU 的 Web 页面

　下面的实验基于 TIA 博途 V13 SP1。将上述组态信息和程
序下载到 CPU 后，连接 PC 和 CPU 的以太网接口，打开 IE 浏
览器。将 CPU 的 IP 地址 https://192.168.0.1/输入到 IE 浏览器的
地址栏，就可以访问 S7-1500 内置的 Web 服务器。S7-1500 和
PC 应具有相同的子网地址。按〈Enter〉键后出现"此网站的
安全证书有问题"的界面。单击其中的"继续浏览此网站（不
推荐）"，打开显示"SIMATIC S7-1500"和 CPU 型号的"欢迎"
页面。单击其中的"进入"，进入"起始页面"（见图 7-30 的左
图）。左边窗口是导航区，右边窗口是 Web 页面的内容区域。
此时导航区只有"起始页面"和"介绍"。在页面的左上角输入
用户名和密码，单击"登录"按钮，确认后导航区出现多个可
访问的页面（见图 7-30 的右图）。

图 7-29　设置 Web 访问权限

图 7-30　登录前后的起始页面

　如果用户有相应的权限，可以用"起始页面"上的按钮更改工作模式和使 LED 指示灯闪
烁。图 7-30 中 CPU 的状态为"错误"。

　"标识"页面显示 CPU 的订货号、序列号和固件版本信息。

　"诊断缓冲区"页面显示诊断事件（见图 7-31）。S7-1500 的诊断缓冲区的条目数多达 1000
条以上（与 CPU 的型号有关），可以用下拉式列表选择要显示的条目的编号范围。选中某个

条目，页面底部显示该条目的详细信息，最下面的"Incoming event"是到达事件。

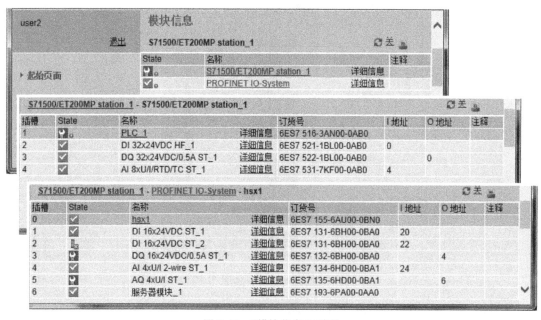

图 7-31 "诊断缓冲区"页面

"模块信息"页面提供本地机架中所有模块的信息，具有和博途的设备视图、网络视图相同的诊断功能。单击图 7-32 上图表格第一行的"S7-1500/ET 200MP station_1"，出现了 PLC的模块列表（见图 7-32 的中图）。单击插槽 1 的 PLC_1，显示 PLC 通信接口列表。

图 7-32 "模块信息"页面

单击表格上面右边的"S7-1500/ET 200MP station_1"，返回 PLC 的模块列表。单击有故障的 32 点 DI 模块的"详细信息"，下面显示该模块的第 0 位和第 8 位有断路故障。单击表格上面左边的"S7-1500/ET 200MP station_1"，返回图 7-32 的上图。单击第二行的 PROFINET IO

系统，出现“hsx1”（ET 200SP 的设备名称）。单击它显示出该 IO 设备的模块列表（见图 7-32 的下图）。分别单击有故障的 2 号、3 号和 5 号模块所在行的“详细信息”，页面的下面显示这些模块的故障。

“消息”页面显示报警消息（见图 7-33）。选中某条报警消息，下面是它的详细信息。

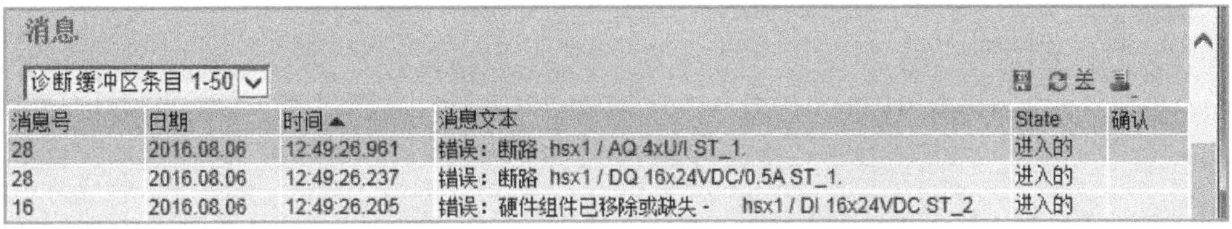
消息

诊断缓冲区条目 1-50

消息号	日期	时间▲	消息文本	State	确认
28	2016.08.06	12:49:26.961	错误：断路 hsx1 / AQ 4xU/I ST_1.	进入的	
28	2016.08.06	12:49:26.237	错误：断路 hsx1 / DQ 16x24VDC/0.5A ST_1.	进入的	
16	2016.08.06	12:49:26.205	错误：硬件组件已移除或缺失 - hsx1 / DI 16x24VDC ST_2	进入的	

图 7-33 “消息”页面

“数据通信”页面显示 CPU 的以太网接口的参数，包括 MAC 地址、设备名称、IP 地址和子网掩码等。“拓扑”页面显示网络具体接线的拓扑结构。

可以在“变量状态”页面输入要监视的变量的地址。在“变量表”页面可以看到组态的“监控表 1”中的变量名称、显示格式和它们的值。

可以在“文件浏览器”页面访问 CPU 的内部装载存储器或存储卡（外部装载存储器）的文件。该页面的“DataLogs”和“Recipes”分别是数据记录和配方。如果用户具有“写入/删除文件”权限，可以删除、重命名和上传文件。

二维码 7-6

视频“用 Web 服务器诊断 S7-1500 的故障”可通过扫描二维码 7-6 播放。

作者做上述实验用的是早期的 CPU。新版的 Web 服务器增加了运动控制诊断、在线备份、跟踪、数据日志、用户文件、客户页面等 Web 页面。这些页面的详细使用方法见配套资源中的《S7-1500、SIMATIC 驱动器、驱动控制器、ET 200SP、ET 200pro Web 服务器功能手册》。

4. 用 PC 访问 S7-1200 CPU 的 Web 服务器

S7-1200 也有内置的 Web 服务器，但是其功能和页面切换的更新速度都比 S7-1500 的差一些。

在项目“1200 作 IO 控制器”中组态有部分权限的用户 user2，将项目下载到 CPU。下面的实验基于 TIA 博途 V15 SP1。连接 PC 和 CPU 的以太网接口，将上述组态信息和程序下载到 CPU 后，打开 IE 浏览器。将 CPU 的 IP 地址 https://192.168.0.1 输入到 IE 浏览器的地址栏，打开 S7-1200 内置的 Web 服务器，显示“介绍”页面。

单击左上角的“进入”，打开“起始页面”（见图 7-34）。左边是导航区，右边是 Web 页面的内容区域。此时导航区只有“起始页面”和“介绍”页面。在页面的左上角输入用户名和密码，单击“登录”按钮，导航区出现多个可访问的页面。将右上角的“UTC”切换为“PLC 本地”，可以缩短页面切换的时间。

各页面的使用方法与 S7-1500 的 Web 服务器基本相同。做实验时没有网络组态中的两台 IO 设备，此外令 CPU 的模拟量输入通道 0 的输入超出上限 10V。可以用 Web 服务器中的“诊断缓冲区”和“模块信息”页面诊断上述故障。可以在“变量状态”页面监视变量的 0.1 状态或值，也可以改写变量的值。

视频“用 Web 服务器诊断 S7-1200 的故障（A）”“用 Web 服务器诊断 S7-1200 的故障（B）”可通过扫描二维码 7-7 和二维码 7-8 来播放。

二维码 7-7　　二维码 7-8

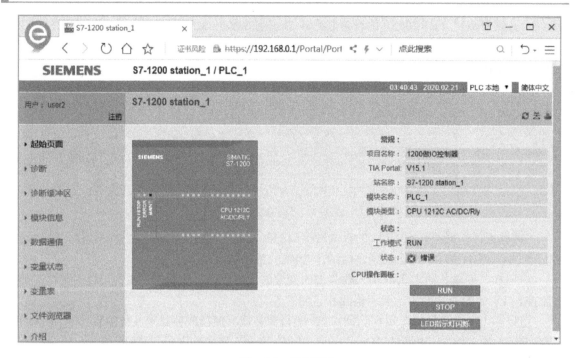

图 7-34　起始页面

7.5　用 S7-1500 CPU 的 LED 和显示屏诊断故障

1. 用 CPU 的 LED 诊断故障

CPU 模块上有 3 个 LED（发光二极管）指示灯，用于指示当前操作状态和诊断状态。

仅 STOP/RUN LED 为黄色或绿色点亮时，CPU 处于 STOP 或 RUN 模式；启动时黄色/绿色交替闪动。

红色 ERR LED 闪烁表示有错误。STOP/RUN LED 绿灯亮，红色 ERR LED 闪烁，表示诊断事件未决（未确认）。STOP/RUN LED 黄灯亮，ERR 和 MAINT LED 同时闪烁表示存储卡上的程序出错或 CPU 故障。

如果 STOP/RUN LED 绿灯亮，黄色 MAINT LED 点亮为设备要求维护，必须在短时间内更换受影响的硬件。如果 STOP/RUN LED 绿灯亮，MAINT LED 闪烁为设备需要维护，必须在合理的时间内更换受影响的硬件。

上述 3 个 LED 同时闪烁表示 CPU 正在启动或 LED 指示灯闪烁测试。

2. 信号模块的 LED 指示灯

模拟量信号模块为每个模拟量输入、模拟量输出通道提供一个 I/O 通道 LED，绿色表示通道已被组态并处于激活状态，红色表示模拟量输入或输出处于错误状态。

此外，每块数字量信号模块和模拟量信号模块还有一个指示模块状态的 DIAG（诊断）LED，绿色表示模块处于运行状态，红色表示模块有故障或处于非运行状态。信号模块还能检测现场侧的电源是否存在。

3. 用 CPU 的显示屏诊断故障

图 7-35 是 CPU 的显示屏。PLC 上电后，显示屏显示"Overview"（总览）画面（见图 7-36 的左图）。按〈OK〉键，显示 PLC 和存储卡。再按〈OK〉键显示产品的详细信息。

　图 7-35　CPU 显示屏　　　　　　　　　　　图 7-36　"总览""显示"与"诊断"画面

如果显示语言为英语，用▶键选中屏幕最上面右边的"显示"按钮，按〈OK〉键，打开 Display（显示）画面（见图 7-36 中间的图）。按向下键▼，选中"Language for display"。按〈OK〉键，用向下键▼选中"中文"，按〈OK〉键确认，显示语言变为中文。按〈ESC〉键退出显示画面。可以用"显示"画面调整屏幕亮度，设置报警语言、节能模式时间、休眠模式时间和诊断刷新时间等。

也可以在 S7-1500 的设备视图的巡视窗口中组态 CPU 的显示屏的属性（见图 1-35）。

按〈ESC〉键返回最上面的菜单。按◀键选中最上面的诊断按钮，按钮右下角的黄色三角形图标表示有故障。按〈OK〉键打开诊断画面（见图 7-36 右边的图），自动选中"报警"。按〈OK〉键，打开报警画面（见图 7-37 的左图）。

按向下键▼，选中第一条报警，按〈OK〉键，显示第一条报警（见图 7-37 的右图）。多次按〈ESC〉键，返回图 7-36 右图中的诊断画面，用向下键▼选中"诊断缓冲区"。按〈OK〉键打开诊断缓冲区画面（见图 7-38 的左图）。

　　　　　　图 7-37　"报警"画面　　　　　　　　　　　图 7-38　"诊断缓冲区"画面

按向下键▼选中一条事件，按〈OK〉键，显示该事件的详细信息（见图 7-38 的右图）。多次按〈ESC〉键，返回最上面的菜单。用▶键选中"设置"按钮，按〈OK〉键打开设置画面（见图 7-39 的左图），可以设置多个参数。用向下键▼选中"日期和时间"，多次按〈OK〉键，选中"本地日期"中的"2016"（见图 7-39 的右图）。

可以用▶、◀键选择要设置的参数，按〈OK〉键后用上、下键增减选中的对象的值。多次按〈ESC〉键退出设置画面，返回最上面的菜单。按▶键选中"模块"按钮，按〈OK〉键打开模块画面（见图 7-40 的左图）。用向下键▼选中 PROFINET IO-System，多次按〈OK〉键，选中 ET 200SP 有故障符号（红色背景的惊叹号）的插槽 3（见图 7-40 的右图）。

图 7-39 "设置"画面　　　　　　　　　　图 7-40 "模块"画面

两次按〈OK〉键，选中出现的"状态"画面上的"模块状态"（见图 7-41 的左图）。按〈OK〉键，打开插槽 3 的模块状态画面（见图 7-41 的右图）。可以用同样的方法查看有故障的 2 号插槽和 5 号插槽的模块状态。

图 7-41 "模块"画面

7.6　用程序诊断故障

7.6.1　用诊断指令诊断故障

1. 硬件组态

将项目"用博途诊断故障"另存为"用程序诊断故障"（见配套资源中的同名例程）。双击指令树中的"设备和网络"，打开网络视图。CPU 1516C-3 PN/DP 为 IO 控制器，1 号 IO 设备 ET 200SP 的设备名称为 hsx1（见图 7-42）。为了演示故障诊断功能，组态了一个并不存在的 IO 设备 ET 200AL。将"硬件列表"窗口的文件夹"分布式 I/O\ET 200AL\接口模块\PROFINET"中的接口模块 IM 157-1 PN 拖拽到网络视图中，将它连接到 PROFINET IO 系统网络上。

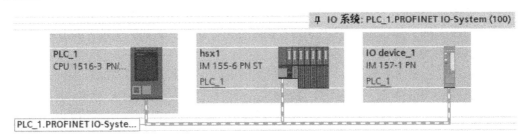

图 7-42　网络视图

选中 ET 200AL 的以太网接口，再选中巡视窗口的"属性 > 常规 > 以太网地址"，ET 200AL 默认的设备编号为 2，IP 地址为 192.168.0.3。

2. 用于故障诊断的指令

打开主程序 OB1，指令列表的"扩展指令"窗格的"诊断"文件夹中的指令用于读取各种硬件信息和诊断信息。其中最重要和最实用的是"读取 IO 系统的模块状态信息"指令 DeviceStates 和"读取模块的模块状态信息"指令 ModuleStates。可以在 OB1 和中断 OB（例如诊断中断 OB82）中调用这两条指令。

3. 编写诊断故障的程序

指令"DeviceStates"用于查询 PROFINET IO 系统中所有 IO 设备的状态信息，或者查询 DP 主站系统中所有 DP 从站的状态信息。

在 OB1 中调用 DeviceStates 指令，参数 LADDR 为 PROFINET IO 系统或 DP 主站系统的硬件标识符。输入该参数时两次单击地址域的<???>，再单击出现的按钮，选中列表中的"Local~PROFINET_IO-System"，其值为 261。

参数 MODE 的值为 1～5 时，分别读取整个 PROFINET IO 系统或 DP 主站系统的下列状态信息之一。MODE 为 1 读取已组态的 IO 设备/DP 从站；为 2 读取有故障的 IO 设备/DP 从站；为 3 读取已禁用的 IO 设备/DP 从站；为 4 读取存在的 IO 设备/DP 从站；为 5 读取出现问题的 IO 设备/DP 从站，例如有维护要求或维护建议、不可访问、不可用和出现错误的 IO 设备/DP 从站。图 7-43 中该指令的 MODE 为 2，用 DeviceStates 指令读取有故障的 IO 设备/DP 从站。

InOut 参数 STATE 用于输出由 MODE 参数选择的 IO 设备或 DP 从站的状态，其数据类型为 VARIANT。在全局数据块"诊断状态"（DB1）中，生成数组"IO 设备状态"，数据类

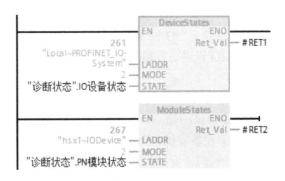

图 7-43　诊断故障的程序

型为 Array[0..4] of Bool，该数组由 5 个数据类型为 Bool 的元素组成，作为参数 STATE 的实参。数组元素的个数应大于等于 IO 设备的个数+1。

两条指令的返回值 Ret_Val 是指令执行状态，它们的实参是数据类型为 Int 的临时局部变量 RET1 和 RET2。

指令"ModuleStates"用来读取 PROFINET IO 设备或 PROFIBUS-DP 从站中的模块状态信息。参数 LADDR 为 IO 设备或 DP 从站的硬件标识符。PLC 默认的变量表中 1 号 IO 设备"hsx1~IODevice"的硬件标识符的值为 267。

参数 MODE 的值为 1~5 时，分别读取模块的下列状态信息之一：模块已组态、模块故障、模块已禁用、模块存在，和模块中存在故障，例如有维护要求或维护建议、不可访问、不可用和出现错误。图 7-43 中该指令的 MODE 为 2，用该指令读取有故障的模块。

InOut 参数 STATE 用于输出由 MODE 参数选择的模块状态。在全局数据块"诊断状态"（DB1）中，生成数组"PN 模块状态"，数据类型为 Array[0..6] of Bool，该数组由 7 个数据类型为 Bool 的元素组成，作为参数 STATE 的实参。该 IO 设备有 5 块模块，数组元素的个数应大于等于模块的个数+2。

4．故障诊断的实验

人为设置一些故障，将程序和组态数据下载到 CPU，打开网络视图，单击工具栏上的"在线"按钮，由 IO 设备上的诊断符号可知 1 号 IO 设备 ET 200SP 有故障，CPU 不能访问 2 号 IO 设备 ET 200AL。

双击打开名为"诊断状态"的 DB1（见图 7-44），启动监控，打开两个数组，可以看到其中的诊断状态。

		名称	数据类型	启动值	监视值				PN模块状态	Array[0..6] of Bool		
1		▼ Static				8		▼	PN模块状态	Array[0..6] of Bool		
2		▼ IO设备状态	Array[0..4] of Bool			9			PN模块状态[0]	Bool	false	TRUE
3		IO设备状态[0]	Bool	false	TRUE	10			PN模块状态[1]	Bool	false	FALSE
4		IO设备状态[1]	Bool	false	TRUE	11			PN模块状态[2]	Bool	false	FALSE
5		IO设备状态[2]	Bool	false	TRUE	12			PN模块状态[3]	Bool	false	TRUE
6		IO设备状态[3]	Bool	false	FALSE	13			PN模块状态[4]	Bool	false	TRUE
7		IO设备状态[4]	Bool	false	FALSE	14			PN模块状态[5]	Bool	false	FALSE
						15			PN模块状态[6]	Bool	false	TRUE

图 7-44　DB1 中的诊断结果

数组元素"IO 设备状态[0]"为组显示，它为 1（TRUE）表示网络上至少有一个 IO 设备有故障。"IO 设备状态[1]"和"IO 设备状态[2]"为 TRUE，表示 1 号 IO 设备 ET 200SP 和 2 号 IO 设备 ET 200AL 有故障。如果"IO 设备状态[n]"为 TRUE，表示 n 号 IO 设备有故障。

ET 200SP 有 3 块模块有故障，2 号插槽的 DI 模块被拔出，3 号插槽的 DQ 模块和 5 号插槽的 AQ 模块的输出负载断路。将组态信息和程序下载到 CPU。打开网络视图，双击 ET 200SP，打开它的设备视图。单击工具栏上的"在线"按钮，切换到在线模式。由模块上的诊断符号可以看到该 IO 设备的第 2、3、5 号插槽的模块有故障。

数组元素"PN 模块状态[0]"为组显示（见图 7-44 的右图），它为 TRUE 表示 IO 设备至少有一个模块有故障。"PN 模块状态[n]"为 TRUE，表示第 n-1 号模块有故障。数组"PN 模块状态"的第 3、4、6 号元素为 TRUE，表示第 2、3、5 号插槽的模块有故障。

切换到离线模式后，将指令 DeviceStates 的参数 MODE 改为 4（读取存在的 IO 设备），将程序下载后，"IO 设备状态[1]" 为 TRUE，"IO 设备状态[2]" 为 FALSE，表示 1 号 IO 设备 ET 200SP 存在，2 号 IO 设备 ET 200AL 不存在。

可以用 HMI 画面上的指示灯，显示指令 DeviceStates 检测到的有故障的 IO 设备/DP 从站，以及指令 ModuleStates 检测到的有故障的模块。

7.6.2　通过用户自定义报警诊断故障

通过调用"生成具有相关值的程序报警"指令 Program_Alarm（FB），可以创建一个基于过程事件的报警消息。可以用前述的各种显示方法显示报警消息。

本例要求水轮发电机组的转速超过 300 转时，触发一个报警消息，并且在该报警消息中，包含事件触发时的机组转速。

打开上一节的项目"用程序诊断故障"，双击指令树的"程序块"文件夹中的"添加新块"，生成函数块 FB1。在 FB1 的接口区，生成数据类型为 Program_Alarm 的静态变量"自定义报警"。

将指令列表的"扩展指令"窗格的"报警"文件夹中的指令 Program_Alarm 拖拽到 FB1 的程序区。在打开的"调用选项"对话框中，单击选中"多重实例"。用下拉式列表设置"接口参数中的名称"为"自定义报警"，用它提供指令 Program_Alarm 的多重背景数据。

在图 7-45 中的指令 Program_Alarm 的输入信号 SIG 的上升沿（转速刚刚大于 300r/min）生成一个到达的程序报警，下降沿（转速刚小于 300r/min）生成一个离去的程序报警。在程序的执行过程中，将同步触发该程序报警。输入参数 TIMESTAMP（时间戳）如果设置为默认的"未分配"（即灰色的 LDT#1970-01-01-00:00:00），意味着当信号发生变更时将使用 CPU 的系统时间作为报警消息的时间戳。如果中断的时间戳使用本地时间，则必须用一个转换模块将本地时间转换为系统时间。

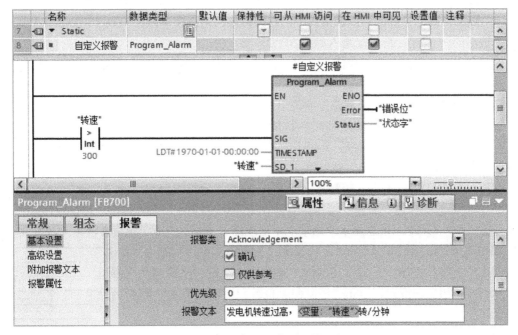

图 7-45　FB1 的程序和报警组态

选中指令 Program_Alarm，再选中巡视窗口中的"属性 > 报警 > 基本设置"，用"报警类"下拉式列表设置是否需要确认。在"报警文本"框中输入报警文本。右键单击报警文本中要插入变量"转速"值的位置，选中出现的对话框（见图 7-46 的左图）中的"插入动态参数（变量）..."。单击出现的对话框（见图 7-46 的右图）中的"变量"列表框右边的 按钮，选中 PLC 变量表中的变量"转速"，在报警文本中嵌入变量"转速"（见图 7-45）。在"格式"域设置显示的格式。

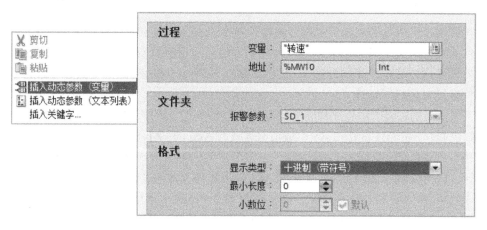

图 7-46　插入动态参数

选中图 7-45 巡视窗口左边窗口的"附加报警文本"，设置信息文本"转速超过 300 转/分钟时报警"。此外还可以设置 9 条附加文本。

在报警文本中嵌入变量"转速"后，"转速"自动出现在指令 Program_Alarm 的 SD_1 输入端（见图 7-45）。单击指令框下边沿的三角形符号 ，可以看到隐藏的输入参数 SD_2～SD_10，如果有多个变量嵌入报警报文中，它们将依次出现在 SD_2～SD_10 输入端。单击指令框下边沿的 按钮，将隐藏输入参数 SD_2～SD_10。

编写好 FB1 后，在 OB1 中调用没有输入、输出参数的 FB1，它的背景数据块为"报警_DB"（DB2）。

选中项目树中的 PLC_1，单击工具栏上的"开始仿真"按钮 ，打开 S7-PLCSIM。将程序下载到仿真 PLC，仿真 PLC 自动切换到 RUN 模式。

打开 FB1，启动程序状态监控。为了在巡视窗口显示报警消息，在线时用右键单击 PLC_1，勾选快捷菜单中的"接收报警"复选框。

在线时右键单击 FB1 中比较触点上面的"转速"（见图 7-45），执行出现的快捷菜单中的"修改"→"修改操作数"命令，将转速值修改为 310 转/分钟。因为超出了预设值 300，在线时巡视窗口的"诊断 > 报警显示"选项卡中出现图 7-47 中的第一条报警消息，状态为"到达"。将转速值修改为 295 转/分钟，出现第二条报警消息，状态为"离去"。单击"当前报警"按钮，只显示当前的一条报警。单击"报警归档"按钮，将显示当前和历史的报警。单击"清除整个报警归档"按钮 ，将会清除所有的报警信息。

视频"用程序诊断故障"可通过扫描二维码 7-9 播放。

二维码 7-9

314

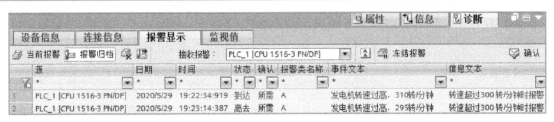

图 7-47　巡视窗口中的报警消息

7.6.3　用模块的值状态功能检测故障

1. 值状态

值状态（Quality Information，质量信息）是指通过过程映像输入 (PII) 供用户程序使用的 I/O 通道的诊断信息。值状态与用户数据同步传送。

每个 I/O 通道均有一个值状态位，它提供有关值有效性的信息，为 0 表示值不正确。例如数字量输入模块外接的传感器（例如接近开关）为逻辑 0 状态时，模块检测到接近开关有较小的静态电流，将值状态中的对应位设置为 1。如果接近开关出现断路故障，模块检测到输入电流为 0，将值状态中的对应位设置为 0。用户可以通过查询值状态来确定输入值是否有效。

为了保证在传感器处于"断开"状态时仍然有足够大的静态电流，可能需要在传感器上并联一个 $25 \sim 45 \mathrm{k}\Omega$、功率为 0.25W 的电阻。

2. 激活值状态

打开上一节的项目"用程序诊断故障"，为了使用值状态，在组态中央机架的 DI 模块时，选中巡视窗口的"属性 > 常规"选项卡中的"DI 组态"（见图 7-48），再勾选右边窗口中的"值状态"复选框。用同样的方法启用 DQ 和 AI 模块的"值状态"功能。STEP 7 将自动地为值状态分配附加的输入地址。

图 7-49 是未组态值状态时 PLC 的设备概览中 DI、DQ 和 AI 模块的 I、Q 地址，图 7-50 是组态了值状态时 DI、DQ 和 AI 模块的 I、Q 地址，可以看到为值状态自动分配的输入地址。对于输入模块，STEP 7 直接在用户数据后面分配输入地址；对于输出模块，分配下一个可用的输入地址。

图 7-48　激活值状态　　　　　　　　　　　　图 7-49　未组态值状态时的地址

3. 用值状态诊断故障

在运行时的监控表中，地址为 QD0 的 DQ 模块的值状态 ID8 的各位均为 1（见图 7-51），说明 32 点 DQ 模块各通道的运行正常。8AI 模块的 8 个通道的值状态为一个字节（IB48）。通道 0 为电流输出，因为处于断路状态，该通道的值状态位（IB48 的第 0 位 I48.0）为 0，其余各位为 1，所以监控表中 IB48 的值为 16#FE。

因为作者使用的实验装置的 DI 模块没有外接传感器，所以不能用 DI 模块的值状态来检测断路故障。

设备概览				
模块	机架	插槽	I 地址	Q 地址
DI 32x24VDC HF_1	0	2	0...7	
DQ 32x24VDC/0.5A ST_1	0	3	8...11	0...3
AI 8xU/I/RTD/TC ST_1	0	4	32...48	

图 7-50 已组态值状态时的地址

	i	名称	地址	显示格式	监视值
1			%ID8	十六进制	16#FFFF_FFFF
2			%IB48	十六进制	16#FE

图 7-51 监控表

第8章 精简系列面板的组态与应用

8.1 精简系列面板

1. 人机界面

从广义上说，人机界面（Human Machine Interface，HMI）泛指计算机（包括 PLC）与操作人员交换信息的设备。在控制领域，人机界面一般特指用于操作人员与控制系统之间进行对话和相互作用的专用设备。人机界面可以在恶劣的工业环境中长时间连续运行，是 PLC 的最佳搭档。

人机界面可以用字符、图形和动画动态地显示现场数据和状态，操作人员可以通过人机界面来控制现场的被控对象。此外，人机界面还有报警、用户管理、数据记录、趋势图、配方管理、显示和打印报表、通信等功能。

随着技术的发展和应用的普及，近年来人机界面的价格已经大幅下降，一个大规模应用人机界面的时代正在到来，人机界面已经成为现代工业控制系统必不可少的设备之一。

2. 触摸屏

触摸屏是人机界面的发展方向，用户可以在触摸屏的屏幕上生成满足自己要求的触摸式按键。触摸屏使用直观方便，易于操作。画面上的按钮和指示灯可以取代相应的硬件元件，减少 PLC 需要的 I/O 点数，降低系统的成本，提高设备的性能和附加价值。

现在的触摸屏一般使用 TFT 液晶显示器，每一液晶像素点都用集成在其后的薄膜晶体管来驱动，其色彩逼真、亮度高、对比度和层次感强、反应时间短、可视角度大。

3. 人机界面的工作原理

首先需要用计算机上运行的组态软件对人机界面组态。使用组态软件可以很容易地生成满足用户要求的人机界面的画面，用文字或图形动态地显示 PLC 中位变量的状态和数字量的数值。用各种输入方式，将操作人员的位变量命令和数字设定值传送到 PLC。画面的生成是可视化的，组态软件使用方便，简单易学。

组态结束后将画面和组态信息编译成人机界面可以执行的文件。编译成功后，将可执行文件下载到人机界面的存储器中。

在控制系统运行时，人机界面和 PLC 之间通过通信来交换信息，从而实现人机界面的各种功能。只需要对通信参数进行简单的组态，就可以实现人机界面与 PLC 的通信。将画面上的图形对象与 PLC 变量的地址联系起来，就可以实现控制系统运行时 PLC 与人机界面之间的自动数据交换。

人机界面使用的详细方法可以参阅作者主编的《西门子人机界面（触摸屏）组态与应用技术第 3 版》。

4. 精简系列面板

精简系列面板是主要与 S7-1200 配套的触摸屏。它具有基本的功能，适用于简单应用，具有很高的性能价格比，有功能可以定义的按键。

第二代精简系列面板有 4.3in、7in、9in 和 12in 的高分辨率 64K 色宽屏显示器（见图 8-1），支持垂直安装，用 TIA 博途 V13 或更高版本组态。它有一个 RS-422/RS-485 接口或 RJ45 以太网接口，还有一个 USB2.0 接口。USB 接口可连接键盘、鼠标或条形码扫描仪，可以用 U 盘实现数据归档。

图 8-1　精简系列面板

精简系列面板可以使用几十种项目语言，运行时可以使用多达 10 种语言，并且能在线切换语言。

精简系列面板的触摸屏操作直观方便，具有报警、配方管理、趋势图、用户管理等功能。防护等级为 IP 65，可以在恶劣的工业环境中使用。

第二代精简系列面板采用 TFT 液晶显示屏，64K 色。RJ45 以太网接口（PROFINET 接口）的通信速率为 10M/100Mbit/s，用于与组态计算机或 S7-1200 通信。电源电压额定值为 DC 24V，有内部熔断器和内部的实时钟。背光平均无故障时间为 20000h，用户内存为 10MB，配方内存为 256KB。第二代精简系列面板的主要性能指标见表 8-1。

表 8-1　第二代精简系列面板的主要性能指标

	KTP400 Basic PN	KTP700 Basic PN / KTP700 Basic DP	KTP900 Basic PN	KTP1200 Basic PN / KTP1200 Basic DP
显示器尺寸/in	4.3	7	9	12
分辨率（宽×高）/像素	480×272	800×480	800×480	1280×800
功能键个数	4	8	8	10
电流消耗典型值/ mA	125	230	230	510/550
最大持续电流消耗/ mA	310	440/500	440	650/800

5. 西门子的其他人机界面简介

高性能的精智系列面板有显示器为 4in、7in、9in、12in 和 15in 的按键型和触摸型面板，还有 19in 和 22in 的触摸型面板。它们有 PROFINET、MPI/PROFIBUS 接口和 USB 接口。

精彩系列面板 Smart Line IE 是与 S7-200 和 S7-200 SMART 配套的触摸屏，有 7in 和 10in 两种显示器，有以太网接口和 RS-422/485 接口。Smart 700 IE 具有很高的性能价格比。

移动面板可以在不同的地点灵活应用。有 7in 和 9in 的第二代移动面板，还有 7.5in 的无线移动面板 Mobile Panel 277F IWLAN V2。

6. 博途中的 WinCC 简介

编程软件 STEP 7 内含的 WinCC Basic 可以用于精简系列面板的组态。WinCC Basic 简单、高效，易于上手，功能强大。基于表格的编辑器简化了变量、文本和报警信息等的生成和编辑。通过图形化配置，简化了复杂的组态任务。

TIA 博途中的 WinCC 的精智版、高级版和专业版可以对精彩系列面板之外的面板组态，精彩系列面板用 WinCC flexible SMART V3 组态。

WinCC 的运行系统可以对西门子的面板仿真，这种仿真功能对于学习 HMI 的组态方法是非常有用的。

8.2　精简系列面板的画面组态

8.2.1　HMI 的基本操作

1．添加 HMI 设备

在项目视图中生成一个名为"PLC_HMI"的新项目（见配套资源中的同名例程）。双击项目树中的"添加新设备"，单击打开的对话框中的"控制器"按钮（见图 8-2），生成名为"PLC_1"的 PLC 站点，CPU 为 CPU 1214C。再次双击"添加新设备"，单击"HMI"按钮，去掉复选框"启动设备向导"中的勾，选中 4in 的第二代精简系列面板 KTP400 Basic PN，单击"确定"按钮，生成名为"HMI_1"的面板。

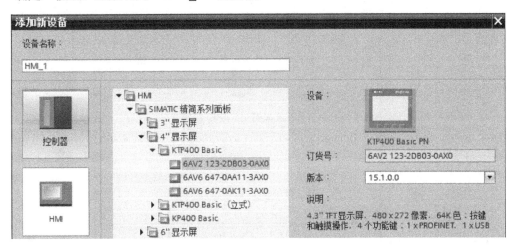

图 8-2　添加 HMI 设备

2．组态连接

CPU 和 HMI 默认的 IP 地址分别为 192.168.0.1 和 192.168.0.2，子网掩码均为 255.255.255.0。生成 PLC 和 HMI 设备后，双击项目树中的"设备和网络"，打开网络视图，此时还没有图 8-3 中的网络。单击工具栏上的"连接"按钮 连接，它右边的下拉式列表显示连接类型为"HMI连接"。单击选中 PLC 中的以太网接口（绿色小方框），按住鼠标左键，移动鼠标，拖出一条浅蓝色直线。将它拖到 HMI 的以太网接口，松开鼠标左键，生成图中的"HMI_连接_1"。

单击图 8-3 网络视图右边竖条上向左的小三角形按钮 ◀，打开从右到左弹出的视图中的"连接"选项卡，可以看到生成的 HMI 连接的详细信息。单击图 8-3 竖条上向右的小三角形按钮 ▶，关闭弹出的视图。

3．打开画面

生成 HMI 设备后，在"画面"文件夹中自动生成一个名为"画面_1"的画面，将它的名称改为"根画面"。双击打开该画面，可以用图 8-4 工作区下面的"100%"右边的 ▼ 按钮打开显示比例（25％～400％）下拉式列表，来改变画面的显示比例。也可以用该按钮右边的滑块快速设置画面的显示比例。

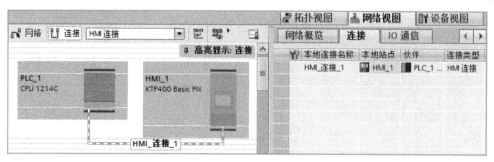

图 8-3　组态 HMI 连接

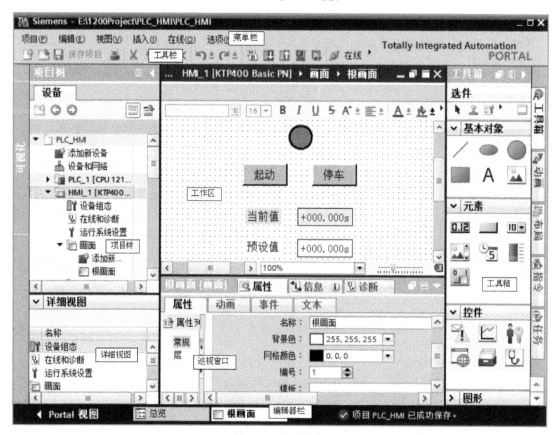

图 8-4　画面组态

单击选中工作区中的画面后，再选中巡视窗口的"属性 > 属性 > 常规"，可以用巡视窗口设置画面的名称、编号等参数。单击"背景色"下拉式列表的 ▼ 键，用出现的颜色列表设置画面的背景色为白色。

单击"工具箱"中的空白处，勾选出现的复选框"大图标"，用大图标显示工具箱中的元素（见图 8-4）。单击复选框"显示描述"，在显示大图标的同时显示元素的名称。未勾选"大图标"时同时显示小图标和元素的名称。

4. 对象的移动与缩放

将鼠标的光标放到图 8-5 左边的按钮上，光标变为图中的十字箭头图形。按住鼠标左键并移动鼠标，将选中的

图 8-5　对象的移动与缩放

对象拖到希望的位置，松开左键，对象被放在该位置。

单击图 8-5 中间的按钮，将鼠标的光标放到某个角的小正方形上，光标变为 45°的双向箭头，按住左键并移动鼠标，可以同时改变按钮的长度和宽度。单击图右边的按钮，将鼠标的光标放到 4 条边中点的某个小正方形上，光标变为水平或垂直的双向箭头，按住左键并移动鼠标，可将选中的对象沿水平方向或垂直方向放大或缩小。可以用类似的方法移动和缩放窗口。

8.2.2 组态指示灯与按钮

1. 生成和组态指示灯

指示灯用来显示 Bool 变量"电动机"的状态。将工具箱的"基本对象"窗格中的"圆"拖拽到画面上希望的位置。用图 8-5 介绍的方法，调节圆的位置和大小。选中生成的圆，它的四周出现 8 个小正方形。选中画面下面的巡视窗口的"属性 > 属性 > 外观"（见图 8-6 上半部分的图），设置圆的边框为默认的黑色，样式为实心，宽度为 3 个像素点（与指示灯的大小有关），背景色为深绿色，填充图案为实心。

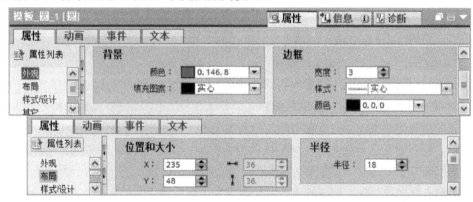

图 8-6　组态指示灯的外观和布局属性

一般在画面上直接用鼠标设置画面元件的位置和大小。选中巡视窗口的"属性 > 属性 > 布局"（见图 8-6 下半部分的图），可以微调圆的位置和大小。

打开巡视窗口的"属性 > 动画 > 显示"文件夹，双击其中的"添加新动画"，再双击出现的"添加动画"对话框中的"外观"，选中图 8-7 左边窗口中出现的"外观"，在右边窗口组态外观的动画功能。设置圆连接的 PLC 变量为位变量"电动机"，其"范围"值为 0 和 1 时，圆的背景色分别为深绿色和浅绿色，对应于指示灯的熄灭和点亮。

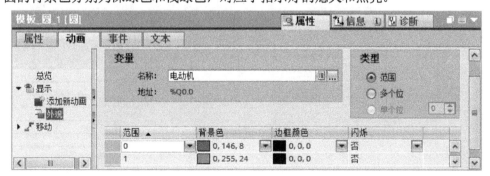

图 8-7　组态指示灯的动画功能

2. 生成和组态按钮

画面上的按钮的功能比接在 PLC 输入端的物理按钮的功能强大得多，用来将各种操作命令发送给 PLC，通过 PLC 的用户程序来控制生产过程。将工具箱的"元素"窗格中的"按钮"（图标为 ▮▮▮▮）拖拽到画面上，用鼠标调节按钮的位置和大小。

单击选中放置好的按钮，选中巡视窗口的"属性 > 属性 > 常规"（见图 8-8），用单选框选中"模式"域和"标签"域的"文本"，输入按钮未按下时显示的文本为"起动"。

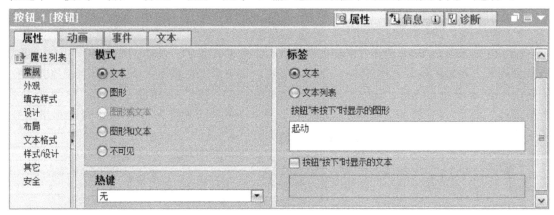

图 8-8　组态按钮的常规属性

如果勾选了复选框"按钮'按下'时显示的文本"，可以分别设置未按下时和按下时显示的文本。未勾选该复选框时，按下和未按下时按钮上的文本相同。选中巡视窗口的"属性 > 属性 > 外观"，设置背景色为浅灰色，填充图案为实心，"文本"的颜色为黑色。

选中巡视窗口的"属性 > 属性 > 布局"（见图 8-9 的上半部分的图），可以用"位置和大小"区域的输入框微调按钮的位置和大小。如果勾选了复选框"使对象适合内容"，将根据按钮上的文本的字数、字体大小和文字边距自动调整按钮的大小（见图 8-9 右边的小图）。

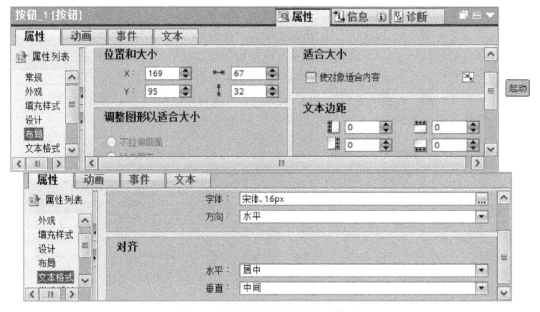

图 8-9　组态按钮的布局和文本格式

选中巡视窗口的"属性 > 属性 > 文本格式"（见图 8-9 的下半部分的图），单击"字体"下拉式列表右边的 ... 按钮，可以用打开的对话框定义以像素点（px）为单位的文字的大小。字体为宋体，不能更改。将字形由默认的"粗体"改为"正常"，还可以设置下画线、删除线、按垂直方向读取等附加效果。设置对齐方式为水平居中，垂直方向在中间。

选中巡视窗口的"属性 > 属性 > 其他"，可以修改按钮的名称，设置对象所在的"层"，一般使用默认的第 0 层。

视频"触摸屏画面组态（A）"可通过扫描二维码 8-1 播放。

二维码 8-1

3. 设置按钮的事件功能

选中巡视窗口的"属性 > 事件 > 释放"（见图 8-10），单击视图右边窗口的表格最上面一行，再单击它的右侧出现的 ▼ 按钮（在单击之前它是隐藏的），在出现的"系统函数"列表中选择"编辑位"文件夹中的函数"复位位"。

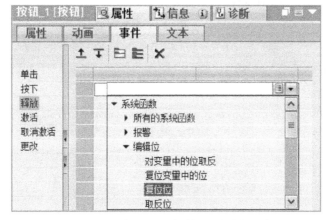

图 8-10 组态按钮释放时执行的系统函数

直接单击表中第 2 行右侧隐藏的 ... 按钮（见图 8-11），选中该按钮下面出现的小对话框左边窗口中 PLC 的默认变量表，双击选中右边窗口该表中的变量"起动按钮"。在 HMI 运行时释放该按钮，将变量"起动按钮"复位为 0 状态。

图 8-11 组态按钮释放时操作的变量

选中巡视窗口的"属性 > 事件 > 按下",用同样的方法设置在 HMI 运行时按下该按钮,执行系统函数"置位位",将 PLC 的变量"起动按钮"置位为 1 状态。该按钮具有点动按钮的功能,按下按钮时变量"起动按钮"被置位,释放按钮时它被复位。

选中组态好的按钮,执行复制和粘贴操作。放置好新生成的按钮后选中它,设置其文本为"停车",按下该按钮时将变量"停止按钮"置位,放开该按钮时将它复位。

8.2.3 组态文本域与 I/O 域

1. 生成与组态文本域

将图 8-4 的工具箱中的"文本域"(图标为字母 A)拖拽到画面上,默认的文本为"Text"。单击选中生成的文本域,选中巡视窗口的"属性 > 属性 > 常规",在右边窗口的"文本"文本框中键入"当前值"。可以在图 8-12 中设置字体大小和"使对象适合内容",也可以分别在"文本格式"和"布局"属性中设置它们。

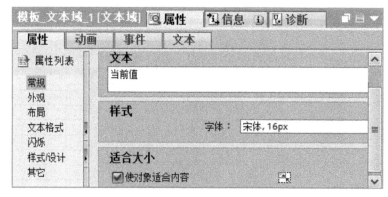

图 8-12 组态文本域的常规属性

"外观"属性与图 8-6 的上半部分的图差不多,设置其背景色为浅蓝色,填充图案为实心,文本颜色为黑色。边框的宽度为 0(没有边框),此时边框的样式没有实质的意义。在图 8-13 中设置"布局"属性,四周的边距均为 3 个像素点,选中复选框"使对象适合内容"。

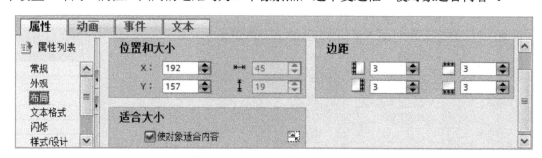

图 8-13 组态文本域的布局属性

"文本格式"属性与图 8-9 的下半部分的图相同,设置字形为"正常",字体的大小为 16 个像素点。

选中巡视窗口的"属性 > 属性 > 闪烁",采用默认的设置,禁用闪烁功能。

选中画面上的文本域,执行复制和粘贴操作。放置好新生成的文本域后选中它,设置其文本为"预设值",背景色为白色,其他属性不变。

2. 生成与组态 I/O 域

有 3 种模式的 I/O 域：

1）输出域：用于显示 PLC 中变量的数值。

2）输入域：用于操作员键入数字或字母，并用指定的 PLC 的变量保存它们的值。

3）输入/输出域：同时具有输入域和输出域的功能，操作员用它来修改 PLC 中变量的数值，并将修改后 PLC 中的数值显示出来。

将图 8-4 的工具箱中的"I/O 域"（图标为 **0.12**）拖拽到画面上文本域"当前值"的右边，选中生成的 I/O 域。选中巡视窗口的"属性 > 属性 > 常规"（见图 8-14），用"模式"下拉式列表设置 I/O 域为输出域，连接的过程变量为"当前值"。该变量的数据类型为 Time，是以 ms 为单位的双整数时间值。在"格式"域，采用默认的显示格式"十进制"，设置"格式样式"为有符号数 s9999999（需要手工添一个 9），小数点后的位数为 3。小数点也占一位，因此实际的显示格式为+000.000（见图 8-4）。

图 8-14　组态 I/O 域的常规属性

在 I/O 域的"外观"属性视图设置背景色为浅灰色（见图 8-15），有边框。在"文本"区域设置"单位"为 s（秒），画面上 I/O 域的显示格式为"+000.000s"（见图 8-4）。

"布局"属性的设置与图 8-13 文本域的相同。"文本格式"视图与图 8-9 相同，设置字体的大小为 16 个像素点。

图 8-15　组态 I/O 域的外观属性

选中巡视窗口的"属性 > 属性 > 限制"，设置连接的变量的值超出上限和低于下限时在运行系统中对象的颜色分别为红色和黄色。

选中画面上的 I/O 域，执行复制和粘贴操作。放置好新生成的 I/O 域后选中它，单击巡视窗口的"属性 > 属性 > 常规"，设置其模式为"输入/输出"，连接的过程变量为"预设值"，变量的数据类型为 Time，背景色为白色。其他属性与输出域的相同。

视频"触摸屏画面组态（B）"可通过扫描二维码 8-2 播放。

二维码 8-2

8.3 精简系列面板的仿真与运行

8.3.1 PLC 与 HMI 的集成仿真

1. HMI 仿真调试的方法

WinCC 的运行系统（Runtime）是一种过程可视化软件，用来在组态计算机上运行和测试用 WinCC 的工程系统组态的项目。

HMI 的价格较高，初学者一般都没有条件用硬件来做实验。在没有 HMI 设备的情况下，可以用 WinCC 的运行系统来对 HMI 设备仿真，用它来测试项目，调试已组态的 HMI 设备的功能。仿真调试也是学习 HMI 设备的组态方法和提高动手能力的重要途径。

有下列 3 种仿真调试的方法，本节主要介绍集成仿真。

（1）使用变量仿真器仿真

如果手中既没有 HMI 设备，也没有 PLC，可以用变量仿真器来检查人机界面的部分功能。选中项目视图中的"HMI_1"，执行菜单命令"在线 > 仿真 > 使用变量仿真器"，打开变量仿真器。这种测试称为离线测试，可以模拟画面的切换和数据的输入过程，还可以用仿真器来改变输出域显示的变量的数值或指示灯显示的位变量的状态，或者用仿真器读取来自输入域的变量的数值和按钮控制的位变量的状态。因为没有运行 PLC 的用户程序，仿真系统与实际系统的性能有很大的差异。

（2）使用 S7-PLCSIM 和运行系统的集成仿真

如果将 PLC 和 HMI 集成在博途的同一个项目中，可以用 WinCC 的运行系统对 HMI 设备仿真，用 PLC 的仿真软件 S7-PLCSIM 对 PLC 仿真。同时还可以对仿真系统中的 HMI 和 PLC 之间的通信和数据交换进行仿真。这种仿真不需要 HMI 设备和 PLC 的硬件，只用计算机就能很好地模拟 PLC 和 HMI 设备组成的实际控制系统的功能。

（3）连接硬件 PLC 的 HMI 仿真

设计好 HMI 设备的画面后，如果没有 HMI 设备，但是有硬件 PLC，可以在建立起计算机和 S7 PLC 通信连接的情况下，用计算机模拟 HMI 设备的功能。这种测试称为在线测试，这样可以减少调试时刷新 HMI 设备的闪存的次数，节约调试时间。这种仿真的效果与实际系统基本上相同。在 7.3.2 节已经介绍了这种仿真方法在系统诊断功能中的应用。

2. PLC 与 HMI 的变量表

HMI（人机界面）的变量分为外部变量和内部变量。外部变量是 HMI 与 PLC 进行数据交换的桥梁，是 PLC 中定义的存储单元的映像，其值随 PLC 程序的执行而改变。可以在 HMI 设备和 PLC 中访问外部变量。HMI 的内部变量存储在 HMI 设备的存储器中，与 PLC 没有连接关系，只有 HMI 设备能访问内部变量。内部变量用于 HMI 设备内部的计算或执行其他任务。内部变量只有名称，没有地址。

图 8-16 是 PLC 的默认变量表中的部分变量。"起动按钮"和"停止按钮"信号来自 HMI 画面上的按钮，用画面上的指示灯显示变量"电动机"的状态。

		名称 ▾	数据类型	地址	保持	可从 HMI/OPC UA 访问	从 HMI/OPC UA 可写	在 HMI 工程组态中可见
1		预设值	Time	%MD8	☐	☑	☑	☑
2		起动按钮	Bool	%M2.0	☐	☑	☑	☑
3		电动机	Bool	%Q0.0	☐	☑	☑	☑
4		当前值	Time	%MD4	☐	☑	☑	☑
5		停止按钮	Bool	%M2.1	☐	☑	☑	☑

图 8-16　PLC 的默认变量表

图 8-17 是 HMI 默认变量表中的变量，可以用隐藏的下拉式列表将默认的"符号访问"模式改为"绝对访问"。将变量"电动机"和"当前值"的采集周期由 1s 改为 100ms，以减少它们的显示延迟时间。可以单击空白行的"PLC 变量"列，用打开的对话框将 PLC 变量表中的变量传送到 HMI 变量表。

	名称 ▾	数据类型	连接	PLC 名称	PLC 变量	地址	访问模式	采集周期
	预设值	Time	HMI_连接_1	PLC_1	预设值	%MD8	<绝对访问>	1 s
	起动按钮	Bool	HMI_连接_1	PLC_1	起动按钮	%M2.0	<绝对访问>	1 s
	电动机	Bool	HMI_连接_1	PLC_1	电动机	%Q0.0	<绝对访问>	100 ms
	当前值	Time	HMI_连接_1	PLC_1	当前值	%MD4	<绝对访问>	100 ms
	停止按钮	Bool	HMI_连接_1	PLC_1	停止按钮	%M2.1	<绝对访问>	1 s

图 8-17　HMI 的默认变量表

在组态画面上的元件（例如按钮）时，如果使用了 PLC 变量表中的某个变量，该变量将会自动地添加到 HMI 的变量表中。

3. PLC 的程序

图 8-18 是 OB1 中的程序，组态 CPU 属性时，设置 MB1 为系统存储器字节，首次循环时 FirstScan（M1.0）的常开触点接通，MOVE 指令将变量"预设值"设置为 10s。变量"预设值"和"当前值"的数据类型为 Time，在 I/O 域中被视为以 ms 为单位的双整数。

T1 是 TON 的背景数据块的符号地址，定时器 T1 和"T1".Q 的常闭触点组成了一个锯齿波发生器（见图 3-35），运行时其当前值在 0 和它的预设时间值 PT 之间反复变化。

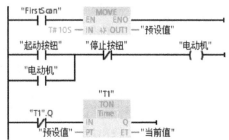

图 8-18　OB1 中的程序

4. PLC 与 HMI 的集成仿真

打开 Windows 7 的控制面板，用上面的下拉式列表切换到"所有控制面板项"显示方式。双击其中的"设置 PG/PC 接口"，打开"设置 PG/PC 接口"对话框（见图 8-19）。单击选中"为使用的接口分配参数"列表框中的"PLCSIM.TCPIP.1"，设置"应用程序访问点"为"S7ONLINE (STEP 7) --> PLCSIM.TCPIP.1"，单击"确定"按钮确认。

如果计算机的操作系统是 Windows 10，单击屏幕左下角的"开始"按钮▦，再单击"设置"按钮⚙。单击"Windows 设置"对话框中的"网络和 Internet"，再单击"更改适配器选项"。单击"网络连接"对话框中的"所有控制面板项"，单击打开"设置 PG/PC 接口"对话框，完成上述的操作。

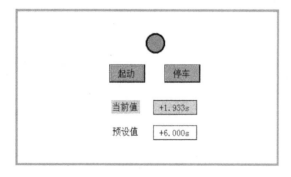

图 8-19 "设置 PG/PC 接口"对话框

选中 TIA 博途项目树中的 PLC_1，单击工具栏上的"启动仿真"按钮█，打开 S7-PLCSIM。将程序下载到仿真 PLC，将它切换到 RUN 模式。

选中项目树中的 HMI_1 站点，单击工具栏上的"启动仿真"按钮█，起动 HMI 的运行系统仿真。图 8-20 是仿真面板的根画面。

按下画面上的"起动"按钮，PLC 中的变量"起动按钮"（M2.0）被置为 1 状态。由于图 8-18 中的梯形图程序的作用，变量"电动机"（Q0.0）变为 1 状态，画面上的指示灯亮。放开起动按钮，M2.0 变为 0 状态。单击画面上的"停车"按钮，变量"停止按钮"（M2.1）变为 1 状态后又变为 0 状态，指示灯熄灭。

因为图 8-18 中 PLC 程序的运行，画面上定时器的当前值从 0s 开始不断增大，等于预设值时，又从 0s 开始增大。

单击画面上"预设值"右侧的输入/输出域，画面上出现一个数字键盘（见图 8-21）。其中的〈Esc〉是取消键，单击它以后数字键盘消失，退出输入过程，输入的数字无效。←是退格键，与计算机键盘上的〈Backspace〉键的功能相同，单击该键，将删除光标左侧的数字。← 和 →分别是光标左移键和光标右移键，↵是确认（回车）键，单击它使输入的数字有效（被确认），将在输入/输出域中显示，同时关闭键盘。〈Home〉键和〈End〉键分别使光标移动到输入的数字的最前面和最后面，〈Del〉是删除键。

图 8-20 仿真 HMI 的根画面   图 8-21 HMI 的数字键盘

用弹出的小键盘输入数据 6.0 或 6，按回车键后，画面上"预设值"右边的输入/输出域显示出"+6.000s"。画面上动态变化的"当前值"的上限变为 6s。

视频"PLC 与触摸屏集成仿真实验"可通过扫描二维码 8-3 播放。

5. 硬件 PLC 与仿真 HMI 的通信实验

打开图 8-19 中的"设置 PG/PC 接口"对话框，选中"为使用的接口分配参数"列表中实际使用的计算机网卡，通信协议为 TCP/IP。将程序下载到硬件 PLC，将 PLC 切换到 RUN 模式。启动 HMI 的运行系统仿真，打开仿真面板，就可以实现对触摸屏的仿真操作。具体的操作过程见视频"硬件 PLC 与仿真触摸屏的通信实验"，可通过扫描二维码 8-4 播放该视频。

二维码 8-3　　二维码 8-4

8.3.2　HMI 与 PLC 通信的组态与操作

本节以精智面板 TP700 和 S7-1200 的通信为例，介绍硬件 HMI 和 PLC 通信的组态与运行的操作方法。

1. 用 HMI 的控制面板设置通信参数

TP700 通电，结束启动过程后，屏幕显示 Windows CE 的桌面，屏幕中间是 Start Center（启动中心，见图 8-22）。"Transfer"（传输）按钮用于将 HMI 设备切换到传输模式。"Start"（启动）按钮用于打开保存在 HMI 设备中的项目，并显示启动画面。"Taskbar"（工具栏）按钮将激活 Windows CE "开始"菜单已打开的任务栏。

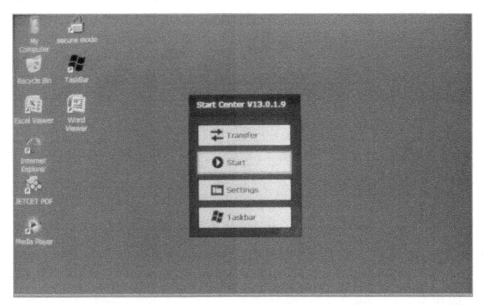

图 8-22　启动中心

按下"Settings"（设置）按钮，打开 HMI 的控制面板。双击控制面板中的"Transfer"（传输）图标，打开图 8-23 中的"Transfer Settings"（传输设置）对话框。用单选框选中"Automatic"，采用自动传输模式。在项目数据传输到 HMI 以后，用单选框将"Transfer"（传输）设置为 Off，可以禁用所有的数据通道，以防止 HMI 设备的项目数据被意外覆盖。

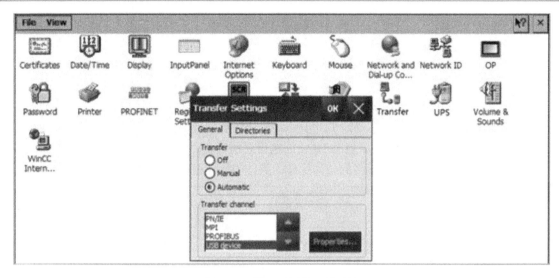

图 8-23   精智面板的控制面板

选中"Transfer channel"（传输通道）列表中的 PN/IE（以太网），单击"Properties"按钮，或双击控制面板中的"Network and Dial-up Connections"（网络与拨号连接），都会打开网络连接对话框。

双击网络连接对话框中的 PN_X1（以太网接口）图标（见图 8-24 左上角的图形），打开"'PN_X1' Settings"对话框。用单选框选中"Specify an IP address"，由用户设置 PN_X1 的 IP 地址。用屏幕键盘输入 IP 地址（IP address）和子网掩码（Subnet mask），"Default gateway"是默认的网关。设置好以后按"OK"键退出。

 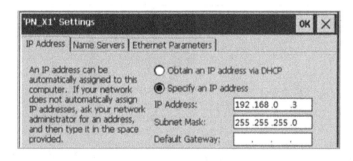

图 8-24   设置 IP 地址和子网掩码

2. 下载的准备工作

设置好 HMI 的通信参数之后，为了实现计算机与 HMI 的通信，还应设置连接 HMI 的计算机网卡的 IP 地址（见图 2-35）为 192.168.0.x，第 4 个字节的值 x 不能与别的设备相同，子网掩码为 255.255.255.0。

3. 将组态信息下载到 PLC

打开配套资源中的项目"PLC_HMI"，用以太网电缆、交换机或路由器连接好计算机、PLC、HMI 和远程 I/O 的以太网接口。选中项目树中的 PLC_1，单击工具栏上的下载按钮 ⬇，下载 PLC 的程序和组态信息。下载结束后 PLC 被切换到 RUN 模式。

4. 将组态信息下载到 HMI

用以太网电缆连接好计算机与 HMI 的 RJ45 通信接口后，接通 HMI 的电源，单击出现的启动中心的"Transfer"按钮（见图 8-22），打开传输对话框，HMI 处于等待接收上位计算机（host）信息的状态（见图 8-25）。

选中项目树中的 HMI_1，单击工具栏上的下载按钮 ，下载 HMI 的组态信息。第一次下载项目到操作面板时，自动弹出"扩展的下载到设备"对话框，反之出现"下载预览"

图 8-25　"传输"对话框

对话框，首先自动地对要下载的信息进行编译，编译成功后，显示"下载准备就绪"。选中"全部覆盖"复选框，单击"下载"按钮，开始下载。单击"下载结果"对话框中的"完成"按钮，结束下载过程。

下载结束后，HMI 自动打开初始画面。如果选中了图 8-23 "Transfer Settings"对话框中的"Automatic"，在项目运行期间下载，将会关闭正在运行的项目，自动切换到"Transfer"运行模式，开始传输新项目。传输结束后将会启动新项目，显示启动画面。

5. 验证 PLC 和 HMI 的功能

将用户程序和组态信息分别下载到 CPU 和 HMI 后，用以太网电缆连接 CPU 和 HMI 的以太网接口。两台设备通电后，经过一定的时间，面板显示根画面。检验控制系统功能的方法与集成仿真基本上相同，在此不再赘述。

第9章 S7-1200/1500在PID闭环控制中的应用

9.1 模拟量闭环控制系统与PID_Compact指令

9.1.1 模拟量闭环控制系统

1. 模拟量闭环控制系统

在工业生产中，一般用闭环控制方式来控制温度、压力、流量这一类连续变化的模拟量，使用得最多的是PID控制（即比例–积分–微分控制）。

典型的模拟量闭环控制系统如图9-1所示，点画线中的部分是用PLC实现的。

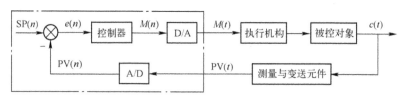

图9-1 模拟量闭环控制系统框图

在模拟量闭环控制系统中，被控量 $c(t)$ 是连续变化的模拟量，大多数执行机构（例如电动调节阀和变频器等）要求PLC输出模拟量信号 $M(t)$，而PLC的CPU只能处理数字量。

以加热炉温度闭环控制系统为例，用热电偶检测被控量 $c(t)$（炉温），温度变送器将热电偶输出的微弱的电压信号转换为标准量程的直流电流或直流电压 $PV(t)$。PLC用模拟量输入模块中的 A/D 转换器，将它们转换为与温度成正比的多位二进制数过程变量（又称为反馈值） $PV(n)$。CPU将它与温度设定值 $SP(n)$ 比较，误差 $e(n) = SP(n) - PV(n)$。

模拟量与数字量之间的相互转换和PID程序的执行都是周期性的操作，其间隔时间称为采样时间 T_S。各数字量中的下标 n 表示该变量是第 n 次采样计算时的数字量。

PID控制器以误差值 $e(n)$ 为输入量，进行PID控制运算。模拟量输出模块的 D/A 转换器将PID控制器的数字量输出值 $M(n)$ 转换为直流电压或直流电流 $M(t)$，用它来控制电动调节阀的开度。用电动调节阀控制加热用的天然气的流量，实现对温度的闭环控制。

2. 闭环控制的工作原理

闭环负反馈控制可以使过程变量 $PV(n)$ 等于或跟随设定值 $SP(n)$。以炉温控制系统为例，假设被控量温度值 $c(t)$ 低于给定的温度值，过程变量 $PV(n)$ 小于设定值 $SP(n)$，误差 $e(n)$ 为正，控制器的输出值 $M(t)$ 将增大，使执行机构（电动调节阀）的开度增大，进入加热炉的天然气流量增加，加热炉的温度升高，最终使实际温度接近或等于设定值。

天然气压力的波动、工件进入加热炉，这些因素称为扰动，它们会破坏炉温的稳定，有的扰动量很难检测和补偿。闭环控制具有自动减小和消除误差的功能，可以有效地抑制闭环中各种扰动量对被控量的影响，使过程变量 PV(n)等于或跟随设定值 SP(n)。

闭环控制系统的结构简单，容易实现自动控制，因此在各个领域得到了广泛的应用。

3. 变送器的选择

变送器用来将传感器提供的电量或非电量转换为标准量程的直流电流或直流电压，例如 DC 0～10V 和 4～20mA 的信号，然后送给模拟量输入模块。

变送器分为电流输出型变送器和电压输出型变送器。电压输出型变送器具有恒压源的性质，PLC 模拟量输入模块的电压输入端的输入阻抗很高，例如电压输入时 S7-1200 的模拟量输入模块的输入阻抗大于等于 9MΩ。如果变送器距离 PLC 较远，微小的干扰信号电流在模块的输入阻抗上将产生较高的干扰电压。例如 2μA 干扰电流在 9MΩ输入阻抗上将会产生 18V 的干扰电压信号，所以远程传送的模拟量电压信号的抗干扰能力很差。

电流输出型变送器具有恒流源的性质，恒流源的内阻很大。S7-1200 的模拟量输入模块输入电流时，输入阻抗为 280Ω。线路上的干扰信号在模块的输入阻抗上产生的干扰电压很低，所以模拟量电流信号适于远程传送。

电流输出型变送器分为二线制和四线制两种，四线制变送器有两根电源线和两根信号线。二线制变送器只有两根外部接线，它们既是电源线，也是信号线（见图 9-2），输出 4～20mA 的信号电流，直流电源串接在回路中，有的二线制变送器通过隔离式安全栅供电。通过调试，在被检测信号量程的下限时输出电流为 4mA，被检测信号满量程时输出电流为 20mA。二线制变送器的接线少，信号可以远传，在工业中得到了广泛的应用。

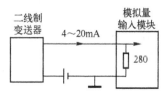

图 9-2　二线制变送器的接线

4. 闭环控制反馈极性的确定

闭环控制必须保证系统是负反馈（误差 = 设定值 − 过程变量），而不是正反馈（误差 = 设定值 + 过程变量）。如果系统接成了正反馈，将会失控，被控量会往单一方向增大或减小。

闭环控制系统的反馈极性与很多因素有关，例如因为接线改变了变送器输出电流或输出电压的极性，或者改变了绝对式位置传感器的安装方向，都会改变反馈的极性。

可以用下述方法来判断反馈的极性：在调试时断开模拟量输出模块与执行机构之间的连线，在开环状态下运行 PID 控制程序。如果控制器中有积分环节，因为反馈被断开了，不能消除误差，模拟量输出模块的输出电压或电流会向一个方向变化。这时如果假设接上执行机构，能减小误差，则为负反馈，反之为正反馈。

以温度控制系统为例，假设开环运行时设定值大于过程变量，若模拟量输出模块的输出值 M(t)不断增大，如果形成闭环，将使电动调节阀的开度增大，闭环后温度测量值将会增大，使误差减小，由此可以判定系统是负反馈。

5. 闭环控制系统主要的性能指标

由于给定输入信号或扰动输入信号的变化，使系统的输出量发生变化，在系统输出量达到稳态值之前的过程称为过渡过程或动态过程。系统的动态过程的性能指标用阶跃响应的参数来描述（见图 9-3）。阶

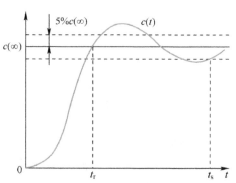

图 9-3　被控量的阶跃响应曲线

跃响应是指系统的输入信号阶跃变化（例如从 0 突变为某一恒定值）时系统的输出。被控量 $c(t)$ 从 0 上升，第一次到达稳态值 $c(\infty)$ 的时间称为上升时间 t_r。

一个系统要正常工作，阶跃响应曲线应该是收敛的，最终能趋近于某一个稳态值 $c(\infty)$。系统进入并停留在 $c(\infty)$ 上下 5%（或 2%）的误差带内的时间 t_s 称为调节时间，到达调节时间表示过渡过程已基本结束。

系统的相对稳定性可以用超调量来表示。设动态过程中输出量的最大值为 $c_{max}(t)$，如果它大于输出量的稳态值 $c(\infty)$，定义超调量

$$\sigma\% = \frac{c_{max}(t) - c(\infty)}{c(\infty)} \times 100\%$$

超调量越小，动态稳定性越好。一般希望超调量小于 10%。通常用稳态误差来描述控制的准确性和控制精度，稳态误差是指响应进入稳态后，输出量的期望值与实际值之差。

6. 闭环控制带来的问题

使用闭环控制后，并不能保证得到良好的动静态性能，这主要是系统中的滞后因素造成的，闭环中的滞后因素主要来源于被控对象。

以调节洗澡水的温度为例，我们用皮肤检测水的温度，人的大脑是闭环控制器。假设水温偏低，往热水增大的方向调节阀门后，因为从阀门到水流到人身上有一段距离，经过一定的时间延迟后，才能感觉到水温的变化。如果每次调节阀门的角度太大，将会造成水温忽高忽低，来回振荡。如果没有滞后，调节后马上就能感觉到水温的变化，那就很好调节了。

图 9-4 和图 9-5 中的方波是设定值曲线，$PV(t)$ 是过程变量曲线，$M(t)$ 是 PID 控制器的输出量曲线。如果 PID 控制器的参数整定得不好，使 $M(t)$ 的变化幅度过大，调节过头，将会使超调量过大，系统甚至会不稳定，阶跃响应曲线出现等幅振荡（见图 9-4）或振幅越来越大的发散振荡。

PID 控制器的参数整定得不好的另一个极端是阶跃响应曲线没有超调，但是响应过于迟缓（见图 9-5），调节时间很长。

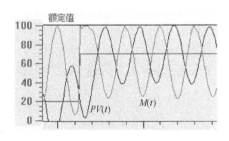

图 9-4 等幅振荡的阶跃响应曲线

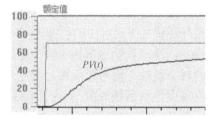

图 9-5 响应迟缓的阶跃响应曲线

7. 正作用和反作用调节

PID 的正作用和反作用是指 PID 的输出量与被控量之间的关系。在开环状态下，PID 控制器输出量控制的执行机构的输出增加使被控量增大的是正作用；使被控量减小的是反作用。以加热炉温度控制系统为例，其执行机构的输出（调节阀的开度）增大，使被控对象的温度升高，这就是一个典型的正作用。制冷则恰恰相反，PID 输出量控制的压缩机的输出功率增加，使被控对象的温度降低，这就是反作用。

在组态 PID 控制器的类型时，勾选复选框"反转控制逻辑"（见图 9-9），就可以实现 PID 反作用调节。

9.1.2　PID_Compact 指令的算法与参数

1. PID 控制器的优点

在工业生产中，一般用闭环控制方式来控制温度、压力、流量这一类连续变化的模拟量，使用得最多的是 PID 控制（即比例–积分–微分控制），这是因为 PID 控制具有以下优点。

（1）不需要被控对象的数学模型

大学的电类专业有一门课程叫作"自动控制理论"，它专门研究闭环控制的理论问题。这门课程的分析和设计方法主要建立在被控对象的线性定常数学模型的基础上。该模型忽略了实际系统中的非线性和时变性，与实际系统有较大的差距，实际上很难建立大多数被控对象较为准确的数学模型。此外自动控制理论主要采用频率法和根轨迹法来分析和设计系统，它们属于间接的研究方法。由于上述原因，自动控制理论中的控制器设计方法很少直接用于实际的工业控制。

PID 控制采用完全不同的控制思路，它不需要被控对象的数学模型，通过调节控制器少量的参数就可以得到较为理想的控制效果。

（2）结构简单，容易实现

PLC 厂家提供了实现 PID 控制功能的多种硬件软件产品，例如 PID 闭环控制模块、PID 控制指令或 PID 控制函数块等，它们的使用简单方便，编程工作量少，只需要调节少量参数就可以获得较好的控制效果，各参数有明确的物理意义。

（3）有较强的灵活性和适应性

根据被控对象的具体情况，可以采用 P、PI、PD 和 PID 等方式，S7-1200/1500 的 PID 指令采用了不完全微分 PID 和抗积分饱和等改进的控制算法。

（4）使用方便

TIA 博途为 S7-1200/1500 的 PID 控制提供了图形组态界面，PID 调试窗口用于参数调节，还支持 PID 参数自整定功能，可以自动计算 PID 参数的最佳调节值。

2. PID_Compact 指令的结构

在指令列表的"工艺"窗格的"\PID 控制\Compact PID"文件夹中，有 3 条指令，包括集成了调节功能的通用 PID 控制器指令 PID_Compact、集成了阀门调节功能的 PID 控制器指令 PID_3Step，以及温度 PID 控制器指令 PID_Temp。

PID_Compact 指令是对具有比例作用的执行器进行集成调节的 PID 控制器，具有抗积分饱和功能，并且能够对比例作用和微分作用进行加权运算。PID 算法的计算公式为

$$y = K_{\mathrm{P}}[(bw-x) + \frac{1}{T_{\mathrm{I}}s}(w-x) + \frac{T_{\mathrm{D}}s}{aT_{\mathrm{D}}s+1}(cw-x)] \tag{9-1}$$

式中，y 为 PID 控制器的输出值；K_{P} 为比例增益；b 为比例作用权重；w 为设定值；x 为过程值；T_{I} 为积分作用时间；s 为自动控制理论中的拉普拉斯运算符；T_{D} 为微分作用时间；a 为微分延迟系数，微分延迟 $T_{\mathrm{I}} = aT_{\mathrm{D}}$；$c$ 为微分作用权重。

PID_Compact 指令算法的框图见图 9-6，带抗积分饱和的 PIDT1 框图如图 9-7 所示。

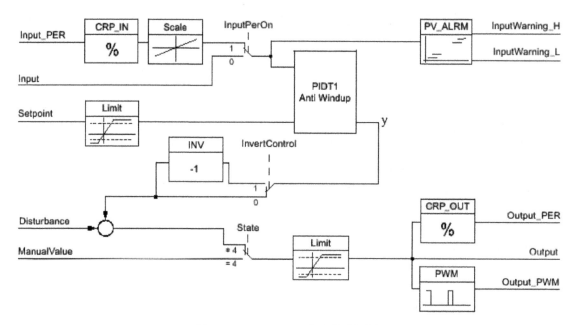

图 9-6　PID_Compact 指令算法框图

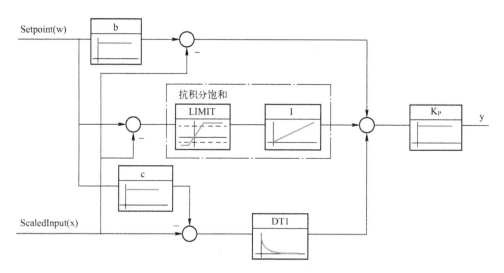

图 9-7　带抗积分饱和的 PIDT1 框图

S7-1200 CPU 可提供 16 个 PID 控制器回路。

　3. 抗积分饱和

　　所谓的积分饱和现象是指如果 PID 控制系统误差的符号不变，PID 控制器的输出 y 的绝对值由于积分作用的不断累加而增大，从而导致执行机构（例如电动调节阀）达到极限位置。若控制器输出 y 继续增大，执行器开度不可能再增大，此时 PID 控制器的输出量 y 超出了正常运行的范围而进入饱和区。一旦系统出现反向偏差，y 逐渐从饱和区退出。进入饱和区越深则退出饱和区的时间越长。在这段时间里，执行机构仍然停留在极限位置，而不是随偏差反向立即做出相应的改变。因此系统处于失控状态，造成控制性能恶化，响应曲线的超调量增大。这种现象称为积分饱和现象。

防止积分饱和的方法之一就是抗积分饱和法，该方法的思路是在计算控制器输出 $y(n)$ 时，首先判断上一时刻的控制器输出 $y(n\text{-}1)$ 的绝对值是否已经超出了极限范围。如果 $y(n\text{-}1)$ 大于上限值 y_{max}，则只累加负偏差；如果 $y(n\text{-}1)$ 小于下限值 y_{min}，则只累加正偏差。从而避免了控制器输出长时间停留在饱和区造成的滞后的负面影响。

4. 调用 **PID_Compact** 指令

生成名为"1200PID 闭环控制"的新项目（见配套资源中的同名例程），CPU 的型号为 CPU 1214C。调用 PID_Compact 的时间间隔称为采样时间，为了保证精确的采样时间，用固定的时间间隔执行 PID 指令，因此在循环中断 OB 中调用 PID_Compact 指令。

双击项目树的"程序块"文件夹中的"添加新块"，生成循环中断组织块 OB30，设置其循环时间为 300ms。将 PID_Compact 指令拖放到 OB30 中（见图 9-8），对话框"调用选项"被打开。单击"确定"按钮，在"\程序块\系统块\程序资源"文件夹中生成名为"PID_Compact"的函数块。生成的背景数据块 PID_Compact_1（DB3）在项目树的"工艺对象"文件夹中。

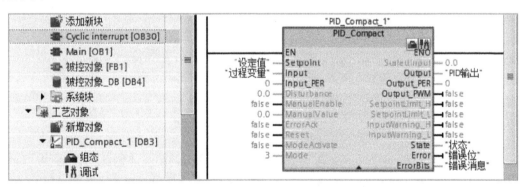

图 9-8　OB30 中的 PID_Compact 指令

5. **PID_Compact** 指令的参数

单击指令框底部的 ▼ 或 ▲ 按钮，可以展开为详细参数显示或收缩为最小参数显示。

实数型输入参数 Setpoint 和 Input 分别是控制器的设定值和过程值（即反馈值），Int 型参数 Input_PER 是来自模拟量输入模块的过程值。

Output 是实数型的 PID 输出值，Output_PER 是 Int 型的模拟量输出值，Output_PWM 是 Bool 型的 PID 脉宽调制输出值。可以同时使用这 3 个输出变量。

Int 型输出参数 State 是 PID 当前的工作模式，其值为 0~5 时的工作模式分别为未激活、预调节、精确调节、自动模式、手动模式和带错误监视的替代输出值。

在输入参数 ModeActivate 的上升沿，将切换到 InOut 参数 Mode 指定的工作模式。

Bool 型输出参数 Error 为 TRUE（1 状态）表示在本周期内至少有一条错误消息处于未确认（未决）状态。DWord 型输出 ErrorBits 中是处于未确认状态的错误消息。

在手动模式，PID_Compact 使用 ManualValue 作为输入值。

PID_Compact 指令的其他输入、输出参数和它的背景数据块中的静态参数的意义见该指令的在线帮助。

9.1.3 PID_Compact 指令的组态与调试

1. PID 参数组态

双击项目树的"\工艺对象\PID_Compact_1"文件夹中的"组态"（见图 9-8），或双击 PID_Compact 指令框中的"打开组态窗口"图标 🖼，在工作区打开 PID 的组态窗口。选中左边窗口中的"控制器类型"（见图9-9的上半部分的图），可以设置控制器类型为各种物理量，一般设置为"常规"，其单位为%。对于 PID 输出增大时被控量减小的设备（例如制冷设备），应勾选"反转控制逻辑"复选框。如果勾选了"CPU 重启后激活 Mode"复选框，CPU 重启后将激活图中设置的自动模式。

图 9-9　PID 组态窗口

选中左边窗口的"Input/Output 参数"（见图9-9的下半部分的图），本例设置过程变量（Input）和 PID 输出（Output）分别为指令的输入参数 Input 和输出参数 Output（均为浮点数）。

选中左边窗口的"过程值限值"，采用默认的过程值上限（120.0%）和下限（0.0%）。

选中左边窗口的"过程值标定"，采用默认的比例。标定的过程值下限和上限分别为 0.0% 和 100.0% 时，A/D 转换后下限和上限对应的数字分别为 0.0 和 27648.0。

选中左边窗口"高级设置"文件夹中的"过程值监视"（见图9-10），可以设置输入的上限报警值和下限报警值。运行时如果输入值超过设置的上限值或低于下限值，指令的 Bool 输出参数"InputWarning_H"或"InputWarning_L"将变为 1 状态。

选中左边窗口的"PWM 限制"，可以设置 PWM 的最短接通时间和最短关闭时间。

选中左边窗口的"输出值限值"，将输出值的上、下限分别设置为100.0%和-100.0%，可以设置出现错误时对 Output 的处理方法。

选中左边窗口的"PID 参数"（见图9-10），勾选"启用手动输入"复选框，可以离线或在线监视、修改和下载 PID 参数，控制器结构可选 PID 和 PI。

2. PID 参数的调试

双击图 9-8 项目树的"\PLC_1\工艺对象\PID_Compact_1"文件夹中的"调试"，或单击 PID_Compact指令框中的"打开调试窗口"图标 🖼，在工作区打开 PID 的调试窗口（见图9-11）。

调试窗口被 3 根水平分隔条分隔为 4 个分区，将鼠标的光标放在某个分隔条上，按住鼠标的左键移动鼠标，可以移动水平分隔条，以改变有关分区的高度，或隐藏某个分区。

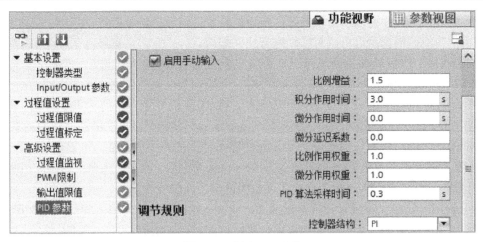

图 9-10　组态 PID 参数

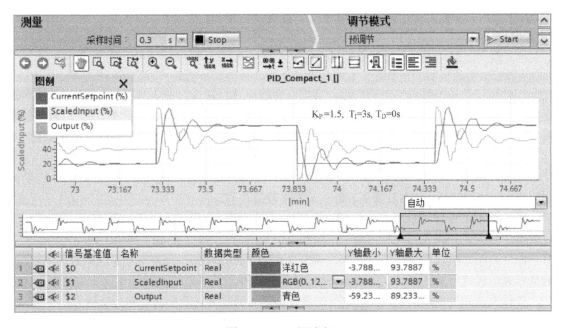

图 9-11　PID 调试窗口

选中项目树中的 PLC_1，将程序和组态数据下载到 CPU。将最上面的分区中的采样时间设置为 0.3s。单击采样时间右边的"**Start**"（启动）按钮，开始用曲线图监视 PID 控制器的当前设定值（CurrentSetpoint）方波、标定的过程值（ScaledInput）和 PID 输出 Output。

图 9-11 的曲线图左上角的图例给出了各曲线的颜色，单击曲线图工具栏上的▤按钮，可以显示或隐藏图例，单击▤或▤按钮，可以将图例放在曲线图的右上角或左上角。

可以用曲线图下面的表格修改曲线的颜色，例如将设定值由浅蓝色改为洋红色。单击该表格 Output 行左边的◀按钮，可以隐藏或重新显示 Output 曲线。

按下工具栏上的"选择垂直缩放"按钮▣，光标变为该按钮上的图形。按住鼠标左键，在曲线图中拖动鼠标，选择垂直范围，曲线图根据所选范围对纵轴进行比例缩放。例如选择的范围为 40%~90% 时，纵轴的上、下限变为 90% 和 40%。如果要扩大纵轴的范围，可选择纵轴一端之外的地方。再次单击该按钮，按钮被释放，缩放功能被取消。🔍是"水平缩放选择"按钮，曲线图根据所选范围对横轴进行比例缩放。

"缩放选择"按钮🔍根据所选范围，对曲线图的纵轴和横轴同时进行比例缩放。

"放大"按钮🔍和"缩小"按钮🔍同时对时间轴和数值轴的范围进行放大或缩小。

"显示全部"按钮🔍按比例缩放可用数据的曲线图，从而显示完整的时间范围和所有数值。激活缩放功能时，曲线的动态变化会停止。"显示全部"按钮可以再次激活曲线的动态变化。

单击按下"移动视图"按钮🖐，用鼠标左键按住曲线图中的曲线，可以移动它。

"更改 X 轴单位"按钮⏱±可设置 X 轴的单位为采样数、以 min 为单位的时间或时间戳。"插补视图"按钮📈用于实现两个连续浮点数测量点之间的线性插补，使曲线平滑。

按钮🔲用于显示或隐藏时间范围显示区，该区下面的两个三角形之间的黄色矩形区域用来设置显示的时间范围。可以用鼠标移动黄色区域的左、右边界。

9.2　PID 参数的物理意义与手动整定方法

9.2.1　PID 参数与系统动静态性能的关系

积分和导数是高等数学中的概念，它们有明确的几何意义，并不难理解。PID 控制器输出量中的比例、积分、微分部分都有明确的物理意义，在整定 PID 控制器参数时，可以根据控制器的参数与系统动态、静态性能之间的定性关系，用试验的方法来调节控制器的参数。

1. 对比例控制作用的理解

式（9-1）PID 算法的输出值 y 中的比例部分为 $K_P(bw-x)$，K_P 为比例增益，b 为比例作用权重，w 为设定值，x 为过程值。$bw-x$ 为误差值。

PID 的控制原理可以用人对炉温的手动控制来理解。假设用热电偶检测炉温，用数字式仪表显示温度值。在人工控制过程中，操作人员用眼睛读取炉温，并与炉温的设定值比较，得到温度的误差值。用手操作电位器，调节加热的电流，使炉温保持在设定值附近。有经验的操作人员通过手动操作可以得到很好的控制效果。

操作人员知道使炉温稳定在设定值时电位器的大致位置（我们将它称为位置 L），并根据当时的温度误差值调整电位器的转角。炉温小于设定值时，误差为正，在位置 L 的基础上顺时针增大电位器的转角，以增大加热的电流；炉温大于设定值时，误差为负，在位置 L 的基础上反时针减小电位器的转角，以减小加热的电流。令调节后的电位器转角与位置 L 的差值与误差绝对值成正比，误差绝对值越大，调节的角度越大。上述控制策略就是比例控制，即 PID 控制器输出中的比例部分与误差成正比，比例系数（增益）为式（9-1）中的 K_P。

闭环中存在着各种各样的延迟作用。例如调节电位器转角后，到温度上升到新的转角对应的稳态值有较大的延迟。温度的检测、模拟量转换为数字值和 PID 的周期性计算都有延迟。由于延迟因素的存在，调节电位器转角后不能马上看到调节的效果，因此闭环控制系统调节困难的主要原因是系统中的延迟作用。

如果增益太小，即调节后电位器转角与位置 L 的差值太小，调节的力度不够，将使温度的变化缓慢，调节时间过长。如果增益过大，即调节后电位器转角与位置 L 的差值过大，调节力度太强，造成调节过头，可能使温度忽高忽低，来回振荡。

与具有较大滞后的积分控制作用相比，比例控制作用与误差同步，在误差出现时，比例控制能立即起作用，使被控制量朝着误差减小的方向变化。

如果闭环系统没有积分作用（即系统为自动控制理论中的 0 型系统），由理论分析可知，单纯的比例控制有稳态误差，稳态误差与增益成反比。图 9-12 和图 9-13 中的方波是比例控制的给定曲线，图 9-12 的系统增益小，超调量小，振荡次数少，但是稳态误差大。

增益增大几倍后，启动时被控量的上升速度加快（见图 9-13），稳态误差减小，但是超调量增大，振荡次数增加，调节时间加长，动态性能变坏。增益过大甚至会使闭环系统不稳定。因此单纯的比例控制很难兼顾动态性能和稳态性能。

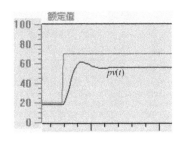

图 9-12　比例控制的阶跃响应曲线

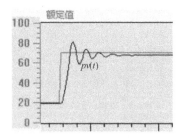

图 9-13　比例控制的阶跃响应曲线

2. 对积分控制作用的理解

（1）积分的几何意义与近似计算

PID 程序是周期性执行的，执行 PID 程序的时间间隔为采样时间 T_S。第 n 次 PID 运算时的时间为 $T_S n$，因为 PID 程序运行时 T_S 为常数，将 $t = T_S n$ 时控制器的输入量 $e(T_S n)$ 简写为 $e(n)$，输出量 $M(T_S n)$ 简写为 $M(n)$。

PID 控制器输出中的积分 $\int e(t)\mathrm{d}t$ 对应于图 9-14 中误差曲线 $e(t)$ 与坐标轴包围的面积（图中的灰色部分）。我们只能使用连续的误差曲线上间隔时间为 T_S 的一系列离散的点的值来计算积分，因此不可能计算出准确的积分值，只能对积分作近似计算。

一般用图 9-14 中的矩形面积之和来近似计算精确积分。每块矩形的面积为 $e(jT_S)T_S$。为了书写方便，将 $e(jT_S)$ 简写为 $e(j)$，各块矩形的总面积为 $T_S \sum_{j=1}^{n} e(j)$。当 T_S 较小时，积分的误差不大。可以理解为每次 PID 运算时，积分运算是在原来的积分值的基础上增加一个与当前的误差值成正比的微小部分（对应于新增加的矩形面积）。在图 9-15 中 A 点和 B 点、C 点和 D 点之间，设定值大于反馈值，误差为正，积分项增大。在 B 点和 C 点之间，反馈值大于设定值，误差为负，积分项减小。

（2）积分控制的作用

在上述的温度控制系统中，积分控制相当于根据当时的误差值，周期性地微调电位器的角度。温度低于设定值时误差为正，积分项增大一点点，使加热电流增加；反之积分项减小一点点。只要误差不为零，控制器的输出就会因为积分作用而不断变化。积分这种微调的"大方向"是正确的，因此积分项有减小误差的作用。只要误差不为零，积分项就会向误差绝对值减小的方向变化。在误差很小的时候，比例部分和微分部分的作用几乎可以忽略不计，但是积分项仍然不断变化，用"水滴石穿"的力量，使误差趋近于零。

在系统处于稳定状态时，误差恒为零，比例部分和微分部分均为零，积分部分不再变化，并且刚好等于稳态时需要的控制器的输出值，对应于上述温度控制系统中电位器转角的位置 L。因此积分部分的作用是消除稳态误差，提高控制精度，积分作用一般是必需的。在纯比例控制的基础上增加积分控制（即 PI 控制），被控量最终等于设定值（见图 9-15），稳态误差被消除。

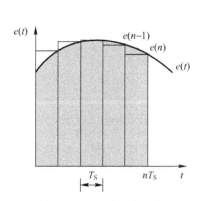

图 9-14　积分的近似运算

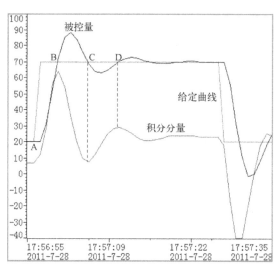

图 9-15　PID 控制器输出中的积分分量

（3）积分控制的缺点

积分项与当前误差值和过去的历次误差值的累加值成正比，因此积分作用具有严重的滞后特性，对系统的稳定性不利。如果积分时间设置得不好，其负面作用很难通过积分作用迅速地修正。如果积分作用太强，相当于每次微调电位器的角度值过大，其累积的作用与增益过大相同，会使系统的动态性能变差，超调量增大，甚至使系统不稳定。积分作用太弱，则消除误差的速度太慢。

（4）积分控制的应用

PID 的比例部分没有延迟，只要误差一出现，比例部分就会立即起作用。具有滞后特性的积分作用很少单独使用，它一般与比例控制和微分控制联合使用，组成 PI 或 PID 控制器。PI 和 PID 控制器既克服了单纯的比例调节有稳态误差的缺点，又避免了单纯的积分调节响应慢、动态性能不好的缺点，因此被广泛使用。

如果控制器有积分作用（例如采用 PI 或 PID 控制），积分能消除阶跃响应的稳态误差，这时可以将增益 K_P 调得比单纯的比例控制小一些。

（5）积分部分的调试

因为积分时间 T_I 在式（9-1）的积分项的分母中，T_I 越小，积分项变化的速度越快，积分作用越强。综上所述，积分作用太强（即 T_I 太小），系统的稳定性变差，超调量增大。积分作用太弱（即 T_I 太大），系统消除稳态误差的速度太慢，T_I 的值应取得适中。

3．对微分控制作用的理解

（1）微分的几何意义与近似计算

在误差曲线 $e(t)$ 上作一条切线（见图 9-16），该切线与 t 轴正方向的夹角 α 的正切值 $\tan\alpha$

即为该点处误差的一阶导数 de(t)/dt。PID 控制器输出表达式（9-1）中的导数用下式来近似：

$$\frac{\mathrm{d}e(t)}{\mathrm{d}t} \approx \frac{\Delta e(t)}{\Delta t} = \frac{e(n) - e(n-1)}{T_S}$$

式中，$e(n-1)$（见图 9-16）是第 $n-1$ 次采样时的误差值。

（2）微分部分的物理意义

PID 输出的微分分量与误差的一阶导数（即误差的变化速率）成正比，误差变化越快，微分分量的绝对值越大。微分分量的符号反映了误差变化的方向。在图 9-17 的 A 点和 B 点之间、C 点和 D 点之间，误差不断减小，微分分量为负；在 B 点和 C 点之间，误差不断增大，微分分量为正。控制器输出量的微分部分反映了被控量变化的趋势。

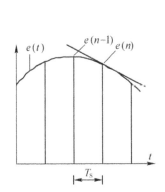

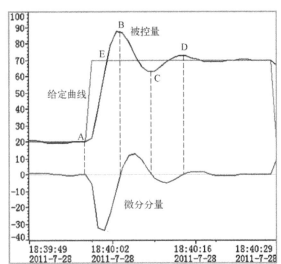

图 9-16　微分的近似计算　　　　　　　　图 9-17　PID 控制器输出中的微分分量

有经验的操作人员在温度上升过快，但是尚未达到设定值时，根据温度变化的趋势，预感到温度将会超过设定值，出现超调。于是调节电位器的转角，提前减小加热的电流。这相当于士兵射击远方的移动目标时，考虑到子弹运动的时间，需要一定的提前量一样。

在图 9-17 中启动过程的上升阶段（A 点到 E 点），被控量尚未超过其稳态值，超调还没有出现。但是因为被控量不断增大，误差 $e(t)$ 不断减小，误差的导数和控制器输出量的微分分量为负，使控制器的输出量减小，相当于减小了温度控制系统加热的功率，提前给出了制动作用，以阻止温度上升过快，所以可以减小超调量。因此微分控制具有超前和预测的特性，在温度尚未超过稳态值之前，根据被控量变化的趋势，微分作用就能提前采取措施，以减小超调量。在图 9-17 的 E 点和 B 点之间，被控量继续增大，控制器输出量的微分分量仍然为负，继续起制动作用，以减小超调量。

闭环控制系统的振荡甚至不稳定的根本原因在于有较大的滞后因素，因为微分分量能预测误差变化的趋势，微分控制的超前作用可以抵消滞后因素的影响。适当的微分控制作用可以使超调量减小，调节时间缩短，增加系统的稳定性。其缺点是对干扰噪声敏感，使系统抑制干扰的能力降低。

对于有较大惯性或滞后的被控对象，控制器输出量变化后，要经过较长的时间才能引起反馈值的变化。如果 PI 控制器的控制效果不理想，可以考虑在控制器中增加微分作用，以改善闭环系统的动态特性。

（3）微分部分的调试

微分时间 T_D 与微分作用的强弱成正比，T_D 越大，微分作用越强。微分作用的本质是阻碍被控量的变化，如果微分作用太强（T_D 太大），对误差的变化压抑过度，将会使响应曲线变化迟缓，超调量反而可能增大。此外微分部分过强会使系统抑制干扰噪声的能力降低。

综上所述，微分控制作用的强度应适当，太弱则作用不大，过强则有负面作用。如果将微分时间设置为 0，微分部分将不起作用。

（4）不完全微分 PID

下面是 PID_Compact 指令的 PID 输出 y 的公式。微分作用的引入可以改善系统的动态性能，其缺点是对干扰噪声敏感，使系统抑制干扰的能力降低。为此在微分部分增加一阶惯性滤波环节 $1/(aT_Ds+1)$，以平缓 PID 控制器输出中微分部分的剧烈变化，这种 PID 称为不完全微分 PID。微分项中的 T_D 为微分作用时间，a 为微分延迟系数，微分延迟 $T_1 = aT_D$ 是微分部分增加的一阶惯性滤波环节的时间常数。

$$y = K_P[(bw-x)+\frac{1}{T_Is}(w-x)+\frac{T_Ds}{aT_Ds+1}(cw-x)]$$

9.2.2 PID 参数的手动整定方法

1. PID 参数的整定方法

PID 控制器有 4 个主要的参数 T_S、K_P、T_I、T_D 需要整定，如果使用 PI 控制器，也有 3 个主要的参数需要整定。如果参数整定得不好，系统的动、静态性能达不到要求，甚至会使系统不能稳定运行。

可以根据本节介绍的控制器的参数与系统动静态性能之间的定性关系，用实验的方法来调节控制器的参数。在调试中最重要的问题是在系统性能不能令人满意时，知道应该调节哪一个或哪几个参数，各参数应该增大还是减小。有经验的调试人员一般可以较快地得到较为满意的调试结果。可以按以下规则来整定 PID 控制器的参数。

1）为了减少需要整定的参数，可以首先采用 PI 控制器。给系统输入一个阶跃给定信号，观察过程变量 PV(t) 的波形。由此可以获得系统性能的信息，例如超调量和调节时间。

2）如果阶跃响应的超调量太大（见图 9-11），经过多次振荡才能进入稳态或者根本不稳定，应减小控制器的增益 K_P 或增大积分时间 T_I。如果阶跃响应没有超调量，但是被控量上升过于缓慢（见图 9-26），过渡过程时间太长，应按相反的方向调整上述参数。

3）如果消除误差的速度较慢（见图 9-24），应适当减小积分时间，增强积分作用。

4）反复调节增益和积分时间，如果超调量仍然较大，可以加入微分作用，即采用 PID 控制。微分时间 T_D 从 0 逐渐增大，反复调节 K_P、T_I 和 T_D，直到满足要求。需要注意的是，在调节增益 K_P 时，同时会影响到积分分量和微分分量的值，而不是仅仅影响到比例分量。

5）如果响应曲线第一次到达稳态值的上升时间较长（上升缓慢），可以适当增大增益 K_P。如果因此使超调量增大，可以通过增大积分时间和调节微分时间来补偿。

总之，PID 参数的整定是一个综合的、各参数相互影响的过程，实际调试过程中的多次尝试是非常重要的，也是必需的。

2. 采样时间的确定

采样时间 T_S 越小，采样值越能反映模拟量的变化情况。但是 T_S 太小会增加 CPU 的运算工作量，相邻两次采样的差值几乎没有什么变化，所以也不宜将 T_S 取得过小。

确定采样时间时，应保证在被控量迅速变化时（例如幅度变化较大的衰减振荡过程）有足够多的采样点数，如果将各采样点的过程变量 PV(n) 连接起来，应能基本上复现模拟量过程变量 $PV(t)$ 曲线，以保证不会因为采样点过稀而丢失被采集的模拟量中的重要信息。

3. 怎样确定 PID 控制器的初始参数值

如果调试人员熟悉被控对象，或者有类似的控制系统的资料可供参考，PID 控制器的初始参数比较容易确定。反之，控制器的初始参数的确定是相当困难的，随意确定的初始参数值可能比最后调试好的参数值相差数十倍甚至数百倍。

作者建议采用下面的方法来确定 PI 控制器的初始参数值。为了保证系统的安全，避免在首次投入运行时出现系统不稳定或超调量过大的异常情况，应在第一次试运行时设置比较保守的参数，即增益不要太大，积分时间不要太小。此外还应制定被控量响应曲线上升过快、可能出现较大超调量的紧急处理预案，例如迅速关闭系统或者立即切换到手动方式。试运行后根据响应曲线的波形，可以获得系统性能的信息，例如超调量和调节时间。根据上述调整 PID 控制器参数的规则，来修改控制器的参数。

9.2.3　PID 参数的手动整定实验

1. 使用模拟的被控对象的 PID 闭环控制程序

为了学习整定 PID 控制器参数的方法，必须做闭环实验，开环运行 PID 程序没有任何意义。用硬件组成一个闭环需要 CPU 模块、模拟量输入模块和模拟量输出模块，此外还需要被控对象、检测元件、变送器和执行机构。

本节介绍的 PID 闭环实验中的广义被控对象（包括检测元件和执行机构）用作者编写的名为"被控对象"的函数块来模拟，被控对象的数学模型为 3 个串联的惯性环节，其增益为 GAIN，惯性环节的时间常数分别为 TIM1~TIM3。其传递函数为

$$\frac{GAIN}{(TIM1s + 1)(TIM2s + 1)(TIM3s + 1)}$$

分母中的"s"为自动控制理论中拉普拉斯变换的拉普拉斯运算符。将某一时间常数设为 0，可以减少惯性环节的个数。图 9-18 中被控对象的输入值 INV 是 PID 控制器的输出值，DISV 是系统的扰动输入值。被控对象的输出值 OUTV 作为 PID 控制器的过程变量（反馈值）PV。

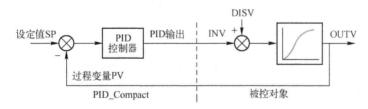

图 9-18　使用模拟的被控对象的 PID 闭环示意图

配套资源中的例程"1200PID 闭环控制"的主体程序是循环中断组织块 OB30，它的循环时间（即 PID 控制的采样时间 T_S）为 300ms。在 OB30 中调用 PID_Compact 指令和函数块

"被控对象"，实现闭环 PID 控制。可以用该例程和 PID 调节窗口学习 PID 的参数整定方法。

图 9-19 是该例程 OB1 中的程序，定时器 T1 和 T2 组成方波振荡器，T1 的输出位"T1".Q 的常开触点的接通和断开的时间均为 30s。变量"设定值"是 PID_Compact 指令的浮点数设定值 Setpoint 的实参（见图 9-8）。在 T1 输出位"T1".Q 的上升沿和下降沿，分别将"设定值"修改为浮点数 20.0%和 70.0%，设定值是周期为 60s 的方波。

图 9-20 是循环中断组织块 OB30 中的函数块"被控对象"。组态 CPU 的属性时设置 MB1 为系统存储器字节，函数块"被控对象"的参数 COM_RST 的实参为 FirstScan（即首次循环位 M1.0），首次扫描时将函数块"被控对象"的输出 OUTV 初始化为 0。各时间变量是以 ms 为单位的实数。

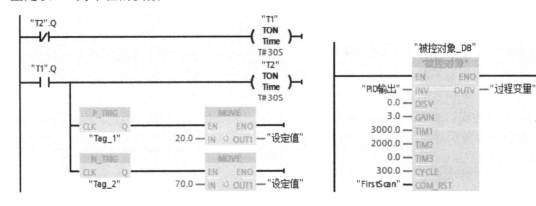

图 9-19 OB1 中的梯形图　　　　　　　　图 9-20 OB30 中的被控对象程序

2. PID 闭环控制的仿真实验

PLCSIM 不能对 S7-1200 的 PID 控制的工艺模块和工艺对象仿真，但是支持对 S7-1500 的 PID 功能的仿真，因此可以用配套资源中的例程"1500PID 闭环控制"实现对 PID 闭环控制的纯软件仿真，这个例程也可以用于 S7-1500 的硬件 CPU。

配套资源中的例程"1500PID 闭环控制"与"1200 PID 闭环控制"除了 CPU 不同外，程序完全相同。可以用前者做纯软件仿真实验，后者用于 S7-1200 的硬件实验，两种实验的效果基本上相同。

3. PID 参数的手动整定实验

打开配套资源中的例程"1500PID 闭环控制"，将系统数据和用户程序下载到硬件 PLC 或仿真 PLC 后，PLC 切换到 RUN 模式。打开 PID 调试窗口（见图 9-11），单击表格中 Output 行左边的 ◀ 按钮，隐藏 PID 输出曲线。图 9-11、图 9-21～图 9-26 中的 PID 参数是作者添加的。

PID 的初始参数如下：比例增益为 1.5（见图 9-10），积分时间为 3s，微分时间为 0s，采样时间为 0.3s，比例作用和微分作用的权重均为 1.0，控制器结构为 PI。打开调试窗口，将采样时间设置为 0.3s，单击图 9-11 中采样时间右边的"Start"按钮，启动 PID 调试功能。响应曲线见图 9-11，超调量大于 20%，有多次振荡。

打开组态窗口的 PID 参数组态页面（见图 9-10），单击"监视所有" ◨◨ 按钮，退出监视，将积分时间由 3s 改为 8s。单击 ◨◨ 按钮，启动监视，单击"初始化设定值"按钮 ⬇，将修改后的值下载到 CPU。单击调试窗口中采样时间右边的"Start"按钮，启动 PID 调试功能。增大积分时间（减小积分作用）后，超调量减小到小于 20%（见图 9-21）。

打开组态窗口，将微分时间由 0s 改为 0.1s，控制器结构改为 PID。修改后的值被下载到 CPU 以后，超调量由接近 20% 减小到 10%（见图 9-22）。

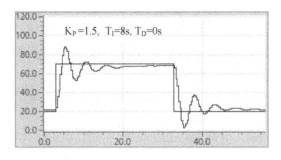

图 9-21　PI 控制器阶跃响应曲线

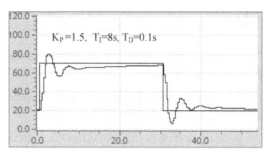

图 9-22　PID 控制器阶跃响应曲线

微分时间也不是越大越好，将微分时间由 0.1s 增大到 0.8s 后下载到 CPU。阶跃响应的过程值的平均值曲线变得很迟缓，还叠加了一些较高频率的波形（见图 9-23）。由此可见微分时间需要恰到好处，才能发挥它的正面作用。

将微分时间恢复到 0.1s，比例增益由 1.5 减小到 1.0。减小比例增益后，超调量进一步减小，但是消除误差的速度太慢（见图 9-24）。

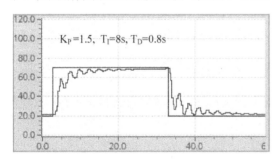

图 9-23　PID 控制器阶跃响应曲线

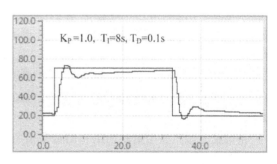

图 9-24　PID 控制器阶跃响应曲线

将积分时间由 8s 减小到 3s，将修改后的值下载到 CPU。减小积分时间后，消除误差的速度加快，超调量比图 9-24 略为增大（见图 9-25），但是不到 10%，这是比较理想的响应曲线。

将比例系数由 1.0 减小到 0.3，将修改后的值下载到 CPU 后，响应曲线的上升速度太慢（见图 9-26）。如果调试时遇到这样的响应曲线，应增大比例增益。

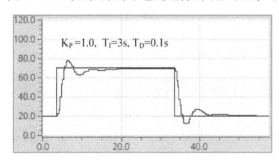

图 9-25　PID 控制器阶跃响应曲线

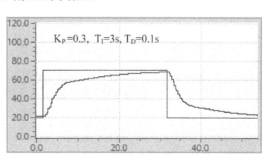

图 9-26　PID 控制器阶跃响应曲线

视频"PID 参数手动整定"可通过扫描二维码 9-1 播放。

二维码 9-1

4. 仿真系统的程序与实际的 PID 程序的区别

对于实际的 PID 程序，在例程"1500PID 闭环控制"的基础上，应对 PID 控制程序做下列改动：

1）删除 OB30 中的函数块"被控对象"，以及 OB1 中产生方波给定信号的程序。

2）实际的 PID 控制程序一般使用来自 AI 模块的过程变量 Input_PER，后者应设为实际使用的 AI 模块的通道地址，例如 IW2。不要设置浮点数的过程变量输入 Input 的实参。

3）不要设置浮点数输出 Output 的实参，将 Output_PER（外设输出值）设为实际使用的模拟量输出模块的通道地址，例如 QW4。

4）如果系统需要自动/手动两种工作模式的切换，参数 ManualEnable 应设置为切换自动/手动的 Bool 变量。手动时该变量为 1 状态，参数 ManualValue 是用于输入手动值的地址。

9.3 PID 参数自整定

1. PID 参数预调节

PID_Compact 具有参数自整定（或称为优化调节）的功能。优化调节分为预调节和精确调节两个阶段，二者配合可以得到最佳的 PID 参数。

首先进行预调节，PID 控制器输出一个阶跃信号，确定对输出值跳变的过程响应，并搜索拐点，根据受控系统的最大上升速率与死区时间计算 PID 参数。预调节要求下列条件：

1）PID 控制器处于"未激活""手动模式"和"自动模式"这 3 种状态之一。

2）PID_Compact 指令的输入参数 ManualEnable（手动使能）和 Reset（复位）均为 FALSE（0 状态）。

3）设定值和过程值均在组态的极限值范围内。

4）设定值和过程值的差值的绝对值（|Setpoint-Input|）应大于过程值上、下限之差的 30%，还应大于设定值的 50%。

如果设定值和过程值的差值太小，或过程值、PID 的输出值超出组态的极限值范围，预调节将会终止，调试窗口下面的"状态"文本框框将会出现相应的错误信息。可以用"ErrorAck"按钮清除错误信息。

预调节或精确调节成功后，控制器将切换到自动模式。如果预调节或精确调节未成功，则工作模式的切换取决于 PID 参数组态窗口的"参数视图"选项卡中的 Bool 参数 ActivateRecoverMode 的值。

过程值越稳定，PID 参数就越容易计算，结果的精度也会越高。

2. PID 参数精确调节

经过预调节后，如果得到的自整定的参数效果不太理想，需要进行精确调节。精确调节使过程值出现幅值恒定有限的振荡，根据振荡的幅度和频率确定 PID 参数。精确调节通常比预调节得出的 PID 参数具有更好的主控和扰动特性。可以在执行预调节和精确调节后获得最佳 PID 参数。PID_Compact 将自动尝试生成大于过程值噪声的振荡。过程值的稳定性对精确调节的影响非常小。

精确调节要求的前 3 个条件与预调节的相同。此外，还要求启动时过程变量处于稳定状态，没有干扰的影响。

3. 项目简介

配套资源中的项目"1200PID 参数自整定"与项目"1200PID 闭环控制"的程序结构相同。它们的循环中断组织块 OB30 中的程序完全相同（见图 9-8 和图 9-20），PID_Compact 指令和作者编写的模拟被控对象的函数块"被控对象"组成了 PID 闭环控制系统。

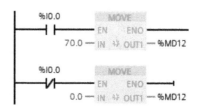

在组态时设置 CPU 重启后 PID 控制器为自动模式，在 OB1 中用 I0.0 使 MD12 中的设定值在 0.0% 和 70% 之间

图 9-27　OB1 中的程序

切换（见图 9-27）。可以用配套资源中的项目"1500PID 参数自整定"做仿真实验。

4. 预调节可能遇到的问题与解决的方法

在用 I0.0 产生 70% 的阶跃设定值之后，如果没有及时启动预调节，可能会出现"过程值过于接近设定值"的错误信息。其原因是启动预调节时设定值和过程值的差值的绝对值没有满足"大于过程值上、下限之差的 30%，和大于设定值的 50%"的条件。

为了解决这个问题，应在产生 70% 的阶跃设定值后，立即启动预调节。

预调节时还可能出现错误信息"Input 值超出已定义的过程值范围"。从图 9-28 可以看出，预调节时 PID 控制器红色的输出值（Outpur）是恒定值。而过程变量 PV 与 PID 输出值和被控对象的增益有关。PID 输出值如果太大，将导致过程值超出组态的范围。作者经过反复摸索，发现预调节时 PID 控制器的恒定输出值与 PID 控制器的参数"比例增益"有关。

作者第一次预调节之前 PID 的增益为 1.5，其他参数见图 9-10。如果在自动方式使用这组参数，过程变量上升很快，超调量很大（见图 9-11）。启动预调节后，红色的 PID 恒定输出值过大，过程变量迅速增大，很快就超过了预设的上限值 120%，导致预调节失败。此时应停止测量过程，单击下面的"ErrorAck"按钮，清除错误信息。

为了解决上述问题，反复调节 PID 的增益值，从 1.5 降到 0.3 时，预调节成功地完成。

5. 预调节实验

采用上述的 PID 初始参数值，增益值改为 0.3。选中 PLC_1，将用户程序和组态数据下载到硬件 PLC 或仿真 PLC。在 PID 调试窗口设置"采样时间"为 0.3s，单击采样时间右边的"Start"按钮，启动 PID 调试功能。此时过程变量和设定值均为 0。

用右上角的下拉式列表设置调节模式为"预调节"。令 I0.0 变为 1 状态，使设定值从 0 跳变到 70%，立即单击"调节模式"区的"Start"按钮，启动预调节。

在预调节期间，红色的 PID 输出值跳变为 30% 左右的恒定值，过程变量 PV 按指数规律上升（见图 9-28 左边的曲线）。预调节成功地完成后，下面的"状态"文本框出现"系统已调节"的信息，控制器自动切换到自动模式，红色的 PID 输出值以较大幅度衰减振荡，绿色的过程变量曲线在 70% 的设定值水平线上下衰减振荡，误差迅速趋近于 0，过程变量 PV 与设定值曲线 SP 重合。

6. 精确调节实验

预调节结束后，用 PID 调试窗口右上角的"调节模式"下拉式列表设置调节模式为"精确调节"。单击"调节模式"区的"Start"按钮，启动精确调节。经过一段时间后，红色的 PID

输出曲线以方波波形变换（见图9-28），CPU 自动控制 PID 输出的幅值和频率，以保证过程变量曲线在设定值水平线上下一定范围内波动。PID 输出曲线经过若干次正、负跳变后，精确调节结束，下面的"状态"文本框出现"系统已调节"的信息。此后将自动切换到自动模式，并使用精确调节得到的 PID 参数，过程变量曲线 PV 很快与水平的设定值曲线 SP 重合。

二维码 9-2

视频"PID 参数自整定"可通过扫描二维码 9-2 播放。

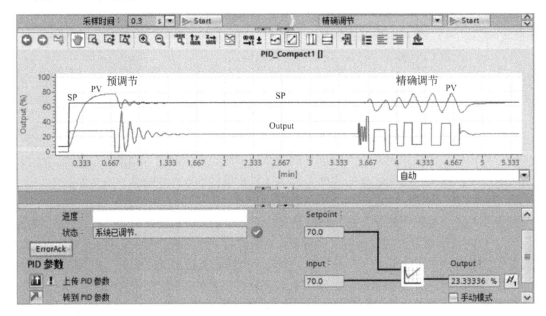

图 9-28　PID 参数自整定的响应曲线

7. 上传 PID 参数

精确调节成功完成后，单击 PID 调试窗口下面的"上传 PID 参数"按钮![icon]（见图9-28），将 CPU 中的 PID 参数上传到离线的项目中。单击"转到 PID 参数"按钮![icon]，切换到组态窗口的 PID 参数页面，可以看到精确调节后 CPU 中得到的优化的 PID 参数（见图9-29）。为了观察优化后的参数的控制效果，切换到 PID 调节窗口。令 I0.0 为 0 状态，过程值下降到 0 以后，令 I0.0 为 1 状态，使设定值由 0 跳变到 70%。过程变量的响应曲线如图9-30 所示，其超调量几乎为 0。然后令 I0.0 为 0 状态，使设定值由 70%跳变到 0。使用优化之前的参数时，超调量大于 10%。图9-30 验证了优化的 PID 参数的控制效果是比较理想的。

比例增益	4.934843E-1
积分作用时间	4.071674 s
微分作用时间	1.067631 s
微分延迟系数	0.1
比例作用权重	5.144753E-1
微分作用权重	0.0
PID 算法采样时间	2.999981E-1 s

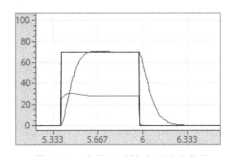

图 9-29　PID 控制器的参数　　　　图 9-30　自整定后的阶跃响应曲线

附录　网上配套资源简介

本书有配套的 60 多个视频教程、80 多个例程和几十本用户手册，读者扫描本书封底"工控有得聊"字样的二维码，输入本书书号中的 5 位数字（68439），就可以获取下载链接。扩展名为 pdf 的用户手册用 Adobe Reader 或兼容的阅读器阅读，可以在互联网下载阅读器。

1. 软件

\TIA Portal STEP7 Pro-WINCC Adv V15 SP1 DVD1，\S7-PLCSIM V15 SP1。

2. 多媒体视频教程（62 个）

（1）第 1、2 章视频教程

TIA 博途使用入门（A），TIA 博途使用入门（B），生成项目与组态 1200 的硬件，S7-1500 的硬件组态，程序编辑器的操作，生成用户程序，使用变量表，帮助功能的使用，组态通信与下载用户程序，用仿真软件调试用户程序，用程序状态监控与调试程序，用监控表监控与调试程序。

（2）第 3 章视频教程

位逻辑指令应用（A），位逻辑指令应用（B），定时器的基本功能，定时器应用例程，计数器的基本功能，数据处理指令应用（A），数据处理指令应用（B），数学运算指令应用，程序控制指令与时钟功能指令应用。

（3）第 4、5 章视频教程

生成与调用函数，生成与调用函数块，多重背景应用，间接寻址与循环程序，启动组织块与循环中断组织块，时间中断组织块应用，硬件中断组织块应用（A），硬件中断组织块应用（B），延时中断组织块应用。顺序控制程序的编程与调试（A），顺序控制程序的编程与调试（B），复杂的顺序功能图的顺控程序调试，S7-Graph 编程实验（A），S7-Graph 编程实验（B），S7-Graph 仿真实验，SCL 应用例程（A），SCL 应用例程（B）。

（4）第 6 章视频教程

开放式用户通信的组态与编程，开放式用户通信的仿真调试，S7 单向通信的组态编程与仿真，S7 双向通信的组态编程与仿真，200SMART 作 S7 通信的服务器（A），200SMART 作 S7 通信的服务器（B），200SMART 作 S7 通信的客户端，Modbus TCP 通信（A），Modbus TCP 通信（B）。

（5）第 7 章视频教程

S7-1200 的故障诊断（A），S7-1200 的故障诊断（B），用在线和诊断视图诊断故障，用网络视图和设备视图诊断故障，用系统诊断功能诊断故障，用 Web 服务器诊断 1200 的故障（A），用 Web 服务器诊断 1200 的故障（B），用 Web 服务器诊断 S7-1500 的故障，用程序诊断故障。

（6）第 8、9 章视频教程

触摸屏画面组态（A），触摸屏画面组态（B），PLC 与触摸屏集成仿真实验，硬件 PLC 与仿真触摸屏的通信实验。PID 参数手动整定，PID 参数自整定。

3. 用户手册

包括与 S7-1200/1500、HMI 和变频器有关的硬件、软件和通信的手册和产品样本 30 多本。（包括两本手册集）。

4. 例程

与正文配套的 87 个例程在文件夹 Project 中。

第 2、3 章例程：1500_ET200MP，电动机控制，位逻辑指令应用，定时器和计数器例程，数据处理指令应用，数学运算指令应用，程序控制与日期时间指令应用，字符串指令应用，高速计数器与高速输出，频率测量例程。

第 4 章例程：函数与函数块，数组做输入，多重背景，间接寻址，STL 间接寻址，启动组织块与循环中断组织块，禁止与激活循环中断，1200 时间中断例程，1500 时间中断例程，硬件中断例程 1，硬件中断例程 2，延时中断例程。

第 5 章例程：经验设计法小车控制，小车顺序控制，复杂的顺序功能图的顺控程序，专用钻床控制，运输带顺控 SFC，SCL 应用，SCL 间接寻址，SCL 求累加值，SCL 求累加值 2，SCL 求微分值。

第 6 章以太网通信例程：1200 作 IO 控制器，CPU1510SP_ET200SP，1200 作 1500 的 IO 设备，两台 1200 组成的 IO 系统，1200_1200ISO_C，1200_1200TCP_C，1500-1500TCP_C，1500-1500ISO_C，1500-1200TCP_C，1200_1200ISO，1200_1200TCP，1200_1200UDP，300_1200ISO_C，300_1200TCP_C，300_1200UDP，300_1200ISO，300_1500TCP，300_1500UDP，1200_1200IE_S7，1500_1500IE_S7，1500_1200IE_S7，BSEND_BRCV，USEND_URCV，300_1200IE_S7，300_1500IE_S7，1200_SMART_S7，S7 通信服务器，Modbus TCP 通信，Modbus TCP 客户端。

第 6 章其他通信例程：点对点通信，Modbus RTU 通信，1200 作 DP 主站，1500 作 DP 主站，EM277，1200 作 1500 的 DP 从站，传输一致性数据，AS-i 通信，变频器 USS 通信，1500 变频器 DP 通信，1500 变频器 PN 通信，读写 G120 参数，1500 变频器 DP 通信 2。

S7-200 SMART 的通信程序：S7 通信服务器，S7 通信客户端，Modbus TCP 服务器。

第 7~9 章例程：时间错误中断例程，用博途诊断故障，OB121 例程，用系统诊断功能诊断故障，用程序诊断故障，PLC_HMI，1200PID 闭环控制，1500PID 闭环控制，1200PID 参数自整定，1500PID 参数自整定。

参 考 文 献

[1] 廖常初. S7-1200 PLC 编程及应用 [M]. 4 版. 北京：机械工业出版社，2021.

[2] 廖常初. S7-1200 PLC 应用教程 [M]. 2 版. 北京：机械工业出版社，2020.

[3] 廖常初. S7-300/400 PLC 应用技术 [M]. 4 版. 北京：机械工业出版社，2016.

[4] 廖常初. S7-300/400 PLC 应用教程 [M]. 3 版. 北京：机械工业出版社，2016.

[5] 廖常初. 跟我动手学 S7-300/400 PLC [M]. 2 版. 北京：机械工业出版社，2016.

[6] 廖常初，陈晓东. 西门子人机界面（触摸屏）组态与应用技术 [M]. 3 版. 北京：机械工业出版社，2018.

[7] 廖常初. PLC 编程及应用 [M]. 5 版. 北京：机械工业出版社，2019.

[8] 廖常初. S7-200 PLC 编程及应用 [M]. 3 版. 北京：机械工业出版社，2019.

[9] 廖常初. S7-200 PLC 基础教程 [M]. 4 版. 北京：机械工业出版社，2019.

[10] 廖常初. FX 系列 PLC 编程及应用 [M]. 3 版. 北京：机械工业出版社，2020.

[11] 廖常初. PLC 基础及应用 [M]. 4 版. 北京：机械工业出版社，2019.

[12] 廖常初. S7-200 SMART PLC 编程及应用 [M]. 3 版. 北京：机械工业出版社，2019

[13] 廖常初. S7-200 SMART PLC 应用教程 [M]. 2 版. 北京：机械工业出版社，2019.

[14] 廖常初，祖正容. 西门子工业通信网络组态编程与故障诊断 [M]. 北京：机械工业出版社，2009.

[15] Siemens AG. S7-1200 可编程控制器系统手册 [Z]，2020.

[16] Siemens AG. S7-1200 可编程控制器产品样本 [Z]，2021.

[17] Siemens AG. S7-1200 PLC 技术参考 V4.0 [Z]，2021.

[18] Siemens AG. TIA 博途与 S7-1500 可编程控制器产品样本[Z]，2020.

[19] Siemens AG. S7-1500/ET200MP 自动化系统手册集[Z]，2020.

[20] Siemens AG. ET200SP 图书馆 [Z]，2021.